现代化学专著系列·典藏版　35

无卤阻燃聚合物基础与应用

王建祺 等　编著

科 学 出 版 社

北 京

内 容 简 介

环保意识与现代人的生活息息相关,加强环境生态的保护已成为全人类的共识。为促进无卤阻燃聚合物的研究与开发,本书首先介绍了无机填充型阻燃基础与应用、化学膨胀型阻燃基础与应用、物理膨胀型阻燃剂——可膨胀石墨阻燃聚合物基础及应用,然后对纳米效应与聚合物阻燃、电子束辐照与阻燃进行了阐述,最后还介绍了聚合物阻燃材料的计算机辅助设计和研究及聚合物阻燃机理研究的几个重要分析手段等。为满足读者深入学习与工作的要求,全书提供了迄今为止的有关重要文献和信息。

本书可供聚合物阻燃材料学相关专业的本科生、研究生、教师以及从事研发工作的广大工业界科技人员参考。

图书在版编目(CIP)数据

现代化学专著系列:典藏版 / 江明,李静海,沈家骢,等编著. —北京:科学出版社,2017.1

ISBN 978-7-03-051504-9

Ⅰ.①现… Ⅱ.①江… ②李… ③沈… Ⅲ.①化学 Ⅳ.①O6

中国版本图书馆 CIP 数据核字(2017)第 013428 号

责任编辑:胡 凯 周巧龙 吴伶伶 / 责任校对:张 琪
责任印制:张 伟 / 封面设计:铭轩堂

科 学 出 版 社 出版
北京东黄城根北街 16 号
邮政编码:100717
http://www.sciencep.com

北京厚诚则铭印刷科技有限公司印刷

科学出版社发行 各地新华书店经销

*

2017 年 1 月第 一 版 开本:720×1000 B5
2017 年 1 月第一次印刷 印张:24 1/4
字数:461 000

定价:7980.00 元(全 45 册)

(如有印装质量问题,我社负责调换)

前　言

过去的 40 多年,合成高分子材料的发展呈现出指数增长态势,在人类历史上也属空前。如今它几乎渗透到国民经济的每个部门和每个人的日常生活中。然而,聚合物材料致命的弱点——易燃性,带给人类的危害也已暴露无遗。进入 21 世纪,环保意识与现代人的生活息息相关,融为一体。十多年来,全球范围特别是欧共体各国率先行动,为此倾入了大量的人力、物力,对环境生态给予了空前的关注。在基础研究、技术投入与商业运作等方面都取得了令人鼓舞的进步,成绩斐然。我国自改革开放以来,特别是加入 WTO 之后,许多方面已经开始出现了可喜的转机。加速我国在无卤、低烟、低毒、低污染、低腐蚀的高效阻燃技术方面的投入已经成为燃眉之急的大事。

身为国家阻燃材料研究实验室的学术带头人,作者自 20 世纪 90 年代初带领研究生们开始从事无卤阻燃领域的研究与开发工作至今。此期间,先后与意大利 Torino 大学、美国 Marquette 大学、William & Mary 学院、香港理工大学以及瑞士 CIBA-GEIGY、德国 BASF、荷兰 DSM 等跨国公司进行了国际合作研究,积极参与国际学术会议和交流讲学。上述活动的积累与延伸为本书的前沿性提供了重要的依据。

本书编写分工如下:王建祺(第 1、2、5、8 章);郝建薇(第 3 章);韩志东(第 4 章);黄年华(第 6 章);夏军涛(第 7 章)。为方便读者的阅读以及继续开展工作的需要,本书将尽可能提供截至定稿前的重要参考文献和相关信息,其中也包括了我们多年来的科研教学积累。冀望能对当前国内相关专著匮乏的现象有所改善。作者愿以此书奉献给读者,与业界同行专家学者们共同努力,为推动我国阻燃事业的繁荣而尽力。

入世后带来的机遇与挑战为我们提供了绝好的演示空间,激动人心的改革浪潮催生了本书的早日问世。本书的撰写过程也是我们继续学习的过程。我愿借此机会向所有参与和支持本书撰写的同志们表示谢意。特别要向我室学术委员会主任徐僖院士对本书全过程自始至终给予的热情关怀和有力支持表示由衷的感谢。向在繁忙之中夜以继日,孜孜不倦,认真负责为本书做出贡献的同事和博士们表示敬意,没有他们锲而不舍的工作精神和殷切合作,本书能在如此之短的时间里与读者见面是不可能的。

王建祺

2005 年 3 月

于北京理工大学

国家阻燃材料研究实验室

目　　录

第1章 绪 论

1.1 概 述

近50年间,合成高分子材料的产量呈现出空前的指数增长趋势。无处不在的高分子材料几乎渗透到国民经济中的每个部门和每个人的日常生活中。"塑料时代"使人们感受到绚丽多彩的高分子材料带给我们的恩惠。但同时也使人们饱受由它引起的火灾威胁。

以美国的统计数字为例[1]:每60s发生一次建筑物火情、每82s产生一次住宅火情、每85s出现一次交通火情;户外火情更是频繁,每34s发生一次。全国平均起来的火灾频率是每17s发生一次。由此可见一斑。愈演愈烈的火灾危害导致50年代末美国、日本等国家相继开始了聚合物阻燃材料的研究与开发。

聚合物材料,特别是人工合成聚合物的大量问世大大加剧了燃烧酿成的"火灾危险"(fire risk)和"火灾危害"(fire hazard)。这里的"危险"预示火灾产生的"概率","危害"说明火灾造成的"后果"。如果说早期的阻燃研究关心的焦点只是前者,那么随着时间的推移和经验教训的累积,人们越来越意识到火灾二次污染铸成后果的严重性。现代阻燃科学与技术的终极目标应该是两者("概率"与"后果")的完美结合。

20世纪90年代末,席卷全球的"无卤阻燃化"的浪潮再次提示了环保与人类间和谐发展的重要性。无卤聚合物阻燃材料正是这一需求的必然产物。本书旨在阻燃,重在无卤。以聚合物无卤阻燃技术途径为专题的探讨是本书的首次尝试。为满足广大读者的厚望,本书将突出当今市场对聚合物无卤阻燃的需求和导向,着力介绍、分析、探讨无卤阻燃途径与技术的最新变迁及其在研究与应用中的动向,以期促进国人在该领域方面的研究与开发。

1.2 有卤无卤的争论

周期表第Ⅶ族卤系元素(特别是溴、氯),例如,含卤聚合物(如聚氯乙烯)以及含有卤素阻燃剂的聚合物阻燃材料等,长期以来以其阻燃效率高、用量少、价格低而闻名于世。但随着社会的进步和环境保护意识的增强,含卤材料的弊端——二次污染(燃烧时烟雾、毒气的散发以及由此引起的严重腐蚀问题)——与社会的需求背道而驰。1986年,欧洲首先发现含溴体系燃烧产生的产物中含有的多溴二苯醚、四溴双苯并二噁烷及四溴双苯并呋喃等属于致癌物质。随即发生旷日持久的争论此起彼伏,引起了全球范围的广泛关注。进入 21 世纪,随着绿色环境保护压力的空前高涨,上述争论更趋于白热化,西欧各国尤为突出。2001 年,英国又接连发现五溴二苯醚、十溴二苯醚在野生猎鹰蛋内的生物积累高出家养猎鹰蛋 400 倍。于是又一次掀起了拒绝生产与使用含溴阻燃剂的行动。

历史上对火灾安全的两种相互对立的概念由来已久。以美国为代表的传统概念认为:火灾危害的根源在于产生的一氧化碳气,而后者在轰燃过程(flashover)中转化为 CO_2 时释放出大量的热量[2]。因此认为,如果能通过一些措施控制过程的热释放,即可减少火灾的危害。欧洲的传统概念则坚持:火灾的严重性取决于人们脱离火情现场的成功率[3]。因此认为,烟气的刺激性和毒性是制约脱离火情现场的主要因素。应该对于燃烧中产生的烟、毒和腐蚀给予优先的关注,因此主张彻底摈弃卤素物质的生产和使用。

各执一词、立论有据的两种不同的火灾安全概念,说到底,在很大程度上反映出各自生产集团的经济利益。美国素以含溴化合物生产大国著称全球。限制或局部取消传统含卤产品的生产与使用势必造成不可接受的经济损失。原本处于比较后进状态的欧共体各国在 20 世纪 80 年代初兴起的重振计划,大力倡导无卤阻燃技术的研究与开发,其原因自然不同于美国。因此,欧共体各国积极成为绿色环保的倡导者,严格规定并要求国民经济中特别是重要部门(如核电、地铁、汽车、飞机、航天以及高层建筑等)优先寻求含卤阻燃体系的取代物。

客观上,采用无卤阻燃材料与产品已是大势所趋的不争事实。20 世纪 80 年代以前,含卤阻燃体系一统天下的局面已经受到了严峻的挑战。当前含卤阻燃剂的废弃运动正在全球,特别是欧洲紧锣密鼓地推行。欧盟两项指令"废弃电子电器设备指令"(Waste Electrical and Electronic Equipment Directive,WEEE)(2003 年 3 月生效)[4]及"电子电器设备中禁用有害物质指令"(Restriction of Hazardous Substances Directive,RoHS)[5]的颁布进一步加速了这一进程。2003 年 9 月 16 日,我国商务部中国机电产品进出口商会举办了"欧盟电器两指令"研讨会,明确了我国的对应方针与措施,大力开展无卤阻燃技术的研究与相应产品的开发力度,一改依赖进口的状态。当然,有一点是清楚的,对于那些非重要的、不与人和贵重资产直接接触的场所(如架空线缆等),价廉物美的含卤阻燃体系仍然应该有其用武之地。

1.3　市场的特点与发展概况

1.3.1　市场统计数字

20 世纪末,无卤阻燃塑料产品在国际市场上的大量出现标志着社会的迫切需求和呼唤已经发展到了一个崭新的时期。聚合物材料的种类和数量正在快速增长

（表 1-1 及表 1-2，引自美国塑料咨询会 2002 年终统计表，APC Year-End Statistics for 2002）。表 1-3 给出部分无卤阻燃高分子材料的实例。

表 1-1　2002 年美国塑料生产与销售＋应用份额统计表（以干燥质量计，单位：Mlb[1]）

树　脂		生　产			总销售与应用		
		2002 年	2001 年	02/01 变化率/%	2002 年	2001 年	02/01 变化率/%
热固树脂	环氧[2]	655	601	9.0	620	597	3.9
	脲与蜜胺[3]	3 219	3 040	5.9	3 197	3 021	5.8
	酚醛[3]	4 438	4 362	1.78	4 076	3 894	4.7
	总量	8 312	8 003	3.9	7 893	7 512	5.1
热塑树脂	低密聚乙烯[2][3]	8 040	7 697	4.5	8 086	7 642	5.8
	线性低密聚乙烯[2][3]	11 329	10 272	10.3	11 429	10 747	6.3
	高密聚乙烯[2]	15 969	15 284	4.5	16 190	15 195	6.5
	聚丙烯[2][3]	16 956	15 934	6.4	17 084	16 135	5.9
	ABS[2][4]	1 315	1 217	8.1	1 455	1 317	10.5
	SAN[2][4]	130	127	2.4	112	127	−11.8
	其他苯乙烯类[2][3]	1 602	1 517	5.6	1 624	1 583	2.6
	聚苯乙烯[2][3]	6 669	6 114	9.1	6 768	6 223	8.8
	尼龙[2][4]	1 274	1 139	11.9	1 284	1 159	10.8
	聚氯乙烯[4]	15 297	14 257	7.3	15 250	14 626	4.3
	热塑聚酯[2][4]	7 247	6 898	5.1	7 480	6 972	7.3
	总量	85 828	80 456	6.7	86 762	81 726	6.2
通用塑料总量		94 140	88 459	6.4	94 655	89 238	6.1
工程塑料等	工程塑料[3][5]	2 734	2 542	7.6	3 042	2 639	15.3
	其他[6]	10 612	10 108	5.0	10 565	10 081	4.8
	总量	13 346	12 650	5.5	13 607	12 720	7.0
总　计		107 486	101 109	6.3	108 262	101 958	6.2

1) Mlb：1×10^6 lb（百万磅）。1 lb＝0.453 6 kg。

2) 销售＋应用份额包含进口。

3) 包括加拿大生产与销售额。

4) 包括加拿大与墨西哥生产与销售额。

5) 包括乙缩醛、粒状氟聚合物、聚酰-聚亚酰胺、聚碳酸酯、热塑聚酯、聚酰亚胺、改性-PPO、PPS、PEI 及液晶聚合物。

6) 包括聚氨酯（TDI、MDI 及聚醇）、不饱和热固性聚酯等。

表 1 - 2　1998～2002 年间一些热塑性树脂的主要市场变化（以干燥质量计，单位：Mlb）

主要市场	1998 年	1999 年	2000 年	2001 年	2002 年	1998～2002 年
交通运输	3 588	3 632	3 872	3 595	3 753	1.1%
包装	19 396	21 210	21 289	22 574	23 606	5.0%
建筑	12 077	13 793	13 520	13 231	13 839	3.5%
电器/电子	2 816	3 036	2 924	2 352	2 433	−3.6%
家具/装备	3 293	2 885	2 993	2 879	3 076	−1.7%
消费品	11 031	11 645	11 505	11 219	11 861	1.8%
工业机械	710	802	783	647	663	−1.7%
粘接/涂料	1 758	1 753	1 715	1 675	1 664	−1.4%
其他	9 211	10 189	9 456	10 134	11 600	5.9%
出口	8 114	8 178	9 583	9 084	9 820	4.9%
总量	71 994	77 123	77 640	77 390	82 324	3.4%

1）选用热塑性塑料包括：低密聚乙烯、线性低密聚乙烯、高密聚乙烯、聚丙烯、尼龙、聚氯乙烯、工程树脂、聚苯乙烯、ABS、SAN、其他苯乙烯基聚合物、苯乙烯、丁二烯乳液。

2）主要应用领域的定义示例：

交通运输　汽车配件包括轿车、卡车、公交车等的车身；发动机、电点火系统部件；特用拖车、集装箱。飞机部件、船只、铁路设备；火箭、宇航机舱；海陆空军用舱体；娱乐设施等。

包装　饮料瓶、罐、食物容器、气溶胶部件、包装物涂料、软包装袋、薄膜、棉纱电线卷轴、绕线筒、橡皮膏、带材、编制绳等。

建筑业　管材、排水装置、灌溉系统、农膜、铁路旁轨附件、地板、屋顶、隔断、门、窗、浴室、天窗、扶手等。

表 1 - 3　无卤阻燃高分子材料应用简介

材料	应用	无卤阻燃剂的种类	无卤阻燃产品代用品举例
环氧树脂	印刷线路板，电子器件 微胶囊、商业薄板制品	反应型氮与磷组分 聚磷酸铵与氢氧化铝	聚硫化亚苯撑
酚醛树脂	印刷线路板、商业薄板制品	氮与磷化合物，氢氧化铝	
不饱和树脂	印刷线路板、运输工具塑料部件	聚磷酸铵与氢氧化铝	
ABS	电子产品的机壳	尚无代用品	PC/ABS 或 PPE/PS 有机磷化物的共混物
HIPS	电子产品的机壳与布线部件	有机磷化物	氢氧化镁阻燃聚乙烯
PBT/PET	开关、插座、电机部件	尚无代用品 代用品尚处于试验阶段	有些应用： 尼龙、聚酮、陶瓷或自熄塑料
聚酰胺	电器与电子部件	氢氧化镁 红磷 三聚氰胺氰脲酸酯 三聚氰胺聚磷酸酯	

续表

材料	应用	无卤阻燃剂的种类	无卤阻燃产品代用品举例
聚碳酸酯	电器与电子部件	有机磷化物	
聚丙烯	屋顶薄材	聚磷酸铵	
聚苯乙烯泡沫	建筑绝缘材料	尚无代用品	在丹麦尚无阻燃要求
硬质聚氨酯泡沫	冷藏库热绝缘	聚磷酸铵与红磷	有些应用;矿物毛等代用
软质聚氨酯泡沫	家具、交通工具	聚磷酸铵 三聚氰胺 反应型多元醇	
棉纺织品	家具、交通工具	聚磷酸铵 磷酸二铵	
合成纺织品	家具、交通工具 劳保服装	反应型含磷组分	

1.3.2 主要工业部门的概况

1.3.2.1 "环保-绿色"(ECO-GREEN)理念

时至 21 世纪,"环保-绿色"(ECO-GREEN)理念和内涵的覆盖也在不断深化(图 1-1),已经成为主宰全球科学技术发展的行动准则和制定国策的依据。

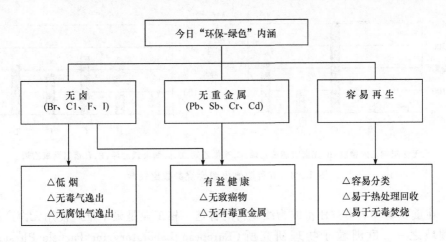

图 1-1 "环保-绿色"内涵示意图

1.3.2.2　主要工业部门

(1) 线缆工业

电线电缆行业对阻燃方面的需求特别突出。当前已有为数众多的电线电缆料的供应商,如 DuPont、Union Carbide、Alpha Gary、BASF、Bayer、Borealis、Exxon 和 Shell Chemicals 等。市场上出现了多种用途(建筑、通信、交通、铁路等)的无卤阻燃电线电缆产品。

英国自从伦敦皇家地铁站惨痛火灾事故发生以后,相关部门已经明令公共场合必须使用符合技术指标的 LSZH (low smoke zero halogen) 电缆料。近代计算机网络的出现带动了计算机局域网(local area network,LAN)的快速发展,进而导致对数据传输电缆的渴求。图 1－2 是五种无卤、有卤阻燃线缆材料的比较。从燃烧参数(氧指数、腐蚀气体释放量以及有焰、无焰烟密度)不难看出"环保－绿色"的无卤阻燃产品的优越性能[6]。

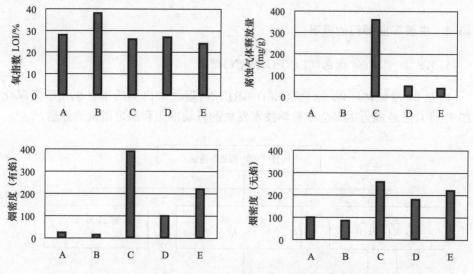

A.无卤阻燃乙丙橡胶;B.无卤阻燃聚乙烯;C.聚氯乙烯;D.低烟聚氯乙烯;E.有卤阻燃聚乙烯

图 1－2　五种阻燃电缆燃烧参数比较[3]

在重要场合下 LSZH 将成为线缆料的首选。核工业是最早推广使用无卤产品的领域之一。欧洲粒子物理研究所(European Laboratory for Particle Physics,ELPP)制定的线缆标准明文规定进入该领域的前提条件必须是无卤、无硫、低烟、低毒、低腐蚀[7]。由于数据电缆的电性能远优于电话电缆,下一步的发展,LAN 电缆必将进入建筑物内部的电话系统,需求量很大。据估计,每台计算机平均需要

100m 的 LAN 电缆。因此寻求 PVC 的替代物、推进建筑物内部市电布线（220/240V）、电话电缆以及数据电缆的无卤化已迫在当前。2001 年，在欧洲成立了 FROCC（Fire Retardant Olefinic Cable Compounds）协会，目的在于推动协同以无卤聚烯烃电缆料为主的线缆料行业的发展。

(2) 汽车工业

新世纪的到来，高新技术威力的显露越发明显，阻燃科学与技术的发展也不例外，与相应高新技术行业（如汽车、飞机、航天、军事等）的需求密不可分，成为各国优先抢占的制高点。具有"全球性典型"美称的汽车工业一直是各国关爱的宠儿。据统计，1999 年全世界汽车的生产量为 5 600 万辆。预计至 2015 年可达 1 亿辆，到 2007～2010 年间我国将继美国、日本之后成为世界汽车第三生产大国[8]。未来汽车工业结构的主导发展趋势将取决于"汽车制造商-树脂供应商-原始设备制造商（OEM）-装配线"的供应链。质轻、价廉、环保、安全是汽车工业技术发展的必然走向。截止到 2015 年，全世界预计将有近 10 亿辆汽车陆续报废，一个不可忽视的数字！从根本上解决废物再生的环境保护问题已是刻不容缓。

树脂供应是汽车制造链条中的重要环节。在欧洲，每辆汽车对塑料的平均需求量已经超过 100kg，还有继续增长的势头。与塑料相关的火安全隐患部位，如燃油箱、油路、电器控制系统、照明等已成为技术攻关的重点和难点。欧洲立法（Euro 2000）已做出规定，要求整体油路系统（燃油箱）的燃料泄露极限在 2000 年时必须控制到小于 2g/d 的指标要求，而美国加州则要求达到小于 0.5g/d 的标准。全欧生产的汽车 2003 年时要求一律配备使用聚碳酸酯材料制造的前灯。随着汽车车速的增加，前灯的尺寸逐渐趋小，必须继续提高前灯聚焦反光镜材料的耐热能力。

汽车工业传统使用的 12V 电子控制系统沿袭至今已半个世纪有余，目前，汽车工业发展的趋势正向着 42V 电子控制系统过渡。接踵而来的接头部位电弧火花放电的危险性自然也就成为另一个备受关注的焦点。提高工程塑料（包括准工程塑料）抗电火花点燃性与漏电起火能力的产品转型正在悄然兴起[9]。

品种繁多的塑料，包括热塑性和热固性的通用塑料和工程塑料在汽车工业中的需求量与日俱增。一个总的发展趋势是，在满足要求的前提下力求减少材料的品种数目以便于生产与管理。值得一提的是，通用塑料大家族中的聚丙烯（PP）。由于它的价格低、密度小、性能好，已成为汽车工业的佼佼者，是增长最快的塑料（图 1-3），有望成为取代高价位塑料的新型准工程塑料。

(3) 航空工业

航空航天界对塑料的火安全技术的规定最为苛刻。仍以美国为例，1981～1990 年期间的飞机发生事故的统计资料表明：10 年期间的 1153 起灾祸中将近 20% 来自撞击中的火灾，其中 40% 的死亡又是源于机舱内饰、喷气燃料、聚氨酯软泡等燃烧时释放的大量窒息性浓烟和毒气[10]。照此计算,商用飞机因火灾死亡总数将以每年4%的速度递增,一个灾难性的数字!

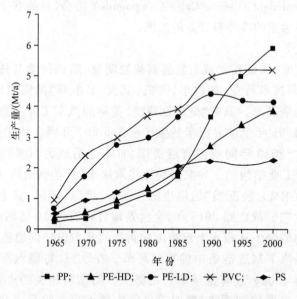

图 1-3　欧洲聚合物生产发展状况

表1-4列出普通商用飞机机舱内可燃物种类和重量的统计资料。可以看到,每架旅客运输机机舱约含有7 000kg的可燃物。起飞前平均携带150 000kg航空燃料。假设飞机着陆时仍需保留10%~50%的燃料,粗略估计,机舱材料的火负荷相当于着陆时燃料火负荷的20%。足见机舱材料的火负荷也是一个不可忽视的危险源。1986年,对上述材料的抗火能力的要求是通过"垂直60s本生灯的自熄实验"。近来,美国联邦航空局(Federal Aviation Administration,FAA)颁布的新标准又增加了新的规定,严格限制材料的最大烟密度和最大热释放速率数值,以赢得旅客疏离现场的时间。

纤维增强塑料,如纤维增强的夹心层板,在飞机、汽车、舰船、管路、储罐、体育设备等场合使用颇广。以商用飞机而论,机舱内装潢材料中占80%~90%的是热固性塑料。近些年,"膨胀阻燃-纤维增强复合体"在纺织业异军突起[11]。"热塑性-膨胀-纳米复合物"的出现进一步增加了该体系阻燃机理的复杂性[12]。无卤阻燃纤维增强复合材料仍呈发展趋势。

表 1-4 每架普通商用飞机机舱可燃物的种类和质量[10]

机舱材料	每架飞机的质量/kg	机舱材料	每架飞机的质量/kg
隔声材料	100~400	旅客服务用具	250~350
毯子	20~250	隔断与侧壁	100~1 000
行李衬垫	>50	枕具	5~70
地毯	100~400	热塑性部件	~250
天花板	600	座位安全带	5~160
窗帘	0~100	座位软垫	175~900
输送管道	450	座位装潢	80~430
弹性体	250	座位装饰	40~200
安全滑梯	25~500	壁面遮盖物	~50
地面面板	70~450	窗	200~350
地板遮盖物	10~100	窗面遮光物	100
救生艇	160~530	电线绝缘	150~200
救生服	50~250	可燃物总量	3 380~8 400
油漆涂料	5		

1.4 本书的主导思想及组织结构

用户对阻燃剂及阻燃产品的要求已经不满足于单项阻燃指标,还要求"环境友好"、"加工稳定"以及尽可能高的质量/价格等。阻燃是火安全工程中的重要环节。与有卤阻燃相比,无卤阻燃技术存在的普遍问题是:阻燃效率低、填料加量大、加工困难、价格偏高等。通常,阻燃剂是聚合物阻燃科学与技术中的主角。传统的出版物多是围绕阻燃剂主体进行的。无卤阻燃体系则不然,它的复杂性在于体系内多相组分的存在。

以二氧化硅对 PP/SiO_2 体系燃烧行为的影响为例(表 1-5,图 1-4 及图 1-5)[13],不同形貌的二氧化硅的阻燃效果截然不同。

表 1-5 各种氧化硅的物性[1][13]

氧化硅	孔隙度 /(g/cm³)	热处理	硅醇密度 (SiOH/nm²)	比表面 /(m²/g)	粒径 /μm
非晶熔融 SiO_2	~0	100℃,2h	低	低	7
气相法制备 亲水性 $SiO_2^{1)}$	NA	无	3.4	255±25	聚集体长度 0.2~0.3
气相法制备 憎水性 $SiO_2^{2)}$	NA	100℃,15h	1~2	140±30	聚集体长度 0.2~0.3
硅胶	2.0	900℃,15h	0.4	400±40	17

1) 气相法制备亲水性与气相法制备憎水性 SiO_2 质地疏松,非晶熔融 SiO_2 质地密实。

2) 一半 SiOH 基团被三甲基甲硅烷化覆盖。

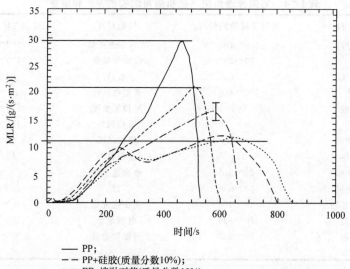

图 1-4　质量损失速率(N_2, 40kW/m^2)汽化实验[13]

纯 PP、PP/硅胶、PP/非晶熔融 SiO_2、PP/亲水性 SiO_2(气相法制备)、PP/憎水性 SiO_2(气相法制备)

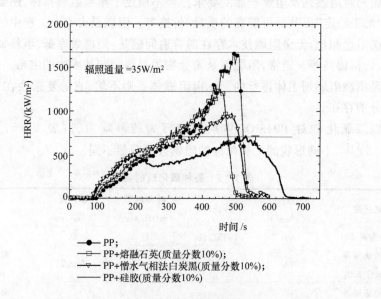

图 1-5　填加各种二氧化硅对 PP 的热释放速率的影响(35kW/m^2)[13]

纯 PP、PP/硅胶、PP/非晶熔融 SiO_2、PP/亲水性 SiO_2(气相法制备)、PP/憎水性 SiO_2(气相法制备)

与纯 PP 相比,PP/熔融二氧化硅体系的 HRR 峰值下降 26.8%(1 680 →

1 230 kW/m^2),而 PP/硅胶体系则下降 58.3%(1 680 → 700kW/m^2)(图 1-5)。体现出两种不同的燃烧机理。是什么原因导致四种具有完全相同化学组成(SiO$_2$)的阻燃填加剂却表现出如此不同的燃烧行为(图 1-4 及图 1-5)？研究表明,二氧化硅阻燃机理由两个方面组成:①二氧化硅表面—SiOH 基团的氢键作用以及聚合物分子链与 SiO$_2$ 孔隙间的缠结作用促进了熔体黏度的增加,从而降低了降解产物的扩散速度;② 表面层逐渐积累的 SiO$_2$ 热绝缘层阻滞了样品的热扩散。显然,以下各因素对体系的阻燃性能有着不容忽视的作用:①填加剂(包括填料)的物理形态。形貌、比表面、纵横比。②表面改性。提高各相界面间的分散性(包括纳米效应)等。③表面化学。官能团种类与含量。④加工过程。

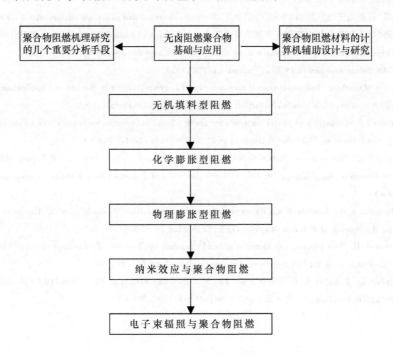

图 1-6　本书组织结构框图

无卤阻燃体系的许多问题往往与相界面的状态和作用有关,后者常引发吸附、催化、交联[物理和(或)化学]等复杂过程,直接影响到材料的耐热和阻燃性能。应该强调的是如今对"无卤阻燃"聚合物的要求已非单一的阻燃指标所能满足。阻燃科学与技术正朝着多学科的交叉方向发展、渗透。如何应对、理解和处理好多元体系中诸多相界面间的作用与相容,往往是改善以至决定体系整体功能(包括阻燃性能在内)的关键。基于这种认识,本书作者试图以新的视角组织安排相关的章节内容,突出无卤阻燃技术途径这一层次的基础与研究。同时为满足读者进一步工作的需要,本书将竭尽全力给出相关重要文献的来源和某些热点课题(包括本书作者的部分工作)的介绍。实际上,本书的撰写既是一种尝试也是研究工作的继续。为了帮助读者更好地理解和使用本书的基本内容,图 1－6 的框图给出全书的总体构架。

参 考 文 献

[1] Nelson G L, Wilkie C A. Materials and solutions for hazard prevention. Fire & Polymers. ACS Symposium Series 797, American Chemical Society. Washington, DC, USA, 2001

[2] Hirschler M. Fire hazard and smoke toxicity: Post-flashover fire issues or incapacitation via irritancy. Flame Retardants, 2000, London

[3] Building Design Directive. BSI, DD240, Part 1, 1997

[4] 欧盟"废弃电子电气设备(WEEE)指令"[The waste electrical and electronic equipment (WEEE) directive]

[5] 欧盟"电子电气设备中禁用有害物质指令"[The restriction of hazardous substances (RoHS) directive]

[6] Nakayama A, Kimura H, Watanabe K et al. HITACHI Cable Review, 1999(18)

[7] CERN Safety Instruction IS 23, 2nd edition (1992/1993)

[8] Pardos Marketing. Industrial market research consultancy specializing in plastics and applications. Intertech 2nd International Conference, November 8~10, 2000, Orlando, Florida, USA

[9] Stimitz J S. Properties of plastic materials for use in 42 volt automotive application. The Fourteenth Annual BCC Conference on Flame Retardancy, June 2~4, 2003, Stamford, CT, USA

[10] Lyon R E. Fire-Resistent Materials: Research Review, December 1997/1999, Final Report, Office of Aviation Research, Washington, DC 20591, US Department of Transportation, Federal Aviation Administration (FAA)

[11] Horrocks A R, Kandola B K. Flame retardant cellulose textiles. Proceedings of 6th European Meeting on Fire Retardancy of Polymer Materials, Lille, September 24~26, 1997. 53~55

[12] Horacek H. New intumescent formulations and their new applications. Proceedings of the 8th European Conference on Fire Retardant Polymers, Alessandria, Italy, June 24~27, 2001

[13] Kashiwagi T, Bulter K M, Gilman J W. Fire Safe Materials Project at NIST, NISTIR 6588. 15th Meeting of the UJNR Panel on Fire Research and Safety, March 1~7, 2000

第2章 无机填充型阻燃基础与应用

2.1 概　述

无机填料是聚合物产品中不可缺少的重要组分。受电子、汽车、交通等工业部门的带动,它的需求与开发问题变得特别突出。以 2001 年全世界聚合物添加剂需求量的最新统计数字为据[1],无机增强型填料(包括无卤阻燃填料)的需求量稳居榜首(表 2-1)。

表 2-1　全球 2001 年聚合物添加剂的需求量(单位:Mlb)

单位	欧洲	北美	亚洲	拉丁美洲	日本	其他	总计	权重/%
功能填料	569.2	701.0	506.1	103.1	326.8	148.4	2 354.6	25.7
抗冲改性	103.0	118.5	102.0	29.7	72.5	26.8	452.5	4.9
颜料	485.0	440.0	365.0	70.0	82.0	58.0	1 500.0	16.4
无机增强	1 565.0	1 325.0	1 385.0	105.0	285.0	185.0	4 850.0	53.0
总计	2 722.2	2 584.5	2 358.1	307.8	766.3	418.2	9 157.1	100.0
权重/%	29.7	28.2	25.8	3.4	8.4	4.5	100.0	—

注:Leistritz Masterbatch Day-Nurenberg,November 2003[1]。

表 2-2　美国 1998～2003 年塑料用高级无机填料市场

填料	销售量/Mlb		年均增长率(1998～2003 年)/%
	1998 年	2003 年	
碳酸钙	324	389	3.7
二氧化钛	449	511	2.6
高岭土与黏土	96	127	5.8
氢氧化铝	68	92	6.2
滑石粉	37	46	4.5
二氧化硅	64	78	4.0
氧化锑	58	66	2.6
氢氧化镁	13	17	5.5
硫酸钡	7	8	2.7
总量	1 116	1 334	3.6

来源:Business Communications Company (2003)。

表 2-2 显示,1998～2003 年五年间美国用于塑料的高级无机填料市场的年总平均增长率为 3.6%。其中,氢氧化铝、黏土及氢氧化镁的年均增长率均名列前茅(有关黏土类填料的详细分析见本书第五章)。与卤系、磷系等阻燃体系相比,无机填料型阻燃复合材料具有低毒、低烟、低腐蚀、价格低廉等优点。以低烟无卤阻燃线缆产品 (low smoke free of halogen,LSFOH)为例,该行业对聚乙烯的需用量在四年前(2001 年度)就已达 12 万 t 之多(表 2-3)[2]。

表 2-3　2001 年全欧电缆等行业 PE 用量的统计数字(总量:32.5 万 t)[2]

名称	用量比例 / %
交联聚乙烯(XPE)	41.0
中密/高密聚乙烯(MDPE / HDPE)	18.0
低密聚乙烯(LDPE)	15.0
低烟无卤阻燃线缆(LSFOH)	12.0
线性低密聚乙烯(LLDPE)	9.0
聚乙烯泡沫(PEF)	5.0

2.1.1　无机填充型阻燃填料(ATH、MH)的概况

含水金属氧化物,如氢氧化铝(ATH)或氢氧化镁(MH)是最常用的两类无机阻燃填料,阻燃配方中用量常高达 50%(质量分数)以上。自 20 世纪 80 年代初期以及随后的十多年间是 ATH 与 MH 研发的鼎盛时期。ATH 和 MH 是许多应用领域(如线缆行业)的首选材料。ATH 常用于通用塑料(如 PE、PP、PVC、不饱和聚酯以及相应的共聚物)。使用量远大于 MH,后者主要适用于工程塑料(如 PA、PET、PBT、PPO、ABS、ABS 合金等)。它们同是无机金属氢氧化物家族中的佼佼者,是阻燃填料工业生产、加工、改性的主体,也是本章讨论的重点。

2.1.1.1　ATH 与 MH 的热降解行为对比

不同形貌(球形、片状、纤维状)的无机填料对高分子复合物的物理化学性能(如力学、电学、热学、阻燃、抑烟等)和制造成本均有影响。图 2-1(a)及(b)分别是 ATH 与 MH 的热分析(DSC/TGA)实验结果。二者是在相同条件下制备的沉淀型样品(粒径为 $1\mu m$)[3]。两者的吸热峰分别为 1127J/g(ATH)和 1244J/g(MH)[图 2-1(a)]。可见,MH 比 ATH 的热分解温度高得多:起始分解温度分别在 ～330℃及 ～200℃[图 2-1(b)]。如何提高 ATH 的热稳定性是个有待解决的重要课题。有专利[4]披露经草酸处理的氢氧化铝为碱性草酸铝(BAO),其结构式为 $M \cdot n[R(COOH)_x]$(其中 M 为 ATH,R 为有机基团,$x \geqslant 2$)。BAO 的分解温度

可提高到 330℃。高于 450℃时,分解失重为 51%。密度(2.2g/cm³)稍低于 ATH 和 MH,呈白色。填充量在 40%～60%之间的阻燃性能与 ATH 相似(表2⁻4),适用于工程塑料的阻燃,且具有优良的抑烟效果和电器性能,在电线电缆业有发展前途。

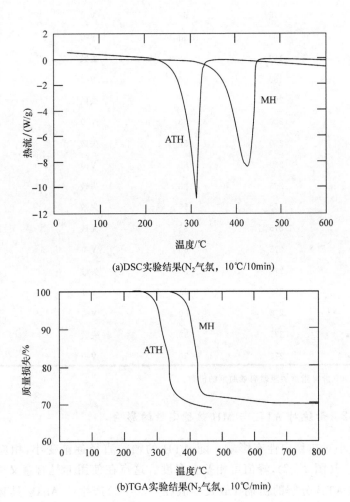

(a)DSC实验结果(N₂气氛, 10℃/10min)

(b)TGA实验结果(N₂气氛, 10℃/min)

图 2⁻1　ATH(沉淀型,粒径 1μm)与 MH(沉淀型,粒径 1μm)的热分析
引自:Horn W E. In:Grand A F and Wilkie C A Eds. Fire Retardancy of
Polymeric Materials, Marcel Dekker. 2000,300

表 2 - 4　BAO 的阻燃性能[4]

聚合物	加工温度/℃	加入量/%	UL-94 分类	LOI/%
HDPE	135	55	失败	—
HDPE	135	60	V-0	—
EVA	175	63	V-0	—
PVC	180	15 phr[1]	V-0	45.4
ABS	180	55	失败	25.8
ABS	180	60	V-0	28.2
PP	200	60	失败	25.7
PP	200	63	V-0	26.8
PBT	230	55	失败	—
PBT	230	60	V-0	29.8
PC	265	33	失败	—
PC	265	60	失败	—
PA66	275	55	失败	—
PA66	275	60	V-0	33.3
PPO/PS	275	55	失败	—
PPO/PS	275	55	V-1	—
PPO/PS	275	60	V-0	33.9
PET	275	33	失败	—
PET	275	50	V-0	—

1) phr：每 100 份树脂添加阻燃剂或助剂的份数。

2.1.1.2　形貌对 ATH 与 MH 热稳定性的影响

颗粒大小对热稳定性有影响。随 ATH 的颗粒直径逐渐变小，相应的热稳定性有所上升[5]（图 2 - 2），峰值可相差十多度。这点在使用上是有意义的。Rothon 等[6]认为在 ATH 分解的初期（最大峰值在～300℃）产生的 Al_2O_3 具有很高的活性，可以重新与 H_2O 作用生成 ATH，后者与从颗粒内部逸出的 H_2O 作用（较长时间的扩散有利于较多的接触机会）生成羟基氢氧化铝（又称勃姆石）。勃姆石比 ATH 更为稳定（对应于图 2 - 2 中右端的小吸热峰）在～500℃才能分解成 Al_2O_3。颗粒度小的 ATH 和 MH 一般会给出较好的阻燃效果。

对于 $Mg(OH)_2$ 目前尚未见到类似的报告。但颗粒的形状对 MH 热稳定性确有影响[7]。390℃恒温下的 TGA 试验表明球形颗粒分解最慢（图 2 - 3）。

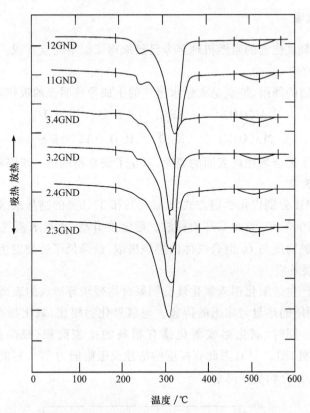

图 2-2　ATH(研磨)的热稳定性与其平均粒径的关系(DSC 数据,20℃/min)[5]

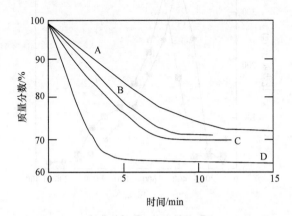

图 2-3　不同形貌 Mg(OH)₂ 在 390℃ 恒温时的 TGA 曲线图 (N₂)[7]

A 近于球形,六角形貌依次按 A≪B<C<D 增加

2.1.2　阻燃机理

有关金属氢氧化物的阻燃机理至今已经取得了以下几点共识。

（1）冷阱效应

伴随聚合物的降解，特别是大量水蒸气的生成导致明显的吸热过程

$$2\ Al(OH)_3 \longrightarrow Al_2O_3 + 3\ H_2O - 1127\ J/g$$

$$Mg(OH)_2 \longrightarrow MgO + H_2O - 1244\ J/g$$

从而降低了聚合物燃烧表面的温度，阻止了聚合物的进一步降解。

（2）稀释效应

ATH 与 MH 分别以化学键方式与 34.6% 和 31.0% 的结晶水结合。受热时结晶水分别在～200℃和～330℃开始释放。随温度升高，大量水蒸气的掺入和稀释改变了有机可燃物质与 O_2 混合气体的燃烧极限，故降低了燃烧发生的可能。

（3）阻挡层效应

燃烧过程产生的氧化铝或氧化镁会同聚合物残炭等形成的表面层可以阻止凝聚相/气相界面间的热量与物质的传递。与氢氧化物相比，氧化物有较高的热容，所以温升较小。同时，氧化铝或氧化镁有很高的比表面积（最高值分别发生在400℃与500℃处，图 2－4），因此有高度的活性及吸附能力[8,9]，有助于催化成炭作用，并保护底层聚合物免于降解[3,5]。

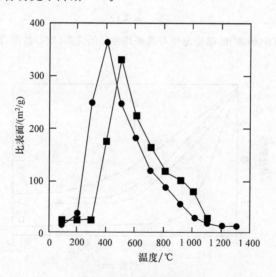

● 氢氧化铝；■ 氢氧化镁

图 2－4　金属氢氧化物热解后产生的活性氧化物的比表面与温度的关系

引自：Hornsby P R，Watson C L. Plast. Rubber Process Appl.，1989，(11)：45～51

此外,金属氢氧化物同时又是良好的抑烟剂。尽管抑烟机理尚未完全搞清,但一般认为与活性氧化物表面吸附大量的含碳物质,继而催化氧化成 CO_2 有关[3,10]。

2.1.3　面对的问题与解决途径

很明显,无卤阻燃体系与含卤素阻燃体系相比有许多问题需要解决。

(1) 阻燃效率低

为满足要求的阻燃性能指标,无卤阻燃填料的用量往往需要 50%～60%,甚至更高。例如,热塑性 EVA 共聚物的无卤阻燃体系(表 2-5)。

表 2-5　不同填料量对热塑性 EVA LOI 的影响[2]

填料类型	填料添加量（质量分数）/%	极限氧指数 LOI（体积分数）/%
无	无	17.5
氢氧化镁 A	40	22.0
氢氧化镁 A	50	24.0
氢氧化镁 A	60	42.5
氢氧化镁 B	60	30.0
氢氧化镁 C	60	50.0
氢氧化铝（电缆级）	60	35.0
玻璃球	60	22.0

(2) 加工性能变坏

以聚丙烯为例 (表 2-6)。大量的 $Mg(OH)_2$ 加入后明显提高了熔体的黏度,即熔融指数(MFI)由纯聚丙烯的 7.0 下降到 0.1(填料含量 65%)。此时,加工变得非常困难。

(3) 力学性能变坏

仍以聚丙烯为例(表 2-6)。聚丙烯(35%)/$Mg(OH)_2$(65%)的拉伸强度(20.0 MPa)较纯聚丙烯(23.0 MPa)降低了 13%。

表 2-6　$Mg(OH)_2$ 用量对聚丙烯熔融指数与拉伸强度的影响

$Mg(OH)_2$ 用量/%	熔融指数 MFI /(g/10 min)	拉伸强度 / MPa
0	7.0	23.0
35	5.4	24.9
40	4.0	24.7
45	2.2	24.3
50	1.2	23.0
55	0.8	22.5
60	0.2	21.8
65	0.1	20.0

　　解决好体系中有机/无机组分相界面间的相容性是问题的关键。亲水性的无机填料极性大,表面能高;憎水性的聚合物(如 PE、PP)属于非极性物质,表面能很低。界面能(两相表面能之差)为零的状态是追求的理想极限。表面改性(包括无机填料与有机聚合物)是行之有效的技术途径。表 2－7 给出一些聚合物表面能的数据可供参考。H_2O(73)＞ PC (46)＞ PMMA (39)＞ PS (33)＞ PE (31)＞硅酮(24)＞ PTFE (18)。H_2O 与 PTFE 处于两个极端。

表 2－7　一些聚合物的表面能数据

材　　料	表面张力/ (dyn/cm)	H_2O 的 接触角/ (°)	材　　料	表面张力/ (dyn/cm)	H_2O 的 接触角/ (°)
H_2O	73	—	聚苯乙烯	33	—
PE(火焰处理)	50	—	聚乙烯	31	—
PE(电晕处理)	48	—	硅橡胶 O_2-等离子体处理 处理 1 周后	—	～0 60
PE(等离子体处理)	48	—	硅橡胶 PEG 接枝 接枝 1 周后		20 40
PC	46	—	硅橡胶	24	～ 90
醋酸纤维素	45	—	聚四氟乙烯	18	—
PMMA	39	—			

注:dyn 为非法定单位,1dyn ＝ 10^{-5}N,下同。

2.2　阻燃填料的表面改性

　　阻燃填料(如 ATH、MH 等)的表面/界面改性往往是阻碍性能指标提高的绊脚石,也是大量专利频频示好的亮点和秘而不宣的技术关键。阻燃填料改性的最终目的在于降低无机填料的表面能,使之趋近聚合物的表面能数值。最佳状态应该是界面能(＝ 无机填料表面能－聚合物表面能)趋于零的理想相容状态。就键合的性质而言,无机填料表面处理可分为:① 以化学键合为主的强作用型偶联剂改性;② 以物理接合为主的弱作用型表面改性。本节旨在重点介绍 ATH 与 MH 的表面/界面改性技术(硅烷、钛酸酯、脂肪酸等)发展概况。

2.2.1　偶联剂类表面改性

　　偶联剂系双官能团分子,既能与无机填料表面又能和聚合物基体发生化学键合,形成所谓的"分子桥"。强的相界面作用直接影响相间的混合与分散,有利于复合物整体性质的提升。常用的偶联剂有有机三烷氧基硅烷、有机钛酸酯以及功能化高分子等。

2.2.1.1　有机硅烷类[11]

大约 50 年前，偶联剂就被用于处理玻璃纤维。随后证明对无机填料同样有效，至今已有 20 年的历史。这类偶联剂能与多种多样的填料和聚合物发生作用，有良好的热稳定性、分散性和低毒性等优点。据统计，全球每年用于处理填料的有机硅烷类偶联剂已达 1.28 万 t 之多。

有机硅烷的一般结构可用 $Y—R—Si—X_3$ 通式表示。其中 X 为可水解的烷氧基团（如甲氧基、乙氧基或乙氧基），Y 为通过烷基桥 R 与硅原子相连的有机官能团（如氨基、乙烯基、环氧基、甲基丙烯酸基等）。有机硅烷中的烷氧基团首先与 H_2O 反应生成硅三醇，并释放出醇类副产物。硅醇基与填料表面的氧化物或羟基产生缩合反应（图 2-5）。

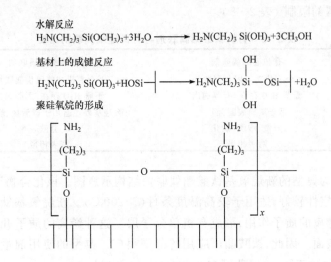

图 2-5　典型硅烷（γ-氨基丙基三甲氧基硅烷）与含硅填料表面偶联反应[11]

硅烷类偶联剂成功的先决条件是要求无机填料表面具备活性中心，特别是羟基基团的存在。因此，它适用于所有的硅酸盐型填料、无机金属氧化物（如氧化铝、氧化硅、二氧化钛）及氢氧化物（如 ATH、MH）、玻璃纤维与玻璃球、云母、矿棉、石英、滑石粉、蛭石等。但对 $CaCO_3$、$BaSO_4$、炭黑、含硼化物等无效。硅烷加入量取决于无机填料的比表面积和每种硅烷的覆盖率。当无机填料的比表面 $<20 m^2/g$ 时，硅烷需要量大约为无机填料的 1%（质量分数）。较高比表面的填料需要较高的硅烷添加量。此外，偶联剂中的 Y 基团可通过接枝、加成、取代等方式与聚合物表面上的活性基团发生作用。基团 Y 的选择应该考虑与聚合物的相容性。例如，

甲基丙烯酸硅烷常用于不饱和聚酯;氨基硅烷应用范围更广,常用于聚酰胺、聚碳酸酯、环氧、氨基甲酸酯等。一般说来,硅烷类偶联剂适用于极性的热塑性、热固性塑料、橡胶,而对非极性的聚烯烃类聚合物效果较差。

尽管如此,硅烷偶联剂仍存有许多不足。首先,有效使用范围大多局限在无机氧化物、氢氧化物和硅酸盐。其次,由于引发偶联反应需要 H_2O,以及水解过程醇的释放,因此会带来后处理的麻烦。

2.2.1.2　有机钛酸酯类

有机钛酸酯偶联剂的一般通式为:XO—Ti—$(OY)_3$,其中 XO—可以是单烷氧基或新烷氧基,用来与无机基体发生作用。—OY 为有机官能团。Y 可以是苯基、丁基,用以与极性和非极性的热塑性聚合物作用;Y 也可以是氨基、甲基丙烯基,用以与热固性聚合物相作用;Y 还可以是焦磷酸或羧酸基,与聚合物相互作用。以上各种基团的反应都不需要 H_2O 的存在。因此有机钛酸酯偶联剂可以摆脱许多硅烷偶联剂遭遇的限制(表 2-8)。

表 2-8　有机钛酸酯偶联剂与有机硅烷偶联剂比较

比较项目	有机硅烷偶联剂	有机钛酸酯偶联剂
化学结构	1 个有机功能团供偶联用	3 个有机功能团供偶联用
偶联机理	需要 H_2O 存在,有醇逸出	不需 H_2O 存在,无醇逸出
使用范围	适于填料表面羟基	除羟基外还适用于碳酸盐、炭黑等
功能	分散、增塑、催化	分散
价格	两者相当	两者相当

图 2-6 为典型的新烷氧基钛酸酯偶联剂结构示意图。该化合物于 1984 年首次开发,热稳定性较好,适用于较高温度条件(>200℃)。新烷氧基钛酸酯与无机填料表面上游离的质子作用,形成有机单分子层。这种游离的质子几乎存在于所有三维颗粒表面。因此,钛酸酯可应用的范围很广。典型的使用剂量为无机填料质量的 0.5%～0.7%,一般范围在 0.2%～2.0% 之间。

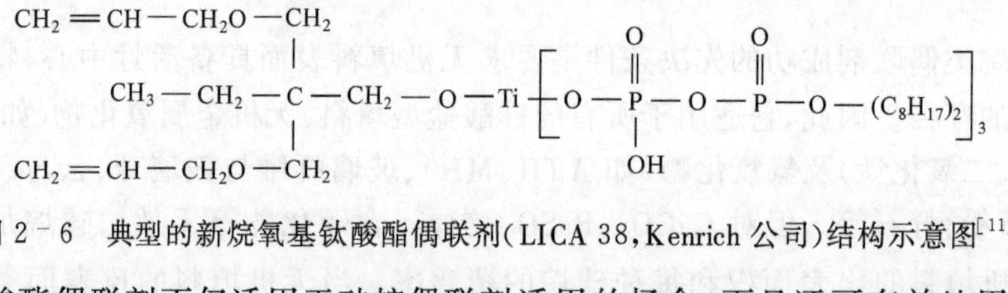

图 2-6　典型的新烷氧基钛酸酯偶联剂(LICA 38,Kenrich 公司)结构示意图[11]

钛酸酯偶联剂不仅适用于硅烷偶联剂适用的场合,而且还可有效地用在碳酸钙、炭黑以及其他一些硅烷偶联剂不大奏效的场合,例如,Kenrich Petrochemicals 公司报道以 LICA 38 改性的碳酸钙用来阻燃线性低密度聚乙烯(44% $CaCO_3$/

LLDPE)。以钛酸酯偶联剂改性 $CaCO_3$、$Mg(OH)_2$ 等的研发工作也是近期的一个研究热点[11]。

2.2.2　脂肪酸类表面改性

有机酸,特别是脂肪酸主要取自自然界的动植物资源,例如,以偶数碳(C_{16}～C_{20})饱和羧酸为主体的脂肪酸混合物、异硬脂酸(主要由 C_{18} 的饱和羧酸组成)等。与硅烷偶联剂相比,有机酸类又有明显的价格优势,很有发展前途(表 2-9)。

表 2-9　1999 年全球有机硅烷与有机酸表面改性剂的市场份额

处理类型	数量/%	价值/%
有机硅烷	50	90
有机酸(总计)	50	10
其中:脂肪酸	40	6
聚合物酸	10	4

引自:Rothon R Proc. Coupling Agents and Surface Modifiers'99,Atlanta,USA,1999。

支链脂肪酸,例如,异硬脂酸[16-甲基十七(碳)烷酸]常温下呈液态,无需加热等设备即可使用。市售产品常为异构体组成的混合物。Bonsignore[12]首次将它用于处理 ATH,目的在于提高 PP 的阻燃及抑烟性能,部分结果见表 2-10。

表 2-10　聚丙烯/异硬脂酸改性 ATH 体系的 LOI 与抗冲强度[12]

试样	ATH / phr	异硬脂酸/%	LOI/%	$Izod^{1)}$/[(ft·lb)/in]
$C-5^{2)}$	45	—	21.0	2.3
$C-6^{2)}$	45	1.0	21.0	3.3
C-2	100	—	24.0	0.9
C-7	100	1.0	23.5	1.8

1) Izod 试验结果表示缺口处每单位样品厚度的能量损失[J/m 或(ft·lb)/in]。美国通用的测试方法为 ASTM D25678,Method A(另见图 2-23 下注)。

2) 含有 6 phr 的增强无机纤维。

不饱和脂肪酸(如十八烯酸,又称油酸)含有不饱和键,曾被用作偶联剂。但必须避免早期的氧化作用。有报道说,加入少量抗氧剂有助于提高体系的热稳定性[13]。

硬脂酸可有效降低熔体的黏度。图2-7给出硬脂酸前处理对聚丙烯/氢氧化镁(60%)复合物流变行为的影响。可能是由于填料表面吸附的硬脂酸降低了填料粒子间的作用,更容易为聚合物熔体所润湿,故而改善了分散程度。

Liauw 等利用流动-微量热仪(flow-microcalorimetry,FMC)[14]与漫反射红外(diffuse reflection Fourier transform infrared spectroscopy,DRIFT)[15,16]研究了 C_{18} 硬脂酸(Hst)、异硬脂酸(H'st)及油酸(Hol)在 $Mg(OH)_2$ 表面的吸附过程,见图2-8、图 2-9、图 2-10。实验结果指出:① 吸附量明显取决于吸附质拖尾的形状;② 直链硬脂酸

的吸附量最大,说明烷基链的紧密排列,这一点已经得到了图2－11宽角 X 射线散射
(WAXS)与图 2－12差式扫描量热(DSC)的证实。由图2－12得知硬脂酸镁是以分离
的结晶相存在的。与异硬脂酸及油酸不同,表面吸附的硬脂酸镁不溶于脂肪族溶剂,
具有高稳定性和增塑效应。图 2－13力学性能的改善证明了上述论述的正确性。硬
脂酸镁与填料直接键联以及填料颗粒周围的熔融界面层可以促进力学性能的提高。

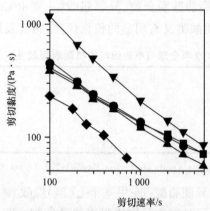

▼未处理填料;■硬脂酸处理;●异硬脂酸处理;▲油酸处理;◆未处理聚丙烯

图 2－7　硬脂酸前处理对聚丙烯/氢氧化镁(60%)流变行为的影响

引自:Liauw C M, Rothon R N, Lees G C, Dumitru P, Iqbal Z. Functional Effect Fillers 2000,

Berlin, Germany, 13～15 September,2000

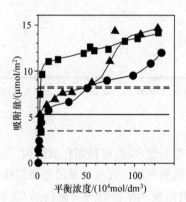

● H^{i}st;■ Hst;▲ Hol

=== Hst/Hol* 理论值;

—— 理论 Hst;　···· 理论 Hol$^\#$

Hol*(垂直吸附);Hol$^\#$(两点吸附)

图 2－8　等温吸附线(AIS)[16]

(庚烷中放置 1 周后)

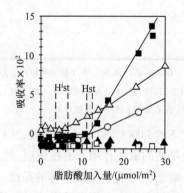

空芯符号:羧酸盐中羰基吸收峰(1580 cm^{-1});

实芯符号:羧酸盐中羰基吸收峰(1714 cm^{-1})

(符号同图 2－8)

图 2－9　FTIR 峰强度(取自溶液相)与脂肪

酸加入量的关系[16]

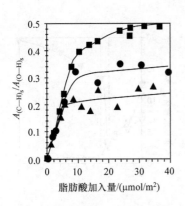

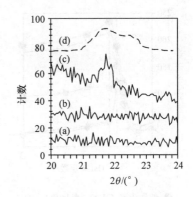

（a）油酸处理；（b）异脂肪酸处理；

（c）硬脂酸处理（2.5 单层）；（d）纯 Mg(OH)$_2$

图 2-10　峰面积比［C—H(吸附酸)/O—H

（Mg(OH)$_2$）］与脂肪酸加入量的关系[16]

（符号同图 2-8）

图 2-11　WAXS 曲线[16]

Mg(OH)$_2$

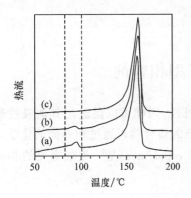

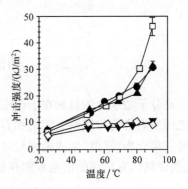

（a）硬脂酸处理（2.5 单层）（左方小峰为

硬脂酸镁）；（b）Soxhlet 庚烷萃取；

（c）Soxhlet 甲醇萃取

图 2-12　DSC 曲线[16]

PP/Mg(OH)$_2$（60%，质量分数）

□ 硬脂酸处理；● 异脂肪酸处理；▲ 油酸处理；

◇ 无填充聚合物；▼ 未处理填料

图 2-13　抗冲强度与温度的关系[16]

　　硬脂酸的纯度也会影响产品的老化性能。如图 2-14 及图 2-15 所示。纯硬脂酸(Hst)的纯度为 99%；老化前的工业级硬脂酸（SB）约含 50% 的硬脂酸。图 2-15 也表明：老化可能引起氧化交联反应，可能与工业级脂肪酸中的不饱和成分有关。

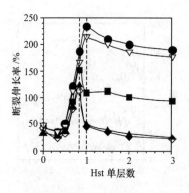

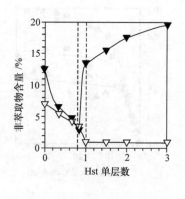

● 纯硬脂酸（Hst）（老化前）；

■ 3 个月老化的 Hst；

▲ 6 个月老化的 Hst；

▽ 老化前的工业级硬脂酸（SB）；

◇ 3 个月老化的工业级 SB

▽ 老化前数据；

▼ 老化后数据

图 2-14　EVA(17％VA)/Mg(OH)₂(60％，
质量分数)体系断裂伸长率随硬脂酸吸附
单层数的变化[16]

图 2-15　老化对非萃取物含量的影响[16]

2.3　功能高分子型相容剂

高分子功能化的目的在于改变高分子的极性,同样可以促进与其他极性聚合物之间或聚合物与填料之间的相容。经过接枝的聚合物再通过相界面的化学反应与另一聚合物"原位"生成的嵌段共聚物（block copolymer）是一类很重要的相容剂（或偶联剂）,有广泛的前途和实用价值。

2.3.1　聚合物的马来酸酐功能化

工业用相容剂（或偶联剂）可以通过直接聚合或反应挤出获得。接枝后的酸酐基团可以与氨基、环氧基、醇基发生反应。故亦称反应型相容剂。以尼龙（PA）/聚丙烯（PP）共混物的增容为例,图 2-16给出接枝聚丙烯（PP-g-MAH）与尼龙 66 的反应过程。此种相容剂（或偶联剂）可以用来：①提高塑料与金属间的黏附性；②改善聚合物与填料、玻纤间的相容性；③改善环氧树脂的抗冲性能。

PP-g-MAH 也常用作聚丙烯（PP）/ 乙烯-乙烯醇共聚物（EVOH）的阻氧软硬饮料包装和多层高阻隔薄膜用途（见中国包装网 http://www.pack.net.cn）。表 2-11给出这类功能化聚合物的商业用途。

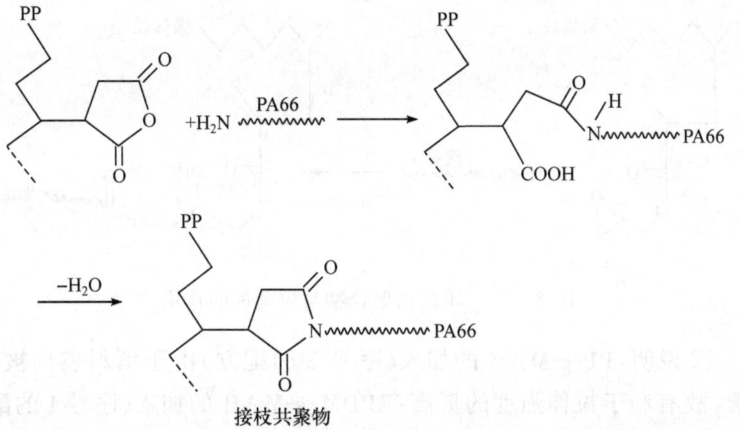

图 2-16　接枝聚丙烯(PP-g-MAH)与尼龙 66 反应生成接枝共聚物过程

表 2-11　功能化聚合物相容剂或偶联剂的商业用途

功能化聚合物	与之反应的官能团	应用实例
PP-g-MAH	—NH₂	PA/PP 共混物＋键合层 PP/EVOH ＋ 玻纤增强聚烯烃 ＋ 填料(ATH)
E-EA-MAH	环氧	PA 改性 TPE(三元体系)
EVA-g-MAH	硅烷	电缆
SEBS-g-MAH	—OH	PA 抗冲改性 PS
PS-co-MAH	—	PS 共混物相容化

注：PP.聚丙烯；MAH.马来酸酐；E.乙烯；EA.丙烯酸乙烯酯；EVA.乙烯-乙酸乙烯酯共聚物；SEBS.苯乙烯-乙烯-丁烯-苯乙烯共聚物；PS.聚苯乙烯。

2.3.2　聚合物的环氧、丙烯酸功能化

商业上常将活泼的环氧基团通过甲基丙烯酸缩水甘油酯(GMA)接枝聚烯烃，后者很容易与氨基、酐、酸、醇发生作用。此法常被推荐为聚酯(PET、PBT)的相容剂。反应过程如图 2-17 所示。丙烯酸改性聚烯烃(PO-co-AA)也是有效的相容剂或偶联剂(PO：聚烯烃)。常通过与丙烯酸(AA)共聚而得。对于碱性和两性表面的填料，或经氨基硅烷处理过的酸性表面(如黏土、玻璃)，都可以选用 PO-g-MAH 和 PO-co-AA 作为有效的偶联剂以达到提高力学强度的目的，但两者都是以牺牲韧性为代价的。上述功能化聚合物还可用来控制原本不相容的共混物(或嵌段共聚物)内的相分布状态。以抗冲聚丙烯(PPBC)/氢氧化镁(60％)体系为例(表 2-12)[17]，该体系最终的力学性能与加入的功能化聚烯烃的种类和数量关系极大。

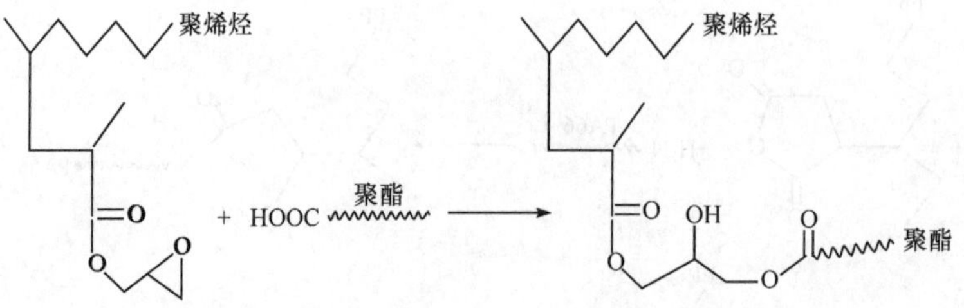

图 2-17　环氧化聚合物与聚酯间的作用

表 2-12 说明：PP-g-MAH 的加入（序号 3 的配方）由于填料表面被 PP（连续相）所包覆，故有利于拉伸强度的提高；EPDM-g-MAH 的加入（序号 4 的配方）由于填料表面被 EPDM 相所包覆，也能提高断裂伸长率和抗冲强度。

表 2-12　PPBC/Mg(OH)₂(60%)共混物力学性能与相容剂种类关系[17]

序号	复合物	弯曲模量 /GPa	拉伸强度 /MPa	断裂伸长率 /%	抗冲强度[4) /(kJ/m²)
1	PPBC[1)（未填充）	0.7	16.7[2)	10[2)	91
2	PPBC(40%)/Mg(OH)₂(60%)	3.4	14.6	0.6	10
3	2 + PP-g-MAH(10%)[3)	3.0	21.1	0.9	11
4	2 + EPDM-g-MAH(5%)[3)	0.6	10.6	6.2	29

1) PPBC：Polypropylene Block Copolymer。

2) 屈服点数值。

3) 数值计在总 PP 数值之中。

4) 室温下。

功能聚合物中含有不饱和键，也可能参与相容反应过程。经马来酸酐改性的聚丁二烯（PBD-g-MAH 或简称为 MPBD）处理沉淀法制得的 CaCO₃ 就是一个例子。不同于功能化的聚烯烃，PBD-g-MAH 的接枝率可以很高。经氨处理后可成水溶性，适合于水介质沉淀制备填料的工艺。在价格与环保方面具有优势。此外，不饱和脂肪酸的低聚物也逐渐受到重视。有专利提出以低聚油酸和蓖麻油酸处理 Al(OH)₃ 及 Mg(OH)₂ 可以阻燃聚丙烯复合物，效果比简单的脂肪酸更为明显[18]。

2.3.3　聚烯烃结构对马来酸酐(MAH)接枝的影响

长期以来，人们对 MAH 接枝聚烯烃表现出了极大的兴趣，实现了商业化的成功运作。在特定的过氧化物引发条件下，接枝过程是一个与交联、降解竞争并存、主、副反应相互交叉的复杂过程。研究显示：接枝过程的主副反应与聚烯烃的分子结构关系密切。譬如,聚乙烯的主要副反应以交联为主,而聚丙烯则以降解为主,至于乙烯/丙烯橡胶(EPM)则介于二者之间。论接枝率,聚乙烯远大于聚丙烯和乙丙橡胶。由于使用的条件和接枝配方不尽相同,尚难相互比较。Machado 等较系统地研究了多种聚烯烃结构的影响[19]。所用的样品计有:聚乙烯[高密(HD)、低密(LD)、线性低密(LLD)]、乙丙橡胶(EPM)、聚丙烯[等同立构(iPP)、间同立构(sPP)、非同立构(aPP)]。接枝条件有熔态法和溶液法。图 2–18、图 2–19 及图2–20分别给出接枝率、动态黏度比等性质。

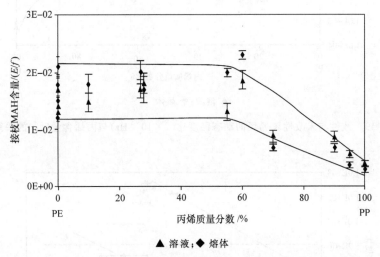

▲ 溶液；◆ 熔体

图 2–18　MAH 接枝 MAH 含量/(E/f)与丙烯质量分数的变化关系[19]

接枝率以 MAH 吸收峰(1785 cm^{-1})的消光率对样品厚度规一化数值表示

可以看到,无论溶液法或熔态法,MAH 的接枝率明显地依赖于聚烯烃最初的结构(图 2–18),两种方法有相似的变化规律:即在丙烯含量小于 50% 之前,接枝率 E/f 基本保持恒定;大于 50% 时则下降,直至 $E/f \sim 0.004$(纯 PP)。研究还表明,接枝率 E/f 与立构规正度(iPP、aPP、sPP)关系不大[20]。

图 2–19 采用动态黏度比作为比较基础。该黏度曲线的变化与接枝过程中各种副反应有内在的联系。图中的直线(动态黏度比为 1.0)将图划分为两个区域,即 >1.0 的交联区与 <1.0 的降解区。可见,低丙烯含量有助于交联反应,高丙烯含量有助于降解反应。

图 2–20 给出动态黏度比与 MAH 接枝率的关系。总的趋势是:黏度随 MAH接枝率的增加而上升。由于不可避免地有交联副反应发生,因此实践中常采用低接枝率工艺。以下几点共识是明确的,即 MAH 的接枝率:① 明显依赖于聚烯烃的丙烯含量。丙烯含量越多,接枝率越小;② 与制备方法(溶液法或熔态法)关系不大;③ 与聚合物的立体构象(iPP、sPP、aPP)无关。MAH 接枝过程并发的副反应

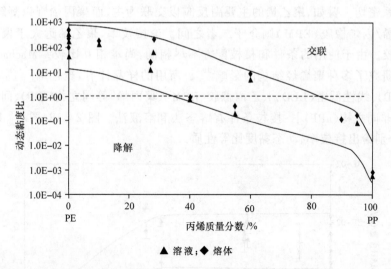

▲ 溶液;◆ 熔体

图 2-19　改性与未改性聚烯烃的动态黏度比(7×10^{-3} Hz)与丙烯含量(%)的关系[19]

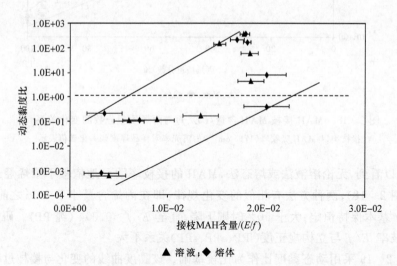

▲ 溶液;◆ 熔体

图 2-20　改性与未改性聚烯烃的动态黏度比(7×10^{-3} Hz)与 MAH 接枝率的关系[19]

(即降解或交联)强烈地依附于聚烯烃的丙烯含量。丙烯含量的减少有利于降解反应向交联反应方向过渡。

　　1,3-与1,4-亚苯基双马来酰亚胺(BMI)(结构如下式)是一类低聚物。200℃以上时 BMI 与 C ═C 双键可发生快速反应(如 Diels-Alder 等)。常作扩链剂、交联剂使用。BMI 是有效的改性剂,可以与所有的填料(无论表面的酸性如何)有效地结合。例如,经 BMI 改性后,PP(均聚)/填料(60%)体系的力学性能可有显著的改善(图 2 - 21)[21]。

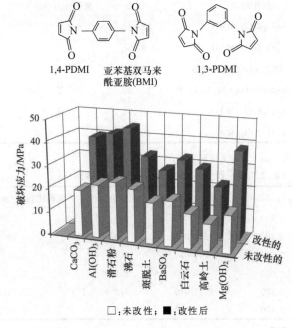

图 2 - 21　BMI 改性 PP/填料(60%)体系的效果[21]

2.3.4　聚烯烃类型相容剂对 PE/ATH 与 PE/MH 体系的效果

丙烯酸接枝聚丙烯(PP-g-AA)、马来酸酐接枝聚乙烯(PE-g-MAH)、马来酸酐接枝聚丙烯(PP-g-MAH)、马来酸酐接枝乙丙橡胶(EPR-g-MAH)、马来酸酐接枝聚丙烯酸正丁酯(PnBuA-g-MAH)等都是有效的聚合物型相容剂。

Mai[22]将 PP-g-AA 加入 PP/ATH 体系后可以增加体系的强度与模量,但抗冲强度有所降低。Hornsby 等[23]发现 PP-g-AA 加入 PP/MH 中可以提高弯曲模量和拉伸强度,抗冲强度也稍有改善。Chiang 等[24]发现在同样的条件下,拉伸强度与抗冲强度可以得到改善,但断裂伸长率却有所下降。表 2 - 13、表 2 - 14 及表 2 - 15列出了四种商用相容剂品牌和部分茂金属催化聚合法自制相容剂[25]。

表 2 - 13　工业用相容剂品牌与性能指标[25]

相容剂	功能团	功能团含量/%	等级	制造商
E/BA	丙烯酸丁酯	7.0	LE 6471	Borealis Polymers
E/BA/MAH	马来酸酐	0.5(BA 5.4)	ME 0420	Borealis Polymers
E/GMA	甲基丙烯酸缩水甘油酯	8.0	L. Lotader®AX8840	Atofina
PE-g-AA	丙烯酸	6.0	Polybond®1009	Uniroyal Chemicals

表 2 - 14　茂金属催化聚合法自制相容剂(Ⅰ)[25]

共单体	催化剂	Al/Zr	聚合压力/bar	聚合时间/min
ROH1	Et(Ind)$_2$ZrCl$_2$/MAO	12 000	1.5	40
ROH2	Et(Ind)$_2$ZrCl$_2$/MAO	9 000	1.5	40
ROH3	Me$_2$Si(2-MeInd)$_2$-ZrCl$_2$/MAO	3 000	1.5	30
ROH4	Et(2-(t-BuMe$_2$SiO)-Ind)$_2$ZrCl$_2$/MAO	30 000	1.5	20
RCOOH1	Et(Ind)$_2$ZrCl$_2$/MAO	8 000	1.2	54
RCOOH2	Et(Ind)$_2$ZrCl$_2$/MAO	18 000	1.5	35

注:bar 为非法定单位,1bar=10^{5}Pa,下同。

表 2 - 15　茂金属催化聚合法自制相容剂(Ⅱ)[25]

共聚物	A [kg/mol Zr·h)]	M_w/(g/mol)	M_w/M_n	功能团含量(质量分数)/%
PE-co-OH1	2 900	75 000	2.6	1.02/5.9
PE-co-OH2	6 400	124 000	2.8	0.30/1.8
PE-co-OH3	2 500	244 000	3.4	0.30/1.8
PE-co-OH4	24 000	80 000	2.5	0.80/4.7
PE-co-COOH1	1 700	147 000	2.9	0.31/2.0
PE-co-COOH2	6 400	130 000	2.9	0.35/2.2

　　Hippi[25]等报道了不同类型相容剂对 PE/ATH(60/40)与 PE/MH(60/40)阻燃体系的研究结果,例如,图 2 - 22 及图 2 - 23 中的力学结果(拉伸模量、拉伸强

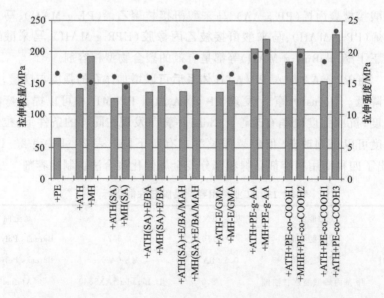

图 2 - 22　PE/ATH 与 PE/MH 体系拉伸模量(柱)、拉伸强度(点)与相容剂(10%)种类的关系[25]

度、缺口抗冲强度、断裂伸长率)。结果表明：①向纯 PE 中加入 40% 的 ATH 或 MH 可以明显地提高 PE 的拉伸模量，但却使其变脆(Charpy 抗冲和伸长率变低)[①]；②硬脂酸(SA)的加入对失掉的韧性有所补偿，但却失去了硬度和强度。③如以功能化聚乙烯代替硬脂酸，则可获得硬度与韧性的同时改善。总的说来，PE/MH 体系的硬脂酸处理效果要优于 PE/ATH 体系。

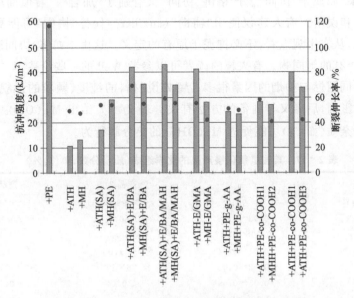

图 2-23　PE/ATH 与 PE/MH 体系缺口抗冲强度(柱)、
断裂伸长率(点)与相容剂(10%)种类的关系[25]

表 2-16 的锥形量热仪数据表明相容剂的加入对阻燃效果有重要影响。

表 2-16　点燃时间(TTI)与热释放速率峰值(p-HRR)的比较(35 kW/m²)

样　品	TTI/s	p-HRR/(kW/m²)
PE	57	1 200
PE/MH(40%)	78	780
PE/MH(40%)/相容剂	73~85	438~573

---

① Charpy 抗冲试验的表示单位与 Izod 试验相同(单位长度或单位面积的能量损失)，不同之处在于试样的固定方式。前者为水平放置在两端处的支点之上，中间缺口背向冲击摆，而后者则是垂直放置于虎嵌夹具之间，缺口面向冲击摆。

2.4　无机氢氧化物的协同阻燃与抑烟

"协同"一词常出现在文献与专利之中。"协同"、"加合"、"反协同"等字样常被通俗地理解为"1＋1＞2"、"1＋1＝2"、"1＋1＜2"。一些专利与文献常不加区分地将"好的效果"归属于"协同"。严格讲"协同"又有别于"加合"。看似简单的概念，常常被误解和误用。有人建议使用"辅助"（auxiliary）代替"协同"可能更为切意。为简单起见，从实用观点看，不必拘泥于原有的定义。这里不妨将"协同现象"统统视为"1＋1＞2"的等同物。有兴趣的读者可以参考 Weil 的一些论述[26~29]。

影响协同阻燃与抑烟的因素很多。譬如说材料的纯度、颗粒的形貌等往往会带来一定的影响，后者又与制备的方法有关。表 2－17 给出 $Mg(OH)_2$ 的化学组成。少量的杂质（如 Fe）可能促进 $Mg(OH)_2$ 的热分解行为。

表 2－17　某些氢氧化镁产品的化学组成（质量分数，单位：%）

组成	产品 1	产品 2	产品 3
$Mg(OH)_2^{1)}$	＞99.8	＞99.0	＞97.1
SiO_2	0.02~0.05	＜0.6	0.025
Fe_2O_3	0.005~0.02	—	0.15
CaO	0.01~0.04	＜1.0	1.4
Cl^-	0.02~0.05	＜$75×10^{-6}$	＜$100×10^{-6}$
SO_4^{2-}	0.05~0.09	＜0.04	0.75
MnO	0.005~0.01	—	0.03
B_2O_3	＜$10×10^{-6}$	＜0.15	0.04
Cu	＜$5×10^{-6}$	—	＜$100×10^{-6}$
CO_2	—	＜0.5	1.0

1) 某些 Mg 可能以碳酸盐或硫酸盐形式存在。

影响 ATH 与 MH 阻燃与抑烟的因素很多。有以下几种情况：① 加入相同量的 MH（60%，质量分数），聚丙烯与尼龙 6 的 LOI 值分别为 26 与 70[3]，相差很大的原因可能与 PA6 高温下的熔滴现象有关；② 加入等量的但不同的填料能导致 EVA（VA＝30%）的 LOI 分别为 46（MH）和 37（ATH）[30]，原因与 EVA（VA%＝30%）降解时释放醋酸的速度有关，即 MH 可能加速水的释放，而 ATH 可能推迟水的释放；③ 向 PE 中加入等量的 ATH 与 MH，结果 LOI 值却相同，说明聚合物与阻燃剂之间在空间与时间上的匹配有关。总之，为了达到最佳匹配的优化状态，添加一定的协同剂是必要的。以下选择介绍一些有代表性的研究工作。

2.4.1　不饱和聚酯

不饱和聚酯阻燃的大部分兴趣集中在氢氧化铝方面。首先，ATH 的平均粒度

对不饱和聚酯的黏度影响显著。平均粒度越小,不饱和聚酯的黏度越大。一般
<10μm时,黏度开始上升。图 2-24 中选 8μm 的 ATH 为标准[31,32]。可以看到,
添加量为 50% 及 65% 时的 LOI 分别为 30% 和 54%。平均粒度越小,阻燃性能
(LOI)越高。尽管如此,粒径<10μm 的 ATH 有利于提高 LOI,但却导致黏度的
急剧增加以及不饱和树脂凝胶时间的下降。与氢氧化铝比较,氢氧化镁对不饱和
树脂的 LOI 有类似的影响。图 2-25 给出 LOI 随温度变化的趋势[3]。

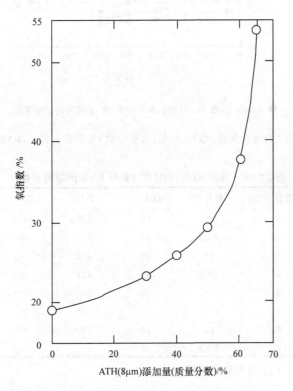

ATH(8μm)添加量(质量分数)/%

图 2-24　氢氧化铝添加量对聚酯极限氧指数 LOI 的影响[31]

　　通常的 LOI 值是室温下测定的,随温度的升高 LOI 值都要下降。只是下降趋
势的快慢不同而已。为确切表征聚合物的燃烧性能,常定义温度指数(temperature
index,TI),即 LOI 数值因受热降至 20.7%(即大气中的 O_2 浓度)时的温度被定义
为温度指数。显然,较高的 TI 值意味着更加容易自熄(或较佳的阻燃能力)。由
图 2-25 得知:ATH 与 MH 的 TI 值分别为 200℃ 和 350℃。说明在此配方中
(60%填料),ATH 的 TI 比 MH 高出约 150℃。类似的情况也出现在 PE 与 EVA
中(表 2-18)。这可能与氢氧化镁催化不饱和树脂降解有关。此外,ATH 与 MH
同样表现出良好的抑烟性能。

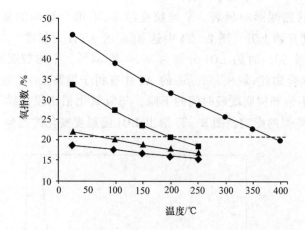

● Al(OH)₃；■ Mg(OH)₂；▲ CaCO₃；◆ 未填充的聚酯树脂

图 2 - 25　温度对聚酯/填料(60%,质量分数)极限氧指数(LOI)的影响[3]

表 2 - 18　填充 ATH/MH 的 PE 与 EVA 的燃烧参数[34]

填料	质量分数/%	聚合物	LOI/%	T_I/℃	T_{sig}/℃	t_{ig}/s
Al(OH)₃	60	PE	29	248	430	55
Al(OH)₃	60	EVA	37	301	443	88
Al(OH)₃	67	PE	40	300	433	101
Al(OH)₃	67	EVA	43	341	435	118
Mg(OH)₂	60	PE	29	240	453	47
Mg(OH)₂	60	EVA	46	288	450	102
Mg(OH)₂	67	PE	33	269	465	120
Mg(OH)₂	67	EVA	57	311	449	—

注：T_I温度指数；T_{sig}自燃温度；t_{ig}点燃时间。

2.4.2　VA 含量对 EVA 共聚物阻燃的影响

出于用途的不同,热塑性非交联型 EVA 共聚物的 VA 含量一般为 10%～80%。常用的范围为 10%～25%。为满足阻燃要求,常需加入高含量的氢氧化铝、氢氧化镁、羟基碳酸镁、碳酸钙镁石等。EVA 共聚物中 VA% 对于阻燃有不可忽视的影响(图 2 - 26)。例如,EVA(80% VA) 配合 63% 的 ATH,LOI 可达50%[33]。此结果与前人的工作一致[34]。可以预计 VA 与 ATH 之间存在明显的协同作用。氢氧化镁与丙烯酸或酯类也有类似情况。

2.4.3　硼酸锌(BZn)的协同作用

以氧化锌(ZnO)与硼酸(B₂O₃)为原料,调控 B₂O₃/ZnO 比例和温度可以制成

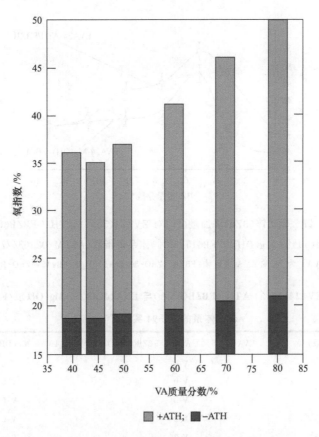

＋ATH 与－ATH 分别表示加入与不加入 ATH

图 2－26　EVA 中 VA％对乙酸乙烯酯（EVA）/ATH（63％）氧指数的影响[33]

硼酸锌（BZn），后者又分含有与不含有结晶水两大类，含结晶水的硼酸锌常用于阻燃用途。其实，与其说硼酸锌是阻燃剂，倒不如说它是协同剂。例如，往 EVA（VA19％）共聚物内添加质量分数 50％的硼酸锌后（无论是否含有结晶水），LOI 都不过 21％。样品仍可燃烧，而且有熔滴。如有其他阻燃剂存在，LOI 可以大幅度地提升。特别是 EVA/ATH、EVA/MH 无卤体系[35～37]已经确认有协同效应存在。它们的 LOI 及 UL-94 结果列入图 2－27 及表 2－19[38]。

　　图 2－27 中，FBZB 与 FB415 分别为硼酸锌（BZn）的两种产品代号。BZn 有凸显的协同作用，峰值出现在 BZn 添加量为 5％的位置上。含有 3.5 分子结晶水的硼酸锌（FBZB）的阻燃效果优于含有 1.0 分子结晶水的硼酸锌（FB415）。表 2－19 给出的是 UL-94 的等级分类（ANSI/ASTM D-635-77）。两种配方都是不加硼酸锌时可以通过 UL-94 V-0 等级，过多的添加量阻燃等级反而下降。实际应用中，BZn 的选择还要考虑聚合物的加工温度。

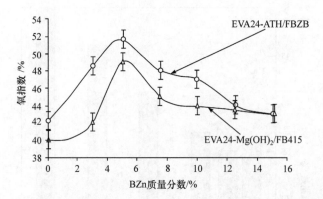

图 2 - 27　硼酸锌(BZn)添加量(％)对 EVA24(35％)-ATH / FBZB(65％)
与 EVA24(40％)-Mg(OH)₂/ FB415(60％)体系氧指数(ASTM D2863/77)影响[38]

EVA24：VA％为 24 的 EVA 共聚物；FBZB：2ZnO·3B₂O₃·3.5H₂O；FB415：4ZnO·B₂O₃·H₂O

表 2 - 19　EVA24(35％)-ATH /FBZB(65％)与 EVA24(40％)-Mg(OH)₂ /FB415(60％)
体系的 UL-94 实验[38]

BZn(质量分数)/％	EVA 24(35％)- ATH / FBZB(65％)	EVA 24(40％)-Mg(OH)₂/ FB415(60％)
0	V-0	V-0
3	V-0	V-0
5	V-0	V-0
7.5	V-2	V-0
10	V-2	V-0
15	V-2	V-2

由图 2 - 28～图 2 - 31 中 50kW/m² 条件下的锥形量热仪数据(ASTM 1356-

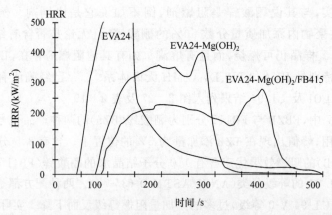

图 2 - 28　EVA24/ Mg(OH)₂ 体系热释放速率(HRR)与纯 EVA24 的比较[38]

90)不难看出,硼酸锌的加入很有利于 HRR 的减小。ATH 的效果尤为突出。对点燃时间 TTI 也稍有改善。同时也推迟了烟的释放,显示出强烈的抑烟作用。其原因应归功于硼酸锌促进并加强了阻挡层的生成,起到了降低聚合物分解的作用。

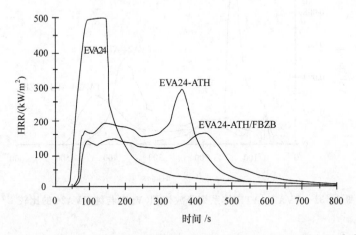

图 2-29　EVA24/ATH 体系热释放速率(HRR)与纯 EVA24 的比较[38]

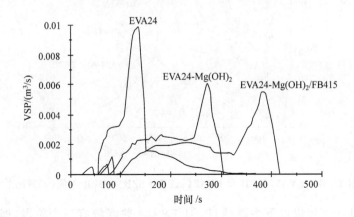

图 2-30　EVA24/ Mg(OH)₂ 体系烟释放体积(VSP)与纯 EVA24 的比较[38]

　　锥形量热仪的数据对探讨硼酸锌的阻燃机理也是很有意义的。为对比 HRR-时间(t)的关系,图 2-32 选取 EVA24-ATH 和 EVA24-ATH/FBZB 两个体系。

　　仔细观察对比图 2-32 的两条 HRR 曲线的变化:点燃时间(TTI)分别为 66s(不含 FBZB)和 75s(含 FBZB)。可以断定,$t=40s$ 的时间发生在点燃之前。当 $t=100s$ 及 170s 时,EVA24-ATH/FBZB 的 HRR 降低。$t=300s$ 时,出现平台区,HRR 值显著减少。从锥形量热仪装置中还可以用肉眼观察到此阶段的表面成炭现象。当 $t=370s$(无 FBZB)和 440s(含 FBZB)时,残炭降解,表面的裂痕导致快速降解。当 $t=700\mathrm{s}$ 时,燃烧停止,表面保存着灰色的玻璃态残渣。

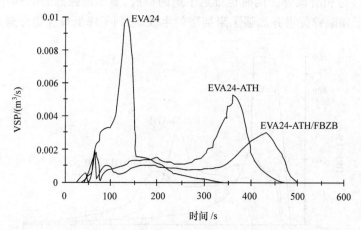

图 2-31　EVA24/ATH 体系烟释放体积(VSP)与纯 EVA24 的比较[38]

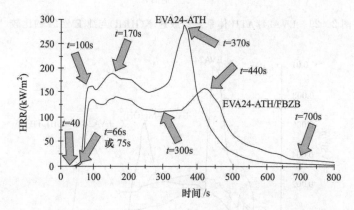

图 2-32　EVA24-ATH 和 EVA24-ATH/FRZB 的 HRR-时间(t)对比[38]

　　TGA 曲线可提供以下主要信息:① EVA24 热降解有三个阶段,即释放 HAc
(250~350℃)、聚乙烯链降解(425~500℃)及残炭分解(550~600℃);② EVA24-
Mg(OH)₂ 的热稳定性高于 EVA24-ATH,硼酸锌的添加与否对二者的热稳定性影
响不大,但均可使两配方的热稳定性稍有改善;③ $t>500℃$ 时 EVA24-Mg(OH)₂/
FB415 的残炭量因 FB415 的加入从 30% 增加到 40%(质量分数)。

　　取不同时间的残炭样品做 ¹³C、²⁷Al 及 ¹¹B 等核素的固体核磁(NMR)分析。
¹³C谱的三处信号 20~35ppm、130ppm 及 180ppm 分别对应于脂肪碳链、芳香碳链
或稠环,以及羰基。从中看出:① $t=40\mathrm{s}$ 时熔化,但无新物种出现;② $t>100\mathrm{s}$ 时
聚合物降解,有交联网络、稠环以及羰基出现,说明有强氧化发生;③ $t=300\mathrm{s}$ 时脂
肪结构开始消失,羰基、羧基不复存在,进入成炭阶段;④ $t=440\mathrm{s}$(含 FBZB)和

700s（不含 FBZB）时，观察不到任何 ^{13}C-NMR 信号，说明此时残炭全部消失，只留下灰色的余烬。可见硼酸锌的存在的确阻止了聚合物的降解，推迟了残炭的降解温度。

^{27}Al 的核磁信号自始至终不因 FBZB 的存在与否而有任何变化，足以说明在加工过程中 ATH 未受到 FBZB 的任何改性作用。$t = 40s$ 时 ATH 开始分解为 Al_2O_3，后者的谱线与氧化铝非常相似。尽管如此，如果以 Al_2O_3 代替 ATH，远不及 ATH 的效果。说明在点燃前原位产生的 Al_2O_3 的活性是不容忽视的，对阻燃与抑烟都有重要贡献（见 2.1.2 节）。

^{11}B 核磁分析同样证实挤出加工过程中硼酸锌保持不变，不被改性。但在加热（$t = 40s$）与点燃（$t = 75s$）时硼酸锌发生了变化，形成了含硼的玻璃态保护层。

为了追求最佳的优化状态，常需要加入其他组分。例如，EVA/$Mg(OH)_2$/硼酸锌中加入滑石粉。以少量的滑石粉取代 $Mg(OH)_2$ 可进一步提高系统的阻燃效果。滑石粉与硼酸锌间的化学作用加强了玻璃态保护层的抗火能力[39]。

2.4.4　金属氢氧化物的协同剂

探索高效协同剂是降低氢氧化物阻燃填料添加量的有效途径。过渡金属氧化物的使用即属其中之一（表 2-20）[40]。为使聚丙烯达到 UL-94 V-0 等级，一般需要加入 55%（质量分数）的 $Mg(OH)_2$，如果加入 1.6% NiO，则只需要 45% 的 $Mg(OH)_2$。表 2-20 列入了多种过渡金属氧化物协同剂的数据。遗憾的是，含 Co、Ni 的氧化物常使产品带有黑、绿颜色。

表 2-20　过渡金属氧化物在聚烯烃树脂中的协同作用[40]

聚合物	氢氧化物	数量/%	协同剂	数量/%	UL-94	颜色
PP	$Mg(OH)_2$	55	—	—	V-0	白
PP	$Mg(OH)_2$	45	NiO	1.6	V-0	绿
PP	$Mg(OH)_2$	48	CoO	4.6	V-0	黑
PP	$Mg(OH)_2$	48	$Mg_{0.7}Ni_{0.3}O$	4.6	V-0	绿
PP	$Mg(OH)_2$	48	$Mg_{0.7}Co_{0.3}O$	4.6	V-0	黑
PP	$Mg(OH)_2$	48	$Ni_{0.9}Co_{0.1}O$	4.6	V-0	绿
PP	$Mg(OH)_2$	48	$Mg_{0.50}Ni_{0.01}Co_{0.49}O$	4.6	V-0	黑
LDPE	$Al(OH)_3$	56	—	—	HB	白
LDPE	$Al(OH)_3$	55	NiO	1.3	V-0	绿

$Mg(OH)_2$ 与 Ni、Mn、Fe、Cu、Co 或 Zn 的氢氧化物固体溶液联合使用，也很有效[41,42]。例如，表 2-21，61% $Mg_{0.96}Ni_{0.02}Zn_{0.02}(OH)_2$ 固体溶液可使聚丙烯的阻

燃效果达到 V-0 级。如果单独使用 $Mg(OH)_2$ 即使加入 65％的加量,也只能达到 V-2级。聚合物型的含钴螯合物配合 $Mg(OH)_2$ 对 PP 有显著的阻燃协同作用[43]。

此外,炭粉代替炭黑用于低密度聚乙烯(表 2-22)[44],以聚丙烯腈(PAN)为成炭剂加入 PP、LLDPE、EPDM 均有不错的表现(表 2-23)[45]。

表 2-21　镁混合-金属氢氧化物对聚丙烯的阻燃效果[41,42]

阻燃剂	用量/%	UL-94V 分级	Izod 抗冲强度/[(kg·cm)/cm]
$Mg(OH)_2$	65	V-2	4.6
$Mg_{0.98}Ni_{0.02}(OH)_2$	63	V-0	12.9
$Mg_{0.86}Ni_{0.14}(OH)_2$	64	V-0	19.6
$Mg_{0.99}Zn_{0.01}(OH)_2$	65	V-0	6.1
$Mg_{0.96}Ni_{0.02}Zn_{0.02}(OH)_2$	61	V-0	14.2
$Mg_{0.98}Ni_{0.02}(OH)_2$ ＋ 炭黑	59 1	V-0	19.8
$Mg_{0.99}Zn_{0.01}(OH)_2$ ＋ 甲基丙烯酸纤维	62 1	V-0	18.5

表 2-22　炭粉用于 LLDPE /$Mg(OH)_2$ 体系的协同作用[44]

阻燃剂	用量/%	炭粉加入量/%	UL-94V 分级
$Mg(OH)_2$	48	3.0	—
$Mg(OH)_2$	53	2.8	V-0
$Mg_{0.98}Ni_{0.02}(OH)_2$	46	3.2	V-0
$Mg_{0.98}Ni_{0.02}(OH)_2$	49	1.9	V-0
$Mg_{0.95}Zn_{0.05}(OH)_2$	48	3.0	V-0

表 2-23　金属氢氧化物与聚丙烯腈(PAN)联合使用[45]

聚合物	金属氢氧化物	用量/%	PAN/%	UL-94V 分级	断裂伸长率/%
PP	$Mg(OH)_2$	60	0.0	V-0	12
PP	$Mg(OH)_2$	52	1.0	V-0	100
PP	$Mg(OH)_2$	54	5.0	V-0	113
PP	$Mg(OH)_2$	52	0.5	V-0	95
LLDPE	$Al(OH)_3$	58	0.0	V-0	650
LLDPE	$Al(OH)_3$	50	0.0	V-0	750
EPDM	$Mg(OH)_2$	60	0.0	V-0	320
EPDM	$Mg(OH)_2$	51	1.0	V-0	450

芳香苯环结构是聚合物燃烧生烟的根源。ATH 与 MH 是常用的有效抑烟剂。图 2-33 给出三种聚合物(改性 PPO、PBT、ABS)/ MH(65％)体系有焰燃烧的烟

释放比光密度曲线。值得一提的是,PBT 的熔滴现象由于氢氧化镁的加入得到了抑制(机理见本章 2.1.2 节及图 2-4)。

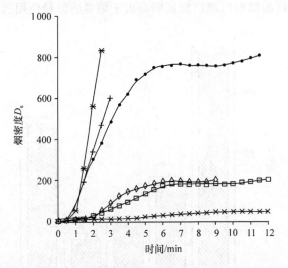

■改性 PPO;＋PBT;＊ABS;□填充改性 PPO;×填充 PBT;◇填充 ABS

图 2-33　$Mg(OH)_2$(40％,质量分数)对含芳香结构聚合物的抑烟效果

(有焰燃烧的烟释放烟密度)[3]

(NBS 烟箱,ASTM E662)

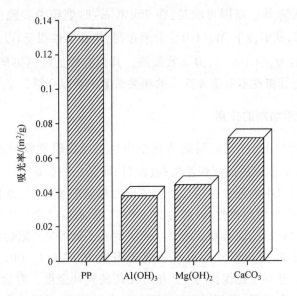

图 2-34　PP/填料(50％)混合物烟释放吸光率比较(UTTP E4)[46]

选择低发烟的 PP（图 2－34）和高发烟的 ABS（图 2－35）两个体系为例。尽管采用不同的烟测量方法和标准，但规律相似。ATH 与 MH 都表现出优异的抑烟性能。其中碳酸钙的抑烟机理已被证明是由于填料的稀释作用所致。

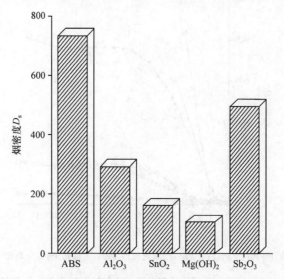

图 2－35　金属氧化物（40 phr)对 ABS 烟释放的影响[46]
（NBS 烟箱，ASTM E662）

烟释放量和烟释速度的大小还与测量的条件有关。在无焰条件下 $Mg(OH)_2$ 的抑烟效果大为降低。原因可能是：在 $25kW/m^2$ 时烟箱中实验样品表面温度最高也不过 $360℃$，此温度下 $Mg(OH)_2$ 分解很慢，表面活性很低，以致残渣中仍保留有大量未分解的 $Mg(OH)_2$[46]，抑烟效果差。其他有效的阻燃协同剂，如膨胀石墨（EG）、纳米黏土等将在本书第 4、5 章的相关章节中予以介绍。

2.4.5　硅氧烷添加剂的作用

含硅化合物与 $Mg(OH)_2$ 间的协同作用也是无卤阻燃领域中的研发课题之一。Dow Corning 推出的硅氧烷添加剂（粒料）即是一种尝试[47]。然而，硅酮及其衍生物在一般塑料中的分散性很差。为了同时满足阻燃效果、粒料流动性以及相容性的要求，该硅粉树脂改性料（牌号为 4-7081）采用经过改性的聚二甲基硅氧烷与二氧化硅（气相法）的混合物。表 2－24 中罗列了聚丙烯的阻燃结果。对比配方（3）与（4），5％的硅粉树脂改性料可以改善阻燃效果（对比 PP，pk-HRR 可下降70％以上），同时基本上能保持与 PP 相差无几的抗冲强度。对比（7）与（8），尽管两者的 pk-HRR 值相同，但相对于 PP 而言，pk-HRR 可下降 85％，同时给出比纯PP 更好的抗冲强度。聚硅氧烷的自身结构对其分散性有重要影响。经过表面或体相改性之后,可以大幅度地改善多种性能。由于表面能的不同,燃烧受热时,表面能小的硅氧烷向表面层方向迁移富集,促进并加强阻挡层的阻隔性能。

表 2 - 24　聚丙烯/(OH)$_2$ /4-7081 的性能相对于纯聚丙烯的比较[47]

实验配方	Pk-HRR/%	Pk-CO 释放速率/%	缺口抗冲/[(ft·lb)/in]
聚丙烯(PP)	100	100	0.821
95%PP/5% 4-7081	55.4	39.6	0.675
75%PP/25% Mg(OH)$_2$	32.5	23.4	0.389
75%PP/20% Mg(OH)$_2$/5% 4-7081	26.9	20.0	0.737
65%PP/35% Mg(OH)$_2$	19.0	12.8	0.352
65%PP/30% Mg(OH)$_2$/5% 4-7081	19.0	15.2	0.822
50%PP/50% Mg(OH)$_2$	15.0	9.4	0.711
50%PP/45% Mg(OH)$_2$/5% 4-7081	15.0	9.0	1.29

注:1ft=3.048×10^{-1}m,1lb=0.453 1kg,1in=2.54cm。

本章讨论的重点对象是阻燃,但更多涉及的却是组分间的相容与协同。博采众长,综合运用多种技术是获得最佳指标的必由之路。

参 考 文 献

[1]　Hess R. Plastic additives and additive concentrates market and products. Clariant GmbH, Gersthofen, Leistritz Masterbatch Day-Nurenberg, November, 2003

[2]　Reynolds A. Raw materials usage in the european cable industry. Cables 2002 Conference, March 19~21, 2002

[3]　Hornsby P R. Fire and Materials. 1994, 18:269~276;Kirschbaum G. Fillers and Additives for Thermoplastics and Rubber. In: Intertech Conferences. 411 US Route One. Portland, MA, September 26~28, 1994. 5~6

[4]　USP 5 182 410 (1993)

[5]　Dando N D,Clever T R,Pearson A et al. In: Proceedings of the 50th Annual Technical Conference. Composite Institute. The Society of the Plastic Industry Inc,1995. 1~4

[6]　Hancock M,Rothon R N. In:Particulate Filled Polymer Composites. Rothon R N ed. New York. Wiley, 1995. 47~87

[7]　Horsby P R. Macromol. Symp,1996, 108:203~219

[8]　Goodboy K P,Downing J C. Production process,properties and applications for activated and catalytic aluminas. In: Hart L D ed. Alumina Chemicals:Science and Technolgy Handbook. Westerville,OH,The American Ceramic Society,1990. 93~98

[9]　Krylov O V. Catalysis by non-metals. London:Academic Press,1970

[10]　Horsby P R,Watson C L. Polym. Degrad. Stab.,1990, 30:73~87

[11]　SpecialChem paper. Additives & Compounding,August 25,2003

[12]　Bonsignore P V. USP 4 283 316 (August 11,1981)

[13]　Ferrigno T H. USP 4 420 341 (December 13,1983)

[14] Liauw C M,Lees G C,Rothan R N. Proc. EuroFillers'99. Lyon,France,1999. CD-ROM (MMU website)

[15] Liauw C M,Rothan R N,Hurst H J et al. Composite Interfaces,1998, 5:503

[16] Liauw C M, Rothon R N, Lees G C et al. In: Functional Effect Fillers 2000, Berlin, Germany, September 13～15

[17] Hammer C O,Ph. D. Thesis. Department of Polymer Technology. Chalmers University of Technology, 1997

[18] Patent Application PCT/EP96/00743 (WO 96/26240)

[19] Machado A V,Covas J A,Duin M van. Polymer,2001, 42:3649～3655

[20] Garcia-Martinez J M,Laguna O,Collar E P. International Polymer Processing,1994. IX. 246

[21] Liauw C M,Khunova V,Lees G C et al. In: Proc. 14th Bratislava International Conference on Modified Polymers. Bratislava Slovak Republic,1～4 October,2000

[22] Mai K,Li Z,Qiu Y et al. J. Appl. Polym. Sci.,2001, 80:2617～2623

[23] Hornsby P R,Watson C L. J. Mater. Sci.,1995, 30:5347～5355

[24] Chiang W Y,Hu C H. Composites,Part A,2000, 32:517～524

[25] Hippi U,Mattila J,Korhonen M et al. Polymer,2003, 44:1193～1201

[26] Weil E D. Additivity,synergism and antagonism in flame retardancy. In Kuryla W C,Papa A J eds. Flame Retardancy of Polymeric Materials,Vol. 3. New York: Marcel Dekker,1975. 185～243

[27] Weil E D. Plastics Compound,1987,Jan～Feb:31～39

[28] Weil E D. In: BCC Flame Retardancy Conference. Stamford,CT,1992

[29] Weil E D. Synergists,Adjuvants and Antagonists in Flame Retardant Systems. In Fire Retardancy of Polymeric Materials ed. by Grand Arthur F and Wilkie Charles A. Marcel Dekker Inc. New York. Basel, 2000, 115～145

[30] Rychly J,Vesely K,Gal E et al. Polym. Degrad. Stab.,1990, 30:57

[31] Bonsignore P V, Hsieh H P. In: Proceedings of the Fire Retardant Chemicals Association Joint Meeting with the Society of Plastics' Engineers. Houston,TX,1978. 101～127

[32] Hornsby P R and Wan Hanafi W Z A. Plastics,Rubber and Composites Processing and Applications,1993, 19:175～184

[33] Meisenheimer H. In: 138th Meeting of the American Chemical Society,Rubber Division. Washington,DC, 1990. paper 76.012

[34] Gal E,Pal A,Rychly J et al. In: Flame Retardants '90,Ed. by The British Plastics Federation. Elsevier Applied Science,1990. 134～142

[35] Shen K,Ferm D F. In:Lewin M ed. Proceedings of Recent Advances in Flame Retardancy of Polymeric Materials. Stamford: BCC Publication,1997

[36] Bras Le M,Pécoul N,Bourbigot S. In:R. Rothon ed. Extended Abstracts of Eurofillers'97. Stamford: British Plastics Federation Filplas Committee & MOFFIS Committee Publication,1997

[37] US Borax Technical Service Bulletin HF 596

[38] Bourbigot S,Bras M Le,Leeuwendal R et al. Polym. Degrad. and Stab.1999, 64:419～425

[39] Durin A,Ferry L,Lopez J M et al. Polymer International,2000,49, 10:1101～1105

[40] Imahashi et al. USP 5 583 172 (December 10,1996)

[41] Miyata S et al. USP 5 571 526 (November 5,1996)

[42]　Kurisu et al. USP 5 766 568（June 16,1998）

[43]　Shehada A B. Polym. Degrad. and Stab.,2004,85, 1:577~582

[44]　Namiki et al. USP 5 654 356（August 5,1997）

[45]　Miyata S et al. USP 5 094 781（March 10,1992）

[46]　Hornsby P R,Watson C L. Plastics,Rubber and Composites Processing and Applications,1989, 11:45~51

[47]　Pape P G and Romenesko D J. In: 7th Annual BCC Conference on Flame Retardancy. Recent Advances in Flame Retardancy of Polymeric Materials. Stamford,CT,1996

第 3 章　化学膨胀型阻燃基础与应用

3.1　概　　述

化学膨胀型阻燃(chemical intumescent flame retardant, CIFR)体系起源于传统的所谓"三源",即酸源、炭源、气源三个基本组分构成的一类阻燃体系。CIFR 阻燃机理可简述为[1]:在受热或火焰作用下,酸源、炭源与气源通过化学反应,迅速形成具有隔热、隔质功能的多孔状炭阻挡层,后者可阻止火焰的传播,使基材免于进一步降解、燃烧,从而获得良好的阻燃效果。传统 CIFR 体系在燃烧条件下主要释放出两类气体,即水和氨;同时由于表面泡沫状炭层的阻隔作用,抑制了高分子基材热分解过程中可燃的挥发性气体的逸出。CIFR 具有阻燃效率高、无熔融滴落物、低烟、无毒、无腐蚀气体释放等特点,符合环境友好阻燃体系的要求,被认为是当今无卤阻燃材料的发展方向之一[2,3]。

3.1.1　化学膨胀型阻燃体系的概念及共性

化学膨胀型阻燃体系不同于本书第 4 章的物理膨胀型阻燃体系,如膨胀石墨(expandable graphite, EG)阻燃体系,二者有着本质区别。表 3-1 从体系基本组成、作用机理、膨胀倍率、炭层形貌、添加量、阻燃效果及特点等方面对比两种体系,可以看到由于两类体系组分的化学组成与结构的不同,导致作用机理与燃烧行为以及应用特性的不同,但共同之处都是在热或火的作用下产生膨胀。广义上,化学膨胀型阻燃体系可定义为:在热或火的作用下,只要组分间通过化学反应能够产生隔热、隔质、多孔优质炭阻挡层的体系,均可称之为化学膨胀型阻燃体系。

表 3-1　化学膨胀型阻燃体系与物理膨胀型阻燃体系的比较

膨胀阻燃体系	化学型	物理型(以 H_2SO_4 插层 EG 为例)
基本组成	酸源、炭源、气源	石墨层板、层间受热可分解或挥发的化合物
燃烧或受热膨胀阻燃作用机理	酸源使炭源脱水成酯,酯分解、交联、芳化,气源与熔体作用膨胀成炭	EG 层板间组分受热,氧化石墨 C,释放气体,使层板急剧膨胀[4,5]: $C + 2H_2SO_4 \longrightarrow CO_2\uparrow + H_2O\uparrow + 2SO_2\uparrow$ [6]
膨胀倍率	与三源组成及配比有关,通常 5～40 倍	与 EG 粒度有关,通常 40～250 倍

续表

膨胀阻燃体系	化学型	物理型（以 H_2SO_4 插层 EG 为例）
炭层形貌	类似于泡沫塑料的多孔炭层	EG 鳞片膨胀后呈"蠕虫"状，许多"蠕虫"分布于组分残渣之中，构成膨胀炭层
达到 UL-94 垂直燃烧级别的添加质量分数/%	20%～30%；20%以下，随添加量增加，燃烧级别无明显变化[7]。如 Exolit IFR 23，添加量 25%，阻燃 PP 可达 V-0 级（3.2mm），LOI 32%[7]	随添加量增加，燃烧级别呈线性提高[6]。如 FLAMECUT EREP-AP，添加量 9phr（EG/红磷=6/3），阻燃 PP 可达 V-0 级（3.2mm），LOI 26%
优点	高效阻燃、无熔滴、低烟、无毒、无腐蚀气体释放等	高效阻燃（许多情况下优于化学膨胀型阻燃体系）、无熔滴、低烟、无毒、无迁移等
缺点或局限	迁移、吸潮、添加量偏高[8]；不适合薄膜材料的阻燃	尺寸效应[1)]、烛芯效应[2)]、爆米花效应[3)][9]、少量 SO_2 释放、黑色

1) 尺寸效应——随 EG 粒度降低，膨胀倍率减小，阻燃效果变差。

2) 烛芯效应——鳞片状 GE 与树脂共混，燃烧时，有时 GE 类似蜡烛芯使火焰不易熄灭。

3) 爆米花效应——当阻燃体系中鳞片状 GE 由于颗粒间缺乏相互联结，而导致 GE 在火焰扰动下类似"爆米花"一样脱落，导致材料耐火级别下降。

3.1.2　化学膨胀型阻燃体系的发展

3.1.2.1　化学膨胀型阻燃技术的起源

化学膨胀型阻燃技术起源于 20 世纪 30 年代出现的膨胀型防火涂料。在这一阶段，明确了"三源"，即酸源、炭源及气源组分的基本概念及各组分的功能。该阶段的主要代表人物有 Tramm、Olsen、Jones 等。Tramm 于 1938 年提出了第一篇关于膨胀型防火涂料的专利[10]，其基本组成见表 3-2。Tramm 在专利中指出，施于基材表面的这种防火涂料在加热时可形成膨胀炭层，能够有效地防护基材免受火焰的进一步作用。Olsen 等在 1948 年有关沥青复合体系的专利中首次使用了"膨胀"（intumescent）这一术语[11]。之后，Jones 等初步确定了膨胀型阻燃涂料中阻燃剂的基本组成，定义了成炭（carbonific）的组分，如醛、脲、淀粉等物质可以作为炭源；使体系发泡（spumific）的组分，如磷酸二氢铵、磷酸氢二铵、磷酸、硫化铵、钨酸钠、硼酸钠及硼酸等均可以作为气源兼酸源[12,13]。随着膨胀型阻燃技术的发展，人们对膨胀型阻燃组分的认识也在逐步深入。进入 70 年代，Vandersall 在综述大量文献的基础上对化学膨胀型阻燃涂料体系包含的组分进行了归类[14]，见表 3-3。由此，进一步明确了各类组分的功能。同时，将当时膨胀型防火涂料中普遍使用的氯化石蜡等归为第四类。氯化石蜡对于防火涂料的成膜物质具有增塑作用，同时也兼有阻燃及气源的作用（放出 HX）。

表 3-2　最早报道的化学膨胀型防火涂料

组　分	含　量/%
磷酸氢二铵（diammonium phosphate）	27.5
双氰胺（dicyandiamide）	35.0
甲醛树脂（formaldehyde）	37.5

表 3-3　化学膨胀型阻燃涂料体系组成分类

基本组分	基本功能	三源举例
酸源：无机酸或在加热下原位可生成无机酸的物质	磷酸催化剂的来源，可加速炭层的形成	酸：磷酸、硫酸或硼酸等 铵盐：磷酸铵、聚磷酸铵或硫酸铵等 胺或氨基磷酸盐：脲磷酸盐、三聚氰胺磷酸盐、聚磷酸胺等 有机磷化合物：磷酸三苯酯、芳基磷酸酯等
气源：加热可产生不燃性气体的物质	低水溶性的发泡剂，可产生膨胀效果，起到隔热作用	胺或氨基化合物：脲、脲醛树脂、双氰胺、三聚氰胺、聚酰胺等
炭源：富碳的多羟基物质	可形成膨胀型炭层的含碳的骨架	多羟基化合物：淀粉、糊精、山梨醇、季戊四醇及其双聚或三聚体、酚醛树脂等

3.1.2.2　化学膨胀型阻燃技术应用于聚合物

20 世纪 70 年代中期，化学膨胀型阻燃技术开始应用于阻燃聚合物材料。一开始就显现出这一技术在阻燃聚合物中应用的优势，曾被誉为阻燃领域里的一次革命[15]。表 3-4 列出了化学膨胀型阻燃聚合物与含卤（溴、氯）阻燃体系、无机金属氢氧化物填充阻燃体系的对比。人们不禁要问，既然化学膨胀型阻燃技术有如此多的优点，为什么在膨胀型阻燃涂料出现后的 30 余年，才将该技术应用于阻燃聚合物。原因就在于与膨胀型阻燃涂料相比，实现膨胀型阻燃聚合物的加工、获得包括膨胀阻燃效果在内的实际应用性能有相当的难度。表 3-5 给出了制备膨胀型阻燃聚合物与膨胀型阻燃涂料的条件对比。概括说，制约化学膨胀型阻燃聚合物发展的主要因素有两点：一是膨胀型阻燃剂的热稳定性，难以适应聚合物的加工温度；二是包括聚合物基材在内的组分用量的优化匹配，在燃烧条件下能否获得具有隔热、隔质阻燃作用的膨胀炭层。当然，提高化学膨胀型阻燃剂的阻燃效率，改善阻燃剂组分的耐潮湿、抗迁出性能，增进阻燃剂与聚合物基材界面相容性等，至今仍是化学膨胀型阻燃聚合物材料应用研究与开发过程中普遍关注的问题。

表 3 - 4 几种阻燃体系的对比

阻燃体系	膨胀型阻燃体系	含卤阻燃体系	无机阻燃剂填充体系
典型组成	聚磷酸铵/季戊四醇/三聚氰胺	十溴联苯醚/三氧化二锑	氢氧化铝或氢氧化镁
主要阻燃机理	凝缩相膨胀成炭隔热、隔质	气相阻燃（捕获自由基）	分解失水、吸热
UL-94 V-0 级添加量质量分数/%	25～30	～30	≥60
优点	低烟、无毒、无腐蚀性气体释放及无熔融滴落物,高效阻燃	卤/锑协同,高效阻燃,价廉	低烟、无毒、无腐蚀性气体释放,价廉
缺点	添加量较大,阻燃剂迁移、吸潮等	燃烧释放大量浓烟、有腐蚀性等气体释放	添加量大,填加质量分数达 60％以上,导致材料机械性能下降

表 3 - 5 膨胀型阻燃聚合物与膨胀型阻燃涂料对比

	膨胀型阻燃涂料	膨胀型阻燃聚合物
阻燃剂的分布	阻燃剂分散在基料中,施涂于基材的表面,易于表面成炭	阻燃剂与聚合物共混,分散在体相中,表面成炭相对困难
热性能要求	通常为常温制备涂料,阻燃剂热稳定性不影响制备工艺	通常要求阻燃剂有足够的热稳定性,以满足聚合物的加工温度
组分匹配	阻燃剂与基料的比例相对较大,基料对膨胀成炭影响较小	质量分数高达 70％～80％的聚合物基材对体系膨胀成炭影响较为强烈

随着研究的深入,在提高膨胀型阻燃剂的热稳定性方面有了相当的进展。例如,典型的聚磷酸铵/季戊四醇(APP:PER,质量比 3:1)复合膨胀型阻燃剂的初始热分解温度在 160～180℃之间,因此该体系多用于阻燃聚烯烃的研究;由季戊四醇和三氯氧磷为原料合成的三(1-氧代-1-磷杂-2,6,7-三氧杂双环[2.2.2]辛烷-4-亚甲基)磷酸酯(Trime)的初始热分解温度达到了 316℃[16],图 3-1 给出了 Trime 的化学结构式。这意味着 Trime 可以满足几乎所有阻燃工程塑料的加工要求。

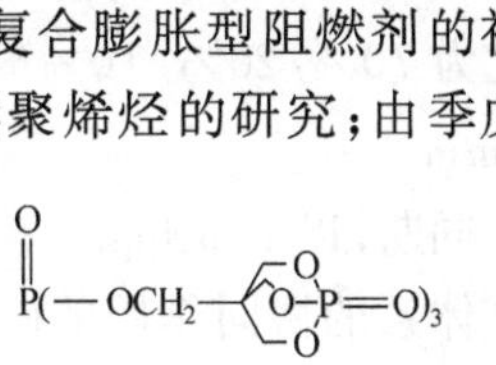

$$P(—OCH_2-\!\!\!-\!\!\!-O\!-\!P=\!O)_3$$

图 3-1 Trime 的化学结构

在进行膨胀型阻燃体系组分匹配协同,改善组分耐潮湿、抗迁出等方面的研究也有突出进展。例如,单分子膨胀型阻燃剂 bMap 和 Melabis(图 3-2)[17],由于相对于单组分膨胀型阻燃剂有相对较大的分子质量,因而具有良好的耐潮湿、抗迁出性能,同时也具有较好的热稳定性。bMap 和 Melabis 二者添加质量分数为 20% 用于阻燃 PP 时,PP/Melabis 体系可以达到 UL-94 V-0 级;PP/bMap 体系则需要补充一定量三季戊四醇后才能达到 V-0 级,说明 bMap 中缺少炭源,三源的比例不够匹配。

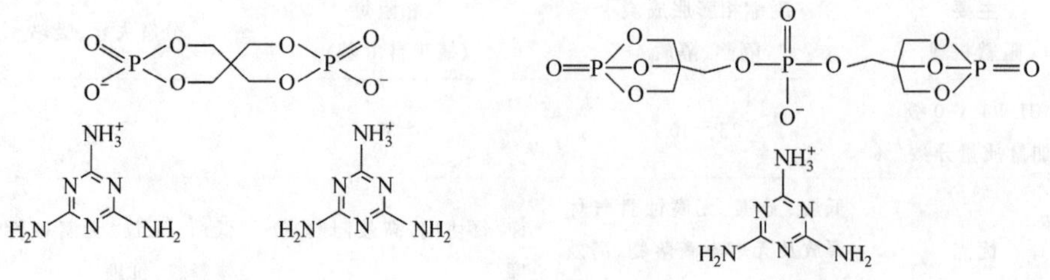

bMap　　　　　　　　　　　　　　　　　Melabis

图 3-2　单分子膨胀型阻燃剂

3.1.2.3　化学膨胀型阻燃体系协同研究及商业化应用

以 Camino 为代表的研究群体在揭示化学膨胀型阻燃机理研究方面做了大量有意义的工作,为当今膨胀型阻燃聚合物的发展奠定了基础,同时对化学膨胀型阻燃体系商业化应用起了积极的推动作用。最具典型意义的是以聚磷酸铵/季戊四醇(APP-PER)体系为切入点,以季戊四醇双磷酸酯(PEDP)为模型化合物,对体系热分解过程中的化学反应、膨胀特性、炭层组成及结构的研究[18]。进入 20 世纪 90 年代,围绕着提高化学膨胀型阻燃体系的阻燃效率、降低添加量等问题展开了协同阻燃研究。如聚丙烯/聚磷酸铵/乙烯基脲醛树脂[PEUFA,poly(ethyleneurea-formaldehyde)]体系,其中 PEUFA 是作为炭源发挥作用的,APP/PEUFA 的质量比直接影响体系的初始热失重温度、残炭量及阻燃效果,组成与质量比匹配的 APP/PEUFA 体系的阻燃效率远比传统 APP-PER 体系高。PP/APP/PEUFA 质量比为 70%/20%/10% 时,LOI 为 37%,垂直燃烧可以达到 UL-94 V-0 级(厚度 1.6mm)。

同期,以 Bourbigot 等为代表的关于分子筛(Zeolite)对 APP-PER 化学膨胀型阻燃体系的协同作用的研究工作[19~21]也十分突出,可称为深入理解化学膨胀型阻燃体系凝缩相阻燃机理的范例。如 1%~1.5% Zeolites 可以使添加 30% 膨胀型阻燃剂的聚丙烯体系(PP/APP-PER)的氧指数(LOI)由 30% 提高到 45%(PP/APP-PER/Zeolite)。这类 Zeolites 参与的协同膨胀型阻燃体系在聚烯烃中应用,导致氧指数(LOI)可以上升 2~20 个单位。其意义不仅在于为降低膨胀型阻燃剂的添加量提供了广阔的空间,同时也为利用协同或催化手段加速体系组分的酯化、交联及成炭过程,获得更高效率的膨胀型阻燃体系提供了理论依据。

协同阻燃作用的研究推动了化学膨胀型阻燃体系工业化、商业化应用的进程。如从 20 世纪 80 年代始,先后由 Montedison 集团所属的 Montefluos 公司推出的有机氮和 APP 协同的 Spinflam 系列(MF80、MF82)化学膨胀型阻燃剂;Hoechest 公司特种化学部(后改名为 Clariant 公司)的 Exolit 系列磷-氮协同的化学膨胀型阻燃剂;以及 DSM 公司的 Melapur P46、Melapur 200 等。上述膨胀型阻燃剂中除 Melapur 200 外,其余多数用于聚烯烃的阻燃。

化学膨胀型阻燃体系的研究与应用在进入 21 世纪的时候更显得充满活力,同时以低烟、无毒、无熔融滴落、高效阻燃、可回收利用、抗潮湿、抗腐蚀等应用功能在无卤阻燃体系中日益显示了其重要的地位。出现了研究、开发与商业化应用相互促进、快速发展的局面,突出的特点是多种学科、多种技术或多种阻燃手段的融合。

可以说,随着人类环境保护意识的增强及阻燃法规的日趋严格,新型高分子材料的发展、无机纳米材料的发展、聚合物纳米复合材料的发展、聚合物材料加工技术的发展带动了化学膨胀型阻燃技术的发展。历经 60 余年的发展,膨胀型阻燃技术日渐完善,已经应用于塑料、涂料及织物的阻燃,正在进入电子电器、建筑、交通及纺织材料等领域,成为无卤阻燃材料的一支生力军。

3.1.3　本章内容简介

本章将以化学膨胀型阻燃基础研究为基点,围绕该体系发展进程中普遍关注的组分迁移、材料吸潮、添加量偏高及体系组分间界面相容性等问题,重点介绍两方面的研究进展:①酸源聚磷酸铵(APP)的研究进展,即降低酸源聚磷酸铵(APP)的水中溶解度、提高 APP 的热稳定性及其近期研究;②展现为替代传统炭源季戊四醇(PER)寻求新型炭源的研究进展。如利用多芳香化合物树脂作为成炭剂的研究,利用尼龙/黏土纳米复合材料作为成炭剂的研究。包括为降低化学膨胀型阻燃体系添加量所进行的各种协同阻燃研究,如利用含硅、硼陶瓷前体提高化学膨胀炭层的抗热氧化能力的协同阻燃研究;为解决膨胀型阻燃剂组分迁出、材料吸潮等问题所进行的抗迁出、耐潮湿环境的研究近况。同时,介绍有别于传统膨胀型阻燃体系的新概念的化学膨胀型阻燃体系。在此基础上,简要介绍目前商品化的聚磷酸铵系列和三聚氰胺衍生物系列膨胀型阻燃剂的进展、特性及应用,包括环境友好、可回收循环利用的膨胀型阻燃聚合物材料的应用研究、表面有机化处理技术的利用等。最后,根据文献报道,对未来化学膨胀型阻燃体系的发展给出了几点建议。总之,希望通过本章内容的介绍,能够对读者了解化学膨胀型阻燃体系的基础研究、现状及未来发展趋势有所帮助。

3.2　典型化学膨胀型阻燃体系的基础与应用

在化学膨胀型阻燃技术应用于聚合物研究的初期,即 20 世纪 70 年代至 80 年代间,Camino 等阻燃界的科学家为了推进这一技术的研究与发展,围绕化学膨胀型阻燃体系在聚烯烃中的应用,开展了一系列的基础研究。其中最为典型的是聚磷酸铵/季戊四醇(APP-PER)阻燃聚丙烯(PP)的热分解行为、模型化合物热分解过程中化学反应及阻燃机理的研究;无机金属化合物、分子筛作用机理的研究以及 APP 在工程塑料及热固性树脂中的应用基础研究。

选择 APP、APP-PER 这些典型体系进行应用基础研究的主要目的有四点:①APP 既可复合使用,也可单独使用,应用十分广泛。如阻燃塑料、橡胶、织物、木材、纸张及涂料。有资料报道[22],APP 全球年需求量已达到 1×10^7 kg。②APP 是传统化学膨胀型体系的主体,具有较好的热稳定性、高的磷含量,因而是理想的酸源;同时由于 APP 热分解时释放出氨和水,所以 APP 又兼有气源的功能。③PER 富含羟基,与 APP 在一定配比下作用,可以获得远高于理论计算值的成炭量。因此,APP-PER 复配体系用于阻燃聚烯烃或用于防火涂料均可获得良好的膨胀阻燃效果。④通过 APP-PER 复配体系的热分解行为、成炭过程中的化学反应及物理作用的研究可揭示化学膨胀型阻燃体系的共性及规律,对化学型膨胀阻燃体系的发展具有普遍指导意义。后来直至今日,化学膨胀型阻燃体系的发展充分说明了这一点。可以说,Camino 等在 APP-PER 体系的机理研究方面的成果为化学膨胀型阻燃技术的发展奠定了理论基础。

本节试图通过近年文献报道的化学膨胀型阻燃体系基础研究的实例,揭示膨胀型阻燃凝缩相的作用机理。说明发生在凝缩相的化学反应与膨胀阻燃体系的基材、阻燃剂组成、配比及热分解条件等因素有关。特别与基材的热分解产物及行为关系密切。化学膨胀型阻燃体系的交联、成炭过程是酸催化的、复杂的化学反应过程;泡沫状炭层是以物理方式在气相与凝缩相之间隔热、隔质的。膨胀炭层的化学组成及强的化学键的形成对抗热氧化作用非常重要。

3.2.1　聚磷酸铵与季戊四醇的匹配

在化学膨胀型阻燃体系中,组分 APP 是典型的酸源(兼有气源功能),组分 PER 是典型的炭源。APP 与 PER 的化学式及主要性能指标见表 3-6 和表 3-7。表中数据指出,APP 有很高的含磷量及大于 250℃ 的分解温度;PER 有丰富的羟基及可以利用的热稳定性。实现化学膨胀阻燃最基本的条件应该是热性质的匹配和组分的匹配。由下述 APP 的热分解行为、APP 与 PER 热性质及组分的匹配可清楚说明这一基本规律。

表 3-6　低水溶性聚磷酸铵的主要性能

性　能	指　标	性　能	指　标
外观	白色,流动性粉末	水溶性/(g/100 mLH₂O)	～0.5
化学式	$(NH_4PO_3)_n$	密度/(kg/L)	1.9
P_2O_5/%	～72	pH(10% 悬浮液)	5.5～7.0
热分解温度/℃	>250	H_2O/%	≤0.25

表 3-7　季戊四醇的主要性能

化学式	相对分子质量	外观	羟值(质量分数)/%	熔点/℃	220～330℃
$C(CH_2OH)_4$	136.15	白色结晶或粉末	48.50	252	挥发而不分解

热失重分析(TGA)研究表明[23],氮气保护下 APP 的热失重分为三个阶段：260～420℃,420～500℃以及 500～680℃。各阶段对应的失重质量分数分别为 13%、4%和 78%。红外光谱研究表明,500℃前的两个热失重阶段中释放的气体仅有 NH_3 和 H_2O。第一阶段(260～420℃)对应着 APP 脱出 NH_3 生成聚磷酸,继而聚磷酸脱 H_2O 交联形成 P_2O_5,见图 3-3 中式(3-1)。该阶段释放的 NH_3 占总量的 50%。由于 APP 中的 NH_3 不能完全脱除,因而阻碍聚磷酸进一步丢失 H_2O 形成 P_2O_5 的反应进程。第二阶段(420～500℃)对应着 APP 直接脱水生成多磷酸胺,见图 3-3 中式(3-2)。

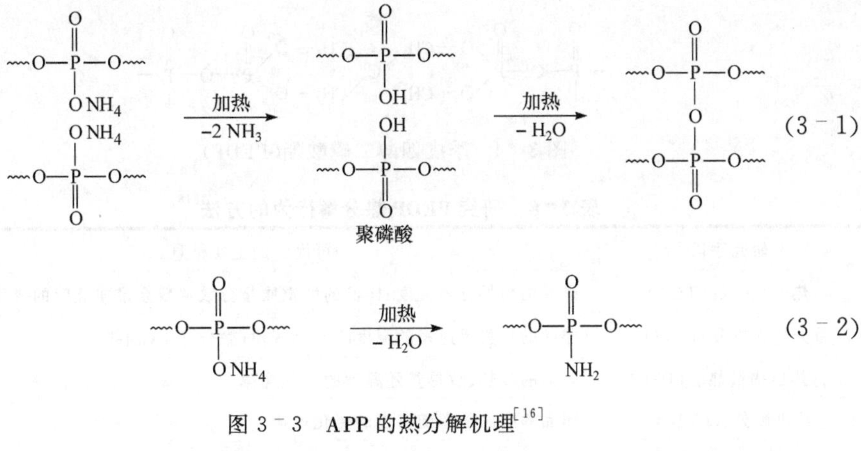

$$(3-1)$$

$$(3-2)$$

图 3-3　APP 的热分解机理[16]

APP 的热分解机理表明,它可释放聚磷酸、NH_3 和 H_2O 的温度区间(260～420℃)与多羟基 PER 挥发而不分解的区间(220～330℃)部分交叠,即具有所谓膨胀阻燃体系组分热性质匹配的条件。然而,组分配比是实现化学膨胀阻燃的另一必要条件。当 APP-PER 添加质量分数为 30% 用于阻燃 PP 时,APP 与 PER 的质量比对膨胀阻燃 PP 的氧指数(LOI)有很大影响。APP 与 PER 的质量比分别为

1:1、2:1、3:1 或 4:1，PP/APP-PER 体系的氧指数（LOI）分别为 25.5%、26.5%、30.0%、27.0%。由此可知，APP 与 PER 质量比为 3:1 是最佳配比，达到了所谓膨胀阻燃体系组分比例匹配的条件。

3.2.2　模型化合物的热分解行为

研究阻燃机理通常从研究热分解行为入手。因为热分解行为与燃烧性能之间密切相关。由于燃烧是快速的、复杂的热氧化过程，材料在该过程中的化学与物理行为难以捕捉。热分解研究通过对实验条件（试样量、加热速率与方式、气氛、气体流速等）的控制，利用热失重分析（TGA）实现对复杂燃烧过程的必要简化，从中寻找规律性的联系。例如，热失重分析（TGA）给出热分解残炭量（CR）与氧指数（LOI）存在线性关系[24,25]：LOI ＝ (17.5 ＋ 0.4 CR)/100（适用于不含卤素的聚合物）。由聚合物结构单元热分解成炭倾向估算聚合物的残炭量，进而推算聚合物的氧指数（LOI）。因此，研究体系的热分解行为是研究阻燃机理的方法之一。

揭示典型的 APP-PER 体系的化学膨胀阻燃机理，是通过研究模型化合物的热分解机理进行的。加热 APP 与 PER（如 3:1）的混合物近 250 ℃时，APP 与 PER 反应可形成季戊四醇磷酸酯，该产物通过分子内酯化反应形成环状磷酸酯。经鉴定，其中有季戊四醇二磷酸酯（pentaerythritol diphosphate，PEDP）的结构存在，见图 3-4。因此，选择 PEDP 作为模型化合物进行热分解行为研究。热分解行为研究中使用的测试手段列在表 3-8 中。

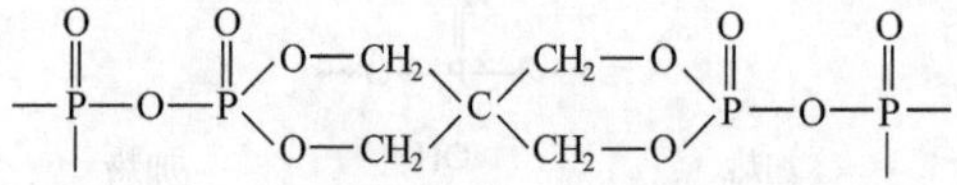

图 3-4　季戊四醇二磷酸酯（PEDP）

表 3-8　研究 PEDP 热分解行为的方法[18]

研究手段	可提供的主要信息
热失重分析（TGA）	样品的初始分解温度；样品的失重质量分数或残余量随温度的变化规律
微分热失重分析（DTG）	样品的热失重速率随温度的变化规律（微分 TGA 曲线）
差热扫描量热法（DSC）	样品的吸热、放热量随温度的变化规律
热机械分析（TMA）	样品的膨胀倍率随温度的变化规律
低温热挥发分析（SA-TVA）	将样品热分解挥发组分在低温下凝结分离，然后通过红外（IR）或色-质连用（GC-MC）技术鉴定组分，即热分解挥发组分的指认
挥发气体分析（EGA）	利用水敏探头在线分析热分解过程中水的释放量随温度的变化规律

从室温至 950℃,PEDP 的热失重分析(TGA)、微分热失重(DTG)及差热扫描量热法(DSC)研究结果由图 3－5 给出。其中 TGA、DTG 研究指出,PEDP 的热分解过程主要分为 5 个阶段。各阶段对应的热分解温度范围、最大热失重速率对应的温度(T_m)、分段质量损失及累计质量损失分别列在表 3－9 中[25]。在 PEDP 热分解的各阶段中均有挥发性产物生成。第一、二阶段质量损失约 15%,热分解过程的化学反应发生在这两个阶段。即 PEDP 的羟基缩合、脱水[式(3－3)],主要释放出的挥发性产物为 H_2O。同时,酯缩合产物在酸催化下通过正碳离子机理完成酯键断裂,单键转移,释放出含有烯烃的磷酸酯和磷酸的系列化学反应[式(3－4)]。含有烯烃的磷酸酯进一步由式(3－5)给出的 D-A 反应(Diels-Alder reaction)生成芳香结构的产物。通过 D-A 反应的反复进行,可进一步生成芳香结构的泡沫状碳质炭(foamed carbonaceous char)[25~28]。

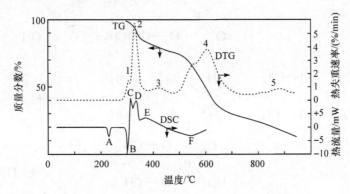

图 3－5　PEDP 的 TGA、DTG 及 DSC 曲线

样品重 10mg,加热速率 10℃/min, 高纯氮气保护,气流速率 60cm³/min

表 3－9　PEDP 热分析数据(加热速率 10℃/min,氮气保护,气流速率 60cm³/min)

热分解阶段	温度范围/℃	T_m/℃	分段质量损失分数/%	累计质量损失分数/%	主要热分解产物
1	280~320	305	4	4	H_2O
2	320~350	330	11	15	H_2O、C_1~C_5 碳氢化合物、醛
3	350~500	425	10	25	
4	500~750	550 600	45	70	H_2O,CO_2,PH_3,P_2O_5
5	>750	875	>14	>84	H_2O,CO_2,PH_3,CO,H_2

$$\xrightarrow{-(n-1)H_2O} \tag{3-3}$$

$$\xrightarrow{+H^+}$$

$$\longrightarrow$$

$$\longrightarrow \quad + \ H_3PO_4 \tag{3-4}$$

$$\longrightarrow \quad CH_3 \tag{3-5}$$

在 PEDP 的前两步热分解过程中有两个方面值得注意。一是动态热机械分析 (DMA)研究指出,膨胀效应发生在 280~350℃,最大膨胀峰出现在 325℃。这一结果 为膨胀型阻燃体系的设计与研究提供了基础信息,即成炭过程的化学反应与膨胀过 程应当匹配。二是 DSC 研究结果(图 3-5)指出,除吸热峰 A(释放 H_2O)、B(PEDP 熔 融)外,出现了明显的放热峰 C、D。C、D 对应于热分解膨胀成炭过程的一系列化学反 应,即膨胀成炭过程是放热过程,但并不影响 PEDP 的阻燃效果。

PEDP 的第三个热失重阶段(350~500℃)对应着膨胀炭层隔热、隔质发挥阻 燃效果的阶段。由 TGA 或 DTG 曲线(图 3-5)可看出,该段曲线相对平缓,主要 热分解挥发性产物仍是 H_2O。第四步对应于膨胀炭层的热分解失重,产物主要是 磷酸物种,导致 500℃以上膨胀炭层失去了隔热、隔质的阻燃作用。

对于 PEDP 热分解行为及热分解过程中的化学反应的研究,一方面揭示了传统化学膨胀型阻燃体系凝缩相阻燃的机理,提出了"三源"匹配的概念;在加热条件下酸源放出无机酸作为脱水剂,使炭源中的多羟基发生酯化、交联、芳基化及炭化反应,过程中形成的熔融态物质在气源产生的不燃气体的作用下发泡、膨胀,形成致密和闭合的多孔泡沫状炭层,获得隔热、隔质的阻燃效果。另一方面为化学膨胀型阻燃体系的研究与设计提出了问题:在热性质与组分匹配的条件下,如何提高膨胀炭层的耐热能力。如果能够提高膨胀炭层的耐高温、抗氧化能力,则完全可以获得阻燃级别更高的膨胀型阻燃聚合物材料。

3.2.3　膨胀炭层的化学与物理特性

APP-PER 体系热分解行为的研究使人们认识到,良好的膨胀型阻燃效果取决于热分解过程中化学反应、膨胀效应所导致的芳香结构多孔碳质炭层的形成,或者说膨胀炭层的化学结构与物理特性直接影响阻燃效果。炭层的化学结构因素有组分化学键的强度、分子间力的作用等。炭层的物理因素有链的刚性、结晶度、炭层膨胀的高度、炭层表面及内部泡孔的形貌、隔热效果等。因此,在研究膨胀阻燃体系热性质及组分匹配的同时,必须注意膨胀炭层的化学与物理特性的研究。

3.2.3.1　炭层化学组成与结构的研究

研究膨胀炭层的化学组成的手段通常包括傅里叶红外光谱(FTIR)、X 射线衍射(XRD)、拉曼光谱、核磁共振谱(NMR)、电子自旋共振谱(ESR)以及 X 射线光电子能谱(XPS)等。下述关于 APP-PER 等体系成炭过程中及成炭产物的化学组成与结构的研究,从方法各自角度证实了化学膨胀阻燃体系热分解过程凝缩相化学反应产物有:酸源与炭源作用形成的脂肪碳磷酸酯、聚磷酸、芳香化合物、杂环及杂原子(P、O、Si、Al 等)的芳香化合物、聚芳香结构的化合物。这些研究为化学膨胀型阻燃体系的应用研究奠定了基础。

APP-PER(3∶1,质量比)体系加热至 290℃以上,通过 X 射线衍射对产物的研究发现,2θ 角 23°处存在一个 d_{002} 宽峰,被指认为各向同性的湍流碳(isotropic turbostratic carbon)。这种碳质炭的化学结构是由平行排列层状聚芳香物种构成[29,30]。

拉曼光谱表征膨胀炭层的芳香化或前石墨化结构(pregraphitic structures)也很有特点。在拉曼光谱分析膨胀炭层的谱图中出现两个相互交叠的谱峰,$1580cm^{-1}$ 和 $1360cm^{-1}$,前者被指认为芳环化合物 C=C 的振动,而后者来自于结构的缺陷。有趣的是两个谱峰随膨胀阻燃体系中碳的有机化程度做规律性的变化,即前述的拉曼谱图中相应的两个谱峰的频率、相对强度和宽度的变化与膨胀阻燃体系炭层形成过程中石墨化程度有关[31]。

膨胀炭层的化学组成及结构还可以通过 ^{13}C 和(或)^{31}P 的固体核磁共振谱

(^{13}C-NMR、^{31}P-NMR)予以表征和研究。不同特征温度下 APP-PER 体系的强场 ^{13}C-NMR 谱给出的碳的特征峰的化学位移[32~34]被归纳在表 3-10 中。图 3-6 给出了 APP-PER 体系 560℃下的^{13}C 去偶-魔角旋转-核磁共振(dipolar decoupling-magic angle spinning-nuclear magnetic resonance,DD-MAS NMR)谱图。所谓"魔角"是指为了消除各向异性的影响,提高固体样品的分辨率,样品与磁场遵循 $3cos2\theta-1=0$ 的关系而旋转的角度($\theta=54.74°$)。由图 3-6 可以看到 25ppm 处支链脂肪碳峰显著减弱,而 100~160ppm 处芳香碳及杂环芳香峰显著增强,表现出强烈的成炭特征。

表 3-10　APP-PER 体系^{13}C-NMR 化学位移

特征温度/℃	脂肪 C (25ppm)	脂肪 C—O—C、C—O—P (70ppm)	芳香 C 杂环芳香 C (100~160ppm)	羧酸 C、羰基 C (180ppm)
280	出现	—	—	—
>280	减弱	出现	出现	—
>350	显著减弱	—	—	—
560	趋于消失	增强	显著增强	较强

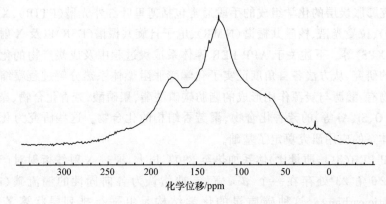

图 3-6　APP-PER 体系 560℃下的 DD-MAS ^{13}C-NMR 谱图

图 3-7 给出了 APP-PER 加热处理后特征温度下的^{31}P-NMR 谱[35],与^{13}C-NMR 谱对 APP-PER 体系成炭过程组分的化学组成与结构的研究取得了基本一致的结论。280℃下,APP 与 PER 反应,^{31}P-NMR 谱上出现正磷酸基团特征峰(0ppm),以及聚磷酸端基结构宽带特征峰(50ppm);350℃下,正磷酸物种特征峰(0ppm)强度增加;430℃下,化学位移-7ppm 处,另外两个不同的焦磷酸基团出现,被指认为 P—O—P—OR 及 P—O—P—OR′ 基团。560℃下,带有不同键角的 P—O—P 笼形结构(cage structure)P_4O_{10} 谱带出现[35~37]。

在化学膨胀型阻燃凝缩相成炭研究中，表面分析手段 XPS 很有特点。XPS 对 APP-PER 炭层表面 C1s、O1s、N1s 和 P2p 结合能测定结果指出，存在吡啶或吡啶型的含 N 聚芳香磷酸酯结构，也存在羰基和羧酸类物质[38]。

3.2.3.2　炭层物理隔热特性及形态的研究

良好的膨胀炭层具有隔热、隔氧，阻隔可燃物质的传递，使火焰自熄的作用；具有有效降低烟雾产生的作用；具有黏附在熔融基材表面的炭层，防止熔滴产生，避免火焰进一步传播的作用。炭层的隔热特性除了与化学膨胀因素有关外，还与炭层形态、密度、黏度、导热系数等因素有关，其中泡沫状炭层的厚度与密度是影响隔热效果的关键因素，因为这些因素直接影响外部热量、氧气和内部材料分解的可挥发气体在炭层间的传递。研究指出，充有气体的泡沫炭较固体炭的热传导低一个数量级[39]。

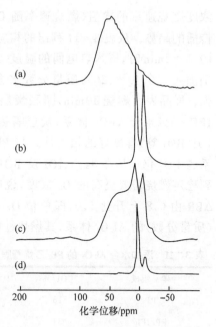

图 3-7　APP-PER 体系加热
(a) 280℃；(b) 350℃；
(c) 420℃和 PP/APP-PER 体系；
(d) 燃烧后的 ^{31}P-NMR 谱图

研究膨胀炭层的物理隔热特性的方法之一是通过测量嵌入样品表面一定位置的热电偶所指示的温度随时间变化的曲线来评价[40]。嵌入热电偶的样品将在一定气氛下暴露在火焰或热辐射之下，嵌入热电偶温度越低，或热电偶温度随时间变化的曲线上升越缓慢，表明膨胀炭层的隔热效果越好。

可以用添加水合 Al_2O_3（粒度＜2μm）对乙烯基脲甲醛缩合物/APP 阻燃 PP 体系膨胀炭层的隔热效果影响的研究为例说明[41]。该研究将隔热效果表征的数据与其他燃烧性能参数进行比较，证实膨胀炭层隔热效果的改善与点燃氧指数（IOI）及燃烧氧指数（BOI）提高的联系与规律。其中，点燃氧指数（IOI）是利用氧指数测试装置，在 O_2/N_2 混合气流中，通过外部火焰点燃样品所需的最低 O_2 浓度。点燃氧指数（IOI）的数据是由氧指数（LOI）随样品燃烧自熄时间（SQT）变化的曲线外推到 SQT=0 时，所对应的 O_2 浓度而得。点燃氧指数（IOI）越高，表明被测阻燃材料相对越难被点燃。燃烧氧指数（BOI）是在氧指数测试装置中通入 O_2/N_2 混合气流，样品达到稳定燃烧时所需的最低 O_2 浓度，由燃烧速率[BR/(mm/s)]随 O_2 浓度变化的曲线外推到 BR=0，所对应的 O_2 浓度而得。BOI 越高，意味着被测阻燃材料相对火焰传播速率越慢、越难以燃烧。另外，还可以用 ΔBR 参数，即单位 O_2

浓度燃烧速率的增值(燃烧速率随 O_2 浓度变化曲线的斜率),表示被测材料火焰传播的趋势。从表 3–11 列出的相应数据可以看到,PP 基材承受外部火焰能力很弱,1~2min 时,嵌入热电偶的温度 $T_{1~2min}$ 超过 500℃。而 PP/IFR 体系,及其分别加入 5%、10%、20% 质量分数水合 Al_2O_3 的体系承受外部火焰的能力显著增强。样品表面燃烧 10min,膨胀炭层下的温度 T_{10min} 均在 400℃ 之下。其中 PP/IFR＋5% 水合 Al_2O_3 体系,炭层隔热效果相对最好,同时与其他燃烧性能(LOI、IOI、BOI 等)有良好的相关性。与 PP/IFR 体系比较,PP/IFR＋5% 水合 Al_2O_3 体系的 LOI 仍保持在 34%;IOI 及 BOI 分别提高了 2 个单位,即该样品被点燃及达到稳定燃烧需要更高的 O_2 浓度,说明被点燃及燃烧更加困难了。但不足之处是 ΔBR 由 0.8 上升到 1.0,即单位 O_2 浓度的燃烧速率有所上升。添加 10%、20% (质量分数)的 Al_2O_3 体系,其燃烧性能指标多数在下降。

表 3–11　添加水合 Al_2O_3 的 PP/乙烯基脲甲醛缩合物-APP(PP/IFR)膨胀型阻燃体系的燃烧特性

样品组成	LOI/%	IOI/%	BOI/%	ΔBR/(cm/s)/OC[1]	T_{10min}/℃
PP	18	16	17	1.7	$T_{1~2min}$>500
PP/IFR	34	23	31	0.8	380
PP/IFR＋5% 水合 Al_2O_3	34	25	33	1.0	350
PP/IFR＋10% 水合 Al_2O_3	27	18	24	0.6	380
PP/IFR＋20% 水合 Al_2O_3	24	18	22	0.5	300

1) OC-O_2 浓度。

通过扫描电镜(SEM)观察膨胀型阻燃体系炭层表面及内部泡孔的形貌,可以揭示具有良好膨胀型阻燃效果的体系炭层泡孔的均匀性及尺寸分布与燃烧行为之间的规律。Bertelli 和 Camino 等利用 SEM 对氧指数(LOI)达到 28%~30%,阻燃剂添加量在 25%~30% 质量分数的不同类型的膨胀型阻燃 PP 样品的炭层进行了研究[41],结果表明炭层的形貌类似,即稍有些不规则的泡孔,其直径分布在 10~15μm 之间,泡孔壁厚在 1~3μm 之间。

3.2.4　聚丙烯/聚磷酸铵/季戊四醇膨胀阻燃体系

APP-PER 这一典型的膨胀阻燃体系的最为成功的应用研究应该是阻燃聚丙烯(PP)[25]。当 APP 与 PER 的质量比为 3:1,添加量为 30% 时,PP/APP-PER 体系的 LOI 可以达到 30%。热失重分析(TGA)550℃ 下,PP/APP-PER 体系的实验残炭量为 23%,远远大于理论残炭量 10%,差值为 13%(图 3–8)。PP/APP-PER 体系的理论热失重曲线是 PP 及 APP-PER 实验曲线的线性叠加。550℃ 下 PP/APP-PER 体系的理论残炭量计算如下。

已知 APP-PER 复合阻燃剂的添加量为 30%,由图 3–8 热失重分析曲线得知:PP 残炭量＝0,APP-PER 复合体系实验残炭量＝33％。PP/APP-PER 体系理论残炭量＝30％×33％＋0＝9.9％≈10％。

这一实验事实给出的成炭量远远超出了传统的含卤阻燃体系或无机金属氢氧化物等阻燃体系的成炭量。说明 APP-PER 复合膨胀型阻燃剂与 PP 基材在热分解过程中发生了相互作用,在 APP-PER 的作用下不成炭的聚合物 PP 参与了体系的成炭。更确切地说是由于 PP/APP-PER 体系在受热或燃烧条件下,表面形成的泡沫状炭层有效地保护了下面的基材,使 PP 的热分解受到一定程度的抑制,导致体系热失重质量分数显著降低。

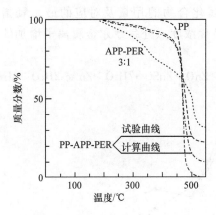 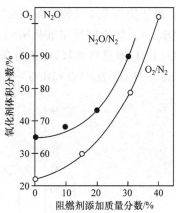

图 3-8　APP-PER 与
PP/APP-PER 体系热失重分析曲线
样品质量 10mg,加热速率 10℃/min,
高纯氮气保护,60cm³/min
APP:PER 质量比 3:1,
APP-PER 添加质量分数为 30％

图 3-9　膨胀阻燃 PP
(APP-PER 3:1,质量比)
体系的氧指数和氮氧指数

PP/APP-PER 体系的氧指数(LOI)及氧化亚氮指数(NOI)的研究表明[42],用 N_2O 氧化剂替代 O_2 氧化剂后,NOI 曲线(N_2O/N_2)独立于 LOI(O_2/N_2)曲线之上(图 3-9),呈相互"平行"之趋势。说明 APP-PER 膨胀型阻燃剂是通过凝缩相阻燃机理降低 PP 的燃烧性的。

3.2.5　无机金属化合物的作用机理

提高阻燃效率、降低阻燃剂的添加量是各类阻燃体系,包括化学膨胀型阻燃体系研究及追求的永恒主题之一。对于化学膨胀型阻燃体系基本组分"三源"凝缩相热分解酯化、酯分解、芳香化及膨胀成炭的研究,使人们意识到加快化学膨胀型阻燃体系热分解交联、成炭的速度能够提高阻燃效果。通过寻找"协同剂"、"成炭剂"或"催化剂"的协同阻燃作用的研究,可以实现降低阻燃剂添加量的目的。

　　二价金属离子,如 Zn(Ⅱ)、Ca(Ⅱ)和 Mg(Ⅱ)可以作为树脂交联、脱氢反应的催化剂[43];多价金属离子可用作氧化催化剂[44,45]。研究指出,少量(0.1%～2.5%,质量分数)二价或多价金属化合物(Mn 或 Zn)与 APP-PER 膨胀型阻燃剂复合,可明显提高 PP/APP-PER 体系的阻燃效果[46]。对于 PP/APP-PER 体系,从 LOI 与金属化合物添加质量分数的关系曲线上看,Mn 或 Zn 的化合物对膨胀阻燃效果具有协同作用。图 3－10 和图 3－11 分别给出了 Mn 的三种化合物和 Zn 的四种化合物添加量对 PP/APP-PER 膨胀阻燃体系 LOI 影响的规律。表 3－12 列出了最佳协同点(或称为最优浓度点)金属化合物的用量及对应的最大氧指数(LOImax)。如果按摩尔催化阻燃效率,即最优浓度点处每摩尔金属离子增加的氧指数(LOI)值进行比较,应该有如下顺序:

$$MnSO_4 \cdot H_2O > Zn_3B_4O_9 \cdot 5H_2O > MnAc \cdot 4H_2O > ZnO > ZnSO_4 \cdot 7H_2O > ZnAc \cdot 2H_2O > MnO$$

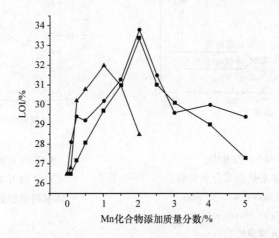

■ MnAc·4H₂O;● MnO;▲ MnSO₄·H₂O

图 3－10　Mn 化合物对 PP/APP-PER 体系 LOI 的影响

质量分数:PP75%、APP16.6%、PER8.4%

表 3－12　最佳协同点 LOI 及金属化合物的用量

金属化合物	CMC[1)](质量分数)/%	LOI[2)](max)	金属化合物	CMC[1)](质量分数)/%	LOI[2)](max)
MnAc·4H₂O	2.0	33.4	ZnO	1.0	31.4
MnO	2.0	33.8	Zn₃B₄O9·5H₂O	1.0	32.0
MnSO₄·H₂O	1.0	32.0	ZnSO₄·7H₂O	2.0	31.5
ZnAc·2H₂O	1.5	30.5			

1) CMC:最高 LOI 处的金属化合物浓度。

2) LOImax:最佳协同点 LOI 值。

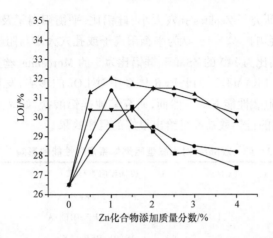

■ ZnAc·2H$_2$O；●ZnO；▲Zn$_3$B$_4$O$_9$·5H$_2$O；▼ZnSO$_4$·7H$_2$O

图 3－11　Zn 化合物对 PP/APP-PER 体系 LOI 的影响
质量分数：PP75％，APP16.6％，PER8.4％

　　同时,这 7 种体系最佳协同点处,试样 UL-94 垂直燃烧测试结果均达到 V-2 级 (1.6mm)。机理分析指出,Mn 或 Zn 的化合物一方面可以催化 APP 链的交联,减少磷氧化物的裂解与挥发,保持 APP 的活性,使更多的磷能够参与成炭过程,增加熔融态下体系的黏度,有利于成炭反应的进行;另一方面催化 PP 脱氢形成双键,也可通过氧化作用使 PP 主链羟基化,在 APP 的作用下交联、聚芳香化、成炭。总之,Mn 或 Zn 的化合物对 PP/APP-PER 体系热分解过程凝缩相交联、成炭具有催化作用。

3.2.6　分子筛的作用机理

　　Zeolites(沸石、分子筛)是一类由 SiO$_4$ 和 AlO$_4^-$ 四面体通过氧桥连接而成的晶体硅铝酸盐。其化学式为 M$_{x/n}$[(AlO$_2$)$_x$,(SiO$_2$)$_y$]$_z$·H$_2$O。方括弧内是分子筛的骨架,其中 $y/x \geq 1$,M^{n+} 是平衡带有负电荷的 AlO$_4^-$ 四面体的阳离子。它们不仅有均匀的孔结构、大的比表面,而且表面极性很高。这些结构性质决定了 Zeolites 不仅具有良好的吸附作用,而且具有一定的催化活性。硅铝比、阳离子电荷和半径及分布、骨架孔穴的大小及温度是影响吸附和催化活性的主要因素。硅铝比增大,吸附和催化活性提高;阳离子电荷高、半径小,催化活性高;骨架孔穴大,有利于吸附分子的进入和催化反应的进行[47]。化学膨胀型阻燃体系的热分解过程是由一系列化学反应组成的过程,其中酯化、酯分解、交联、成炭反应是可以被加速或延迟的。由此发现 Zeolites 对化学膨胀型阻燃体系的阻燃性能有很大影响,表3－13给出了多种 Zeolites 与 APP-PER 或 PY-PER(焦磷酸二铵/季戊四醇)复配用于不同聚合物基材的阻燃性能。可以看到 Zeolites 的加入导致体系的氧指数(LOI)有大幅度提高。Bourbigot 等研究了 Zeolites 孔穴大小、硅铝比、平衡阳离子及聚合物基材对体系膨胀阻燃性能的影响[25,26,48]。认为平衡阳离子或孔穴大小与阻燃行为无关；比较了三种 Zeolites：硅铝比为 140 的 ZSM-5、硅铝比为 5 的 Mordenite(丝光沸石)和硅铝比为 2.4 的 Y 沸石在 LRAM3.5/APP-PER 体系中对 LOI 的影响，发现 Zeolites 的硅铝比升高会导致体系阻燃性能下降。然而，研究其他硅铝酸盐，如黏土等含硅体系，发现含有 Zeolites 结构的硅铝酸盐都可给出很好的阻燃效果。

表 3-13　Zeolites 对膨胀型阻燃体系阻燃性能的影响[21]

膨胀型阻燃体系[1]	LOI/%	UL-94	膨胀型阻燃体系	LOI/%	UL-94
PP/APP-PER	30	V-0	PP/APP-PER-13X[3]	45	V-0
LDPE/APP-PER	24	V-0	LDPE/APP-PER-4A[4]	26	V-0
PP/PY-PER	32	V-0	PP/PY-PER-13X	52	V-0
PS/APP-PER	29	V-0	PS/APP-PER-4A	43	V-0
LRAM3.5[2]/APP-PER	29	V-0	LRAM3.5/APP-PER-4A	39	V-0

1) 体系膨胀阻燃剂总体添加质量分数为 30%；Zeolites 的添加质量分数为 1%～1.5%；APP:PER=3:1。

2) LRAM3.5-乙烯-丁基丙烯酸酯马来酸酐四元共聚物 (ethylene-butylacrylate-maleic anhydride terpolymer)。

3) 13X-Na$_{86}$[(AlO$_2$)$_{86}$(SiO$_2$)$_{106}$]264 H$_2$O，Si:Al=1(物质的量比)。

4) 4A- Na$_{12}$[(AlO$_2$)$_{12}$(SiO$_2$)$_{12}$]27 H$_2$O，Si:Al=1.23(物质的量比)。

关于硅铝比对 APP-PER 体系热分解行为的影响，XPS 研究[49]指出，在低于 250℃的温度下，Zeolites 及蒙脱土(montmorillonite)对 APP-PER 体系具有催化酯化作用；在高于 250℃的温度下，Zeolites 及蒙脱土开始分解，随温度的继续升高体系表面有 SiO$_2$、Al$_2$O$_3$ 逐渐生成，由于表面能的差异，体系表面硅铝比升高，酸的活性增强，最终导致体系膨胀炭层有 Si-P-Al-C 化学键生成，起到了促进成炭及稳定炭层结构的作用。PP/APP-PER/4A[PP:70%质量分数；(PP+PER):28.5%质量分数；4A:1.5%质量分数，APP:PER=3:1，质量比]体系的氧指数(LOI)为 37%。XPS 的研究验证了各种 Zeolites(4A、13X、Mordenite、ZSM-5)中 4A 对 PP/APP-PER 体系的催化、协同作用最大。

3.2.7　聚酰胺/聚磷酸铵膨胀阻燃体系

脂肪聚酰胺或尼龙(aliphatic polyamides，APA)，如 PA6、PA66、PA610、PA11、PA12，作为工程塑料或纤维在电子电器、纺织领域中有着广泛的应用。脂肪聚酰胺结构中由于含有 N 元素，有一定的阻燃性，相对于脂肪聚酯有较高的氧指数。如 PA66 的氧指数(LOI)可达到 25%，而聚酯的氧指数(LOI)仅为 21%。另外，尼龙在燃烧测试中表现出强烈的熔融滴落现象，易于传播火焰，在实际应用中十分危险。提高尼龙阻燃性能、克服熔融滴落的途径可以采用含芳香溴的含卤阻燃剂，如十溴二苯醚（DECA）、溴代聚苯乙烯（BPS）、高分子量溴代环氧聚合物、溴代茚（brominated indian）等[50]；也可以使用氢氧化镁-红磷-环氧树脂协同阻燃体系[51]，或熟知的卤-锑-聚四氟乙烯体系。由于含卤体系在回收焚烧处理或意外火灾中存在大量烟雾、腐蚀性气体及潜在的毒性问题，使其应用面临环境保护的压力；氢氧化镁无机填充体系存在填加量大，材料力学性能严重损失的问题。膨胀型阻燃体系在克服上述问题方面有一定优势，尤其是膨胀炭层的形成对抑制熔融滴落极为有效。因而，近年来受到人们的关注。如商品化的三聚氰胺多磷酸盐（MPP）阻燃玻璃纤维增强 PA66 十分有效。但机理研究较为欠缺。

　　APP 用于脂肪聚酰胺的机理研究对膨胀阻燃 PA 的应用有一定指导意义。PA 添加 10%（质量分数）的 APP 即可产生泡沫状的膨胀炭层，这种作用是 APP 在燃烧的聚合物表面形成含有聚磷酸的黏稠膨胀炭层的结果，然而由于 APP 添加量偏小，致使体系炭层不连续，阻燃作用有限。若使 PA/APP 体系的氧指数（LOI）有显著提高，还需不同程度地增加 APP 的添加量。图 3-12 给出了 APP 添加质量分数（%）对各种脂肪聚酰胺 LOI 的影响[52]。比较各种 PA/APP 体系的 LOI 曲线，可以得到 LOI 有显著增加时所需 APP 添加量的顺序：

PA66(10%APP)＜PA11(20%APP)，PA12(20%APP)，PA610(20%APP)＜PA6(30%APP)

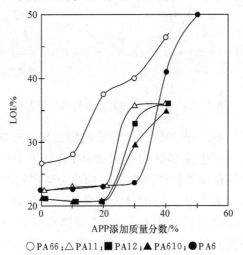

○PA66；△PA11；■PA12；▲PA610；●PA6

图 3-12　APP 添加质量分数对各种脂肪聚酰胺 LOI 的影响

　　为什么 10%（质量分数）的 APP 就可使 PA66 的 LOI 有上升趋势，而 PA6 需要添加 30%（质量分数）以上的 APP，其 LOI 才有明显的上升。这与脂肪聚酰胺的热分解方式和热分解产物有关。脂肪聚酰胺在氮气保护下加热（10℃/min），在 300～500℃ 范围内分解。脂肪聚酰胺热分解通常按两种相互竞争的方式进行[53]（图 3-13）。方式 1 是 PA 分子链中—NH₂—CH₂—断裂，产物有己内酰胺（capro-

lactam)、乙烯端基及腈基端基碎片。方式 2 是—CH₂—C(O)—键断裂,产物有碳
化二酰亚胺(carbodiimide)、甲基端基碎片及 CO_2。按何种分解方式进行,取决于
PA 的类型。研究指出[50],PA66 较其他 PA 存在更强烈的分子内氢键,主要是通
过互变异构按方式 2 进行热分解,导致有覆盖作用的 CO_2 及碳化二酰亚胺产生,
而碳化二酰亚胺可通过三聚形成耐热的三嗪环。PA6 倾向于按方式 1 进行热分
解,产物以己内酰胺为主。因此,PA66 较 PA6 和其他 PA 的基础 LOI 要高。同时
也将强烈影响阻燃 PA 的效果及机理。

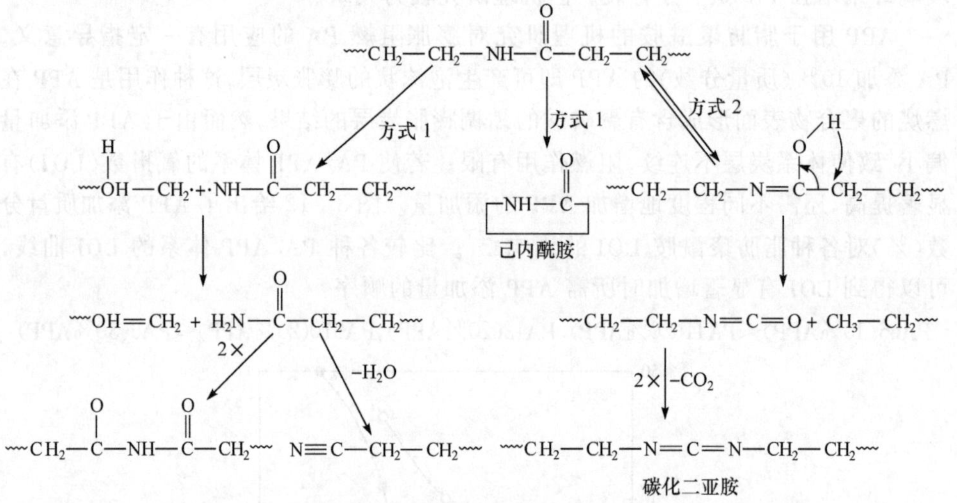

图 3-13 PA 两种相互竞争的热分解方式

APP 对—CH₂—C(O)—键的断裂及异氰酸酯二聚形成碳化二酰亚胺的过程
具有催化作用,由此可产生更多的耐热三嗪环,有利于 PA66/APP 体系氧指数
(LOI)的改善。APP 的存在并没有影响 PA6 的热分解产物的构成,环状产物己内
酰胺仍是体系的主要挥发产物。同时热失重分析(TGA)研究指出,500℃下 APP
残渣量约为 83%,PA6 残渣量约为 4%。理论计算添加 10%、20%、30%(质量分
数)APP 的 PA6 体系残渣量分别约为 11.9%、19.8%、27.8%,实际测试残渣量似
乎并没有增加(图 3-14)。当添加 40%(质量分数)APP 时,实际测试残渣量(约
38%)略高于理论计算值(35.6%)。即在 APP 添加量大于 30%时,一方面由于
PA6 的比例减少,可燃烧的挥发产物量也在减少;另一方面 APP 产生的聚磷酸与
PA6 分解产生的残渣混合达到合适的黏度,在体系热分解气体产物的作用下形成
连续的膨胀炭层,使 LOI 有显著上升。总之,由于 PA6 的热分解方式及产物导致
PA6/APP 体系 LOI 的提高相对困难。其他脂肪聚酰胺,如 PA11、PA12 的热分解
方式与 PA6 相似,只是热分解时产生的环状产物己内酰胺的程度有所不同,在

APP 存在下的膨胀阻燃机理也与 PA6 类似[52]。

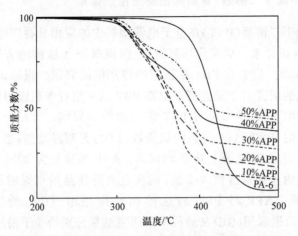

图 3-14　PA6/APP 体系 TGA 曲线

加热速率 10℃/min,高纯氮气保护

文献[54]报道了聚磷酸铵(APP)与五硼酸铵($NH_4B_5O_8$,ammonium pentaborate,APB)阻燃 PA6 的对比研究(图 3-15)。APP 阻燃 PA6 具有明显的膨胀阻燃特征;APB 阻燃 PA6 并未出现膨胀炭层,而是棕黑色紧密的玻璃状炭层。同时也注意到,化学膨胀型阻燃聚合物体系阻燃剂的添加量通常要达到 20%(质量分数)以上,才能获得明显的阻燃效果。还应指出,APP 在膨胀阻燃低相对分子质量与高相对分子质量 PA6 中的效果有明显差异。即膨胀阻燃高相对分子质量的 PA6 时,APP 的添加量为 30%(质量分数),LOI 即可达到 35%;阻燃低相对分子质量的 PA6 时,达到同样的 LOI 水平 APP 的添加量需要进一步提高。推测与受热或燃烧状态下体系熔体黏度有关,高相对分子质量的聚合物体系有较高的黏度,较高的黏度对熔体在气源作用下膨胀发泡、成炭有利。

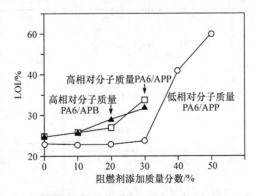

图 3-15　低相对分子质量 PA6/APP,高相对分子质量 PA6/APP、PA6/APB

阻燃体系 LOI 随阻燃剂添加量的变化曲线

3.2.8 对苯二甲酸丁二醇酯/聚磷酸铵膨胀阻燃体系

对苯二甲酸丁二醇酯(PBT)在电子电器塑料中的应用日益广泛。目前商品化阻燃 PBT 多用含卤体系。如溴代环氧树脂、四溴双酚 A 碳酸酯齐聚物、溴代聚苯乙烯及多溴二苯醚。APP 对 PBT 膨胀阻燃作用的研究很少报道,PBT/APP 化学膨胀型阻燃体系的研究对于推进膨胀阻燃 PBT 的应用有着积极的作用。

表 3－14 给出 APP 添加量对 PBT 燃烧性能的影响[55],APP 添加量在 20％(质量分数)以下时,PBT/APP 体系的氧指数(LOI)无明显增加;当 APP 添加量达30％(质量分数)时,LOI 显著上升至 28.6％。APP 添加量为 20％(质量分数)时,UL-94 垂直燃烧由无级别达到 V-2 级,两次点火后样品的熄灭时间显著缩短,熔滴数也明显下降。APP 与 PBT 的这种相互作用由 TGA、傅里叶红外光谱(FTIR)、色谱与质谱联用(GC/MS)技术的研究结果分别给予了揭示。

表 3－14　PBT/APP 体系的阻燃性能

APP(质量分数)/%	LOI/%	UL-94 垂直燃烧			
		分级	熔滴	$t_1/t_2^{1)}$/s	熔滴数2)
—	21.9	无	有	＞250	25
10	23.8	无	有	＞250	26
20	23.9	V-2	有	39/52	3/12
30	28.6	V-2	有	33/63	2/7
40	29.1	V-2	无/有	0/11	0/3

1) 第一次/第二次点燃后总的燃烧时间。

2) 第一次/第二次点燃后平均熔滴数。

图 3－16 所示的 PBT/APP 体系 TGA 曲线指出,与上述 PA 体系类似,添加

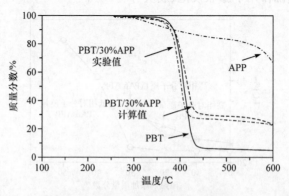

图 3－16　PBT/APP 体系 TGA 曲线

加热速度 10℃/min,氩气气氛保护

APP 于 PBT 导致体系初始热分解温度降低,同时 APP 加快了 PBT 热失重主要阶段的热失重速率。热失重实验曲线与理论计算存在差异的事实表明,APP 与 PBT 间可能存在相互作用。

利用 FTIR 对 PBT+30%(质量分数)APP 的体系在各热失重阶段的固体残渣进行分析,并与纯 PBT 结果对照,寻找 APP 与 PBT 间相互作用的证据。表 3-15 综合了 FTIR 对 PBT/APP 体系热失重主要阶段固体残渣的分析结果。随热失重比例的增加,APP 消失、聚磷酸增强。纯 PBT 在惰性气体中,随温度升高其热失重固体残渣中芳香酸与酸酐特征峰逐渐增强。特别应该注意 PBT/APP 体系热失重主要阶段之后的残渣中酸酐组分未检出的实验事实。

表 3-15 PBT/30%APP 凝缩相 FTIR 研究结果(残渣溴化钾压片)

失重阶段	PBT/APP 体系特征指认	残渣特征吸收峰/cm^{-1}
0	APP	3196(强)、1453(强)、874(强)、479(强)
	PBT	1 713~1 716(C=O)、1 260~1 272(C—O)、1 101~1 104(O—CH₂)、728(芳香 C—H)
25%	APP(渐消失)	3 196(减弱)、1 453(消失)、874(减弱)、479(减弱)
	聚磷酸(出现)	2 315、1 641、933、496
	PBT	芳香酸 1 690(出现)
60%	聚磷酸(为主)	2 315(强)、1 641(强)、933(强)、496(强)
	PBT	芳香酸 1 690(渐强)
主要失重阶段后	聚磷酸(存在)	2 723、2 319、1 641、1 252、1 018、931、493
	铵(少量)	3 131、1 401
	PBT	PBT 的特征峰显著降低

利用热分解装置在惰性气体保护下,以 10℃/min 的加热速度加热 PBT+APP(30%质量分数)样品到 420℃,收集其热分解高沸点挥发产物(HBPs)、低沸点挥发产物(LBPs),采用 FTIR 分别进行分析。HBPs 主要是芳香腈;LBPs 主要是 1,3-丁二烯及含有 NH_3 的 H_2O,以及少量四氢呋喃及丙烯。采用 GC/MS 对 HBPs 和 LBPs 研究[56]的结果与 FTIR 一致。

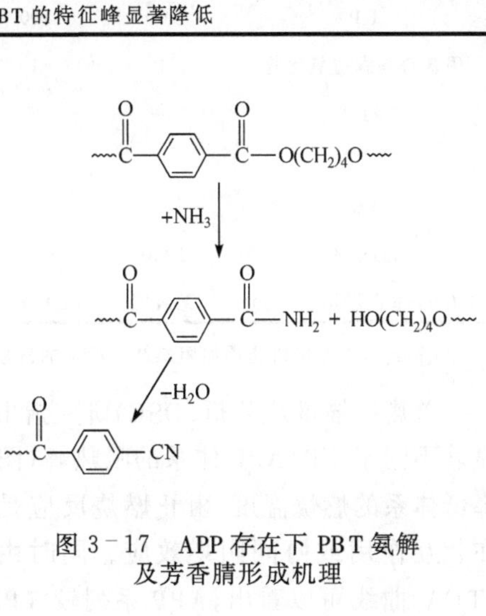

综合 PBT/APP 体系热分解残渣分

图 3-17 APP 存在下 PBT 氨解及芳香腈形成机理

析、挥发产物的分析结果,提出了 APP 热分解产生的 NH_3 促使 PBT 氨解,产生芳香腈,而不出现酸酐的机理[57](图3-17)。更确切地说,PBT/APP 体系的热分解是碱催化作用。由此,揭示了 APP 与 PBT 相互作用的本质,即 APP 改变了 PBT 的热分解途径;同时也说明了 APP 在凝缩相具有活性,并发挥膨胀阻燃作用。

3.2.9 不饱和聚酯/聚磷酸铵膨胀阻燃体系

不饱和聚酯树脂(UP)是由不饱和二元酸或酸酐、饱和二元酸或酸酐与二元醇经缩聚反应而成。为提高固化速率,在缩聚反应结束后加入乙烯基类单体(通常为苯乙烯)。不饱和聚酯树脂在过氧化物引发剂、有机酸钴促进剂的存在下,可室温固化成型制备纤维增强复合材料。该类复合材料在建筑、交通运输、电气工业领域的应用在大幅度增加,着火的机会也随之上升。目前,不仅要解决树脂复合材料制品的耐燃性,同时应注重无卤、低烟、无毒的环保阻燃技术的研究与开发。

文献[58]报道了将 APP 应用于 UP 的膨胀阻燃效果及热分解行为,同时与磷酸三苯酯(TPP)及膨胀石墨(EG)进行了对比及协同研究。表 3-16 中列出了 APP 与 TPP、EG 对比阻燃 UP 的基本配方及阻燃效果。表 3-16 中测试结果表明,单独使用 APP 等无卤阻燃剂时,膨胀阻燃 UP/APP 体系的 LOI(22.5%)优于 UP/TPP 和 UP/EG,但 UL-94 垂直燃烧性能低于 UP/EG。两种阻燃剂配合使用时,UP/APP-EG 体系燃烧性能优于 UP/TPP-EG,LOI 达到25.5%,UL-94 垂直燃烧达到 V-0 级。

表 3-16　APP、TPP、EG 及协同体系阻燃 UP 的配方和燃烧性能

组分(phr[1])及性能	UP	UP/APP	UP/TPP	UP/EG	UP/APP-EG	UP/TPP-EG
UP	100	100	100	100	100	100
甲基乙基酮过氧化物	1	1	1	1	1	1
APP	—	25			25	
TPP			15			15
EG				10	10	10
LOI/%	19.0	22.5	20.5	22.0	25.5	24.0
UL-94 垂直燃烧(3mm)	无级别	V-2	无级别	V-0	V-0	V-0

1) phr:每 100 份树脂添加阻燃剂或助剂的份数。

差热扫描量热分析(DSC)研究指出,UP/APP-EG 体系在 300℃之后有较大而显著不同于 UP/APP 体系的吸热峰(图 3-18)。强烈的吸热及较宽大的吸热峰对降低体系的燃烧温度、阻止燃烧反应是十分有利的。由此,说明 APP 与 EG 间存在相互作用或协同阻燃效应。同时由图 3-19 及图 3-20 给出的热失重分析(TGA)曲线可以看出,APP 系列较 TPP 系列阻燃 UP 体系有较低的热失重速率,

400℃之后有较大的残渣量,说明热分析实验事实与燃烧性能测试结果是一致的。含苯乙烯不饱和聚酯的主要裂解产物应该来自于聚酯中聚苯乙烯 β 键的断裂反应[59,60]。裂解–气相–质谱联用分析(Py-GC-MS)结果指出,UP/APP 特征热分解产物是苯邻二甲酰亚胺(phthalimide),说明 APP 与 UP 在高温下易于反应。UP/APP-EG 体系中苯邻二甲酰亚胺的量增多 1 倍之多,推测酰亚胺增进了 UP 的阻燃效果。

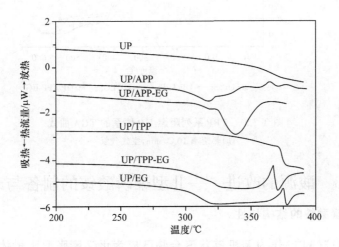

图 3–18　UP 及阻燃 UP 体系的 DSC 曲线

加热速率 10℃/min,高纯氮气保护

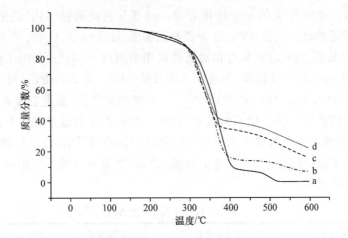

a—UP;b—UP/EG;c—UP/APP;d—UP/APP-EG

图 3–19　APP 系列阻燃 UP 体系的 TGA 曲线

加热速率 10℃/min,空气气氛

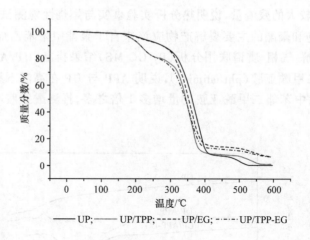

图 3‑20　TPP 系列阻燃 UP 体系的 TGA 曲线

加热速率 10℃/min,空气气氛

3.3　酸源的改进——Ⅱ型聚磷酸铵的制备与改性

3.3.1　聚磷酸铵的结构特性

聚磷酸铵(APP)作为无机链状聚合物已成为化学膨胀型阻燃体系中最为重要、并广泛应用的酸源(兼有气源功能)。已知 APP 有五种不同的晶型结构[61],目前市场上常用的 APP 为Ⅰ型和Ⅱ型。表 3‑17 给出了Ⅰ型和Ⅱ型 APP 一些基本特性的比较。国内外文献关于按聚合度(n)划分长或短链 APP 的值大小不一。国内许多报道给出的长链 APP 的 n 值普遍偏低,如将 n 大于 20、50 或 80 定义为长链 APP。长链 APP 应该具有相对低的水中溶解度(<0.5g/100mL水),而 n 值小于 100 的 APP 溶解度较高,不应定义为长链 APP。有文献指出,短链 APP 的 n 值一般小于 100;长链 APP 大于 1 000[62]。APP 的聚合度、晶型直接影响其热分解温度及水中溶解度。聚合度高的Ⅱ型 APP 有较高的分解温度和较低的水中溶解度,经过适当改性不仅可更好地满足膨胀阻燃聚烯烃的需求,而且可满足膨胀阻燃工程塑料加工温度的要求,以及电子电器、建筑、交通等领域关于阻燃聚合物材料耐潮湿性能的需求。

表 3‑17　Ⅰ型、Ⅱ型 APP

APP	聚合度/n	晶型及表面特征	初始分解温度/℃	溶解度/(g/100mL 水)
短链	<100	Ⅰ型,外表面不规则、粗糙	—	水溶性
长链	>1 000	Ⅱ型,外表面规则、斜方晶	>250	<0.5

　　不同结构的 APP,表现出不同的晶型。Ⅰ型 APP 的分子通式为 $(NH_4)_{n+2}P_nO_{3n+1}$,Ⅱ型 APP 的分子式近似为 $(NH_4PO_3)_n$。图 3 - 21 和图 3 - 22 分别给出了Ⅰ型 APP 与Ⅱ型 APP 的结构式及 X 射线衍射(XRD)图谱的区别。

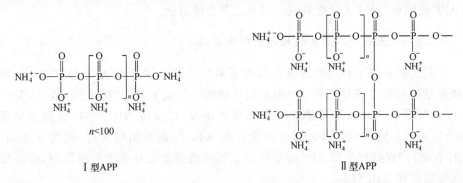

图 3 - 21　Ⅰ型 APP 与Ⅱ型 APP 的结构式

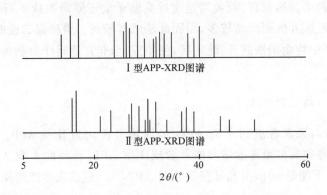

图 3 - 22　Ⅰ型 APP 与Ⅱ型 APP 的 XRD 图谱[63]

　　目前,普通Ⅱ型 APP 应用于膨胀型阻燃聚合物材料时主要存在四个方面的问题:①初始热分解温度尚不能满足工程塑料的加工温度需求;②水中溶解度需进一步降低,以满足制品抗吸湿的需求;③改善无机聚合物 APP 与有机聚合物基材界面的相容性,提高阻燃制品的力学性能;④pH<7 的 APP 不适合热加工,易导致 NH_3 的释放。提高 APP 的 pH 以保证加工温度下,APP 的热稳定性及制品在潮湿环境下的抗水解稳定性。

　　解决上述四方面的问题是膨胀型阻燃体系应用研究所关注的热点。改进Ⅱ型 APP 的合成方法和工艺,可获得更高聚合度的Ⅱ型 APP。对普通Ⅱ型 APP 进行微胶囊化包覆或表面偶联处理,可改善 APP 与聚合物基材的界面相容性,提高制品的力学性能;同时也可影响 APP 的热分解温度、降低水中溶解度、提高 pH。

3.3.2　Ⅱ型聚磷酸铵的制备

Ⅰ型 APP 制备相对容易,可由磷酸或磷酸盐在缩合剂的存在下合成。合成Ⅱ型 APP 较困难,根据文献报道提供以下三类合成方法。

3.3.2.1　五氧化二磷为起始原料的合成法

专利文献披露了利用磷酸氢二铵与五氧化二磷合成Ⅱ型 APP 的方法[64]:等物质的量磷酸氢二铵与五氧化二磷在氮气或惰性气氛下混合,搅拌,加热至 290～300℃。80℃下,20min 喷雾添加 77% 尿素水溶液,以保持 NH_3 气氛,继续加热至 250～270℃,2.5h,产物 APP 部分团聚。在 NH_3 气氛下粗略粉碎,粒度 6.4μm。XRD 表征,产物具有Ⅱ型 APP 晶型特征。该法的突出之处在于常压反应;喷雾尿素水溶液获得 NH_3 气氛。

由于五氧化二磷反应活性很高、易于溶解,特别注意其对人体的危害。除此之外,五氧化二磷由黄磷制得,而黄磷是通过高温干法还原磷酸盐矿石而来,工业化生产能耗很高、废弃的副产品较多,因而此法成本较高。磷酸氢二铵或磷酸二氢铵在工业化生产中均由湿法制备,纯化后,使用安全,非常适宜作为制备Ⅱ型 APP 的起始原料。

3.3.2.2　晶型转化法

由磷酸铵与尿素合成的Ⅰ型 APP,经加热可转化为Ⅱ型 APP。早期文献提到,首先加热等物质的量磷酸铵与尿素合成Ⅰ型 APP,再将此Ⅰ型 APP 于封闭容器中在 300℃下加热 60h,由此可获得Ⅱ型 APP[65]。但该法生产周期长,不切合生产实际。

另有文献报道,在湿氨与干燥空气交替的气氛下加热,可将Ⅰ型 APP 转化为Ⅱ型 APP[66]。转化温度为 280～300℃,转化时间为 3～4h,湿氨中氨的浓度为 3%～5%(体积分数),流速为 40L/h。产物Ⅱ型 APP 的粒度由湿氨和干燥空气通入的相对时间比决定,通入湿氨的时间短,则有利于得到小颗粒的Ⅱ型 APP。

合成Ⅰ型 APP 后再经晶型转化制备Ⅱ型 APP 的过程相对复杂。下面的方法是以Ⅱ型 APP 作为晶种,由磷酸氢二铵与尿素加热缩合制备Ⅱ型 APP,这种方法可直接获得高纯度的Ⅱ型 APP。

3.3.2.3　磷酸氢二铵与尿素缩合法

由磷酸氢二铵与尿素缩合获得高纯度的Ⅱ型 APP,理解其中制备机理很重要。该法制备Ⅱ型 APP 的机理[67]在于,加热磷酸氢二铵与尿素得到的缩合产物为熔融态的无定形或部分未被氨化的 APP,此时如果将湿氨气/空气通入熔融态的缩合产物,熔融体中的羟基会被中和而形成铵盐,同时Ⅱ型 APP 结晶型成。在结晶型成过程中,作为晶种的 APP 的作用是控制晶型,而湿氨气/空气的气氛可加速晶体的生长,并抑制产物向其他晶型的转化。

文献[63]报道,将 6.6g(0.05mol)磷酸氢二铵、9g(0.15mol)尿素与 1.56g 作为晶种化合物的Ⅱ型 APP 充分混合,得到的混合物被放入船形瓷盘,置于半封闭的有导气口的玻璃管中,再将该玻璃管放入管式电炉中。然后加热混合物到299℃,使初始原料缩合。同时将常温、常压含体积浓度 3.5％的氨气和 10.5％水汽的湿氨通入玻璃管中 1h,控制流速为 40L/h。此后,将管式电炉的温度降到150℃,通入流速为 50L/h 的氨气 0.5h。即在氨的气氛下熟化缩合物。对粉状产物进行结构表征,XRD 图谱表明,产物为 100％的Ⅱ型 APP。

3.3.3　微胶囊聚磷酸铵及应用

有机微胶囊 APP 可显著降低Ⅱ型 APP 的水溶性,改善 APP 与树脂基材界面的相容性。从而有效阻止 APP 在阻燃材料中的表面迁移现象,提高阻燃聚合物材料的力学及电性能,满足电子电器、汽车行业及建筑领域对阻燃材料及器件电绝缘性、耐潮湿环境的应用需求。

3.3.3.1　氨基树脂包覆 APP

为了进一步降低 APP 的水溶性并提高 APP 与树脂基材的相容性,文献[68]给出了利用氨基树脂对 APP(Exolit 422)进行微胶囊包覆改性的方法及应用结果。该专利提到的 APP 的化学式可表示为$(NH_4)_{n+2}P_nO_{3n+1}$。包覆层由甲醛及2,4,6-三氨基-1,3,5-三嗪衍生物聚合而成。由此包覆的 APP 表面具有弹性体性质,不仅降低了 APP 的水溶性、增进了 APP 与阻燃树脂基材的相容性,同时也赋予被包覆的 APP 与包覆层胺基树脂(兼有炭源功能)间的良好协同阻燃特性。表3-18 给出了 APP 包覆前后含磷量及水中溶解度数据的比较。可以看到氨基树脂包覆 APP 在 60℃水中的溶解度有显著下降,由 65 降至 10.4。将质量分数 27％的包覆 APP 与 72％的 PP(熔流指数,MFI 等于 12)共混,同时加入 0.33％质量分数的季戊四醇四[3-(3,5-二-叔丁基-4-羟苯基)丙酸酯]｛pentaerythritol tera,[3-(3,5-di-tert-butyl-4-Hydroxyl phenyl) propionatel]｝和 0.67％抗氧剂硫代二丙酸二月桂酯(DLTP),获得了良好的阻燃性能。依据 ASTM D 2863/77 测试,氧指数(LOI)达到了 34.4％;UL-94 垂直燃烧为 V-0 级。其次,应该注意的是,由热固性树脂包覆的 APP 应用于阻燃聚烯烃时,常常由于热固性树脂的老化使阻燃材料产生颜色,而上述由氨基树脂包覆的 APP 应用中不会有类似问题发生。

表 3 - 18　包覆 APP 的含磷量及溶解度

样品	APP 与树脂质量比	P 含量/%	60℃水中溶解度/(g/100gH₂O)
APP	—	31.4	65
氨基树脂包覆 APP	2.48∶1	22.4	10.4

3.3.3.2　三聚氰胺包覆 APP

文献[69]报道了利用升华手段使三聚氰胺(MN)黏附或键合在Ⅱ型 APP 表面的技术。如此包覆 APP 具有三个突出的特点:①三聚氰胺包覆层均匀;②避免了 APP 的大量团聚,基本保持了 APP 原有的粒径;③几乎不溶于水,具有良好的抗吸湿性能。其具体包覆方法介绍如下:将 APP 放入加热至 280℃的捏合机中,在搅拌下加入 MN(APP 与 MN 的质量比为 10∶1),封闭条件下继续搅拌加热 4h。电镜观察表明,如此包覆的 APP,分散良好、MN 包覆层均匀。其关键技术在于,包覆温度(280℃)下 APP 不熔融,而是脱出一定量 NH_3,产生带有酸羟基的 APP;在此温度下升华的 MN 吸附在 APP 表面,MN 上的活性胺基可以离子键方式与 APP 的酸羟基键合形成包覆均匀、低水溶性的 APP。表 3 - 19 给出了不同包覆条件下,MN 包覆 APP 的性能参数比较。可以看到,与样品 Ex5 对比,样品 Ex3 由于降低捏合温度并改变了投入 MN 的时机,水中溶解度(6.9)高于样品 Ex5(1.9),同时应用于 PP 的表面电阻率(抗吸湿性)也有 3 个多数量级的下降。

表 3 - 19　MN 包覆 APP 性能参数比较

样品	水中溶解度/(10gAPP/100gH₂O)	表面电阻率[1]/(1/Ω)	粒度/μm	P 含量/%	N 含量/%
APP(Ⅱ型)	13.3	浸入前:3.2×10^{17} 浸入后:1.5×10^{14}	6.4	31.3	14.8
Ex5 MN 包覆 APP (280℃捏合 APP,同时投入 MN,继续捏合 4h)	1.9	浸入前:6.7×10^{17} 浸入后:6.2×10^{17}	7.5	29.3	17.8
Ex3 MN 包覆 APP (150℃捏合 APP,6h;而后加入 MN,继续捏合 4h)	6.9	浸入前:6.3×10^{17} 浸入后:1.3×10^{14}	6.5	28.3	18.4

　1) 表面电阻率:20 份 APP 与 80 份 PP 共混,制成 10mm×10mm×1.6mm 样品,浸入 95℃水中 4h,取出样品擦去表面水滴,测试表面电阻率。表面电阻率没有显著降低,表明 APP 具有良好的抗吸湿性。

3.3.3.3　包覆 APP 阻燃热固性树脂

包覆处理的 APP 可替代含卤阻燃剂应用于热固性树脂,燃烧时不仅可以避免腐蚀性烟雾气体的产生,同时还可以提高阻燃效率、获得阻燃剂的抗迁出能力,增进阻燃树脂的力学性能及表面电阻。文献[69]将三聚氰胺(MN)包覆的Ⅱ型 APP 用于阻燃环氧树脂、聚氨酯及酚醛树脂,同时与未经表面处理的 APP 及经表面处理的不同品牌的 APP 等进行了阻燃性能、抗迁出效果及力学性能的对比。MN 包覆 APP 用于阻燃环氧树脂的配方及对比结果由表 3-20 给出。由比较结果可以得出这样的结论:同样添加量下,MN 包覆 APP 的阻燃体系比未包覆的 APP(Sumisafe-P)、Ⅱ型 APP 在浸热水抗迁出能力方面有了大幅度的改善,与 $Mg(OH)_2$ 体系相当。但与表面包覆了三聚氰胺/甲醛树脂的商品化 APP 462 体系比较,抗迁出能力有所逊色。值得注意的是,MN 包覆 APP 的阻燃体系,以氧指数(LOI)评价的阻燃性能、力学性能都是相对最好的。

表 3-20　MN包覆 APP 阻燃环氧树脂的配方及性能测试结果(组分添加量单位:份)

配方及性能	1	2	3	4	5	6	7
双酚 A 型环氧树脂	89	71.2	53.4	71.2	71.2	71.2	71.2
MN 包覆 APP		20	40				
APP(Sumisafe-P)				20			
未包覆Ⅱ型 APP					20		
APP 462						20	
$Mg(OH)_2$							80
交联剂　二乙撑三胺	11	8.8	6.6	8.8	8.8	8.8	8.8
UL-94 垂直燃烧,1.6mm	燃烧	V-0	V-0	V-0	V-0	V-0	燃烧
LOI/%	20.0	32.0	36.0	29.5	30.0	30.5	25.9
表面电阻率/(1/Ω)							
浸热水前	$4.2×10^{16}$	$8.2×10^{16}$	$3.6×10^{16}$	$4.7×10^{15}$	$3.8×10^{14}$	$2.8×10^{15}$	$1.8×10^{16}$
浸热水后	$5.0×10^{15}$	$2.6×10^{15}$	$1.7×10^{15}$	$1.4×10^{8}$	$3.1×10^{8}$	$5.1×10^{15}$	$6.3×10^{15}$
浸热水抗迁出效果	好	好	好	差	差	好	好
拉伸强度/$(kgf^{1)}/m^2)$	472	520	508	401	403	400	418
弯曲强度/$(kgf^{1)}/m^2)$	1 090	902	883	735	873	803	706

1) 1kgf=9.806 65N。

3.3.4　偶联剂表面处理聚磷酸铵

偶联剂是一类具有两性结构的物质,其分子中的一部分基团可与无机物表面的化学基团反应,形成强有力的化学键;另一部分基团则有亲有机物的性质,可与有机分子反应或物理缠绕,从而将两种极性不同的材料牢固结合起来。目前,工业上使用的偶联剂按其化学结构可分为硅烷类、钛酸酯类、铝酸锆类和有机铬络合物四大类。其中硅烷类偶联剂品种最多,应用量最大。硅烷、硅氧烷、铝酸锆等自身含有阻燃元素,用这些偶联剂对 APP 表面进行处理,不仅可以增进阻燃剂 APP 与树脂界面的相容性,提高阻燃材料的力学性能、耐热性,改善吸湿性,而且在一定程度上还可以提高材料的阻燃性能。偶联剂表面处理 APP 与上述有机微胶囊 APP 相比,具有工艺简单、处理过程无环境污染及价格低廉的优势。

文献[70]介绍可以采用有机硅烷,有机硅氧烷或聚有机硅氧烷对 APP 进行表面处理。具体方法如下:取 1 832g APP 置于 3L 混合器中,关闭混合器后,以 200 r/min 转速转动混合器。在 1min 之内由混合器顶端孔隙加入 18.5g(占 APP 量的 1%)聚丙基甲基硅氧烷,继续搅拌混合 1h。如此表面处理后,将处理后的 APP 自混合器中取出分成两部分:一部分采用空气干燥 24h 的干燥法;另一部分于干燥箱中于 90℃下,以循环空气流(含 20% 新鲜空气)干燥 2h。两种干燥方法获得的表面处理 APP 的失重均很小。空气干燥法失重 0.04%;干燥箱干燥法失重 0.10%。上述表面偶联处理 APP 的方法同样适用于磷酸铵、双三聚氰胺磷酸盐、三聚氰胺硼酸盐或三聚氰胺氰脲酸盐。

表面处理 APP 的憎水效果可采用浮选测试法(flotation test)进行检验。于试管中加入 70ml 蒸馏水,取 50～200mg APP 倾注在试管水面。同时计时,记录 15s 后试管底部 APP 的沉降量;60s 后振荡试管 1～2s,记录试管底部 APP 的沉降量;然后分别记录 5min、18h 后试管底部 APP 的沉降量。结果列在表 3－21 中。

表 3－21　浮选测试法测试表面偶联处理 APP 的憎水效果

表面处理 APP	APP 用量/g	一定时间后 APP 沉降比例/%			
		15s	60s	5min	18h
未处理	190	95	100	100	100
干燥箱干燥法	170	0	0		10
空气干燥法	160	0	<5	5	20

也可通过分散实验(dispertiontest)对表面处理 APP 的憎水效果进行表征。将 APP 分散在水中,制成 75% 固含量的 APP/H_2O 的分散体系。未经表面处理的 APP 具有亲水表面,因而易于悬浮于水中;偶联处理的 APP 表面具有憎水性,分散于水中后得到的仅是糊状物。表 3－22 给出了采用旋转黏度计测试 APP/H_2O 分散体系的黏度数据。表 3－21 和表 3－22 的数据均说明,表面偶联处理的 APP 表面憎水性得到有效的改善。表面具有疏水性质的 APP 当与聚合物共混时,其界面相容性将得到显著提高,效果类似于聚合物链的增长。

表 3 - 22　分散法测试表面偶联处理 APP 的憎水效果

表面处理 APP	分散介质	APP/H_2O 分散体系（APP：H_2O＝3：1）黏度/（MPa·s）
未处理	H_2O	600
干燥箱干燥法	H_2O	不可测量（糊状）
空气干燥法	H_2O	不可测量（糊状）

3.4　新型炭源的研究进展

传统化学膨胀型阻燃体系中使用的炭源，如季戊四醇（PER）、甘露醇（mannitol）或山梨醇（sorbitol）等，或称之为第一代炭源的共同缺点是：在与聚合物基材共混的加工过程中易于发生反应，或由于水解导致添加剂在材料表面迁出，以及与聚合物基材不相容造成材料力学性能严重损失等问题。这些问题的存在阻碍了传统膨胀型阻燃体系的工业化应用。具有成炭作用的聚合物，如酚醛树脂（novolac）、尼龙 6（PA6）、热塑性聚氨酯（TPU）、PA6-clay 纳米复合物，均被尝试用作化学膨胀型阻燃体系的炭源，在克服上述传统炭源的缺陷方面获得了进展，使膨胀型阻燃材料的阻燃性能更持久，同时也使材料的力学性能得到相应改善。

3.4.1　酚醛树脂成炭剂

近年来，关于 novolac（酚醛树脂）作为阻燃体系成炭剂的研究多有报道。如少量 novolac 在聚丙烯/三聚氰胺/氢氧化镁/novolac（PP/MN/MH/novolac）体系中作为协同阻燃、抗熔滴助剂使用[71]。当 PP 的质量分数为 40％，MN 为 25％，MH 为 34％，novolac 为 1％时，氧指数（LOI）可以达到 25.2％，UL-94 垂直燃烧 V-0 级（1.6mm）每组 5 个样品，10 次点燃的平均燃烧时间为 3.7s；当 PP 的质量分数为 40％，MN 为 25％，MH 为 30％，novolac 为 5％时，LOI 上升到 26.8％，UL-94 垂直燃烧 V-0 级（1.6mm）每组 5 个样品，10 次点燃的平均燃烧时间缩短至 0.4s。

3.4.1.1　novolac/芳基磷酸酯协同阻燃 ABS

在无卤阻燃 ABS（丙烯腈-丁二烯-苯乙烯三元共聚物）体系中，磷酸三苯酯（TPP）是常用且有效的阻燃剂，但 TPP 的热稳定性偏低（初始热失重温度 190℃），在 ABS 加工温度下部分挥发。TPP 与酚醛型环氧树脂（novolac epoxy）共用，一方面可有效抑制 TPP 在 ABS 加工过程中的损失，改善 TPP 的加工热稳定性；另一方面可协同阻燃 ABS[72]。

ABS/TPP/novolac epoxy 三元体系，质量比为 ABS 75％、TPP 10％、novolac

epoxy 15％时,氧指数(LOI)可以达到38％。研究发现,环氧树脂环氧环的增多有利于LOI的提高,其原因在于热分解过程中环氧树脂产生的羧酸与TPP产生的磷酸发生了化学交联作用;同样,对于ABS/DMP-RDP/TPP/novolac epoxy四元体系[DMP-RDP:四(2,6-二甲基苯基)间苯二酚双磷酸酯],novolac epoxy与DMP-RDP、TPP组分优化配比协同阻燃,LOI可以达到44％(图3-23),其协同膨胀阻燃机理有待于进一步研究。

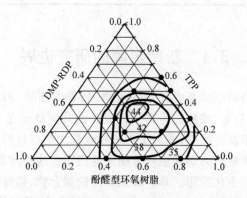

图3-23　四元阻燃体系ABS/DMP-RDP/TPP/酚醛型环氧树脂
各组分用量对体系LOI的影响

　　另有关于齐聚物novolac与芳DMP-RDP协同阻燃ABS的研究[73]更具典型意义。这一体系不同于传统的化学膨胀型阻燃体系之处在于,以齐聚物novolac作为多羟基的炭源,以热稳定性良好的芳基磷酸酯作为酸源,而二者均兼有气源功能(在协同阻燃ABS体系的热分解过程中发生反应,释放出H_2O)。克服了传统膨胀型阻燃体系(APP-PER)耐热性、湿稳定性差的缺陷。三种不同相对分子质量的novolac(图3-24给出结构式),相对分子质量为450的NP450、相对分子质量为600的NP600及相对分子质量为900的NP900,其氢当量(hydrogen equivalent weight,HEW)均为106g/—OH mol,分别与DMP-RDP(图3-25结构式)及ABS于230℃、60r/min下在Haake Plastic-Corder mixer中共混7min。改变novolac与DMP-RDP的添加质量比,氧指数(LOI)测试研究发现,novolac与DMP-RDP间存在非常显著的协同阻燃效应,见图3-26。可以看到,三种NP与DMP-RDP协同阻燃比例为10:15,相对分子质量相对最小的NP450与DMP-RDP的协同阻燃效果最好,LOI达到53％。然而UL-94垂直燃烧结果与LOI测试结果有差异,即相对分子质量相对最大的NP900与DMP-RDP的协同阻燃效果最好,可达到V-1级。

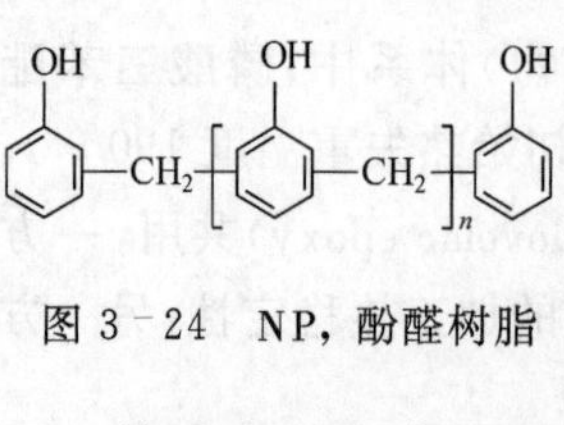

图3-24　NP,酚醛树脂

　　关于novolac与DMP-RDP的协同阻燃机理的研究指出,novolac与DMP-RDP

间存在相互作用,其证据分别由 TGA 和 FTIR 研究给出。NP900 与 DMP-RDP 质量比为 3∶2,在空气气氛下的 TGA 研究指出,NP900 延迟了 DMP-RDP 的初始分解温度,同时 700℃下体系的实验残炭量(17.6%)远高于理论计算值(0%,700℃下 NP900 与 DMP-RDP 各自的残炭量均为 0%)。ABS/DMP-RDP(75%/25%,质量比)与 ABS/DMP-RDP/NP900(75%/15%/10%,质量比)体系的 TGA 比较研究发现,NP900 的存在使共混阻燃体系的初始分解温度范围由 200～450℃提高到 450～500℃。同样,FTIR 测试 NP/DMP-RDP 体系 450℃下的吸收光谱,也说明体系热分解过程中,NP 与 DMP-RDP 的—OH 基团间发生了化学交联反应,有网状结构生成,其特征峰由表 3-23 给出。关于 ABS/DMP-RDP/NP 体系有膨胀炭层产生的原因,一方面的解释是 TPP 在 400℃下热分解有 H_2O 释出,同样推测 DMP-RDP 与 NP 的—OH 基团反应也可以释放 H_2O;另一方面利用光学显微分析对 LOI 测试的膨胀型阻燃体系的残炭形态进行了研究[图 3-27(a)～(d)],可以看到协同体系(c)ABS/DMP-RDP/NP900(75%/15%/10%,质量比)的残炭表面形态更光滑、致密,且无明显的孔洞。

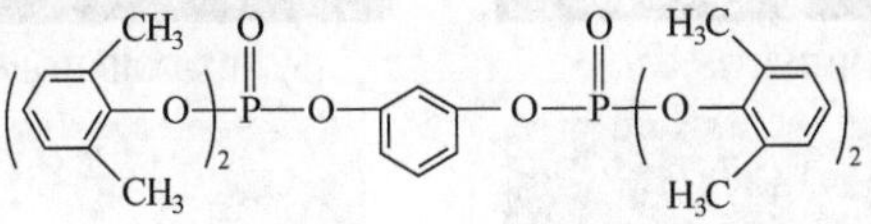

图 3-25　DMP-RDP,四(2,6-二甲基苯基)间苯二酚双磷酸酯

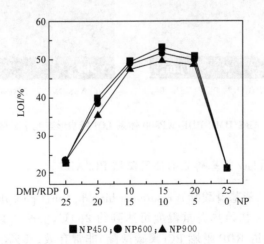

图 3-26　DMP-RDP 与 NP 质量比对 ABS/DMP-RDP/NP 体系 LOI 的影响
ABS:75%;NP+(DMP-RDP):25%

表 3-23　NP900/DMP-RDP(3:2,质量比)体系 450℃下 FTIR 图谱特征峰

特征峰/cm^{-1}	指认	来源
1 450,1 513	P—O—Aro 伸缩振动有所减弱	DMP-RDP 或 NP 与 DMP-RDP 热分解交联产物
1 214	O=P 伸缩振动	NP 与 DMP-RDP 反应产生的 O=P—OH 基团
969,949	P—O—alkyl 伸缩振动	五价 P 中心原子,NP 与 DMP-RDP 热分解交联产物

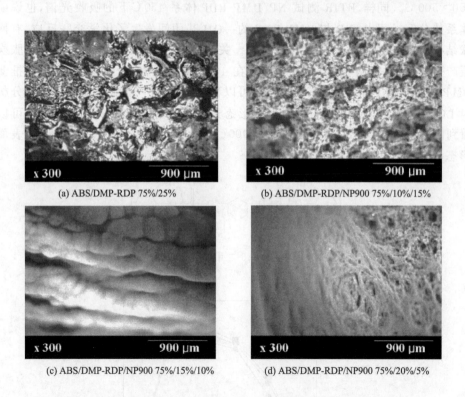

(a) ABS/DMP-RDP 75%/25%　　　　　(b) ABS/DMP-RDP/NP900 75%/10%/15%

(c) ABS/DMP-RDP/NP900 75%/15%/10%　　　(d) ABS/DMP-RDP/NP900 75%/20%/5%

图 3-27　ABS/DMP-RDP/NP900 体系 LOI 残炭形态光学显微分析结果

3.4.1.2　novolac/芳基磷酸酯协同阻燃 PC/ABS

间苯二酚双(二苯基磷酸酯)[resorcinol bis-(diphenyl phosphate),RDP]具有优良的热稳定性,TGA 初始热失重温度可达到约 280℃,完全可以满足工程塑料的加工温度。文献报道 RDP 阻燃 PC(聚碳酸酯)非常有效。5%(质量分数)的 RDP 即可使 PC 达到 UL-94 V-2 级;15%(质量分数)的 RDP 使 PC 达到无有焰熔滴的 V-0 级;RDP 用量达到 20%(质量分数)时,可完全抑制 PC 的熔融滴落[74]。但 RDP 用于阻燃 PC/ABS 共混物(GE CYCOLOY® C1110)或 ABS 时,体系氧指数(LOI)没有显著改善(图 3-28)。较为有效的措施是使用成炭剂协同 RDP 的阻燃

效果。表 3-24 给出包括 novolac 在内的 PPO(聚苯醚)、PPS(聚亚苯基硫醚)三种促进成炭剂的协同阻燃性能的比较[74]。其中 novolac 与 RDP 对 PC/ABS 的协同阻燃效果相对较好。PPO 与 PPS 在此均未产生很好的协同阻燃促进成炭的效果。TGA 研究的结果指出,RDP/novolac(10%/5%,质量比)协同阻燃 PC/ABS 体系在 500～600℃ 范围内给出了高于其余 RDP/PPO、RDP/PPS 两体系的可观残炭量。

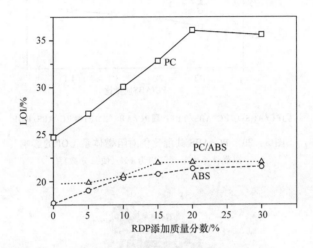

图 3-28　RDP 用量对 PC、PC/ABS、ABS 体系 LOI 的影响

表 3-24　RDP /成炭剂协同阻燃 PC /ABS 体系的燃烧性能

RDP(质量分数)/ %	成炭剂(质量分数)/ %	LOI/ %	垂直燃烧 UL-94 分级
10	PPO[1]/5	23.4	V-2
10	PPS[2]/5	22.8	V-2
10	Novolac/5	25.2	V-1(无熔滴)

1) PPO:聚苯醚。

2) PPS:聚亚苯基硫醚。

当然,芳基磷酸酯的阻燃效果与 PC/ABS 共混物比例有关[75],图 3-29 给出 PC/ABS 共混质量比对三种芳基磷酸酯,RDP、TPP 及 BDP[双酚 A 双(二苯基磷酸酯),bisphenol A bis(diphenyl phosphate)]阻燃 PC/ABS 体系 LOI 的影响,各阻燃体系的 P 含量均为 1%。当 PC/ABS 质量比例在 4∶1 时,阻燃 PC/ABS 体系均可达到 UL-94 V-0 级(3.2mm,1.6mm)。当 PC/ABS 共混质量比达到 8∶1 时,锥形量热仪(CONE)测试观察有大量的膨胀炭层形成,膨胀炭层高度达到 10.2cm,有效阻隔了热、火焰及空气的进入,火焰很快自熄,有效地保护了下面的聚合物基材(图 3-30)。

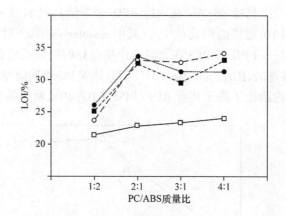

□PC/ABS；○PC/ABS/TPP；■PC/ABS/RDP；●PC/ABS/BDP

图 3‑29　PC/ABS 共混比例对阻燃体系 LOI 的影响

阻燃体系中 P 含量均为 1%（质量分数）

图 3‑30　CONE 测试 TPP 阻燃 PC/ABS(8:1,质量比)体系膨胀炭层照片[76]

3.4.2　尼龙 6 成炭剂

3.4.2.1　PA6/APP 膨胀阻燃聚烯烃

以 PA6 为炭源、APP 为酸源的膨胀阻燃聚烯烃体系的研究多有报道。如 PA6/APP 膨胀阻燃 EVA(乙烯‑乙酸乙烯共聚物)的研究[77]。图 3‑31 给出了 EVA$_8$/PA6/APP(EVA$_8$，VA 含量为 8%)体系氧指数（LOI）及 UL‑94 垂直燃烧级别随 APP 及 PA6/APP 添加量(分别为 30%、40%，质量分数)变化的曲线。可以看到，对于 PA6/APP 添加量为 40%(质量分数)的体系,当 APP 与 PA6 的质量比约为 33∶7 时，协同点 LOI 达到 31%；对于 PA6/APP 添加量为 30% 的体系，当 APP 与 PA6 的质量比约为 25∶5 时，协同点 LOI 达到 26%，UL-94 垂直燃烧为 V-0 级。有意义的是，EVA/PA6/APP 体系在锥形量热仪（CONE）50kW/m² 热辐照测试条件下，点燃时间较 EVA 纯树脂延长了 25s，达到 75s。克服了传统化学膨胀型阻燃体系点燃时间偏短的弱点；其次，EVA/PA6/APP 体系的峰值热释放速率由 EVA 的 1800 kW/m² 降到 400 kW/m²。PA6/APP 膨胀型阻燃添加体系还可应用于 EPR（ethylene-propylene rubber，乙丙橡胶）、PP、PS（polystyrene，聚苯乙烯）和 HIPS（high impact PS，高抗冲聚苯乙烯）。表 3-25 给出了 PA6/APP 膨胀阻燃上述聚烯烃共混体系的基本组成及阻燃性能[78]。值得注意的是，表 3-25 中体系基本组成中多数包含界面增容剂，而 PA6/APP 添加量为 50%（质量分数）的 HIPS 体系，尽管 LOI 达到 42%、UL-94 垂直燃烧为 V-0 级，但由于没有使用界面增容剂，膨胀型阻燃添加剂与树脂不相容，导致材料表面出现起霜现象。

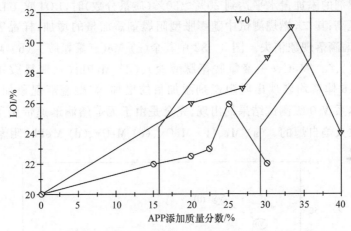

$-\!\!\!\ominus\!-$ (PA6/APP)添加质量分数/30%;　$-\!\!\!\triangledown\!-$ (PA6/APP)添加质量分数/40%

图 3-31　APP 添加量对 EVA/PA6/APP 膨胀阻燃体系 LOI、UL-94 级别的影响

表 3-25　PA6/APP 膨胀阻燃聚烯烃共混体系基本组成及阻燃性能

聚合物基材	PA6/APP(质量比)	添加量(质量分数)/%	界面增容剂	LOI%	垂直燃烧 UL-94 分级
EPR	1/3	35	EBuAMA	24	无级别
EPR	1/3	35	EVA$_5$[1]	25	无级别
PP	1/3	35	EBuAMA	30	V-0
PS	1/3	30	EBuAMA	26	无级别
HIPS	1/3	45	EBuAMA	30	无级别
HIPS	1/2	45	EVA$_8$[2]	33	无级别
HIPS	1/2	50	无(起霜)	42	V-0

1) EVA$_5$-VA 含量为 5%。

2) EVA$_8$-VA 含量为 8%。

3.4.2.2　PA6/三聚氰胺盐类膨胀型阻燃体系

随着近年来全球范围对无卤阻燃技术重视程度的升级,三聚氰胺及其盐类阻燃剂成为无卤阻燃体系研究与应用的兴趣点之一。在传统膨胀型阻燃体系中三聚氰胺常用作"气源",三聚氰胺盐类也兼有"气源"的作用。在三聚氰胺及其盐类阻燃剂用于脂肪聚酰胺的诸多研究中发现,双三聚氰胺磷酸盐(dimelamine phosphate,dMePhos)、三聚氰胺焦磷酸盐(melamine pyrophosphate,MePyPhos)、阻燃尼龙6(PA6)具有膨胀型阻燃的特征。显然,无论dMePhos还是MePyPhos均兼有气源和酸源的作用;PA6是成炭聚合物,可以作为炭源使用。

图3-32给出了PA6阻燃体系LOI随三聚氰胺及其盐类阻燃剂用量变化的关系曲线[79]。其中,曲线(e)与曲线(f)反映了化学膨胀型阻燃聚合物体系的阻燃剂添加量与氧指数(LOI)或UL-94垂直燃烧测试结果的相互关系。即其一,通常膨胀型阻燃剂的添加量水平达到20%～30%(质量分数)时,LOI或UL-94级别才有相当的提高;其二,燃烧测试中随膨胀型阻燃剂添加量的增加,样品表面膨胀炭层形成、熔融滴落现象消失。图3-32中其余(a) Me(三聚氰胺)、(b) MeOx(三聚氰胺草酸盐)、(c) MeCy(三聚氰胺氰脲酸盐)、(d) MePht(三聚氰胺邻苯二甲酸盐)阻燃PA6体系均表现出随阻燃剂添加量的增加,熔融滴落现象加剧的特征。这些阻燃体系V-0级测试结果的出现,完全是由于无焰熔滴迅速带走了样品表面热量而导致火焰自熄的。(a) Me、(b) MeOx、(c) MeCy、(d) MePht阻燃PA6的阻

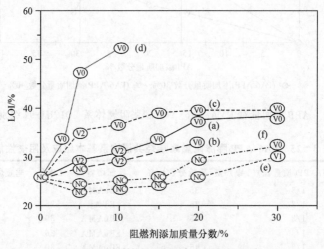

(a) Me-PA6;(b) MeOx-PA6;(c) MeCy-PA6;
(d) MePht-PA6;(e) dMePhos-PA6;(f) MePyPhos-PA6

图3-32　PA6阻燃体系LOI随三聚氰胺及其盐类阻燃剂添加量变化的曲线

燃作用机理是以阻燃剂分解（或升华）吸热为主；（e）dMePhos 与（f）MePyPhos 阻燃 PA6 体系是以凝缩相成炭的膨胀阻燃机理为主。进一步研究指出，磷-氮协同在三聚氰胺磷酸盐阻燃聚合物体系中起着重要的作用，由于具有非常稳定的 $(PNO)_x$ 聚合结构在膨胀炭层中形成，使其阻燃机理具有凝缩相阻燃的特征。

3.4.2.3　增容功能聚合物在 PA6/APP 膨胀阻燃体系中的应用

　　PA6 为炭源、APP 为酸源构成的膨胀型阻燃体系相对于传统体系（APP-PER）在加工性能、抗水解性能及相容性方面有所改善，但仍存在 APP 与 PA6 共混材料表面起霜或称为表面迁出现象发生。图 3-33 是电子显微镜测试 APP/PA6 片状共混物在 25℃、干燥空气中放置 15 天后的表面析出状况，可以清晰地看到有 APP 呈颗粒状晶体分布在样品表面[80]。避免这种迁出现象发生的方法之一是在 APP/PA6 共混体系中添加具有组分界面增容功能的聚合物，如 EVA、EMA（甲基丙烯酸乙酯共聚物）、EBA（丁基丙烯酸乙酯共聚物）、EBuA-MA（丁基丙烯酸乙酯马来酸酐共聚

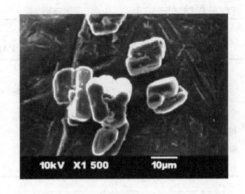

图 3-33　PA6/APP 体系表面电子显微图片

物）、乙烯马来酸酐共聚物（ethylene-maleic anhydride copolymers）或丙烯马来酸酐共聚物（propylene-maleic anhydride copolymers）等。

　　以 APP/PA6 作为膨胀阻燃剂阻燃 PP 时，EVA 等弹性体对组分共混可以起到增容作用。文献报道了不同 VA 含量的 EVA 或 EBuAMA[ethylene(91.5%)-butyl acrylate(5%)-maleic anhydride(3.5%)，丁基丙烯酸乙酯马来酸酐共聚物]作为 APP/PA6 膨胀阻燃 PP 共混体系组分界面增容剂的研究[81]。表 3-26 给出了 VA 含量分别为 8%（EVA_8）、19%（EVA_{19}）、24%（EVA_{24}）的三种 EVA 作为界面增容剂用于 PP/APP/PA6 共混体系对燃烧性能的影响。三种 EVA 添加的质量分数均为 5%。当 APP/PA6 的添加量为 30%（质量分数）时，膨胀阻燃 PP 的 UL-94 垂直燃烧达不到任何级别；提高添加量至 35% 时，不但 UL-94 垂直燃烧达到了 V-0 级，同时氧指数（LOI）达到了 32%～34%，提高了 4～5 个单位。通常，在没有界面增容剂的条件下，随阻燃剂添加量的增加，阻燃材料的模量有所提高，但拉伸强度、尤其是断裂伸长率往往随之下降很多。表 3-27 给出了 EVA、EBuAMA 界面相容剂对 PP/PA6/APP 膨胀阻燃共混体系力学性能影响的情况。可以看到，增容剂用量为 5% 时，EVA_{24} 的增容效果优于 EBuAMA。如果要求阻燃 PP 不仅达到 UL-94 V-0 级，而且 LOI 大于 30% 时，同时允许材料的力学性能可以少有损失的情况，则

可以参考 PP/PA6/APP/EVA$_{24}$（60%/26.25%/8.75%/5%，质量比）体系进行配方设计。

表 3-26　PP/APP/PA6/EVA 共混体系阻燃性能（APP/PA6＝3/1，质量比）

共混体系	PP/APP＋PA6/EVA (65/30/5，质量比)		PP/APP＋PA6/EVA (60/35/5，质量比)	
	UL-94	LOI/%	UL-94	LOI/%
PP/APP/PA6/EVA$_8$	无级别	28	V-0	34
PP/APP/PA6/EVA$_{19}$	无级别	29	V-0	34
PP/APP/PA6/EVA$_{24}$	无级别	28	V-0	32

表 3-27　界面相容剂对 PP/APP/PA6 膨胀阻燃共混体系力学性能的影响

力学性能	PP	PP/APP/PA6/EVA$_{24}$ 64%/26.25%/8.75%/1%	PP/APP/PA6/EVA$_{24}$ 60%/26.25%/8.75%/5%	PP/APP/PA6/EBuAMA 60%/26.25%/8.75%/5%
模量/MPa	1 340±50	1 920±90	1 730±90	1 520±50
拉伸强度/MPa	33.1±0.3	23.6±0.2	21.8±0.3	23.9±0.3
断裂伸长率/%	14.5±0.2	14.7±0.1	9.6±0.1	4.8±0.1
断裂强度/MPa	29.2±0.6	20.7±0.2	19.5±0.3	22.6±0.4

　　EVA 及 EBuAMA 不仅对 PP/PA6/APP 膨胀型阻燃体系的力学性能有一定程度改善，同时对该体系的阻燃性能也有促进作用。但应当注意 EVA 的种类及用量对 PP/APP/PA6 体系阻燃性能的影响。如图 3-34 所示，同是 1% 添加量，三种 EVA 对于 PP/APP/PA6（65%/26.25%/8.75%）体系的 LOI 的贡献却有所不同。

LOI 由高到低的顺序为：PP/APP/PA6/EVA$_{24}$（35%）＞ PP/APP/PA6/EVA$_8$（34%）＞PP/APP/PA6/EVA$_{19}$（32%）；从协同阻燃的角度比较，EVA$_{24}$ 和 EVA$_8$ 的最佳用量为 1% 、EVA$_{19}$的最佳用量为 3%。E-BuAMA 对 PP/APP/PA6（65%/26.25%/8.75%）体系的增容效果有限，但对该体系的燃烧性能有显著影响。如 EBuAMA 的用量在 2.5%～7.5%（质量分数）范围内，使用锥形量热仪（CONE）在热辐照功率 50 kW/m² 条件下，体系热释放速率及 CO 释放量的测试结果由图 3-35 和图 3-36 给出。可以

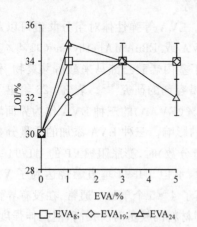

图 3-34　EVA 添加量对 PP/APP/PA6（65%/26.25%/8.75%，质量比）膨胀型阻燃体系 LOI 的影响

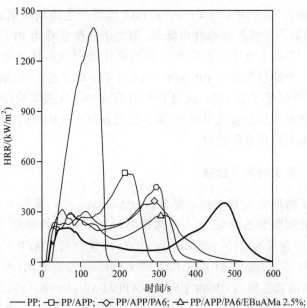

图 3 - 35　EBuAMA 添加量对 PP/APP/PA6(65%/26.25%/8.75%,质量比)
膨胀型阻燃体系 HRR 的影响(50 kW/m²)

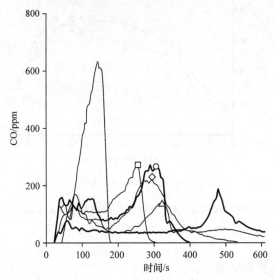

图 3 - 36　EBuAMA 添加量对 PP/APP/PA6(65%/26.25%/8.75%,质量比)
膨胀型阻燃体系 CO 释放量的影响(50 kW/m²)

看到,5%添加量下 EBuAMA 与 PP/APP/PA6 体系产生协同阻燃效果,热释放速率 HRR 曲线的第一个热释放峰有所降低,第二个热释放峰由 PP/APP/PA6 体系的 300s 推迟到 480s,这意味着膨胀炭层的热氧化稳定性得到显著提高;同时 CO 释放曲线的第一个峰值相对于 PP/APP/PA6 体系下降了近 1 倍,第二个峰值不仅有所降低,且向后延迟了近 200s,这是非常有意义的。这些实验结果有力地说明了如果致密的膨胀炭层能够及早形成,隔热效果及隔质气闭性就会改善,就能充分显示化学膨胀型阻燃体系的优势。

3.4.3　尼龙6/黏土纳米复合物

文献报道了将尼龙 6/黏土纳米复合物(PA6/nano-clay,简称 PA6nano)作为炭源用于化学膨胀型阻燃乙烯-乙酸乙烯共聚物(EVA)体系的研究[82]。EVA24(乙酸乙烯酯,VA 的含量为 24%)添加量为 60%(质量分数),APP＋PA6 或 APP＋PA6nano 用量为 40%,改变 APP 与 PA6 或 PA6nano 的质量比,当以 PA6nano 替代 PA6 时,体系的氧指数(LOI)由 EVA24/APP/PA6 (60∶30∶10,质量比)体系的 32% 上升到 EVA24/APP/PA6nano(60∶30∶10,质量比)的 37%,协同点在 APP 用量为 30% 处,即 APP 与 PA6(或 PA6nano)的质量比为 3,如图 3-37 所示。

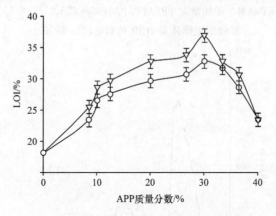

— ○ — EVA24/APP/PA6;　— ▽ — EVA24/APP/PA6-nano

图 3-37　APP用量对 EVA24/APP/PA6、EVA24/APP/PA6nano 体系 LOI 的影响

EVA24＝60%,APP＋(PA6)或 PA6nano＝40%

UL-94 垂直燃烧测试结果:

V-0 级　　EVA24/APP/PA6 体系,13.5%≤APP≤34%(质量分数)。

V-0 级　　EVA24/APP/PA6nano 体系,10%≤APP≤34%(质量分数)。

图 3-38 给出了 EVA24/APP/PA6nano(60∶30∶10,质量比)体系的力学性能与 EVA24/APP/PA6 及传统阻燃体系硅烷偶联剂表面处理的氢氧化铝(ATH)阻

燃 EVA24 体系的对比结果。EVA24/APP/PA6nano 体系显示了优于其他两种阻燃体系的强度与断裂伸长率。利用 MAS ^{31}P-NMR 和 MAS ^{27}Al-NMR 手段对 EVA24/APP/PA6nano 体系热分解过程进行了研究,结果证实了残炭中存在 P—O—C 结构[83]、Al[OP]$_6$ 结构[84~86],随着温度进一步升高,膨胀炭层有类陶瓷结构形成。

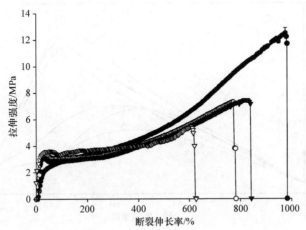

—●— EVA24; —○— EVA24/APP/PA6; —▼— EVA24/APP/PA6nano; —▽— EVA24/ATH(硅烷偶联剂处理)

图 3‑38　EVA24/APP/PA6、EVA24/APP/PA6nano、
EVA24/ATH 硅烷偶联体系与 EVA24 树脂力学性能比较

3.4.4　热塑性聚氨酯成炭剂

近年来,关于热塑性聚氨酯(TPU)作为化学膨胀型阻燃体系炭源与 APP 共混用于阻燃聚烯烃的研究多有报道[87~89]。通常 TPU 分为两类,聚醚基的 TPU(聚醚多元醇与异氰酸酯合成的 TPU)与聚酯基的 TPU(聚酯多元醇与异氰酸酯合成的 TPU)。随 APP 与 TPU 质量比的改变,PP/APP/TPU 体系的氧指数(LOI)出现最大值,表现出良好的阻燃协同效应(图 3‑39)。显然,这种协同效应与合成 TPU 所用的多元醇有关。聚酯基 TPU 与 APP 协同阻燃的效果优于聚醚基 TPU;聚酯基 TPU 导致阻燃协同点 LOI 上升的顺序为:S85＞S90＞S74,也就是说随聚酯基 TPU 硬段数目 R 值[R=(diol＋diisocyanate/polyol)]增加,协同阻燃效果递增。在 UL‑94 垂直燃烧试验中,同样也观察到样品表面形成了膨胀炭层。按阻燃协同点的质量配比,APP/TPU 总体添加量在 40%(质量分数)时,阻燃 PP 可以达到 V‑2 级(燃烧时间＜30s);45%添加量下可以达到 V‑0 级。上述 APP/TPU 膨胀型阻燃 PP 能否实际应用,力学性能非常重要。表 3‑28 给出了添加各种 TPU 的 PP/APP/TPU 膨胀型阻燃体系力学性能的差异,可以通过选择 TPU 的种类获得具有相对较好力学性能的膨胀型阻燃 PP 体系。可以看到,与 PP 及 PP/APP 体系

相比,TPU 为炭源的膨胀型阻燃体系总体呈韧性材料特征,杨氏模量和断裂强度普遍下降;除 PP/APP/S74 体系外,其余体系断裂伸长率均有大幅度上升。其中,PP/APP/S90(S90A10)体系具有相对较好的阻燃特性(LOI>32;HRR 峰值<300kW/m²,热辐照功率 50kW/m²)和力学性能。

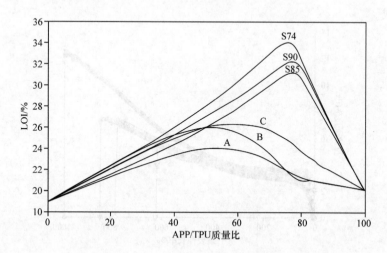

聚醚基 TPU:A·1185A10;聚酯基 TPU:B·B90A10;C·C88A10;
S85·S85A10;S90·S90A10;S74·S74D

图 3-39　APP 与 TPU 质量比对 PP/APP/TPU 膨胀型阻燃体系 LOI 的影响[89]

表 3-28　各种 TPU 对 PP/APP/TPU 膨胀型阻燃体系力学性能的影响

(APP+TPU=40%,质量分数)

PP/APP/TPU 膨胀型阻燃体系	杨氏模量/MPa	拉伸强度/MPa	断裂伸长率/%
PP	1.76	33.5	8
PP/APP	1.9	26.0	5
PP/APP/A(1185A10)	0.62	20.0	42
PP/APP/B(B90A10)	0.49	17.5	14
PP/APP/C(C88A10)	0.63	20.0	58
PP/APP/S90(S90A10)	0.84	21.5	12
PP/APP/S85(S85A10)	0.67	22.0	42
PP/APP/S74(S74D)	0.79	23.0	4

TPU 为炭源、APP 为酸源的膨胀型阻燃体系在阻燃乙丙橡胶(EPR)中的应用研究也有报道[90]。TPU 与 APP 的总体添加量为 40%(质量分数),APP 占(TPU+APP)总质量的比例在大于等于 70%、小于等于 80%的情况下,EPR/TPU/APP 体系的 LOI 可以达到 28%。关于 TPU/APP 膨胀阻燃体系热氧化降解机理研究

指出,APP 与 TPU 之间有相互作用,导致具有良好热稳定性的膨胀炭层的形成。

3.5　有机硅在膨胀型阻燃体系中的应用

有机硅高分子是分子结构中含有元素硅,硅原子上连接有机基的聚合物。以重复的 Si—O 键为主链、硅原子上连接有机基的聚有机硅氧烷是有机硅高分子的主要代表。聚有机硅氧烷,如硅油、硅橡胶、硅树脂等,具有耐高低温、耐候、耐老化、电气绝缘、耐臭氧、憎水、阻燃、生理惰性等独特性能。以 Si—Si 键为主链的聚硅烷,因其特定的分子与电子结构,赋予了它独特的光电性质,使其在制备高强度 SiC 陶瓷,作为导电、光电导及电荷转移复合材料方面得到广泛应用。硅杂链聚合物,如聚有机硅氮烷、聚有机亚芳基硅氧烷、聚有机硅芳基硅烷、聚有机硅亚炔基硅烷等,由于其结构及固有特性,都得到了不同程度的研究与应用。有机硅的这些优异性能为其他有机高分子材料所不能比拟和替代,因而有机硅与有机高分子之间的相互改性、有机硅高分子向其他领域,包括聚合物阻燃领域的渗透,导致所到之处材料性能的改善及应用范围的拓宽,显示了巨大的应用潜力。

有机硅化合物作为化学膨胀型阻燃体系的协同组分的研究近年来已有报道,有机硅在膨胀型阻燃体系中的应用,突出的特点是提高了阻燃体系的热稳定性,表现为点燃时间的延长,膨胀炭层抵抗热氧化能力的改善,LOI 的显著提高,HRR 的大幅度降低。同时,有机硅的引入也有利于传统化学膨胀型阻燃体系易潮湿、组分易迁出等问题的解决。

3.5.1　硼硅氧烷陶瓷前体协同膨胀阻燃聚丙烯

近年来,有机硼硅氧烷(organoboron siloxane,OBS)作为一种陶瓷前体(ceramic precursor)出现在化学膨胀型阻燃聚合物体系中,不仅大幅度提高了体系的氧指数(LOI)及垂直燃烧的等级,而且大大降低了体系在锥形量热仪(CONE)测试中的热释放速率。

基于专利[91]技术,Marosi 于 1993 年开展了将聚合物型陶瓷前体材料应用于化学膨胀型阻燃体系的研究。结果表明,聚合物型陶瓷前体参与了膨胀炭层的形成,获得了十分有效的隔热阻燃效果。该陶瓷前体(BSi)是由 α,ω 二羟基齐聚二甲基硅醇(聚合度 $n=10\sim12$)与硼酸按质量比 10:1 混合,加热到 120℃ 反应制备的。同时加入少量四乙氧基硅烷(TES)促进反应[92],反应式见图 3-40。产物固体弹性体(BSi)具有两个突出的结构特点:一是—Si(OC₂H₅)基团可与硅醇或硼酸衍生物发生一系列反应,具有良好的反应活性;二是 B 原子的空轨道容易接受亲核试剂。

将少量具有反应活性的 BSi(2%,质量分数)用于化学膨胀型阻燃体系,如 PP/

APP/PER[APP∶PER＝3∶1,添加量为30%(质量分数)]体系的LOI由29%提高到35%,UL-94垂直燃烧由V-2级上升到V-0级,同时该体系的耐湿热性能有所提高[94]。BSi作为陶瓷前体应用于PP/APP/PER体系改善阻燃性能的原因在于,BSi影响了体系热熔融状态下的流变行为。图3-41给出了覆盖加工温度及部分燃烧温度范围(170～500℃)内PP/APP/PER/BSi体系熔体黏度随温度的变化曲线。

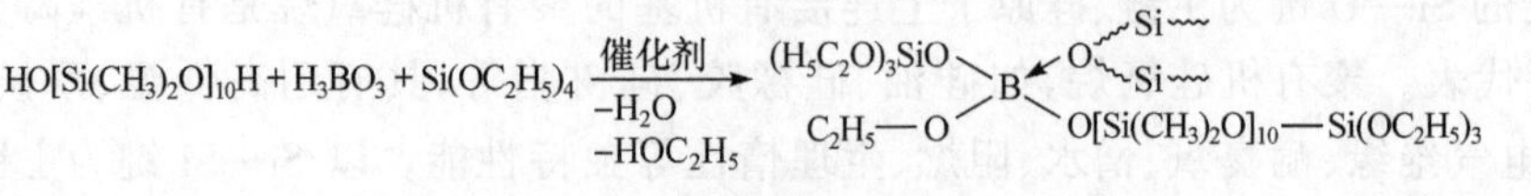

HO[Si(CH3)2O]10H + H3BO3 + Si(OC2H5)4
催化剂
-H2O
-HOC2H5
(H5C2O)3SiO
B
C2H5—O
O
Si
Si
O[Si(CH3)2O]10—Si(OC2H5)3

图3-40　陶瓷前体硼硅氧烷(BSi)[93]

18 000
16 000
14 000
12 000
10 000
8 000
6 000
4 000
2 000
0
黏度/(Pa·s)
170
220
270
320
370
420
470
520
温度/℃
PP;
PP/APP/PER;
PP/APP/PER/2%BSi

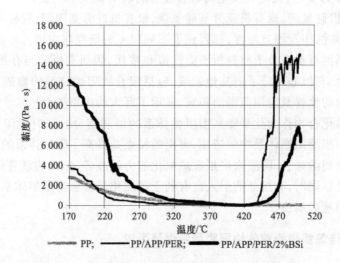

图3-41　BSi对PP/APP/PER体系流变行为的影响

APP/PER＝30%(质量分数),APP∶PER＝1∶3(质量比),BSi:2%(质量分数)

一个黏度低的、易于流动的聚合物表面(如PP、PP/APP/PER体系)有碍于连续、完整炭层的形成。170～230℃范围内PP/APP/PER/BSi体系熔体黏度显著增加,有利于抑制熔融滴落物的产生,这一实验结果与体系组分间的化学作用有关。对PP/APP/PER/BSi体系200℃共混加工后的样品进行FTIR分析,结果表明,来自于PER的—OH基团吸收峰(1 015cm^{-1})显著下降,表明PER与BSi发生了反应,推测其化学反应过程如图3-42所示。440℃后PP/APP/PER/BSi体系膨胀后的泡沫状炭层仍然完整无裂痕,说明炭层有良好的柔韧性。PP/APP/PER/BSi体系柔性的炭层在黏度-温度曲线上对应于适中的黏度,而PP/APP/PER体系,在440℃后膨胀炭层发硬、并出现开裂现象(隔热、隔质效果变差),在黏度-温度曲线上对应于黏度迅速增加、曲线出现上下抖动的部分。拉曼光谱研究强调指出,PP/

APP/PER/BSi 体系的有机陶瓷前体 BSi 在燃烧条件下部分转变为无机炭。BSi 存在下,所形成的有机/无机杂化的炭层具有良好的柔性,使炭层在火焰下稳定、不开裂,从而表现出非常好的隔热、隔质的阻燃效果。

图 3‑42　推测陶瓷前体硼硅氧烷(BSi)与 PER 的化学反应过程[95]

文献 [95] 利用模型体系研究了有机硼硅氧烷(OBS)、乙烯基三乙氧硅烷(vinyltriethoxy silane,VTS)薄膜对于 O_2 的气体阻隔作用,由此说明 OBS 存在于表面层可以增进聚烯烃阻燃效果的机理。模型体系以高密度聚乙烯(HDPE)薄膜为基材,表面分别涂有 VTS 涂层或 OBS＋VTS 涂层,或由紫外辐照、或由加热处理,也可由 Plasma 在不同气氛(O_2 或 He)下对涂层表面进行处理。图 3‑43 给出未处理的 HDPE 薄膜,VTS 处理的 HDPE 薄膜,(VTS＋OBS)涂覆、同时在 He 气氛中 Plasma 处理的 HDPE 薄膜,以及(VTS＋OBS)涂覆并在 O_2 气氛中 Plasma 处理的 HDPE 薄膜,O_2 渗透测试(ASTM D 1434)结果。可以看到,与未经表面处理的 HDPE 比较,经有机硅及 Plasma 处理的 HDPE 薄膜对 O_2 的阻隔作用要低一个

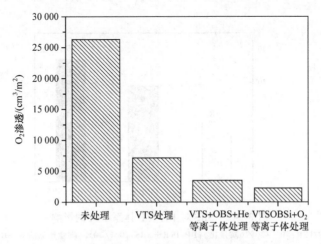

图 3‑43　VTS、OBSi 及等离子体表面处理的 PE 薄膜
与未经表面处理的 PE 薄膜 O_2 渗透比较

数量级。同时,利用 X 射线光电子能谱(XPS)对有机硅及 He 气氛和 O₂ 气氛下
Plasma 处理的 HDPE 薄膜的表面进行测试,由 Si2p 谱峰的化学位移说明 O₂ 气氛
下 Plasma 处理的样品表面是有机硅(Si2p 为 102.2eV)与无机硅(SiO₄ 形式,Si2p
为 103.8eV)共存的表面。这个研究是很有意义的,因为它从理论研究的角度证实
了热氧化气氛下形成的有机硅与无机硅共存的类陶瓷表面具有良好的隔氧作用,
揭示了 OBS 等有机硅氧烷作为陶瓷前体在膨胀型阻燃聚合物体系中的阻燃作用
机制。

3.5.2　硼硅表面活性剂在膨胀阻燃聚丙烯中的应用

多组分聚合物体系由填料、增强材料、阻燃剂、弹性体、染料及聚合物基材组
成。体系的性能变化空间很大,应用性能除取决于组分性能、添加量及复合工艺
外,组分界面的相容性与黏结力在材料结构与性能的关系中起着关键作用。文献报道
了利用低相对分子质量具有协同作用及反应活性的表面活性剂 SRS(synergistic reac-
tive surfactant)处理膨胀型阻燃组分颗粒的表面,用于阻燃聚烯烃、改善材料物理机械

$$R_1—O—B—O—Si—O—Et$$

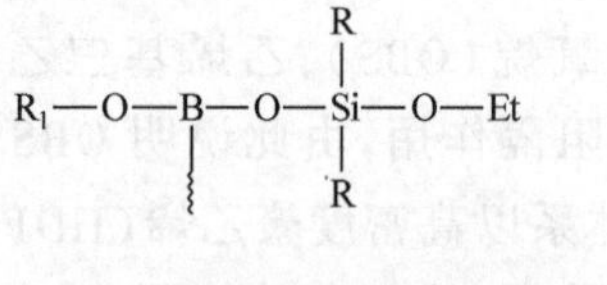

图 3－44　协同反应表面活性剂 SRS
R₁ 为含有饱和与不饱和基团的碳氢链

性能的研究[96]。经 SRS 处理的组分颗粒表面形成由 SRS 及弹性体包围的多层结
构。SRS 的化学结构见图 3－44。将少量 SRS 用于 APP 及多元醇组成的膨胀型
阻燃 PP 体系,由于 SRS 与 APP 表面产生了化学结合,因此 PP/IFR/SRS 体系的
断裂伸长率由 PP/IFR 的 100% 提高到 150%;同时 LOI 由 29% 提高到 37%
(图 3－45)。

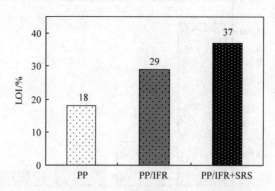

图 3－45　SBS 对 PP/IFR 体系 LOI 的影响
PP/IFR:70%/30%(质量比);PP/IFR＋SRS:70%/30%(质量比)(少量 SRS)

3.5.3　有机硼硅陶瓷前体与层状纳米硅酸盐的结合

将有机硼硅陶瓷前体可形成柔性炭层的功能与层状纳米材料的阻隔作用相结合,用于化学膨胀型阻燃体系,在增进阻燃效果、提高材料的应用性能方面显示了很有希望的前景。文献[93]报道了组成质量分数为 70%PP、21%APP、7%PER、1.5%有机硼硅氧烷弹性体(BSi)及 0.5%有机化层状纳米硅酸盐(Cloisite20A)的膨胀型阻燃体系,与未加 BSi 和 Cloisite20A 的 PP/APP-PER 体系比较,垂直燃烧由 V-2 级提高到 V-0 级。由热失重分析(TGA)对膨胀型阻燃复合添加剂 APP/Cloisite20A/BSi 与 APP/Cloisite20A 体系的比较研究获得了组分相互作用的依据,TGA 数据列在表 3-29 中。与未添加 BSi 的体系相比,BSi 所在体系的初始热分解温度(T_b)、最大热失重分解温度(T_{max})都向高温移动,热失重速率显著降低,说明 BSi 与 Cloisite20A、APP 组分间发生了相互作用。

表 3-29　APP/Cloisite20A/BSi 体系热失重分析结果

体系	Cloisite20A	Cloisite20A/APP	Cloisite20A/BSi	Cloisite20A/APP/BSi
初始分解温度 T_b/℃	270	235	328	250
最大失重温度 T_{max}/℃	485	317	376	333
失重速率/(%/s)	−1.53	−2.34	−1.88	−1.84

3.6　新概念膨胀阻燃体系的研究与应用

3.6.1　Casico™化学膨胀型阻燃体系

20 世纪 90 年代初研制出了一种新型商品化的"低烟零卤"(low smoke zero halogen,LSZH)的新型化学膨胀型阻燃材料[97],名为 Casico™。Casico™ 的基本组成包括,经表面处理的白垩(chalk,CaCO₃)、硅树脂弹性体(silicone elastomer)及乙烯-丙烯酸共聚物(ethylene-acrylate copolymer,EBA)。称之为新型化学膨胀型阻燃体系,是因为体系从组成上突破了传统的 APP 为酸源(兼气源),PER 为炭源,三聚氰胺或其衍生物为气源的模式。对 Casico™ 膨胀型阻燃机理的研究指出,该体系的酸源兼炭源是 EBA(乙烯-丙烯酸共聚物),气源是 CaCO₃。关键是这新的"三源"在含 Si 组分的存在下达到了较好的匹配;同时在一定程度上克服了传统体系吸潮和组分迁出的弱点。

Casico™ 除具有上述提到的优点及低烟无卤的环保优势外,还具有成本低、添加量低、熔融黏度低、挤出加工性能良好等突出特性,被认为是替代普通绝缘低压动力或通讯线缆,如聚氯乙烯(PVC)、替代氢氧化铝(ATH)、氢氧化镁(MH)填充型无卤聚烯烃电缆料的具有竞争力的阻燃材料。

为研究 Casico™ 各组分对阻燃性能的影响,表 3-30 给出了基本配方及氧指数(LOI)值、锥形量热仪(CONE)的部分测试结果。其中硅树脂弹性体母粒(silicone elastomer materbatch)的添加量为 12.5%(质量分数),聚二甲基硅氧烷(PDMS)的添加量相当于 5%(质量分数)。可以看到,Si 或 Ca 组分单独使用时,对配方体系 SiEBA、CaEBA 的 LOI 基本没有太多的贡献;CaEBA 体系 HRR 的降低及 TTI 的延长与添加 30% CaCO₃ 稀释了树脂含量有关。但当 Si、Ca 组分同时使用时,CaSiLEPE 体系的 LOI 上升到 24.5%,其 HRR 与 LDPE 纯树脂对比下降了77.5%;当以 EBA 树脂取代 LDPE(低密度聚乙烯)时,CaSiLEBE 体系的 LOI 上升到 30.5%,TTI 延长了 55.8%;同时观察到 CaSiEBA 较 CaSiLDPE 体系有明显的膨胀现象及膨胀炭层的形成。

表 3⁻30　低烟无卤膨胀阻燃聚烯烃(Casico™)基本配方(质量分数/%)及性能指标

体系配方 组分及性能参数	LDPE	EBA	SiEBA	CaEBA	CaSiLDPE	CaSiEBA
EBA(BA 1.8mol)/%		99.8	87.3	69.8		57.3
LDPE	99.8				57.3	
硅树脂弹性体母粒/% (含 40% 高相对分子质量 PDMS[1],60% LDPE)			12.5		12.5	12.5
CaCO₃(1.4μm)/%				30.0	30.0	30.0
抗氧剂 1010/%	0.2	0.2	0.2	0.2	0.2	0.2
LOI/%	18.0	18.0	19.0	20.0	24.5	30.5
热释放速率 HRR/(kW/m²)	1420	1304	1044	658	320	326
点燃时间 TTI/s	76	77	84	102	95	148

1) PDMS:聚二甲基硅氧烷。

　　显然,Si 与 Ca 组分间存在着相互作用或协同作用,在 EBA 存在下 Si 与 Ca 组分在 CaSiEBA 三元体系中的协同作用更加突出。Si 与 Ca 组分间相互作用的证据之一,可由 TGA 实验结果给出,见图 3⁻46。600℃下 PDMS 含 Si 组分的残炭量为 0,chalk 含 Ca 组分残炭量为 100%,二组分共混[PDMS/chalk,70%/30%(质量比)]的残炭量实验值大于 50%,而理论计算残炭量为 30%。实验残炭量大于理论残炭量说明 Si 与 Ca 组分间存在协同作用,这与 chalk 中和了 PDMS 合成过程中残留的酸性催化剂有关,由此抑制了环状硅氧烷齐聚物的丢失。Si 与 Ca 组分间相互作用的证据之二,可由 MAS-NMR(魔角旋转⁻核磁共振)和 XRD(X 射线衍射)研究给出。¹³C MAS-NMR 和 XRD 对 CaSiEBA 体系膨胀炭层结构分析研究指出,样品在空气中加热处理到 500℃时,有 CaCO₃ 和 SiOₓ 存在;更高温度 1000℃下,²⁹Si MAS-NMR 和 XRD 分析指出,有 Ca₂SiO₄、CaO 和 Ca(OH)₂ 产物生成。

　　对 CaSiEBA 体系膨胀型阻燃机理的研究指出,该体系在热分解过程中组分相互

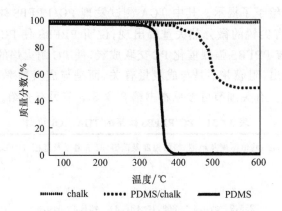

图 3 - 46 PDMS/chalk(70%/30%,质量比)混合物的 TGA 曲线
升温速率 10℃/min,空气气氛

作用发生了化学反应。经历了酯裂解,产生了端基为羧酸的产物,该产物与 $CaCO_3$ 反应形成离子聚合物,同时释放气体 CO_2 和 H_2O,如式(3 - 6)和式(3 - 7)所示。

$$\text{PolymerCOOC}_4\text{H}_9 \xrightarrow[300℃]{\text{酯裂解}} \text{PolymerCOOH} + \text{CH}_2\!=\!\text{CH—CH}_2\text{—CH}_3 \uparrow$$
$$\text{EBA}$$

$$(3 - 6)$$

$$2\,\text{PolymerCOOH} + \text{CaCO}_3 \xrightarrow{300℃} (\text{PolymerCOO})_2\,\text{Ca}^{2+} + \text{CO}_2\uparrow + \text{H}_2\text{O}\uparrow$$
$$\text{离子聚合物}$$

$$(3 - 7)$$

反应式(3 - 7)对膨胀型阻燃机理的贡献有两个方面。一是在比普通聚合物骨架裂解温度更低的温度 300℃下,产生可供熔融体系膨胀发泡的气体 CO_2 和 H_2O,而且这些气体具有使火焰自熄的作用。这意味着在更早的阶段形成隔热膨胀型炭层,意义在于可有效增加点燃时间、形成包含 Si、Ca 化合物的更为耐热的稳定炭层。二是离子聚合物的形成是一个导致融体交联的过程,交联导致融体黏度增加,有利于稳定热分解初期所形成的膨胀泡孔的结构。正如 Brauman 所提到的化学膨胀型阻燃体系热分解过程应该有的两个重要因素:融体的黏度和足够的交联能力。由此,可保证多孔、闭孔泡沫炭层的形成。

3.6.2 全氟烷基磺酸盐化学膨胀型阻燃聚碳酸酯体系

最近研究发现,添加 0.05%～0.5%PPFBS(全氟烷基磺酸钠或钾盐,也可称作"Rimar 盐")于 PC(聚碳酸酯)中,燃烧时有强烈的膨胀现象发生,同时熔融滴落现象被有效抑制[98]。表 3 - 31 给出了添加 0.1% 的 PPFBS 的 PC 膨胀阻燃体系的氧指数(LOI)及 TGA 测试结果。可以看到仅 1% 的 PPFBS 就使 PC 的 LOI 上升了 10.7 个单位。该研究对 PPFBS 在 PC 体系中产生的优异膨胀阻燃效果的原因从多种分析手段给予了揭示。其中 TGA 测试发现 PC/PPFBS 体系的热失重峰值温度范围变窄,有尖锐的微分热失重峰出现,说明 PPFBS 使 PC 体系热失重速率显著加快,意味着 PPFBS 强烈催化 PC 交联成炭,使 PC 耐火焰的热氧化稳定性迅速上升。研究指出,阻燃并不是与成炭量有关,而是与成炭速率有关,实质是与磺酸盐的催化有关。有关细节可参见本书第 8 章 8.3 节另有介绍。

表 3−31　PC/PPFBS 体系的 TGA、LOI 数据

样品	5%失重温度 /℃	峰值温度及范围 /℃	峰值温度及范围 /℃	峰值温度及范围 /℃	500℃残渣量 /%	LOI /%
PPFBS	294.3	254.0 236.9~270.3	402.6 309.1~431.3	489.6 431.3~510.8	12.4	—
PC	396.2	—	—	494.0 346.5~542.0	40.1	26.8 熔滴
PC/ PPFBS (0.1%)	460.8	—	—	503.4 455.0~531.1	43.6	37.5 膨胀 无熔滴

3.7　商用膨胀型阻燃剂

各国政府防火法规的完善,人类环境保护意识的增强,以及科学家对科学问题的关注与兴趣是膨胀型阻燃体系不断深入研究及商品化的主要驱动力。近年来,膨胀型阻燃体系大量的应用研究成果在商品膨胀型阻燃剂中有充分的体现。作为商用膨胀型阻燃剂应满足以下多方面的要求:①为满足聚合物材料加工宽广的温度空间,膨胀型阻燃剂应有足够高的热稳定性;②为缩短生产周期,膨胀型阻燃剂应有良好的加工流动性;③为满足更为严格的阻燃性能要求,膨胀型阻燃剂应有足够高的阻燃效率;④为获得良好力学性能,膨胀型阻燃剂与聚合物基材共混时应有良好的分散性及相容性;⑤为保障聚合物材料具有良好耐潮湿环境的性能,膨胀型阻燃剂水中溶解度要尽可能小;⑥为避免阻燃剂对阻燃材料加工过程化学反应的影响,膨胀型阻燃剂应有合适的酸碱性;⑦为使材料具有良好的机械性能、光洁的表面及更好的阻燃性能,膨胀型阻燃剂应有足够小的粒度;⑧为了有良好的市场竞争力,膨胀型阻燃剂应有尽可能低的成本。

目前,商品化膨胀型阻燃剂按主体成分可划分为两大系列,聚磷酸铵系列(简称 APP 系列)和三聚氰胺衍生物系列。APP 系列主要包括:未经表面处理、表面活化处理及复配膨胀型阻燃剂。APP 系列膨胀型阻燃剂主要应用于聚烯烃、聚氨酯泡沫、涂料、织物、纸张及木材的阻燃。三聚氰胺衍生物系列主要包括,三聚氰胺氰脲酸盐（MC）、三聚氰胺磷酸盐（MP）、三聚氰胺焦磷酸盐（MPyP），三聚氰胺多磷酸盐（MPP）等。三聚氰胺磷酸盐系列相对 APP 系列有更高的热稳定性及更低的水中溶解度。从加工温度匹配及组分协同角度考虑，三聚氰胺衍生物系列主要应用于膨胀阻燃尼龙。

目前，世界上生产和提供商品膨胀型阻燃剂的著名公司有德国 Clariant 公司和 Budenheim Ibé rica 化学工厂（简称 Budenheim，属于 Oetker 集团公司），以及瑞士 Ciba 公司等。Clariant 提供的 Exolit® 品牌阻燃剂包含磷基阻燃剂的三个基本系列：AP 系列（APP 为基本成分）、RP 系列（红磷为基本成分）和 OP 系列（有机磷为基本成分）。Budenheim 是生产无机磷阻燃剂的专业厂商，其上百种阻燃剂产品中包括商品名称为 FR CROS 及 Budit 的 APP 系列膨胀型阻燃剂。Ciba 公司阻燃剂的注册商标为 Melapur®，提供的化学膨胀型阻燃剂主要有三聚氰胺磷酸盐系列、APP 及复合膨胀型阻燃剂。除此之外，Ciba 也可提供硼酸锌及含溴阻燃剂等。

3.7.1　商用聚磷酸铵系列阻燃剂及应用

3.7.1.1　Clariant 聚磷酸铵膨胀型阻燃剂

表 3-32 列出了 Clariant 公司商用 APP 系列膨胀型阻燃剂。其中 AP 422 是未经表面处理的纯 APP，其聚合度≥700；AP 462 是表面包覆了三聚氰胺/甲醛树脂的 APP，不仅降低了水溶性、增加了界面相容性，同时也利用组分协同作用提高了膨胀阻燃效率；AP 750 是将 APP 作为酸源，3(2-羟乙基)异氰脲酸酯为炭源兼气源，以环氧树脂包覆表面处理的复配型膨胀型阻燃剂[99]。

表 3-32　Exolit® AP 系列膨胀型阻燃剂

商品名	特点	推荐应用
AP 422	未经表面处理	聚烯烃、涂料、聚氨酯、纺织品后处理及热固性树脂
AP 423	微粉化 AP 422，平均粒度 10μm	聚烯烃、涂料、聚氨酯、纺织品后处理及热固性树脂
AP 462	AP 422 表面包覆三聚氰胺/甲醛树脂	聚烯烃、涂料、聚氨酯、纺织品后处理及热固性树脂
AP 740	复合膨胀型阻燃剂	不饱和聚酯、树脂基复合材料
AP 750	AP 422 与协同剂复合	PP、PE、EVA
AP 751	复合膨胀型阻燃剂	玻纤增强 PP 及 PE
AP 752	耐水及耐酸腐蚀	可用于汽车蓄电池 PP 壳体等
IFR 23	第一代复合膨胀型阻燃剂	聚烯烃
IFR 36	复合膨胀型阻燃剂	环氧涂料及环氧树脂

3.7.1.2　Exolit® AP 膨胀阻燃聚丙烯

商用 APP 系列膨胀型阻燃剂主要应用于聚烯烃,尤其是聚丙烯(PP)。由于 PP 有着非常诱人的价格性能比,近年来不仅在西欧,而且在我国 PP 作为通用塑料有替代工程塑料 ABS、PA 等制作电器产品配件(电视机、电脑外壳、接插件等)进入电子电器领域的趋势。

添加 30%(质量分数)AP 750 的 PP 膨胀型阻燃体系的物理机械性能及阻燃性能列在表 3-33 中[100]。可以看到膨胀型阻燃 PP 的密度相当低,文献指出该密度与达到相同阻燃级别的含卤阻燃体系及填充 $Mg(OH)_2$ 阻燃体系相比分别降低 20% 和 50%;膨胀型阻燃 PP 的硬度和刚性通常也有提高;但缺口冲击强度及断裂伸长率较未阻燃的 PP 有所降低。可以不降低膨胀阻燃 PP 的冲击强度,而又增加硬度和刚性的途径之一是采取玻璃纤维增强技术。

表 3-33　AP 750 膨胀阻燃 PP 的阻燃性能及物理机械性能[阻燃剂添加量 30%(质量分数)]

性能	均聚 PP/AP 750	嵌段共聚 PP/AP 750	测试方法
UL-94 垂直燃烧	V-0(1.6mm)	V-0(3.2mm)	UL-94
氧指数/%	—	32	ISO 4589
灼热丝实验/℃	960	960	IEC 695-2-1
密度/(kg/m³)	1 009	1 002	ISO 1183
熔流指数(230℃)/(g/10min)	7	8	ISO 1133
拉伸强度/MPa	24	22	ISO 527-2
伸长率/%	4	18	ISO 527-2
弯曲模量/MPa	2 300	1 850	ISO 178
热变形温度/℃	98	102	ISO 75-2
简支梁冲击强度(缺口)/(kJ/m²)	2	7	ISO 180
球压痕实验/℃	135	125	UL 746
漏流径迹指数/V	600	600	

图 3-47 给出了均聚 PP 添加 30%(质量分数)AP 750、少量硬脂酸钙及抗氧剂的共混体系经过 10 次重复加工、造粒、注塑成型后,UL-94 垂直燃烧总的燃烧时间的对比数据。可以看到,随着体系加工次数的增加,总的燃烧时间虽有所上升,但 10 次重复加工后的样品仍然可以通过 UL-94 垂直燃烧的 V-0 级。同时与未添加阻燃剂的基材 PP 相比,PP/AP 750 体系的黄度指数(yellowness index)仅有轻微上升。说明 AP 750 对 PP 颜色稳定性影响很小。

在使用 AP 750 阻燃 PP 的共混加工过程中,应特别注意加工温度及物料在螺杆中的滞留时间,防止阻燃剂的热分解。即物料在螺杆挤出加工中应尽量避免过高的加工温度、高的剪切及尽可能短的滞留时间。以螺杆直径 25mm、长径比 40

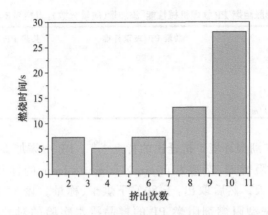

图 3‑47 PP/30%AP750 膨胀阻燃体系重复加工后的燃烧性能

(25mm/40D)的双螺杆挤出机加工 PP/ AP 750[30%(质量分数)]阻燃体系为例，说明加工参数的选择。该体系的熔流速度为 12g/min(230℃)。为保证 AP 750 阻燃剂的热稳定,同时获得良好的分散及较高的挤出产率,可以采用"软"的螺杆组合及侧向添加阻燃剂的方式进行加工。加工温度不超过 185℃,低的螺杆转速(200r/min)及相应较高的产出率(20kg/h)。表 3‑34 给出使用 25mm/40D 双螺杆挤出机加工 PP/ AP 750[添加量 30%(质量分数)]共混物的螺杆温度设定参考值。可以看到由 1 段至 8 段,螺杆温度先上升后下降,呈反转趋势。由此,可保持尽可能低的熔融温度;同时能够平衡阻燃剂分散均匀、物料滞留时间、剪切力及产出效率等因素。

表 3‑34 加工 PP /30%AP750 体系双螺杆挤出机各段温度设定参考值

设定温度/℃	170	175	180	185	180	175	175	170
螺杆分段	1	2	3	4	5	6	7	8
聚合物进料	熔融	脱气	侧向加阻燃剂				脱气	

总之,Exolit® AP 750 用于膨胀阻燃聚丙烯具有阻燃效率高、低烟无腐蚀性、综合物理机械性能良好,以及良好的加工流动性、可重复加工、可回收循环使用等优点。

AP 751 适合用于玻璃纤维增强 PP 体系。将质量分数为 30% 的 AP 751 添加于 20% 玻璃纤维增强的共聚 PP,阻燃性能 UL-94 可达 V-0 级;物理机械性能有所提高或保持[100](表 3‑35)。

表 3‑35　AP 751 膨胀阻燃 PP 物理机械性能[添加量(质量分数):阻燃剂 30%,玻璃纤维 20%]

性能	共聚 PP/玻璃纤维	共聚 PP/玻璃纤维/AP 751
弹性模量/MPa	3 900	4 900
拉伸强度/MPa	35	45
冲击强度/(kJ/m²)	13	15
冲击强度(缺口)/(kJ/m²)	6	5

　　AP 752 具有在潮湿环境下抗迁出的特点[100]。PP 中添加 30%(质量分数)的不同类型的膨胀型阻燃剂,模塑为 60mm×60mm×1mm 的样片,分别在 23℃ 及 80℃ 的水中浸泡 7 天。然后取出,于 80℃ 下烘干、称量。表 3‑36 列出 AP 752、AP 750 与普通膨胀型阻燃剂阻燃 PP 的样品浸水实验的对比结果。可以看到 AP 752 阻燃的 PP 有着突出的抗迁出特性,较普通膨胀型阻燃剂体系在水中的失重率降低约 80%。

表 3‑36　不同膨胀型阻燃 PP 浸水实验结果[阻燃剂添加量 30%(质量分数)]

浸泡温度/℃	失重率/%		
	PP/AP 752	PP/AP 750	普通膨胀型阻燃 PP
23	0.4	0.5	3.0
80	2.5	4.6	11.4

　　Exolit® IFR 23 用于膨胀阻燃 PP 更为有效。表 3‑37 给出了 IFR 23 与含氯、含溴阻燃剂阻燃 PP 燃烧性能的对比。可以看到,相同阻燃级别下 IFR 23 较 AP 750 及含卤阻燃体系添加量均有所降低;烟释放量非常小,而且 6min 烟密度 D_s 与被阻燃基材 PP 相当。

表 3‑37　Exolit IFR 23 膨胀阻燃 PP 与含卤体系阻燃性能对比[100]

样品编号	1	2	3	4	5
PP/%	100	75	70	57	67
IFR 23/%		25			
AP 750			30		
双(六氯环戊二烯)环辛烷/%				34	
十溴二苯醚/%					25
Sb₂O₃/%				3.6	8
硼酸锌/%				5.4	
LOI/%	18	30	—	27	28
UL‑94 垂直燃烧	—	V‑0	V‑0	V‑0	V‑0
6min 烟密度 D_s(有焰燃烧)	65	100	160	700	620
最大烟密度 D_m(有焰燃烧)	—	—	—	700	660
最大烟密度 D_m 出现时间/min	—	—	—	5	3

3.7.1.3　Budenheim 聚磷酸铵系列膨胀型阻燃剂

FR CROS 484 是 Budenheim 生产的 II 型 APP,水中溶解度为 0.5g/100mL 水,在一定程度上能够满足低水溶性的要求。表 3－38 给出了通过表面处理或包覆后的 II 型 APP,溶解度普遍下降,潮湿环境下使用的阻燃耐久性均有改善,阻燃性能不因处理或包覆而受到影响。其中 FR CROS 489 是采用特殊的化学交联工艺处理的,具有相对最低的溶解度。

表 3－38　Budenheim II 型 APP 系列阻燃剂

商品名称	包覆类型	溶解度/(g/100mL 水)	P_2O_5/%
FR CROS 484	未包覆	0.5	72
FR CROS 486	表面硅烷偶联	0.1	71
FR CROS 487	MF[1]表面包覆	0.1	68
FR CROS C30	三聚氰胺表面包覆	0.1	68
FR CROS C40			
FR CROS C60	MF 表面处理	0.05	67
FR CROS C70			
FR CROS 489	MF 表面处理	0.01	65

1) MF-三聚氰胺/甲醛树脂。

表 3－39 列出了 Budenheim 提供的不同粒度的 II 型 APP。随着 APP 粒度的降低,由于粉体颗粒比表面及表面能的增大,出现一些优点:使阻燃剂与树脂界面黏结力得到增强,使材料具有更好的物理机械性能;阻燃剂分散于液体体系时沉降速度会显著减慢;阻燃制品外观光洁;阻燃效果提升。但同时也带来一些问题,如阻燃剂微小颗粒易于团聚、在树脂体系中的分散相对困难,体系黏度增大,以及阻燃剂使用中的粉尘污染等问题。

表 3－39　Budenheim 不同粒度 II 型 APP

商品名称	溶解度 /(g/100mL 水)	P_2O_5	pH	平均粒度 D_{50}/μm	Topcut/μm
FR CROS 484	0.5	72	5～6	18	50
FR CROS 484 F	0.5	72	5～6	15	40
FR CROS S10	0.5	72	5～6	9	25
FR CROS XS10	0.5	72	5～6	4	12

表 3－40 给出了 Budenheim 生产的以 II 型 APP 为主要组分的复合膨胀型阻燃剂,均可应用于阻燃 PP。两种阻燃剂的主要区别在于 Budit 3076 DC 是经过表面包覆憎水处理的,有着更低的水中溶解度,同时表面酸度和极性也有一定程度的降低。表 3－41 给出了 Budenheim 提供的复合膨胀型阻燃剂及应用添加量参考值。

表 3 - 40　Budenheim 提供的两种可用于 PP 的膨胀型阻燃剂

商品名称	P/%	N/%	pH	外观
Budit 3077	21.5	21.8	4.5	白色粉末
Budit 3076 DC	20.5	21.0	5.0	白色粉末

表 3 - 41　Budenheim 复合膨胀型阻燃剂

商品名称	参考添加量(质量分数)/%	体系组成
Budit 3076 DCD	20～35	APP/气源/炭源
Budit 3127	20～35	APP 为主的两组分体系
Budit 3118 F	20～35	磷酸酯基的膨胀阻燃体系

3.7.1.4　Budenheim 聚磷酸铵系列膨胀型阻燃剂应用

表 3 - 42 给出 Budenheim 提供的 Budit 3077 和 Budit 3076 DC 膨胀阻燃 PP 体系的燃烧性能及物理机械性能的测试结果。值得注意的是,相同添加量下,Budit 3076 DC 较 Budit 3077 阻燃 PP 有更高的 LOI,即表面憎水处理后体系组分间存在一定的协同膨胀阻燃的效果。

表 3 - 42　PP /Budit 膨胀型阻燃体系的 LOI 和 UL-94 测试结果

	添加量(质量分数)/%	LOI /%	UL-94 垂直燃烧	弹性模量 /MPa	拉伸强度/MPa		伸长率/%	
					屈服	断裂	屈服	断裂
PP		17	—	2 490	35.6	20.6	11.2	>500
PP+ Budit 3077	25.0	—	—	2 450	33.0	27.3	3.3	10.4
PP+ Budit 3077	27.5	24	V-0	3 220	34.0	29.0	2.7	10.4
PP+ Budit 3077	30.0	24	V-0	2 840	34.3	33.1	2.0	4.5
PP+ Budit 3076 DC	25.0	—	—	3 000	32.8	28.8	3.5	7.0
PP+ Budit 3076 DC	27.5	26	V-0	3 286	30.9	24.4	3.4	13.1
PP+ Budit 3076 DC	30.0	27	V-0	3 053	27.9	27.9	2.4	7.0

可以通过浸水实验考察 PP/Budit 3077 和 3076 DC 体系的抗潮湿环境的能力。浸水实验的方法如下:按 LOI 和 UL-94 测试标准要求的尺寸制备阻燃 PP 样

品,分别于50℃和95℃下浸泡24h。浸泡后取出,于80℃下干燥直至恒量。然后称量样品质量变化,同时进行LOI及UL-94垂直燃烧测试,考察阻燃性能的变化。表3-43与表3-44分别给出了PP/Budit 3077和3076 DC膨胀阻燃体系浸水实验后的质量损失(WL)及燃烧性能测试结果。

表 3 - 43　PP/Budit 膨胀型阻燃体系浸水后的质量损失(WL)和 LOI 测试结果

膨胀阻燃 PP 体系	50℃浸水 24h,80℃干燥		95℃浸水 24h,80℃干燥	
	WL/%	LOI/%	WL/%	LOI/%
30% Budit 3077	1.8	23	4.4	23
27.5% Budit 3077	—	23	2.7	22
30% Budit 3076 DC	1.0	26	2.0	25
27.5% Budit 3076 DC	0.6	25	1.6	25

表 3 - 44　PP/Budit 膨胀型阻燃体系浸水后的质量损失(WL)和 UL-94 垂直燃烧测试结果

膨胀阻燃 PP 体系	50℃浸水 24h,80℃干燥		95℃浸水 24h,80℃干燥	
	WL/%	UL-94(1.6mm)	WL/%	UL-94(1.6mm)
30% Budit 3077	2.1	V-0	5.8	—
27.5% Budit 3077	1.3	V-1	4.0	—
30% Budit 3076 DC	0.8	V-0	3.4	V-1
27.5% Budit 3076 DC	0.6	V-0	1.9	V-1

浸水实验测试结果表明,所有样品均有质量损失。PP/Budit 3077的质量损失高于经过表面憎水处理的Budit 3076 DC的阻燃体系,高温浸水质量损失会更高。PP/Budit 3077体系的浸水质量损失:低于50℃在1%～2%;低于95℃在6%以内。除表面憎水处理及温度对阻燃体系浸水质量损失有影响之外,阻燃剂的添加量、样品的表面及尺寸均对体系的浸水质量损失构成一定的影响。浸水后燃烧性能的测试结果与浸水质量损失有一致的结果。即经过表面憎水处理的Budit 3076 DC体系的LOI降低的幅度相对Budit 3077膨胀阻燃PP体系要小得多;同样,50℃下浸水后,PP/Budit 3076 DC体系的UL-94测试结果仍然可以保持V-0级。可见,Budit 3076 DC膨胀型阻燃剂的表面憎水处理对于在潮湿环境下使用,抗迁出或保持阻燃效力是十分可行的。

另外,表3-45列出了以Budenheim提供的Ⅱ型APP系列阻燃剂为主,复配成炭剂PA6、红磷等应用于聚烯烃,可以达到UL-94垂直燃烧V-0级的基本配方。表3-46给出了FR CROS 484(Ⅱ型APP)与ATH分别用于阻燃不饱和树脂的性能对比结果。可以看到,在相同阻燃级别下,FR CROS 484添加量远远低于ATH。因此,阻燃体系黏度较基础树脂略有上升,显著低于ATH填充的树脂体系,不会对不饱和树脂的制备工艺产生明显的影响。

表 3 - 45　Budenheim Ⅱ 型 APP 阻燃聚烯烃达到 UL-94 V-0 级的基本配方（质量分数/%）

配方	1	2	3
PP 或 PE	70	50	65
FR CROS C30	30	30	26
Budit 315	7		3
PA6		20	
红磷			5
TiO₂			1

表 3 - 46　Budenheim FR CROS 484 阻燃不饱和树脂的阻燃及物理性能

性能	不饱和树脂	不饱和树脂/FR CROS 484 (40phr)	不饱和树脂/ATH (100phr)
LOI/%	21.0	36.0	36.0
黏度[1)/s	273	394	1 370
弹性模量/MPa	3265	3950	7 200

1) 4 号 Ford 杯,25℃。

FR CROS 484 或微米级的三聚氰胺表面包覆的 FR CROS C30 也可用于膨胀阻燃软或硬质聚氨酯泡沫（PUF）。通常,APP 阻燃聚酯多元醇的 PUF 较阻燃聚醚多元醇 PUF 容易。可将 7%～15%（质量分数）的 FR CROS 484 或 FR CROS C30 预先分散在聚酯或聚醚多元醇中,而后在催化剂作用下与甲苯二异氰酸酯（TDI）反应成型。表面处理的 APP 在 PUF 原料多元醇中不仅可获得相对较好的分散,同时也具有较低的沉降速率。

3.7.2　商用三聚氰胺磷酸盐系列膨胀型阻燃剂及应用

表 3 - 47 列出了 Ciba 公司的 Melapur® 系列的膨胀型阻燃剂。其中 Melapur® 200 为白色粉末,热分解温度为 320℃,具有宽广的加工温度区间,同时具备优异的加工性能。Melapur®200 主要用于玻璃纤维增强 PA66。于 25%（质量分数）的玻璃纤维增强 PA66 中,加入 25%～30%（质量分数）Melapur®200,UL-94 垂直燃烧（1.6mm）可达 V-0 级。Melapur®200 也可应用于 PP 或涂料的膨胀阻燃。由于其非常低的水中溶解度,所以可使阻燃 PP 或涂料具有更为优异的抗潮湿、抗迁出的耐候能力。Melapur® MP 主要用于膨胀型的阻燃涂料、织物、聚烯烃及不饱和聚酯。用于可自成炭的纤维素或环氧树脂等体系时,单独使用即可获得良好的阻燃效果。Melapur® P46 是包含了炭源、酸源和气源的磷/氮协同复合膨胀型阻燃体系,具有高效阻燃、低烟、低腐蚀性的特点。适用于聚烯烃、弹性体及涂料的膨胀阻燃。

表 3 ⁻ 47　Ciba 公司 Melapur® 膨胀型阻燃剂

商品名称	化学组成	热分解温度/℃	溶解度/(g/100 mL 水)	推荐应用
Melapur® 200	三聚氰胺多磷酸盐	320	<0.01	玻璃纤维增强聚酰胺、聚丙烯、膨胀型阻燃环氧涂料
Melapur® MP	三聚氰胺磷酸盐	—	—	聚烯烃、膨胀型阻燃涂料、纺织品
Melapur® P46	复合膨胀型阻燃剂	—	—	聚丙烯、聚乙烯、弹性体、不饱和聚酯

3.8　化学膨胀型阻燃体系的展望

　　人类对自身安全及环境保护的需求使得阻燃剂及其材料的发展已进入了一个全新的时代（表 3 ⁻ 48）。事实上，21 世纪阻燃材料的发展应该是在阻燃、低烟、无毒的基础上更加注重对生态环境的影响。无卤化学膨胀型阻燃体系的阻燃机理决定了其自身具有符合发展方向的优势，因而一再成为阻燃材料领域研究的前沿热点。如今其研究与应用不仅限于涂料、织物、热固性树脂、聚氨酯泡沫塑料、弹性体及聚烯烃，实际上已成为无卤阻燃工程塑料，尤其是 PA6 或 PA66 阻燃的重要组成部分。

表 3 ⁻ 48　新世纪对阻燃材料的要求

20 世纪 70 年代	20 世纪 80 年代	20 世纪 90 年代	21 世纪
阻燃	阻燃	阻燃	阻燃
—	低烟	低烟	低烟
—	—	无毒	无毒
—	—	—	环境保护

　　然而，起源于膨胀防火涂料的化学膨胀型阻燃体系，尽管具有无卤、低烟、无毒、抗熔融滴落等环境友好的特点，但传统的炭源、酸源、气源的部分沿用使得该体系仍然存在着一些制约其普遍应用的实际问题，尤其是 APP 系列的膨胀型阻燃体系问题较为突出。如热稳定性还不够高、水中溶解度还不够低、在树脂基材中的分散性及界面相容性均不够理想等。

　　值得关注和欣慰的是，化学膨胀型阻燃体系经过近 10 年的发展，有了显著的进步。其进步主要体现在膨胀型阻燃剂热稳定性、耐水性、表面性质的改善及复合协同提高阻燃效率的研究等方面。从膨胀型阻燃体系的基本组成角度论述，应该是三个方面的进展：酸源 APP 的改进、新型炭源（如 Novolac、PA6、TPU 等）的探索,以及新概念膨胀型阻燃体系的问世。如商标为 Casico^{TM} 的膨胀型阻燃体系:乙烯-丙烯酸共聚物为酸源兼炭源、CaCO$_3$ 为气源,在硅树脂弹性体的存在下达到了良好的协同膨胀阻燃效果,是突破了传统"三源"概念的新的化学膨胀型阻燃体系。还有 PC/全氟烷基磺酸盐体系(PC/PPFBS),体系燃烧有显著的膨胀炭层形成。PC 基材中 PPFBS 添加量仅有 0.05%～0.5%(质量分数),LOI 由 26.8%上升到 37.5%,膨胀阻燃的效果十分突出,引发了人们对机理研究的兴趣。新概念化学膨胀型阻燃材料在改进传统体系的热稳定、耐水性方面有了显著的进步,更为重要的是将对新型化学膨胀型阻燃体系的研究与开发方面给予崭新的启示。在回顾化学膨胀型阻燃体系研究历程的同时,期待着化学膨胀型阻燃体系未来的研究在以下几方面的支撑下有所进展。①相关领域的应用基础研究及技术进步必将带动化学膨胀型阻燃体系的应用研究及发展。如有机与无机纳米杂化的含硅纳米材料、聚合物陶瓷前体均可作为阻燃剂用于高分子材料的阻燃。再如纳米技术在化学膨胀型阻燃体系中的融合、无机层状材料插层阻燃剂,在提高阻燃剂的热稳定性的同时,还能与阻燃体系组分达到良好的协同阻燃增效作用等。②APP 是传统化学膨胀型阻燃体系中不可缺少的成分之一,长链 APP 合成技术的突破,APP 表面处理技术与组分协同阻燃的结合将推动膨胀阻燃剂更为广泛地应用。③膨胀型阻燃聚合物共混加工工艺的研究、交流与推广,专用加工助剂的使用,都将有利于阻燃材料应用性能的进一步完善。④降低化学膨胀型阻燃剂及阻燃材料的成本,推动其广泛应用。通用塑料工程化应用是近年世界范围塑料市场的发展特点之一。突出的是 PP,需求及产量上升迅速,有进入汽车、建筑、电子电器行业取代部分 PVC、PS、ABS、PA 及金属的趋势。因此,研究开发基于 APP 系列的化学膨胀型阻燃 PP 替代阻燃工程塑料,是适应市场需求的途径之一。⑤经济的不断发展与政府阻燃法规的逐步建立是阻燃材料研究、应用与发展的推动力。

　　最后,希望化学膨胀型阻燃技术在百花齐放的各种阻燃材料世界中蓬勃发展,为保障人类及环境火安全做出应有的贡献。

参 考 文 献

[1]　Camino G, Costa L, Martinasso G. Polymer Degradation and Stability, 1989, 23:359～376

[2]　Heinrich H, Stefan P. Polymer International, 2000, 49:1106～1114

[3]　Camino G, Luda M P. Mechanistic study on intumescence. In: 6th European meeting on fire retardancy of polymeric materials. Lille. 1997. 21～23

[4]　Buxton R L, Parker E M, et al. U.S. Patent 6245842, 2001

[5]　Duquesne S, Bras M L, Bourbigot S. Journal of Fire Sciences, 2000, 8(4):456～482

[6]　Camino G, Duquesne S et al. In: Nelson G L, Wilkie C A. Fire and Polymers. ACS Symposium series 797. 2001, 90～109

[7]　Wanzke W, Goihl A et al. Proceedings of the Flame Retardants 1998 Conference, 195～206

［8］　Hindersinn R R. In：Nelson G L, Wilkie C A. Fire and Polymer. ACS Symposium series 425. 1990，87～96

［9］　Liu F P. U.S. Patent 6,084,008, 2000

［10］　Tramm H, Clar C et al. US Patent 2,106,938, 1938

［11］　Olsen J W, Bechle C W. US Patent 2,442,706, 1948

［12］　Jones G, Soll S. US Patent 2,452,054, 1948

［13］　Jonesm G, Juda W, Soll S. US Patent 2,452,055, 1948

［14］　Vandersall H L, J Fire Flamm. 1971, 2：97～140

［15］　Xiang W, Wang J Q. Journal of Flame Retardant Materials and Technology, 1991, 3(1)：44～50,23

［16］　李昕.双环笼状磷酸酯阻燃剂的合成、应用及阻燃机理研究：［博士论文］.北京：北京理工大学, 2001

［17］　David W A, Edbyn C A. Polymer Degradation and Stability, 1994, 45：399～408

［18］　Camino G, Martinasso G, Costa L. Polymer Degradation and Stability, 1990, 27：285～296

［19］　Bourbigot S, Bras M Le et al. Polymer Degradation and Stability, 1996, 54：275～287

［20］　Bourbigot S, Bras M Le et al. Fire and Materials, 1996, 20：145～154

［21］　Bourbigot S, Bras M Le. Synergy in Intumescence：Overview of the Use of Zeolites, 6th Conference(European)'97, Ville, France, 1997：222～235

［22］　Camino G, Lomakin S. Intumescent Materials, In：Horrocks A R, Price D. Fire Retardant Materials, Woodhead Publishing Ltd., Cambridge, 2001, 318～336

［23］　Camino G, Delobel R. Intumescence, In：Grand A R, Wilkie C A. Fire Retardancy of Polymeric Materials. New York：Marcel Dekker, 2000, 217～243

［24］　Van Krevelen D W. Thermal decomposition (Chaper 21) and Product properties (Ⅱ), environmental behavior and failure. In：Properties of Polymers, 3rd ed. Amsterdam：Elsevier, 1990：641, 525～553

［25］　Camino G, Costa L et al. Polymer Degradation and Stability, 1984, 7：25～31

［26］　Van Krevelen D W, Polymer, 1975, 16：615～620

［27］　Camino G, Costa L et al. Polymer Degradation and Stability, 1989, 23：359～376

［28］　Berlin K D, Morgan J G et al. J Org Chem, 1969, 34：1266～1271

［29］　Haake P, Diebert C E. J Am Chem Soc, 1971, 93：6931～6937

［30］　Singer E S, Lewis I C et al. Mol Cryst Liquid Cryst, 1986, 132：65

［31］　Ko T H, Chen P C. J Mater Sci Lett, 1991, 10(5)：301～303

［32］　Lespade P et al. Carbon, 1982, 205：427～431

［33］　Grint A, Proud G P et al. Fuel, 1989, 68：1490～1492

［34］　Earl W L, Vanderhart D L. J Magn Res, 1982, 48：35～54

［35］　Supaluknari S, Burgar I et al. Org Geochim, 1990, 15：509

［36］　Delobel R, Bras M Le et al. J Fire Sci, 1990, 8：85

［37］　van Wazer J R, Callis C F et al. Jam Chem Soc, 1956, 78：5715～5726

［38］　Duncan T M, Douglass D C. J Chem Phys, 1984, 87：339

［39］　Bourbigot S, Bras M Le. Applied Surface Science, 1994, 81：299～307

［40］　Ellard J A, ACS, Dir Org Coatings and Plastics, 1973, 33：531

［41］　Camino G, Costa L et al. J Appl Polym Sci, 1988, 35：1863

［42］　Bertelli G, Camino G et al. Polymer Degradation and Stability, 1989, 25：277～292

［43］　Petersen H A. In：Lewin M, Sello S B, Dekker. Chemical processing of Fibers and Fabrics. Vol. Ⅱ

Functional Finishes, Part A, 1884, 48~318

[44] Antonov A V, Yablokova M Yu et al. In: Lewin M. Flame Retardancy of Polymer Materials. BCC. 1999, 10:241

[45] Day M, Cooney D et al. Polymer Degradation and Stability, 1995, 48:341

[46] Lewin M, Endo M. In: Lewin M. Flame Retardancy of Polymer Materials. BCC. 2000, Session IV B: 29~45

[47] Venuto P B, Landis P S. Advances in Catalysis 18, New York and London: Academic Press. 1968

[48] Bras M Le, Bourbigot S. Fire and Materials, 1996, 20:39~49

[49] Wang J Q, Wei P, Hao J W. In: Nelson G L, Wilkie A. Fire and Polymers, ACS Symposium series 797, 2001. 50~160

[50] Georlette P, Simons J, Costa L. In: Grand A R, Wilkie C A. Fire Retardancy of Polymeric Materials. New York: Marcel Dekker. 2000. 246~284

[51] Imahashi, U.S. Patent 5 438 084, 1995

[52] Levchik S V, Costa L, Camino G. Macromol Symp, 1993, 74:95~99

[53] Levchik S V, Balabanovich A I, Levchik G F et al. Polymer Degradation and Stability, 1994,43:43

[54] Levchik S V, Levchik G F et al. Polymer Degradation and Stability, 1996, 54:217~222

[55] Balabanovich A I. Journal of Fire Sciences, 2003, 21:285~298

[56] Balabanovich A I, Engelmann J. Polymer Degradation and Stability, 2003, 79:85~92

[57] Holmes S A. J Appl Polym Sci, 1996, 61:255~260

[58] Yeng-Fong S, Yih-Tyng W et al. Polymer Degradation and Stability, 2004,86:339~348

[59] Audisio G, Bertini F. J Anal Appl Pyrolysis, 1992, 24:61

[60] Bertini F, Audisio G, Kiji J. J Anal Appl Pyrolysis, 1994, 28:205

[61] 杨荣杰,王青才,李蕾等. 聚磷酸铵的制备与表征. 北京第二届阻燃技术与阻燃材料研讨会特邀报告文集. 北京理工大学,2004, 113~131

[62] Whitman P A, Futterer T. Second Seminar on Advanced Flame Retardant Materials and Techonlogy, Beijing China, November 15, 2004, 14~31

[63] Watanabe. EP 0 721 918 A2, 1996

[64] Fukumura. US Patent, 5,599,626, 1997

[65] Shen C Y. Journal of American Society, 1969, 91:62

[66] Makoto, Watanabe. Phosphorus sulfur silicon relative element, 1999, 144~146:235~238

[67] Watanabe, Makoto. US Patent, 5,718,875, 1998

[68] Cipolli, Roberto. US Patent, 5,576,391, 1996

[69] Iwata, Masuo. US Patent, 5,700,575, 1997

[70] Barfurth. US Patent, 6,444,315, 2002

[71] Weil E D. Lewin M, Lin H S. Journal of Fire Sciences, 1998, 16:383~404

[72] Kyongho L, Jinhwan K, Jinyoung B. Polymer, 2002, 43:2249~2253

[73] Kunwoo L, Kangro Y, Jinhwan K et al. Polymer Degradation and Stability, 2003, 81:173~179

[74] Murashko E A, Levchik G F, Levchik S V et al. Journal of Fire Sciences, 1998, 16:278~296

[75] Levchik S V, Dashevsky S, Bright D A. In: Lewin M. Flame Retardancy of Polymer Materials. BCC. 2000. Session IV B:1~8

[76] Green J. In: Grand A R, Wilkie C A. Fire Retardancy of Polymeric Materials. New York: Marcel

Dekker. 2000,147~170

[77]　Bras M Le, Bourbigot S. Journal of Materials Science, 1999, 34:5777~5782

[78]　Almeras X, Dabrowski F, Bras M Le et al. Polymer Degradation and Stability, 2002, 77:305~313

[79]　Levchik S V, Balabanovich A I, Levchik G F et al. Fire and Materials, 1997, 21:75~83

[80]　Bras M Le, Bourbigot S et al. Polymer, 2000,41:5283~5296

[81]　Almeras X, Dabrowski F, Bras M Le et al. Polymer Degradation and Stability, 2002, 77:305~313

[82]　Bourbigot S, Bras M Le et al. Fire and Materials, 2000, 24:201~208

[83]　Bourbigot S, Bras M Le, Delobel R. Journal of American Society, 1996, 92:149

[84]　Müller D, Berger G, Grunze I et al. Physical Chemical Glasses, 1983, 24:37

[85]　Müller D, Gessner W, Benrens H S et al. Chem Phys Lett, 1981, 79:59

[86]　Müller D, Holland D, Gessner W. Chem Phys Lett, 1981, 84:25

[87]　Bras M Le, Bourbigot S. In: Nelson G L, Wilkie C A. Fire and Polymers. ACS Symposium series 797. 2001. 136~147

[88]　Bugajny M, Bras M Le, Bourbigot S. Journal of Fire Sciences, 2000, 18:7~27

[89]　Bugajny M, Bras M Le, Bourbigot S et al. Journal of Fire Sciences, 1999, 17:494~513

[90]　Bugajny M, Bras M Le, Bourbitot S et al. Polymer Degradation and Stability, 1999, 64:157~163

[91]　Anna P, Bertalan G, Marosi G et al. Hungarian Patent, 1993, 209135

[92]　Marosi G, Ravadits I, Bertalan G et al. The use of intumescence, Fire Retardancy of Polymers. Cambridge: The Royal Soxiety of Chemistry, 1998, 325~340

[93]　Marosi G, Márton A, Anna P et al. Polymer Degradation and Stability, 2002, 77:259~265

[94]　Marosi G, Bertalan G, Anna P et al. In: Lewin M. Flame Retardancy of Polymer Materials. BCC. 2000. Session IV A:11~18

[95]　Ravadits I, Tóth A, Marosi G et al. Polymer Degradation and Stability, 2001, 74:419~422

[96]　Bertalan G, Marosi G, Anna P et al. Solid State Ionics, 2001, 141~142:211~215

[97]　Anna H, Thomas H, Bernt-Ake S. Fire and Materials, 2003, 27:51~70

[98]　王建祺. 北京第二届阻燃技术与阻燃材料研讨会特邀报告文集. 北京理工大学,2004, 86~96

[99]　Bugajny M, Bourbigot S, Bras M Le et al. Polymer International, 1999, 48:264~270

[100]　Wanzke W, Goihl A, Nass B. Proceedings of the Flame Retardants 1998 Conference. Westminser, London UK:1998, 195~206

第4章 物理膨胀型阻燃剂——可膨胀石墨阻燃聚合物基础及应用

4.1 概　述

在加热或火焰的作用下,通过不同组分(炭源、酸源、气源)之间的化学反应而在材料表面形成具有隔热、隔氧作用的泡沫状炭层,是化学膨胀阻燃(chemical intumescent flame retardancy, CIFR)的基本概念[1]。物理膨胀阻燃(physical intumescent flame retardancy, PIFR)的概念是相对于化学膨胀阻燃而提出的,二者的本质区别在于膨胀炭层的形成是否需要不同组分之间的化学反应[2]。从这一意义出发,物理膨胀阻燃的基本概念为:在加热或火焰的作用下,通过阻燃剂自身的物理膨胀(而不是组分间的化学作用)在材料表面形成膨胀层,膨胀层具有隔热、隔氧作用,一方面可以减少辐射到被阻燃基材的热量,降低表面温度,抑制或阻止基材的进一步降解或燃烧,另一方面可以减少热降解产生的可燃性产物与氧气在气相和固相的扩散,抑制或阻止火焰的进一步传播。

尽管化学膨胀阻燃和物理膨胀阻燃都是通过在聚合物表面形成膨胀层而发挥阻燃作用的,但膨胀层的形成过程和结构却各有不同。对于化学膨胀阻燃而言,膨胀层的形成过程为:在加热条件下,酸源释放出无机酸作为脱水剂,使炭源中的多羟基发生酯化、交联、芳基化及炭化反应,此过程中形成的熔融态物质在气源产生的不燃性气体的作用下发泡、膨胀,形成致密多孔的泡沫状膨胀层,通常称之为膨胀炭层[3];物理膨胀阻燃仅通过物理膨胀型阻燃剂的受热膨胀在材料表面形成膨胀绝热层,膨胀层的组成和结构多取决于物理膨胀型阻燃剂,就这一点而言,将物理膨胀型阻燃剂形成的膨胀层称为"炭层",并不十分准确,因为许多可以起到物理膨胀阻燃作用的物质,如蛭石、珍珠岩等,所形成的膨胀层并不具有"炭层"的结构,但它们可以发挥类似膨胀炭层的作用,所以,也将其称为"膨胀炭层"。

用于聚合物阻燃的物理膨胀型阻燃剂应具备以下条件:①物理膨胀型阻燃剂应有足够高的膨胀容积;②物理膨胀型阻燃剂应有适当的膨胀温度;③物理膨胀型阻燃剂应有适当的热稳定性;④物理膨胀阻燃聚合物在加热或火焰作用下能够及时形成完整、致密的膨胀层,膨胀层应具有足够的耐热性和较低的导热性;⑤物理膨胀型阻燃剂本身应无毒,而且在燃烧时不产生有毒或腐蚀性气体,发烟量尽可能少。

在实际使用时,作为物理膨胀型阻燃剂还应该考虑到以下情况:①物理膨胀型阻燃剂对聚合物的物理-机械性能、电气性能和加工性能等的影响;②物理膨胀型阻燃剂与聚合物基材要有一定的相容性,不易迁移和渗出;③物理膨胀型阻燃剂具有一定的耐候性、耐水溶解性、阻燃性能持久等;④原料来源充足,制造工艺简便,价格低廉,等等。

尽管很多物质都具有受热膨胀的性质,如蛭石和珍珠岩,但无法满足物理膨胀型阻燃剂的使用条件,膨胀温度过高、膨胀容积有限是比较突出的问题。例如蛭石具有高温膨胀性质[4,5],在高温煅烧下,蛭石的体积发生明显的剧烈膨胀,体积密度明显减小,单片蛭石急剧膨胀后的厚度可增大 15～25 倍,最高可达到 40 倍。实验研究表明,在煅烧过程中,730℃以下蛭石脱水速度不大,蒸汽产生的压力不足以使蛭石膨胀,当温度大于 750℃时,加热速度增大,造成蒸汽在层间的压力增大,促使蛭石在垂直解理面方向产生膨胀,加热速度越大,膨胀倍数越大。由于大部分聚合物的热降解温度往往低于 500℃,可见,蛭石的膨胀温度并不适于聚合物阻燃,由于膨胀温度较高,在形成有效膨胀层之前,聚合物已经大量热降解了,这在很大程度上限制了蛭石在聚合物阻燃中的应用。

珍珠岩也是人们熟悉的具有受热膨胀性质的物质,膨胀珍珠岩也广泛用作耐火材料[6],其耐火度可达到 1 280～1 360℃,良好的耐火性能和较低的导热系数(表4-1)使其可能用于聚合物阻燃,但是珍珠岩的膨胀倍率有限,体积膨胀仅为 20 倍左右[7],而且珍珠岩的膨胀温度仍然比较高,需要在 500℃以上才能达到最大膨胀体积,无法适应聚合物阻燃的要求。

表 4-1　不同温度时膨胀珍珠岩的导热系数与容重的关系

容重/(kg/m³)	热面温度/℃	导热系数/[W/(m·K)]
	472	0.095 4
45	623	0.124 4
	773	0.165 2
	471	0.089 6
180	621	0.105 8
	771	0.124 4

显然,要获得满足使用要求的物理膨胀型阻燃剂并不十分容易,这也可能是目前物理膨胀型阻燃剂发展遇到的重要问题之一。但是,有一类物质作为物理膨胀型阻燃剂获得了广泛的研究和应用,这就是可膨胀石墨(expandable graphite, EG),可膨胀石墨无疑是目前应用最为成功的物理膨胀型阻燃剂,它具备适宜的膨胀温度——初始膨胀温度在 200℃左右,并能够在 500℃之前达到最大膨胀容积,足够高的膨胀容积——200 mL/g 左右,而且膨胀石墨(expanded graphite)具有良好的耐热性、较低的

导热系数,这些都成为可膨胀石墨用作物理膨胀型阻燃剂的重要条件。鉴于其他物理膨胀型阻燃剂的研究和开发相对很少,本章将以可膨胀石墨——这一典型的物理膨胀型阻燃剂为中心,讨论有关其阻燃聚合物的研究和应用情况。

4.2　可膨胀石墨的制备、结构及性能

有关可膨胀石墨的研究工作,可以追溯到 1860 年,当时的科学家研究中偶然发现天然石墨经特殊的化学处理和物理化学处理,体积会发生较大膨胀的现象,以后不少学者都做过类似的研究[8]。之后,膨胀石墨获得了广泛的研究和应用,并成为目前应用范围最广的密封材料之一。但直到 20 世纪 90 年代之后,可膨胀石墨在阻燃领域中的应用才受到广泛的重视和研究。

可膨胀石墨主要由天然晶状石墨薄片制得。自然界中晶状石墨的沉积物分布甚广、数量众多,但常由变质岩所包覆,或者集中在淤泥和黏土中。将矿石经碾碎、浮选可获得石墨,由此制得的石墨薄片通常含碳 90%～98%,因此,天然晶状石墨作为可膨胀石墨的原料具有广泛的基础。

可膨胀石墨的制备方法及其膨胀原理与石墨的层状结构密不可分。石墨是由一层一层的碳原子组成的,层与层之间存在较弱的范德华力。石墨层与层之间可"嵌"入化学物质而具有可膨胀性。本节从石墨的结构特征出发,介绍了可膨胀石墨的制备方法、结构及其主要特性。

4.2.1　可膨胀石墨的制备及其结构

4.2.1.1　石墨的结构特征

石墨是两向大分子层状结构(图 4－1),每一个平面中的碳原子都以 sp^2 杂化形成三个等性 σ 键而彼此连结成正六角形,又连结成一个平面层,其中 C—C 键长为 1.415Å,是典型的共价键,有很强的结合力[9]。在层与层之间,C—C 距离为 3.354Å,

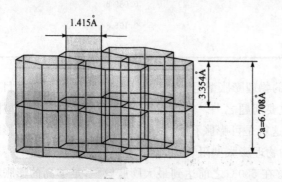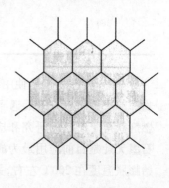

图 4－1　石墨的结构

比 2 倍碳原子的共价半径还大。按分子轨道理论,碳原子的第四个电子组成 π 键,π 电子属整个层间碳原子所共有,它们比较自由,具有半金属型自由电子的性质,容易流动和失去。石墨的各向异性就是由这种微观结构决定的。

石墨的微观结构决定其具有下述两个特征[9]:①有一些可以向水平方向无限发展的大分子平面层。处在平面层内部的碳原子,彼此间有很大的化学结合力,而处在平面层边缘上的碳原子,存在着未配对电子,具有不饱和力场,活性较大,所以石墨的边缘区域是一个化学反应比较活泼的区域;②在层与层之间存在着较大的孔隙、较自由的 π 电子以及较弱的结合力,这给其他物质的原子、分子或离子侵入层隙之间形成新的化合物创造了良好条件,因此,石墨分子的层与层之间也是一个化学反应活泼的区域。

石墨存在的以上两个反应活性区域,使石墨可以发生一系列化学反应,构成了对石墨进行化学改造的基础。可膨胀石墨即是利用了石墨能形成层间化合物的特性,将天然石墨经特定的化学处理,使其形成某种层间化合物。

4.2.1.2　可膨胀石墨的生产方法

目前,可膨胀石墨的生产方法可分为两类。

(1) 化学氧化法[10]

化学氧化法也可称为酸化浸泡法,采用固体和液体两类氧化剂,其中液体氧化剂多采用 HNO_3、$HClO_4$、H_2O_2,固体氧化剂多采用 $KMnO_4$、$NaNO_3$、$K_2Cr_2O_7$、$KClO_4$、$NaClO_3$ 等。使用中可以先把氧化剂和石墨混合后,再加入到浓硫酸中搅拌,也可以先把氧化剂溶解于浓硫酸中,再与石墨混合,经一段时间的反应后,经水洗干燥,即可得到可膨胀石墨。

(2) 电化学法[11]

电化学方法制备可膨胀石墨时,不用其他氧化剂,把天然鳞片石墨和辅助阳极构成阳极室共同浸泡在浓硫酸电解液中,通直流或脉冲电流,经过一定的氧化时间,取出产物,水洗干燥后即为可膨胀石墨。

两种方法相比,化学氧化法简单、易行,是目前生产可膨胀石墨的主要方法。但由于化学氧化法需要使用强氧化剂,会释放出 SO_2、NO_2 等有毒气体,对环境产生危害,此外,使用固体氧化剂时,一般反应比较剧烈,可能存在危险,而且大部分固体氧化剂都对环境有污染。与化学氧化法相比,电化学法可以大大降低酸的用量,减少酸处理工序,具有很大的优势,而且用电化学法合成不需添加任何氧化剂,通过调节电参数和反应时间就能够控制石墨的反应程度和产品的性能指标,污染小,质量稳定;但是电化学氧化对设备要求较高,影响产品质量因素多,有时环境温度提高会使产物的可膨胀容积大幅度下降。

4.2.1.3 可膨胀石墨的结构

可膨胀石墨是一种石墨层间化合物(graphite intercalation compound,GIC),由于插层物质的不同,可膨胀石墨具有不同的结构,即使在插层剂相同的情况下,由于氧化程度及反应条件的差异,往往可以形成不同插层阶数(stage)的可膨胀石墨,阶数越小说明插层越充分,一般化学氧化法可获得1~5阶的可膨胀石墨。图4-2给出了不同插层阶数的石墨层间化合物的结构示意图[12]。

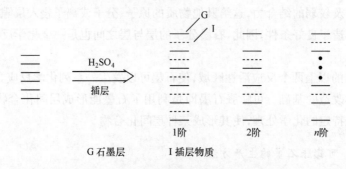

图4-2 不同阶数的石墨层间化合物示意图

然而,有必要指出的是,可膨胀石墨的插层阶数往往不是图4-2所示的那么规整,工业生产的可膨胀石墨往往是不同阶数或多阶产物的混合物,阶数不同的可膨胀石墨常常体现出不同的膨胀倍率,对其阻燃作用产生重要影响。

即使插层剂相同(如均以硫酸为插层剂),采用不同氧化剂制备的可膨胀石墨也表现出不同的微观结构,如图4-3所示[13]。

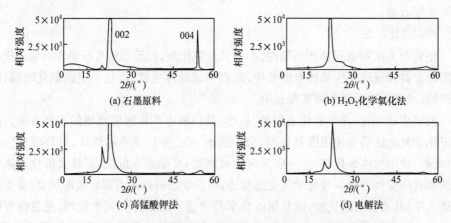

图4-3 采用不同方法制备的可膨胀石墨的 XRD 图

工业上多采用硫酸为插层剂制备可膨胀石墨,反应过程中,带负电的酸根 HSO_4^-

与硫酸分子一起进入石墨层间,石墨表层则带正电,插入层间的硫酸对可膨胀石墨的膨胀起到关键作用(见 4.3.1.1 节中有关可膨胀石墨的膨胀原理)。制备中的化学反应过程及可膨胀石墨的结构如图 4-4 所示[14]。

$$24nC + mH_2SO_4 + 1/2O_2 \longrightarrow C_{24n}^{+}(HSO_4^{-})(m-1)H_2SO_4 + 1/2H_2O$$

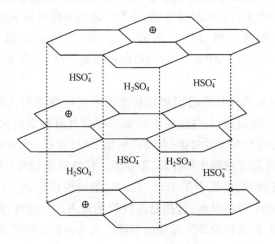

图 4-4　可膨胀石墨的结构

4.2.2　可膨胀石墨的性能

作为膨胀型阻燃剂,人们最关心的是燃烧时阻燃剂能否在材料表面形成致密、稳定的膨胀绝热层,而对于物理膨胀型阻燃剂来讲,膨胀层形成的温度及其膨胀容积将对阻燃性能起到决定性的作用,如果在形成有效的膨胀层之前,聚合物已经开始大量热降解,那么膨胀层可能无法发挥作用,聚合物热降解产生的热量就可以维持燃烧的进行。另外,如果物理膨胀型阻燃剂的膨胀倍率较小,无法在材料表面形成致密的膨胀层,而不能起到有效的隔热、隔氧作用,火灾将得不到根本的抑制,因此,物理膨胀型阻燃剂的一些性能参数对阻燃效果具有关键作用。对于可膨胀石墨来讲,这些重要参数包括初始膨胀温度、膨胀容积、粒度等,是选择阻燃剂的重要依据。

4.2.2.1　初始膨胀温度

在研究阻燃机理或评价加工性能时,常以阻燃剂的初始热分解温度作为阻燃剂热稳定性能的判据之一。对于可膨胀石墨,常采用初始膨胀温度(start expansion temperature,SET)作为选择阻燃剂的重要依据之一,该温度对应于可膨胀石墨受热后开始发生膨胀的温度,有些厂家也以发生显著膨胀(膨胀体积不低于原来的150%)的温度为初始膨胀温度,一般将热机械分析(TMA)作为常用的测试手段。

实际应用中,人们往往容易忽视可膨胀石墨的初始膨胀温度,这与膨胀石墨作为密封材料在工业领域的广泛应用是分不开的。长期以来,可膨胀石墨一直作为生产膨胀石墨的中间体使用,多以膨胀容积、粒度等评价其性能,而对其初始膨胀温度并不十分关心;可膨胀石墨在聚合物阻燃中的应用使人们意识到初始膨胀温度不仅是保证聚合物加工顺利进行的重要因素之一,而且初始膨胀温度与聚合物热降解温度是否匹配也直接影响到材料的阻燃性能,生产厂家也因此推出不同温度范围的产品,以利于可膨胀石墨的选择使用。例如,Graftech 公司推出牌号分别为 GRAF-GUARD™160 和 GRAFGUARD™220 的可膨胀石墨产品,二者的初始膨胀温度分别为 160℃和 220℃[15]。

根据用途和材料选择具有适当初始膨胀温度的可膨胀石墨是十分必要的。在某些场合中,如防火密封材料,往往要求可膨胀石墨具有较低的初始膨胀温度,能够在火灾中迅速膨胀以抑制火灾传播;在聚合物加工中,还要求可膨胀石墨能够经受聚合物加工的温度,在加工过程中不分解、不膨胀。传统商业化的可膨胀石墨的初始膨胀温度相对来说比较低,多集中于 150~200℃,虽然可以满足一些通用塑料的加工要求,但对于大部分工程塑料而言,热稳定性能明显不足。因此,如何提高可膨胀石墨的初始膨胀温度、扩大初始膨胀温度的范围已成为重要的研究课题之一。

Reinheimer Arne 对如何控制可膨胀石墨的初始膨胀温度进行了较详细的研究[16],以 Lewis 酸(如金属卤化物)和有机化合物(如酰基卤、卤代烷烃、烯烃、醇、羧酸酯等)作为共插层剂,可在 44~233℃ 的广泛温度范围内选择控制可膨胀石墨的初始膨胀温度,特别是采用石墨与 $FeCl_3$ 熔态反应制备出初始膨胀温度可达到 314℃ 的可膨胀石墨,为提高可膨胀石墨的初始膨胀温度提供了可借鉴的方法。表 4-2 中列出了由其制备的部分可膨胀石墨的初始膨胀温度。

表 4-2　采用不同插层剂制备的可膨胀石墨的初始膨胀温度

序号	插层剂		初始膨胀温度/℃
	Lewis 酸	有机化合物	
1	$FeCl_3$	乙二酰氯(oxalyl chloride)	57
2	$FeCl_3$	丙二酰氯(malonic acid dichloride)	106
3	$FeCl_3$	苯乙酰氯(phenylacetyl chloride)	118
4	$FeCl_3$	3-苯基丙酰氯(3-phenylpropionyl chloride)	137
5	$FeCl_3$	苯甲醇(benzyl alcohol)	159
6	$FeCl_3$	氯甲酸苯酯(phenyl chloroformate)	164
7	$FeCl_3$	乙酰氯(acetyl chloride)	172
8	$FeCl_3$	1,4-丁二醇(1,4-butylene glycol)	187
9	$FeCl_3$	三磷酸五钠(pentasodium triphosphate)	205
10	$FeCl_3$	2-苯氧氯乙烷(2-phenoxyethyl chloride)	233

在可膨胀石墨的工业生产过程中,由于制备工艺(其中包括氧化剂、插层剂、氧化时间等)和后处理工艺(其中包括水洗次数、干燥温度等)的差异,也导致可膨胀石墨产品的初始膨胀温度的变化,例如,利用硫酸制备的可膨胀石墨的初始膨胀温度可能在170~220℃之间变化,而利用硝酸或其他有机酸制备的可膨胀石墨在150℃就已经开始膨胀。最近,有报道称:初始膨胀温度高达300℃的可膨胀石墨产品已经研制成功,这将进一步推动可膨胀石墨在工程塑料或其他对初始膨胀温度要求较高的场合中的应用[17]。表4-3列出了 Naycol 公司的几种不同初始膨胀温度的可膨胀石墨产品。

表4-3 Naycol 公司的可膨胀石墨产品

产品牌号	初始膨胀温度/℃
Nord-min KP 251	150
Nord-min 249	190
Nord-min 249-B	200
Nord-min 503(T)	300

4.2.2.2 膨胀容积

对于化学膨胀阻燃聚合物而言,阻燃效果的优劣往往取决于膨胀炭层的稳定性和致密性,这一结果同样适用于可膨胀石墨。为获得良好的阻燃效果,往往要求可膨胀石墨具有足够的膨胀容积(expansion volume)以抑制火灾的传播,膨胀容积就成为评价其阻燃作用的重要参数之一。

一般而言,阻燃性能随膨胀容积的增加而提高,但这一趋势对于高膨胀倍率的可膨胀石墨并不完全适用。在膨胀容积较低时,所形成的膨胀炭层不足以抵挡火灾中热和氧的侵袭,无法保护聚合物,而在膨胀容积过高时,尽管形成了足够的膨胀层,但膨胀炭层的质量,特别是致密性不足,也仍然达不到阻挡热和氧的目的,阻燃效果有限。因此,在选择可膨胀石墨作为聚合物的阻燃剂时,一味地追求过高的膨胀容积是不现实的,应根据具体的聚合物和应用场合选择适当的膨胀容积(表4-4)。

表4-4 几种不同膨胀倍率的可膨胀石墨

牌号	膨胀容积/(mL/g)	筛上量/%	挥发分/%	灰分/%	水分/%	pH
9950300	300					
9950250	250					
9950200	200	≥70	≤13	≤0.7	≤2.5	3~7
9950150	150					
9950100	100					

　　可膨胀石墨的膨胀容积受很多因素的影响,如氧化程度[18]。在制备可膨胀石墨的过程中,通过氧化剂的作用使石墨的边缘被氧化,石墨边缘相邻层面因为带有相同电荷而互相排斥,使层间距离扩大,为插层剂的进入创造了必要条件。在一定范围内,氧化程度的增加有利于插层剂的充分进入,形成阶数较低的可膨胀石墨,相应的膨胀容积较高;但是,过度的氧化将导致石墨片层完全氧化,形成氧化石墨,而降低膨胀容积。

　　生产过程中,与氧化程度相关的因素有氧化剂的类型和用量、反应温度和反应时间、工艺过程(如浸渍时间、原料投放顺序等)等,对于电化学氧化方法还包括电流密度等。例如,在采用不同氧化剂制备可膨胀石墨时发现,氧化剂种类不同对膨胀容积的影响结果如表 4-5 所示[19]。

表 4-5　不同化学氧化法制备可膨胀石墨的结果比较

氧化方法	可膨胀容积/(mL/g)	灰分/%	水分/%	挥发分/%	含硫量/%
$KMnO_4$	200	0.92	0.88	14.1	2.5
HNO_3 与 H_2SO_4	180	0.90	0.92	13.5	2～4.5
H_2O_2	200～280	0.44	0.65	10.5	0.5

　　可膨胀石墨的生成反应为放热反应,升高温度对正反应不利,还可能造成酸性物质的挥发。但反应还得需要一定的活化能,只有在一定的温度下,才能使反应分子活化,参与反应。采用浓硫酸、浓硝酸和高锰酸钾体系制备可膨胀石墨时,温度对膨胀容积的影响如表 4-6 所示[20]。

表 4-6　温度对膨胀容积的影响

反应温度/℃	膨胀容积/(mL/g)
10	300
15	320
25	375
35	350
45	335
55	320

　　此外,产品的后处理方式也可能影响可膨胀石墨的膨胀容积,比如洗涤方法。由于可膨胀石墨的层状结构及其在酸液中氧化的特殊过程,使得可膨胀石墨层间充吸

了大量的酸液,即使经脱酸处理后,层间的存留的酸量仍然很多,给洗涤造成困难。近年来,对可膨胀石墨中杂质含量控制的研究受到广泛的关注,可膨胀石墨中杂质如灰分、挥发分、钠离子、钾离子、氯离子及硫含量等与洗涤过程有密切关系,因此,做好洗涤过程质量监控,对于提高产品质量非常重要[21]。研究表明,洗涤水中的离子含量对可膨胀石墨的膨胀容积影响显著,图 4-5 给出了洗涤水中 Cl⁻ 含量对膨胀容积的影响[11]。

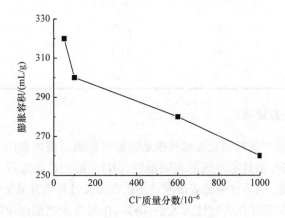

图 4-5　洗涤水中 Cl⁻ 含量对膨胀容积的影响

4.2.2.3　粒度

为了提高氢氧化铝、氢氧化镁等无机填充型阻燃剂的性能,改善与被阻燃聚合物的相容性,阻燃剂粒径细化和超细化是一种常用手段。但对于可膨胀石墨,粒径细化往往导致膨胀容积的大幅度下降,阻燃性能恶化,因此,为达到较好的阻燃效果,常选用粒度(particle size)较大的可膨胀石墨。然而,粒度过大也是导致被阻燃聚合物物理-机械性能恶化的重要原因。为了兼顾阻燃材料的物理-机械性能和阻燃性能,常采用 80 目、筛上量大于 80% 的可膨胀石墨作为阻燃剂使用,并采用硅烷或钛酸酯偶联剂进行表面处理。

筛上量是衡量可膨胀石墨粒度的重要指标之一,以 80 目的可膨胀石墨为例,如果筛上量小于 80%,可膨胀石墨的阻燃性能将降低,而如果筛上量高于 99%,将削弱阻燃聚合物在火灾中保持其原有的形状的能力。对于粒度较大的可膨胀石墨(粒度大于 100 目),常以筛上量大于 80% 为标准,而对于粒度较小的可膨胀石墨(粒度小于 100 目,工业上又称为超细可膨胀石墨),以筛上量不大于 30% 为标准,此时往往在产品牌号中用"一"表示。表 4-7 给出了不同粒度可膨胀石墨及其膨胀容积。

表 4 - 7　可膨胀石墨的粒度与膨胀容积

牌号	粒度/目	筛上量/%	膨胀容积/(mL/g)
HDZR－3251	－325	≤30	10～20
HDZR－2001	－200	≤30	15～20
HDZR－1001	－100	≤20	20～50
HDZR1001	100	≥80	100～150
KP80	80	≥80	100～200
KP50	50	≥80	150～300
KP32	32	≥80	200～400

4.2.2.4　表面酸性

在浓硫酸溶液中进行氧化处理石墨是制备可膨胀石墨的常用方法,依据生产条件的不同,可膨胀石墨具有不同的表面酸性(pH)。选用可膨胀石墨时,应对其表面酸性加以适当考虑,因为过强的表面酸性不仅在加工过程中容易腐蚀设备,而且在某些场合中必须限制阻燃剂的酸性的大小,例如,在制备聚氨酯泡沫的过程中,常用到一些碱性催化剂,酸性较强的阻燃剂容易导致催化剂失活,发泡失败。目前,许多生产厂家可提供不同表面酸性的可膨胀石墨,pH 范围可从 3～7,适应不同场合的需要。

为避免由于表面酸性过高对设备或仪器造成的腐蚀,通常选择氢氧化镁、氢氧化铝等碱性阻燃剂与可膨胀石墨共同使用,而且二者之间还存在一定的协同阻燃作用,同时,在实际应用中,为了有效降低可膨胀石墨的表面酸性,常常将少量碱性阻燃剂与可膨胀石墨预先混合再用于聚合物加工。此外,采用表面处理的方式也可以有效降低可膨胀石墨的表面酸性,并提高可膨胀石墨与聚合物的相容性。

4.2.2.5　含硫量

采用硫酸法生产可膨胀石墨,产品中硫含量高达 3%～4.5%,易造成腐蚀和污染。近年来又提出了低硫可膨胀石墨的生产方法,如以草酸和硝酸的混合物作为插层剂部分取代浓硫酸可制得含硫量低于 0.7% 的低硫可膨胀石墨。通常,含硫量的降低往往会影响可膨胀石墨的膨胀容积(表 4 - 8[22]),因此,在保持膨胀容积的同时,如何降低可膨胀石墨的硫含量,成为低硫可膨胀石墨的研究重点。

表 4-8　石墨与硫酸的质量比与膨胀容积和硫的质量含量的关系

石墨与硫酸的质量比	膨胀容积/(mL/g)	硫的质量分数/%
1.0:1.5	160	0.41
1.0:2.0	175	0.44
1.0:2.5	200	0.46
1.0:3.0	230	0.48
1.0:3.5	215	0.51

目前,工业上生产的超低硫可膨胀石墨的硫含量可低于 0.03%,而且其膨胀容积仍可与普通产品相媲美(表 4-9)。用低硫或超低硫可膨胀石墨制成的阻燃材料可用于对耐腐蚀性能要求较高的场合,各项技术指标均达到或优于硫含量较高的可膨胀石墨阻燃材料,有利于可膨胀石墨的广泛应用。

表 4-9　超低硫可膨胀石墨产品

牌号	粒度/目	膨胀容积/(mL/g)	硫含量/%	pH	水分/%	筛上量/%
DL32	32	200~400				
DL50	50	200~350	≤0.03	3~7	≤1.0	≥80
DL80	80	150~250				
DL100	100	100~200				

4.3　可膨胀石墨的阻燃机理及其协同阻燃作用

4.3.1　可膨胀石墨的阻燃机理

4.3.1.1　膨胀原理

膨胀阻燃机理的关键在于形成有效的膨胀炭层。对于两种类型的膨胀阻燃剂而言,膨胀炭层的形成过程是不同的,化学膨胀型阻燃剂依靠不同组分的相互作用在材料表面形成膨胀炭层,而物理膨胀型阻燃剂则主要依靠于阻燃剂自身的体积膨胀。

对于许多具有受热膨胀性质的物质来说,膨胀原理各有不同,蛭石和珍珠岩是比较典型的依靠物质内部的水分产生的蒸气压力,促使膨胀产生;可膨胀石墨的膨胀原理至今还没有确定的解释。

早期研究认为,可膨胀石墨的热膨胀源于插入层间的硫酸的热分解,化学过程如下[23]

$$H_2SO_4 \longrightarrow SO_3 + H_2O$$

$$SO_3 \Longleftrightarrow SO_2 + 1/2O_2$$

但有两点无法从这一理论获得合理解释：其一，硫酸的分解温度约为 340℃，而以硫酸为插层剂的可膨胀石墨的最大热失重温度为 250℃左右，硫酸的热分解温度高于可膨胀石墨的热膨胀温度；其二，插入石墨层间的硫酸的数量有限，而可膨胀石墨热膨胀过程产生的热失重远高于这一数值，可膨胀石墨中硫酸的质量含量大约为 8.5%，而热失重的研究结果表明，可膨胀石墨膨胀过程中的热失重在 25% 左右。

Camino 等较详细地研究了可膨胀石墨热分解过程中的热失重及产生的气体[14]，提出导致可膨胀石墨热膨胀的原因应在于硫酸与石墨碳原子之间的氧化还原反应：

$$C + 2H_2SO_4 \longrightarrow CO_2 + 2H_2O + 2SO_2$$

红外光谱分析结果证明了可膨胀石墨热分解气相产物由 SO_2、CO_2 和水组成，热分解过程中大约产生了 0.8% 的 SO_2，相应于插入石墨层间硫酸总量的 16%，对热分解残余物的分析表明，残余物中仍含有大量的含硫物质，这一结果说明仅有部分硫酸参与了可膨胀石墨膨胀过程中的反应，氧化还原反应产生的大量气体才是导致膨胀的主要原因。这就很好地解释了以上两种情况。

4.3.1.2　有效的绝热炭层

膨胀型阻燃剂受热后能在材料表面形成膨胀炭层，发挥隔热、隔氧等作用，抑制或阻止火灾的继续传播，因此膨胀炭层的致密性、稳定性往往决定了膨胀型阻燃剂的阻燃效果。可膨胀石墨受热膨胀后形成蠕虫状膨胀石墨炭层，膨胀石墨具有的下述特性决定了可膨胀石墨具有良好的阻燃作用[8,24]：

(1) 密度及表面热力学性质

可膨胀石墨经膨胀后，体积已极大地增加，因此膨胀石墨的密度一般比天然石墨的密度小几百倍，石墨的堆积密度为 $1.08g/cm^3$，膨胀石墨的堆积密度仅为 $0.002\sim 0.004g/cm^3$，是一种十分疏松多孔性的物质，因而膨胀石墨的比表面积比天然石墨大得多。当物质的表面剧烈增大时，物质的表面自由能迅速增加，使物质的表面活性增强，表面吸附力增强，被表面吸附的气体和液体分子的浓度也大大增加，利用膨胀石墨的强吸收性，常将其用作吸附剂和脱色剂。从阻燃角度讲，疏松多孔的膨胀炭层不仅起到良好的隔热作用，而且膨胀石墨的吸收特性有效阻碍了燃烧中气相和固相之间的物质传递，即阻止了聚合物热降解产生的可燃性气体扩散到气相，同时也使氧气很难扩散到聚合物，阻碍了聚合物的进一步氧化降解。

(2) 耐热性

理论上，膨胀石墨和天然石墨一样，能承受 -200℃超低温到 3 650℃（非氧化性介质）的超高温。但是，由于膨胀石墨的比表面积比天然石墨大得多，表面能比较大，所以实际上膨胀石墨的氧化温度要比天然石墨低。在空气中实验，天然石墨 4h 的氧化温度为 750℃，而膨胀石墨的为 580℃，但仍高于许多常用的材料。膨胀石墨与其他材料耐热性能的比较结果见表 4 - 10[8]。

表 4 - 10　膨胀石墨与其他材料耐热性能比较

材料	软铜	铜	铝	13Cr 钢	石棉	聚四氟乙烯	有机硅	橡胶	膨胀石墨
耐热温度/℃	530	400	400	530	<400	<300	<300	<230	<2500

由此可见,膨胀石墨具有优越的耐热性,现有的使用数据表明,膨胀石墨的使用温度为 -204~1 650℃,它在低温下不脆,不老化,在高温下不软化、不变形、不分解,可发挥优异的隔热性能。

(3) 抗氧化性

膨胀石墨在压力为 2.8MPa,温度为 1 500℃的纯氧介质中不燃烧、不爆炸,也不会发生可以觉察到的化学变化,在超低温的液氧(-183℃)和液氮(-196℃)介质中,膨胀石墨也是稳定的,而且没有变脆的现象。

(4) 耐腐蚀性

膨胀石墨与天然石墨一样,它们的化学性质都是惰性的,几乎不受所有的化学介质的腐蚀,从表观热力学的观点看,膨胀石墨的边缘反应比天然石墨容易,而天然石墨的层间反应要比膨胀石墨容易。除王水、浓硝酸、浓硫酸和高温下重铬酸盐、高锰酸盐、氯化铁等少数几个强氧化性介质不推荐使用外,其他介质均能适用,可见膨胀石墨的耐化学腐蚀性确是其他材料所不及的。

(5) 回弹性和柔软性

膨胀石墨具有良好的柔软性和回弹性,经测定,在将其加压加工成各种不同的形状后,在厚度方向有 10%~70% 的回弹性。作为密封材料,它与金属材料具有良好的接触性,只要较小的紧固压力,就可以达到有效的密封。

(6) 其他

膨胀石墨还具有极强的耐压性、可塑性和自润滑性、抗腐蚀性、抗辐射特性、抗震特性、抗老化、抗扭曲特性,可以抵制各种金属的熔化及渗透,而且膨胀石墨无毒、不含任何致癌物,对环境没有危害。

综上所述,膨胀后的可膨胀石墨由原鳞片状变成密度很低的蠕虫状,能在聚合物表面形成一个非常好的绝热层,有效隔热、隔氧,抑制火灾的传播,同时,可膨胀石墨在火灾中的热释放率很低,质量损失很小,产生的烟气很少,因而,可作为一种无卤、高性能、环境友好的阻燃剂广泛使用。

4.3.1.3　与聚合物的作用

一般而言,物理膨胀型阻燃剂与被阻燃聚合物之间不发生或很少发生化学作用,主要靠自身体积膨胀形成的膨胀绝热层来延缓或抑制聚合物的燃烧,是典型的凝聚相阻燃机理;在化学膨胀阻燃体系中,聚合物往往参与了交联、炭化反应过程,并构成膨胀炭层,因此,在化学膨胀阻燃体系中,为得到良好的阻燃性能,不仅需要化学膨胀型阻燃剂组分之间的匹配,还需要阻燃剂与被阻燃聚合物之间热性能的匹配。

对可膨胀石墨(EG)和聚磷酸铵(ammonium polyphosphate, APP)阻燃聚氨酯(polyurethane, PU)涂料的比较研究表明[25,26]:①PU/APP 与 PU/EG 的膨胀炭层具有不同的化学结构,PU/APP 的炭层中磷含量很高,光谱分析结果证明,在 290～400℃之间,炭层中出现大量的磷酸,对促进 PU 的交联和成炭发挥了重要作用,并同时发现 C—P—C 结构,PU/EG 热降解过程中 EG 与 PU 之间基本无化学反应发生,EG 并没有显著影响 PU 的热降解过程,PU/EG 热降解残余物与 PU 类似;②PU/APP 热降解成炭量显著增加,APP 有效促进了 PU 的成炭,与 PU 相比,PU/EG 成炭量并没有显著增加,说明 EG 没有促进 PU 的成炭;③PU/APP 炭层厚度有限,黏稠的膨胀炭层的形成及进一步炭化是 APP 阻燃机理的关键,膨胀炭层的形成源于聚合物与 APP 之间的相互作用,PU/EG 膨胀炭层是由蠕虫状的膨胀石墨镶嵌在降解的 PU基材中构成的,高倍率膨胀的 EG 可获得较厚的绝热膨胀炭层。二者的表面炭层形貌结构如图 4－6[27]。

图 4－6　PU/EG(左)和 PU/APP(右)表面炭层的形貌结构

由于可膨胀石墨的膨胀温度较低,在火焰或热的作用下,很快能在材料表面形成膨胀炭层,图 4－7 给出了可膨胀石墨阻燃聚氨酯受热后形成膨胀炭层的结构示意图[27]。

蠕虫状膨胀石墨炭层具有良好的隔热作用,能够有效保护聚合物基材。对经过氧指数测试后的可膨胀石墨阻燃聚氨酯泡沫样品的观察可看到,可膨胀石墨在燃烧表面形成了完整的膨胀炭层,炭层以下的泡沫基材完好无损,如图 4－8 和图 4－9 所示[28]。

蠕虫状膨胀石墨炭层的形成还可有效抑制聚合物的热氧化降解。对可膨胀石墨阻燃线性低密度聚乙烯(LLDPE)的研究结果表明[29],膨胀炭层有效阻止了火焰和基材之间热和氧的交换,延缓了 LLDPE 的热降解和热氧化降解的进程。

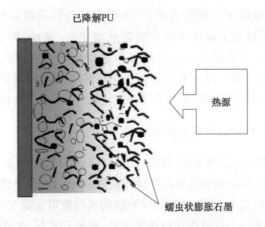

图 4 - 7　可膨胀石墨阻燃聚氨酯材料受热膨胀结构示意图

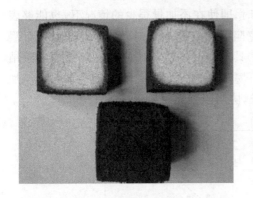

图 4 - 8　可膨胀石墨阻燃聚氨酯泡沫氧指　　　　图 4 - 9　可膨胀石墨阻燃聚氨酯泡沫炭
　　数测试后样品表面炭层(下)及断面(上)　　　　　　　　层形貌

　　综上所述,可膨胀石墨阻燃机理的关键在于能够形成致密、稳定的膨胀炭层,膨胀炭层具有良好的抗火能力,在火灾中能够抵抗火焰的侵袭,进而发挥有效的隔热、隔氧作用,阻断了火焰和基材之间的物质和热量的传递,延缓或抑制了聚合物的热降解或热氧化降解的进程,最终达到阻止燃烧的目的。尽管有些可膨胀石墨阻燃聚合物表现出成炭量的增加,但就可膨胀石墨本身而言,目前的实验结果表明,可膨胀石墨一般不能促进聚合物成炭,这一点与化学膨胀型阻燃机理存在显著差别,但通过膨胀炭层的隔热、隔氧作用,将有利于聚合物的交联和成炭过程。

4.3.2　可膨胀石墨与其他无卤阻燃剂的协同阻燃作用

　　尽管可膨胀石墨具有良好的阻燃性能,但在很多实际应用中,阻燃能力仍显不足,为此,利用阻燃剂之间的协同阻燃作用,来提高可膨胀石墨的阻燃能力,成为一项重要手段。近年来的大量研究表明,可膨胀石墨与红磷或磷酸酯都可产生很好的协同阻燃作用,用量较少时就可以有效阻燃聚酰胺、聚酯、聚苯乙烯等。也有报道,Sb_2O_3、B_2O_3、硼酸锌等化合物与可膨胀石墨也可产生协同阻燃效应,而且产生的烟气、腐蚀性气体很少。以下着重介绍了可膨胀石墨与含磷阻燃剂、含氮阻燃剂和无机填充型阻燃剂的协同作用,它们在无卤阻燃聚合物中发挥着重要作用。

4.3.2.1　与含磷阻燃剂的协同阻燃作用

对于大多数工程塑料如聚酰胺、聚酯、聚苯醚等,含磷阻燃剂如红磷和磷酸酯是一种十分有效的阻燃剂,少量添加就可获得很好的阻燃效果,有利于保持被阻燃聚合物原有的优异性能。例如,以 7.5% 红磷阻燃聚酰胺的氧指数可达到 35%,UL-94 阻燃级别达到 V-0 级。然而,对于一些通用塑料如聚烯烃、聚苯乙烯等,含磷阻燃剂的阻燃效果较低,常常与其他无卤阻燃剂共同使用,以发挥有效的协同阻燃作用[3]。

含磷阻燃剂与可膨胀石墨共同使用时,即使在添加量很少的情况下,也能够表现出高效的阻燃作用。Modesti 等在研究阻燃聚氨酯泡沫时[28],发现可膨胀石墨与三乙基磷酸酯(triethylphosphate,TEP)具有良好的协同作用。氧指数的试验结果表明:聚氨酯泡沫的氧指数随可膨胀石墨用量的增加线性增长,而在体系中添加 3% 的 TEP 之后,氧指数表现为指数增长,协同阻燃作用显著(图 4-10)。

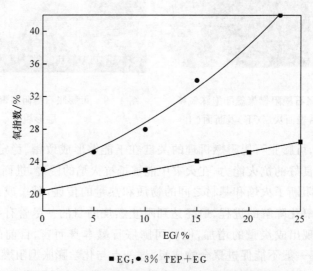

■ EG；● 3% TEP+EG

图 4-10　可膨胀石墨用量对聚氨酯泡沫氧指数的影响

尽管仅添加可膨胀石墨也可获得良好的阻燃效果,而 TEP 的引入大幅度提高了体系的阻燃性能,与未阻燃的聚氨酯泡沫相比,添加 15% 可膨胀石墨及 3% TEP 的聚氨酯泡沫的氧指数增长了 75%,这使得在较少的阻燃剂用量下,保持被阻燃聚合物原有的优异性能,并获得良好的阻燃性能成为可能。同时,磷酸酯的引入有效降低了燃烧时的热释放速率。随 TEP 用量的增加,阻燃聚氨酯泡沫的热释放速率逐步下降,如图 4-11 所示[28]。

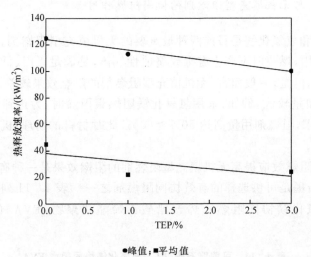

●峰值;■平均值

图 4-11　TEP 用量对可膨胀石墨阻燃聚氨酯泡沫热释放速率的影响(15% EG)

红磷与可膨胀石墨也具有一定的协同阻燃作用,如图 4-12 所示[30]。

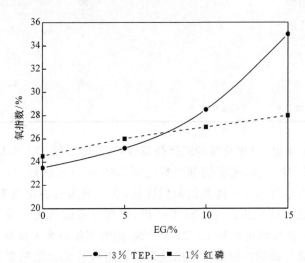

——●——3% TEP;——■—— 1% 红磷

图 4-12　可膨胀石墨用量对聚氨酯泡沫氧指数的影响
体系中分别含有 3%TEP 和 1%红磷

可膨胀石墨与含磷阻燃剂的协同作用广泛用于阻燃聚合物材料,例如,采用 20phr 可膨胀石墨与 5phr 红磷协同阻燃聚丙烯,阻燃材料的氧指数大于 28%,120℃断裂伸长率高达 1550%[31],采用 10phr 的可膨胀石墨与 15phr 的聚磷酸铵阻燃高抗冲聚苯乙烯(HIPS),阻燃材料可达到 UL-94 V-0 级,最大烟密度仅为 220[32]。

4.3.2.2　与无机填充型阻燃剂的协同阻燃作用

氢氧化铝和氢氧化镁是目前两种最重要的无机填充型阻燃剂,可同时起到阻燃和填充的作用,燃烧时不产生有毒或腐蚀性气体,是满足无卤、低烟要求的环境友好的阻燃剂,但是,一般而言,无机填充型阻燃剂的阻燃效果较差,为满足一定的阻燃要求,添加量较大,例如,采用氢氧化镁阻燃聚丙烯时,为达到 UL-94 V-0 或 V-1 级阻燃要求,阻燃剂用量高达 50%～60%,此时材料的物理-机械性能和加工性能明显恶化。

利用协同阻燃效应提高无机填充型阻燃剂的阻燃效果是一种有效手段。研究表明,可膨胀石墨是可供选择的有效协同阻燃剂之一。表 4-11 列出了可膨胀石墨(EG)与氢氧化镁协同阻燃乙烯－醋酸乙烯酯共聚物(EVA)的阻燃性能的结果[33]。

表 4-11　可膨胀石墨(EG)-氢氧化镁协同阻燃 EVA

配方	1	2	3	4	5	6
EVA	100	100	100	100	100	100
EG	0	0	0	10	5	10
Mg(OH)$_2$	100	150	200	90	125	120
LOI	30	39	43	38	42	44
UL-94	不够等级	不够等级	V-0	V-0	V-0	V-0

由表 4-11 可见,氢氧化镁的阻燃效果较差,即使添加了 150phr 的阻燃剂,体系仍未通过 UL-94 试验,在阻燃剂用量达到 200phr 时可达到 UL-94 V-0 级。可膨胀石墨的加入显著提高了体系的阻燃性能,在可膨胀石墨用量为 5phr 时,采用 125phr 的氢氧化镁就可达到 UL-94 V-0 级,而在可膨胀石墨用量为 10phr 时,仅用 90phr 的氢氧化镁就可达到 UL-94 V-0 级,阻燃剂用量大大降低。由此可见,可膨胀石墨与氢氧化镁的协同阻燃作用显著。氧指数的试验结果也证明了这一点,如图 4-13 所示[33]。

可膨胀石墨与氢氧化铝也具有协同阻燃作用,可用于阻燃乙烯-乙酸乙烯酯共聚物[34]及阻燃环氧树脂[35]。

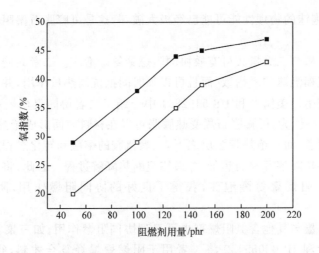

□ A 未添加 EG 的体系；■ B 添加 10phr EG 的体系

图 4‐13　阻燃剂用量与氧指数的关系

4.3.2.3　与含氮阻燃剂的协同阻燃作用

以三嗪类化合物为代表的氮系阻燃剂主要通过热分解吸热及生成能稀释可燃物的不燃性气体发挥阻燃作用,具有无卤、低烟、低毒等特点。与无机填充型阻燃剂(氢氧化镁和氢氧化铝)相比,含氮阻燃剂的添加量较少,不会导致材料物理－机械性能的严重恶化,但是阻燃效率欠佳仍是含氮阻燃剂的主要缺点之一,此外,与聚合物的相容性不好,不利于在被阻燃聚合物中的分散,容易导致阻燃聚合物黏度增高等,也在一定程度上制约了含氮阻燃剂的广泛应用。

可膨胀石墨与含氮阻燃剂复配时表现出良好的协同阻燃效果,如可膨胀石墨与三聚氰胺氰尿酸盐在阻燃苯乙烯类聚合物时表现出良好的协同阻燃作用,阻燃材料同时具有良好的机械性能[36]。

作为最重要的含氮阻燃剂之一,三聚氰胺与可膨胀石墨的协同阻燃作用具有代表意义。三聚氰胺大量用于阻燃聚氨酯泡沫,也可用于阻燃聚苯醚(PPO)、三元乙丙橡胶(EPDM)、EVA、LDPE 等,同时三聚氰胺也是化学膨胀型阻燃剂的重要组分。三聚氰胺本身也是一种聚氨酯泡沫的阻燃剂,但是对于明火的抵抗能力较差,容易导致熔融,并常伴有燃烧滴落的熔滴,单独采用三聚氰胺作阻燃剂时,阻燃聚氨酯泡沫的氧指数的提高是非常有限的。可膨胀石墨通过受热膨胀在材料表面形成绝热膨胀层而发挥阻燃作用,可以有效提高聚氨酯泡沫的氧指数,降低热释放速率,但是,对于已经开始放热降解的泡沫,可膨胀石墨只能在一定程度上减少热量扩散,泡沫的热降解仍然可以持续产生热量,并导致材料再度燃烧,仅采用可膨胀石墨为阻燃剂时,只有在很高的阻燃剂用量下才可能终止聚合物的热降解过程,此时,聚氨酯泡沫的物理性能可能已经极大破坏,这是可膨胀石墨阻燃聚氨酯泡沫的不利之处。

可膨胀石墨与三聚氰胺可有效协同阻燃聚氨酯泡沫。二者共同作用不仅可以有效提高聚氨酯泡沫的氧指数,而且可以长时间抵抗高热量作用,并能够有效抑制阴燃及烟的产生。美国专利 US 5192811 中介绍了二者协同阻燃聚氨酯泡沫的应用[37],研究结果认为,可膨胀石墨受热膨胀可以在材料表面形成绝热膨胀层,有效抵抗火焰的侵袭,而在绝热膨胀层之下,三聚氰胺的熔融和转化过程能够充分吸收来自于聚氨酯热降解释放的热量,并最终阻断热降解过程。因此,将可膨胀石墨和三聚氰胺用于阻燃聚氨酯泡沫,获得了良好的协同阻燃作用,阴燃得以有效抑制[38]。

可膨胀石墨与其他含氮阻燃剂也可起到协同阻燃作用,如三聚氰胺氰尿酸盐(MC),日本专利 JP 09059439 将二者用于阻燃聚烯烃复合才料,得到氧指数为31.4%,拉伸强度为 135kg/cm^2,断裂伸长率为 480%的阻燃材料[39]。

4.3.2.4　与其他无卤阻燃剂的协同阻燃作用

在众多无卤阻燃剂中,有许多阻燃剂本身的阻燃效果较低,但通过与其他阻燃剂(特别是含卤阻燃剂)协同可获得良好的阻燃效果或抑烟作用,如三氧化二锑、钼化合物、硼酸锌(ZB)及其他金属氧化物等。

研究发现,可膨胀石墨与这些无卤阻燃剂之间也存在一定的协同阻燃作用,少量添加即可起到有效的阻燃和抑制熔滴的作用,很多专利中涵盖了此项技术。美国专利 US 5760115 较为详细地介绍了有关可膨胀石墨与这些无卤阻燃剂的协同阻燃作用,其结果如表 4-12 所示[40]。

表 4-12　可膨胀石墨协同阻燃 EVA 的实验结果

配方	1	2	3	4	5	6	7	8	9
EVA	100	100	100	100	100	100	100	100	100
EG		30				10	10	10	30
Sb_2O_3			30			20			
ZB				30			20		
AOM[1]					30			20	
MgO									30
LOI	21.0	24.0	21.0	21.0	22.0	27.5	27.5	27.5	24.0
UL-94	不够等级	不够等级	不够等级	不够等级	不够等级	V-0	V-0	V-0	不够等级

1) AOM：八钼酸铵(ammonium octamolybdate)。

由表 4-12 可见,可膨胀石墨与三氧化二锑、硼酸锌、八钼酸铵(ammonium

octamolybdate,AOM)之间具有良好的协同作用。以硼酸锌为例,单独使用 30phr 可膨胀石墨或硼酸锌阻燃的 EVA 体系,氧指数分别为 24.0% 和 21.0%,均未达到 UL-94 V-0 级,但采用 10phr 可膨胀石墨和 20phr 硼酸锌协同阻燃的 EVA 体系,氧指数可达到 27.5%,并达到 UL-94 V-0 级,协同阻燃作用显著。另外,可膨胀石墨与氧化镁的协同阻燃效果不明显,增加 30phr 的氧化镁并没有改善 EVA/EG 体系的阻燃性能。

欧洲专利 EP 729999 将可膨胀石墨与金属氧化物复配阻燃聚烯烃和聚苯乙烯[41],采用 10phr 可膨胀石墨和 20phr Sb_2O_3 阻燃 EVA 可达到 UL-94 V-0 级,氧指数为 27.5%。

4.4　可膨胀石墨阻燃聚合物材料的应用

聚合物材料广泛用于电线电缆绝缘材料和护套材料、电气电子及办公自动化设备内部材料和附件材料、汽车内装饰材料、建筑材料等,由于大部分聚合物容易燃烧,为防止火灾事故和延缓火灾传播,聚合物阻燃成为一项重要手段,许多法规也对此作了强制规定。

尽管含卤阻燃剂在较少的添加量时即可发挥高效的阻燃作用(阻燃材料可达到 UL-94 V-0 级),但在燃烧过程中,往往产生大量的烟雾和有毒或腐蚀性物质,对于环境和人体健康造成较大的威胁。含磷阻燃剂如红磷和磷酸酯是一些工程塑料的有效阻燃剂,如聚酰胺、聚酯及聚苯醚等,少量添加也可获得较高的阻燃效果,但对于大部分通用塑料而言阻燃效果较差,如聚烯烃和聚苯乙烯。一些常用的无机添加型阻燃剂虽然在燃烧时不产生有害性物质,但较低的阻燃效果使其必须大量添加才能得到满意的阻燃效果,严重恶化的物理—机械性能和加工性能使阻燃材料的使用受到了很大限制。

寻求高效阻燃剂一直是阻燃领域研究的重点之一,特别在面对阻燃材料无卤化、无毒化、环境友好的呼声越来越高的情况下,为解决许多无卤阻燃剂因阻燃效果较低、添加量较大而导致的性能恶化问题,如何提高无卤阻燃剂的阻燃效率获得普遍关注。

可膨胀石墨阻燃聚合物材料燃烧时具有无毒、烟释放量低、燃烧速率低、热释放速率低等优点,适应阻燃材料发展的需要,尽管可膨胀石墨也存在阻燃效率较低的缺点,但与其他无卤阻燃剂共同使用时所表现出的高效协同阻燃作用,为人们开发新型高效无卤阻燃剂提供了一个新的途径。大量专利文献报道了可膨胀石墨及其协同阻燃聚合物材料的研究成果,本节介绍了可膨胀石墨在聚合物阻燃中的应用。

4.4.1　可膨胀石墨阻燃聚氨酯泡沫

很多聚合物可用于制造泡沫塑料,如聚乙烯、聚氯乙烯、聚苯乙烯、聚环氧烷烃、聚酰胺、聚丙烯酸酯、硅树脂、聚氨酯等。近年来,可膨胀石墨阻燃聚合物泡沫塑料的应用日益增加。例如,将可膨胀石墨用于阻燃聚苯乙烯泡沫,得到氧指数为29.4%,拉伸强度为 $3.16kg/cm^2$ 的阻燃聚苯乙烯泡沫,而未阻燃的泡沫的氧指数仅为 18.0%,拉伸强度为 $2.86kg/cm^2$ [42];采用可膨胀石墨与硼酸锌和聚磷酸铵协同阻燃聚烯烃泡沫,得到阻燃性能良好、外观优良的泡沫材料,可用作汽车内部材料、包装材料等[43];美国专利 US 5719199 和 5650448 将可膨胀石墨用于闭孔聚合物泡沫的制造,得到的阻燃泡沫材料可通过要求严格的 FAR-25 中规定的油燃试验,满足飞机座椅和靠背用阻燃泡沫材料的要求[44,45]。

聚氨酯泡沫系目前最常用的塑料品种之一,据估计全球年需求量在 500 万 t 左右[46]。由于聚氨酯泡沫材料在空气中极易燃烧,而且燃烧时产生大量的有毒气体和烟雾,因此,国内外对聚氨酯泡沫材料的阻燃给予了极大的关注。

阻燃聚氨酯泡沫是可膨胀石墨在聚合物阻燃中最早应用的领域之一,有关其研究相对较为详细,专利文献报道较多,本节详细介绍了可膨胀石墨阻燃聚氨酯泡沫的研究和应用情况。

4.4.1.1　三种无卤阻燃剂的比较

聚氨酯的阻燃通常采用三种方式得以实现:①添加阻燃剂;②通过聚氨酯结构的改进而改变其热降解途径;③用其他聚合物改性以增强材料的热氧稳定性。三种方法各有利弊,比较而言,第①种方法相对经济、简便,最大不足在于小分子阻燃剂容易迁移、渗出,影响长期阻燃效果,而且许多阻燃剂会影响聚氨酯的热降解反应,可能增加烟和毒性气体的产生;第②种方法是三者中费用最高的,而且可能损坏泡沫的机械性能;第③种方法中改性聚合物可能起到以下作用而达到阻止燃烧的目的:改变聚氨酯的热降解机理、产生不燃性气体、能够促进成炭反应,但是,这一方法往往受限于改性聚合物的选择,寻找能够同时保持材料的机械性能优势并具有阻燃性能的适当改性聚合物比较困难。

目前,第①种方法仍是阻燃聚氨酯泡沫的主要方法。含磷、含卤阻燃剂是阻燃聚氨酯泡沫常用的阻燃剂,但是,添加这些阻燃剂往往有损于聚氨酯泡沫的机械性能,并在燃烧中产生大量的烟雾或有毒物质。为了全部或部分取代含磷或含卤阻燃剂,进行了大量的研究工作。近年来,可膨胀石墨阻燃聚氨酯泡沫的研究和应用得到了较快的发展,在许多对阻燃性能要求严格的场合,可膨胀石墨表现出越来越重要的作用。

Modesti 等比较研究了三种无卤阻燃剂——聚磷酸铵(APP)、三聚氰胺氰尿酸盐(MC)和可膨胀石墨(EG)对聚氨酯泡沫阻燃性能的影响[47],结果表明:就氧指数而言,以 MC 作阻燃剂时,阻燃聚氨酯泡沫氧指数的提高是很有限的,而 APP 和 EG 则能显著提高阻燃聚氨酯泡沫的氧指数,在阻燃剂用量为 25％时,二者分别使氧指数增加了 25％和 35％(图 4-14[47]);锥形量热仪试验结果表明 (图 4-15[47]),随 EG 用量的增加,阻燃聚氨酯泡沫的热释放速率不断下降,在 EG 用量为25％时,热释放速率的峰值和平均值分别下降了60％和80％,而 APP 和

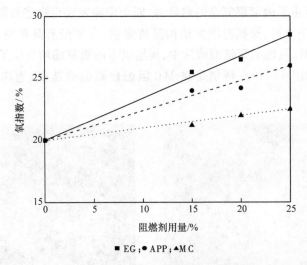

图 4-14 APP、MC、EG 阻燃聚氨酯泡沫的氧指数试验结果

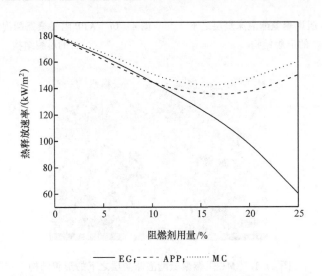

图 4-15 阻燃剂用量对阻燃聚氨酯泡沫热释放速率的影响

MC阻燃聚氨酯泡沫的热释放速率则呈现出先下降后上升的趋势,三者相比,EG表现出更好的降低热释放的能力,这一点对于某些对热释放速率有严格要求的场合,如飞机制造等,具有极为重要的意义。

可膨胀石墨良好的阻燃效果与其在燃烧过程中能够形成耐热、稳定的膨胀炭层是密不可分的。对阻燃聚氨酯泡沫燃烧后的样品表面炭层以下1.5mm的断层形貌进行扫描电子显微镜(SEM)观察发现:EG形成的炭层能够非常有效地保护聚氨酯基材,阻止了内部聚氨酯的热降解,断面中除发现可膨胀石墨膨胀后形成的蠕虫状膨胀石墨之外,聚氨酯泡沫结构保持完整,几乎没有降解现象(图4-16),而在APP和MC阻燃的聚氨酯泡沫中,炭层以下的聚氨酯均发生了不同程度的降解(图4-17和图4-18),特别是在MC阻燃聚氨酯泡沫中,泡沫结构遭到较大破坏。

 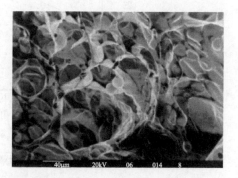

图4-16　EG阻燃聚氨酯泡沫炭层之下　　　图4-17　APP阻燃聚氨酯泡沫炭层之下
　　　　　的形貌结构　　　　　　　　　　　　　　　的形貌结构

图4-18　MC阻燃聚氨酯泡沫炭层之下的形貌结构

研究中发现,三种无卤阻燃剂APP、MC和EG对聚氨酯泡沫结构的影响是不同的。由于颗粒尺寸较大,大量EG附着于泡孔壁上,造成泡沫壁孔结构的不均匀,事实上,就阻燃剂颗粒大小来说,APP 和 MC 的粒径尺寸均小于气泡尺寸,所以对泡沫壁孔结构的影响较小,避免了由于粒径过大而导致泡沫气孔尺寸的增加。导热性试验结果表明,EG 的加入引起泡沫气孔的平均尺寸增加,导致泡沫导热性增加。然而,与 MC 相比,可膨胀石墨对聚氨酯泡沫的机械性能破坏相对较小,以MC 阻燃的聚氨酯泡沫,MC 的加入会导致泡沫变脆,而且阻燃剂用量越大,压缩强度越小。

4.4.1.2 可膨胀石墨阻燃聚氨酯泡沫的研究

可膨胀石墨的颗粒尺寸对阻燃聚氨酯泡沫的机械性能和阻燃性能的影响主要在于两个方面:一方面颗粒尺寸太大会阻碍泡沫的形成反应,存在泡沫壁孔结构可能被可膨胀石墨破坏的危险,并导致泡孔尺寸分布不均匀,压缩强度下降,泡沫的长期使用性能受损;另一方面,颗粒尺寸过小,膨胀容积和阻燃性能将显著降低。

为减少由于颗粒较大而带来的负面作用,改变可膨胀石墨的颗粒形状曾被认为是一种解决方案,但即使采用了颗粒尺寸分布适当的或球状的可膨胀石墨,泡沫结构仍遭到显著损坏,主要原因在于颗粒破坏了泡沫结构,导致使用性能恶化,更严重的是,形状的改变可能降低可膨胀石墨的受热膨胀性能,进而导致阻燃性能的大幅度降低。

考虑到这一点,如何提高可膨胀石墨的阻燃性能以减少使用量成为许多研究关注的重点。为此,可膨胀石墨与其他阻燃剂协同阻燃聚氨酯泡沫获得了广泛应用。例如,利用可膨胀石墨和三聚氰胺的协同阻燃作用,成功制备了阻燃软质弹性聚氨酯泡沫,其拉伸性能为 120kPa,压缩永久变形为 5%,机械性能可满足使用要求[37];利用可膨胀石墨与胺盐及含磷多元醇的协同阻燃作用也成功开发出阻燃聚氨酯泡沫,该材料有望用于建筑领域[48]。

虽然单独使用可膨胀石墨也可以有效阻燃聚氨酯泡沫,但阻燃中仍存在许多不利因素,比较突出的是:可膨胀石墨容易引起的"烛芯"效应而导致阴燃,燃烧后的粉末灰烬容易飞散,形成烟尘。产生这些现象的主要原因在于膨胀石墨彼此间的黏附力较弱,在聚氨酯基体燃烧之后,膨胀石墨无法形成坚固的膨胀炭层,在火焰压力或热量对流的作用下,表面的膨胀石墨层可能遭到破坏,形成"飞灰",导致绝热膨胀层的丧失,进而引发未燃烧的泡沫被点燃,火焰继续传播。

采用能够促进成炭的阻燃剂或本身可有效成炭的聚合物可以减轻或抑制此类现象在一定程度上固定膨胀石墨,形成较为坚固的绝热膨胀层。专利中应用少量含磷阻燃剂如聚磷酸铵等,即可起到此种作用。美国专利 US 5169876 引入了酪蛋白粉末,利用其成炭性能,在燃烧后可形成类似焦炭层,有效增强了可膨胀石墨膨胀炭层的坚固性和稳定性[49]。

使用不同多元醇原料也可能影响膨胀石墨炭层的作用。以聚醚多元醇制备的聚氨酯泡沫燃烧时,"烛芯"效应和"飞灰"现象比较严重;由聚酯多元醇制备的聚氨酯泡沫却可在一定程度上克服以上不利因素。即使单独使用可膨胀石墨为阻燃剂时,阻燃聚酯型聚氨酯泡沫在燃烧时也没有发现明显的"烛芯"效应、"飞灰"及粉末燃烧残余物;相反,却可得到成炭性能良好、自熄、无滴落的阻燃泡沫,再与其他阻燃剂复配使用时,更能表现出良好的阻燃效果,并可通过 BS 5852-Part 2、Crib 5 test-DIN 4102、UL-94 等试验测试,美国专利 US 5023280 较详细地介绍了此类可膨胀石墨阻燃聚氨酯泡沫的制备过程[50]。

4.4.1.3　可膨胀石墨阻燃聚氨酯泡沫的工艺过程研究

在制备或生产阻燃聚氨酯泡沫时,阻燃剂能否充分润湿并均匀分散往往对最终产品的使用性能和阻燃性能起到关键作用,因此,生产方法或工艺常常成为考虑的重点。美国专利 US 3574644 将粒度尺寸为 10～325 目的可膨胀石墨用于阻燃聚氨酯泡沫[51],然而,在制备过程中,该专利将可膨胀石墨与反应中的混合物进行混合分散,存在较大的技术难度,由于已经开始反应的原料混合物的保留时间极短,再与可膨胀石墨混合时,很难将可膨胀石墨薄片润湿并混合均匀,最终导致阻燃剂聚集结块,产品使用性能严重恶化,因此,这一工艺过程并不实用。

目前,较实用的方法为:将添加型阻燃剂与多元醇预先混合,而后与异氰酸酯反应制备阻燃聚氨酯泡沫,该方法在实际使用时表现出显著的优势,不仅确保了阻燃剂的均匀分散,而且有利于大批量的生产过程。美国专利 US 5169876 利用此种方法制备了阻燃软质弹性聚氨酯泡沫[52],并提供了三种可实用的工艺方法:其一,将可膨胀石墨与多元醇单独混合,该方法简单实用;其二,将可膨胀石墨与部分多元醇混合,将剩余多元醇与其他反应组分或添加剂混合,这种方法有利于提高混合物的储存时间;其三,将多元醇预热后,再与可膨胀石墨混合,有利于更好地去除多元醇中的空气,并避免在混合过程中引入过多的空气,这一点对于后续的发泡过程很有价值。专利中得到的阻燃和非阻燃聚氨酯泡沫的性能比较结果如表 4-13 所示。

表 4-13　可膨胀石墨阻燃聚氨酯泡沫的性能

性能	测试方法	聚氨酯泡沫	阻燃聚氨酯泡沫
泡沫密度/(kg/m³)	DIN 53 420	45	60
拉伸强度/kPa	DIN 53 571	150	115
断裂伸长率/%	DIN 53 371	125	115
永久变形/%	DIN 53 572	6	5
疲劳试验硬度损失/%	DIN 53 574	14	13
疲劳试验高度损失/%	DIN 53 574	2	1.5

　　值得注意的是,与聚氨酯泡沫相比,阻燃聚氨酯泡沫表现出良好的永久变形和疲劳试验结果,说明阻燃聚氨酯泡沫仍具有良好的使用性能。

　　实际应用中,提高可膨胀石墨与多元醇混合溶液的抗反应性和储存时间,防止可膨胀石墨的沉降,换句话说,提高其适用期,是非常必要的。这一问题在其他添加型阻燃剂阻燃聚氨酯泡沫中也是比较突出的问题之一。例如,美国专利 US 4221875 采用三聚氰胺成功研制了阻燃聚氨酯硬质泡沫[53],尽管这一方法有效提高了聚氨酯泡沫的阻燃性能,但是三聚氰胺在多元醇中的沉降成为比较棘手的问题。为克服这一问题,采用了多种方法,美国专利 US 4293657 在一定程度上为解决此类问题提供了良好的解决方案[54],其方法为:在一种或多种稳定剂的条件下,将三聚氰胺在多元醇溶液中原位粉碎、分散,粉碎后三聚氰胺的粒径不大于 $10\mu m$,在此条件下可制成稳定的三聚氰胺/多元醇分散溶液。但由于粒度的减小将大幅度降低可膨胀石墨的阻燃性能,所以这种方法并不适用于可膨胀石墨。迄今为止,对于可膨胀石墨而言,这一问题仍未得到良好的解决方案。

　　有时与其他阻燃剂复配使用也可能对延长适用期发挥有效作用,如可膨胀石墨与三聚氰胺的复配使用。一般来说,含有三聚氰胺阻燃剂的体系往往具有较低的黏度、良好的流动性能、均匀性和加工性能,特别是其适用期相对较长,至少可以保证在加工期间不发生沉降,而在这一体系中引入少量可膨胀石墨不仅有利于抑制燃烧中烟的产生,而且可有效增加适用期。美国专利 US 5739173 利用了可膨胀石墨与三聚氰胺的作用[55],有效提高了阻燃剂与多元醇混合溶液的适用期,并抑制了阻燃泡沫燃烧过程中烟和有毒物质的产生,与仅采用三聚氰胺为阻燃剂的软质聚氨酯泡沫相比,可膨胀石墨/三聚氰胺阻燃软质聚氨酯泡沫在 FAR 25 853 C阻燃性能测试、ASTM E 662—79 烟密度测试中均表现出较好的结果,而且具有良好的机械性能,特别是拉伸强度、撕裂强度等。

　　降低多元醇的含水量往往有利于提高适用期,如果多元醇的含水量低于 0.1%,而且将可膨胀石墨与部分多元醇混合,并单独存放,将更有利于适用期的延长。

　　此外,通过可膨胀石墨的表面处理或包覆来改善可膨胀石墨与多元醇之间的界面作用,增进相容性,也是解决可膨胀石墨在多元醇中分散稳定性的良好途径之一。但是,可膨胀石墨表面处理或包覆是非常困难的,主要原因在于可膨胀石墨的表面性质,与石墨相比,经一定程度的氧化作用后,可膨胀石墨的表面含有一定的含氧基团,极性有所增加,但其表面能依然很低,很难与表面活性剂或其他物质发生作用,而且可膨胀石墨的阻燃性能要求其粒度较大,一般在毫米级,对于这一级别的颗粒进行表面处理或包覆相对比较困难,因此,有关可膨胀石墨表面处理或包覆的文献报道很少。

4.4.2 可膨胀石墨阻燃热塑性塑料

由于工业发展失调和人口膨胀等因素,人类面临着日趋严重的环境污染和地球生态危机,环境和可持续发展问题成为当前世界各国关注的重点问题。为减少废弃物处置数量和保护自然资源环境,材料的重复利用成为一项备受关注的课题。热塑性塑料由于具有良好的重复加工性能,其应用和发展受到越来越多的重视。

热塑性塑料的阻燃一直是阻燃领域中比较关注的问题之一。采用无卤阻燃剂可以获得一定的阻燃性能,这其中包括较高的氧指数、较低的发烟量以及较低的热释放量等。但无卤阻燃热塑性塑料仍有一些问题有待解决,抑制燃烧中熔滴的产生是比较突出的问题之一。许多热塑性塑料在温度高于熔点以上时黏度较低,容易流动,这是其良好加工性能的基础,但在火灾中,不仅容易造成制品变形,破坏使用性能,更为严重的是产生聚合物熔滴,特别是燃烧的熔滴,是导致火灾范围扩大的重要原因之一。

尽管许多无卤阻燃热塑性塑料具有很高的氧指数、很低的热释放速率,但往往并不能有效抑制聚合物熔滴的产生,而少量可膨胀石墨的引入,往往可以有效抑制燃烧中熔滴的产生。例如,在添加量高达150phr时,氢氧化镁阻燃乙烯-乙酸乙烯酯共聚物(EVA)的氧指数已经达到39%,但仍然不能通过UL-94垂直燃烧实验;采用10phr可膨胀石墨和90phr氢氧化镁复配使用,无卤阻燃EVA材料就可达到UL-94 V-0级,可见,可膨胀石墨对于抑制熔滴的产生发挥了显著作用。

但是,对于很多热塑性塑料,可膨胀石墨单独使用有时并不能有效抑制熔滴的产生,例如,添加30phr的可膨胀石墨并不能使聚乙烯或聚丙烯通过UL-94垂直燃烧实验,氧指数增加有限,而可膨胀石墨与其他无卤阻燃剂的复配使用,不仅可以大幅度提高氧指数,而且能有效抑制聚合物熔滴的产生,本节详细介绍了可膨胀石墨阻燃热塑性塑料的研究和应用情况。

4.4.2.1 聚乙烯和聚丙烯

与其他无卤阻燃剂相比,可膨胀石墨阻燃聚丙烯(PP)表现出较高的氧指数和较低的燃烧速率,如图4-19所示[17]。

然而,单纯采用可膨胀石墨为阻燃剂时,往往不能获得满意的阻燃效果,因而利用其他无卤阻燃剂与可膨胀石墨协同阻燃聚烯烃材料获得了广泛的研究。美国专利US 5760115即表述了此项研究成果[56],专利中的试验结果表明可膨胀石墨与三氧化二锑、硼酸锌对低密度聚乙烯(LDPE)和聚丙烯具有协同阻燃作用(表4-14),单纯使用30phr可膨胀石墨阻燃LDPE的氧指数仅为24%,未能通过UL-94垂直燃烧实验,而与三氧化二锑或硼酸锌共同使用时,在相同阻燃剂用量时,阻燃LDPE的氧指数接近或达到30%,并且均达到UL-94 V-0级,协同阻燃作用显著。在阻燃 PP 中也可发现类似结果。

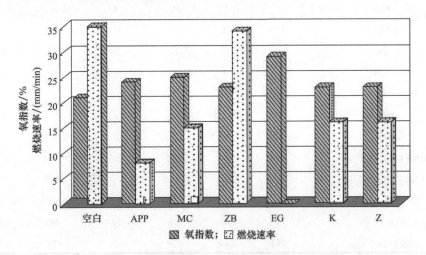

图 4-19　不同阻燃剂阻燃 PP 的氧指数和燃烧速率试验结果

阻燃剂用量为 15%，其中 K 为高岭土，Z 为沸石

表 4-14　可膨胀石墨与三氧化二锑、硼酸锌协同阻燃 LDPE 和 PP

配方	LDPE				PP			
	1	2	3	4	1′	2′	3′	4′
LDPE	100	100	100	100	—	—	—	—
PP	—	—	—	—	100	100	100	100
EG	—	30	10	10	—	30	10	10
Sb_2O_3	—	—	20	—	—	—	20	—
ZB	—	—	—	20	—	—	—	20
LOI/%	18.5	24.0	30.0	29.5	19.0	23.5	27.0	28.0
UL-94	不够等级	不够等级	V-0	V-0	不够等级	不够等级	V-0	V-0

　　化学膨胀型阻燃剂形成的膨胀炭层较容易烧损，与之相比，可膨胀石墨形成的膨胀炭层具有优良的隔热性能、耐高温性能，能够有效保护聚合物基体，降低聚合物温度，阻止或延缓聚合物热降解的进程。在采用锥形量热仪对可膨胀石墨阻燃线性低密度聚乙烯（LLDPE）的火行为进行表征时发现[57]，单独使用可膨胀石墨就可以有效降低热释放速率，而与其他无卤阻燃剂复配使用后，高效的协同阻燃作用进一步提高了绝热膨胀层的性能，热释放速率大幅度下降。由表 4-15 可见，可膨胀石墨与硼酸锌复配阻燃 LLDPE 的热释放速率为 195kW/m²，仅为未阻燃 LLDPE 的 21%。

表 4 - 15　可膨胀石墨协同阻燃 LLDPE 的 CONE 试验结果

配方	1	2	3	4	5	6
LLDPE	100	90	70	70	70	85
EG	0	10	10	10	10	10
APP	0	0	20	0	0	0
ZB	0	0	0	20	0	0
NP28[1]	0	0	0	0	20	0
MRP[2]	0	0	0	0	0	5
HRR 峰值/(kW/m²)	938	369	272	195	215	219
EHC 均值/(MJ/kg)	50.4	45.8	38.2	37.0	35.0	37.8
CO 均值/(kg/kg)	0.018	0.018	0.030	0.017	0.025	0.150
残余物/%	1	16	24	37	30	19
SEA/(m²/kg)	661	520	578	375	420	830

1) NP28：磷氮化合物，其中含磷 15.6%，含氮 27.5%。

2) MRP：微胶囊红磷。

从发烟量来看,可膨胀石墨可在一定程度上降低烟释放量,与硼酸锌复配后,烟释放量大幅度降低,而与红磷复配使用时,发烟量仍然较大。可见,发烟量不仅取决于可膨胀石墨,还与协同使用的无卤阻燃剂密切相关,对于本身发烟量较低的硼酸锌而言,复配使用后发烟量进一步下降,而由于红磷的发烟量较大,阻燃材料的发烟量也较高。

4.4.2.2　苯乙烯类聚合物

苯乙烯类聚合物广泛用于制造电子设备的壳体及汽车内部构件,含卤阻燃剂和含磷阻燃剂一直是这一类聚合物的主要阻燃剂。例如,十溴二苯醚和三氧化二锑常用于阻燃高抗冲聚苯乙烯(HIPS)和丙烯腈－丁二烯－苯乙烯共聚物(ABS),但这两类阻燃剂本身都有许多问题有待解决。

化学膨胀型阻燃剂(通常也称为膨胀型无卤阻燃剂)可以解决含卤阻燃剂存在的一些问题,并赋予材料较好的阻燃性能,但其添加量往往很大,在阻燃聚苯乙烯时常常导致冲击强度的大幅度下降,无法满足材料的使用要求。为解决这一问题,采用弹性体聚合物(如苯乙烯－丁二烯共聚物)对聚苯乙烯进行改性是一种常用的方法[58],通过此种方法得到的无卤阻燃高抗冲聚苯乙烯,为达到 UL-94 V-0 级,其阻燃剂用量高达 50%。

为得到满意的阻燃性能而使用较高用量的阻燃剂可能导致许多负面作用,对于无卤阻燃苯乙烯类聚合物而言,冲击强度的大幅度降低是一个普遍关注的问题,降低阻燃剂用量显然是这一问题比较直接的一种解决方案，寻求高性能的阻燃剂因此成为研究重点之一。从目前的研究状况看来，单一阻燃剂的使用往往无法满足要求，利用协同阻燃作用可能在阻燃剂用量较低的情况下获得良好的阻燃效果，表4-16和表4-17中列出了可膨胀石墨协同阻燃高抗冲聚苯乙烯（HIPS）和 ABS 的一些试验结果[59]。

表 4-16　可膨胀石墨协效阻燃 HIPS

配方	HIPS	EG	APP	红磷	含卤阻燃剂[1]	UL-94	D_m
1	100	—	—	—	—	不够等级	>500
2	100	20	—	—	—	不够等级	>500
3	100	—	20	—	—	不够等级	>500
4	100	5	15	—	—	V-2	252
5	100	10	15	—	—	V-0	220
6	100	15	15	—	—	V-0	162
7	100	20	15	—	—	V-0	158
8	100	15	5	—	—	V-0	246
9	100	15	20	—	—	V-0	157
10	100	6	2	2	—	V-0	170
11	100	—	—	—	22	V-0	>500

1) 含卤阻燃剂的组成为溴化环氧树脂与三氧化二锑（质量比 7:1）的混合物。

表 4-17　可膨胀石墨协效阻燃 ABS

配方	ABS	EG	APP	红磷	含卤阻燃剂[1]	UL-94	D_m
1	100	—	—	—	—	不够等级	>500
2	100	20	20	—	—	V-0	154
3	100	6	2	2	—	V-0	164
4	100	—	—	5	—	V-0	480
5	100	—	—	—	54	V-0	>500

1) 含卤阻燃剂的组成为氯化聚乙烯、四溴双酚 A 与三氧化二锑（质量比 5:22:8）的混合物。

　　由表4-16可见，在配方2和配方3中，仅采用 EG 或 APP 并没有使 HIPS 的阻燃性能有所改善，而二者的配合使用却起到了有效的协同阻燃效果，在配方8中，同样采用 20phr 的阻燃剂（15phr 的 EG 和 5phr 的 APP）即可达到 UL-94 V-0 级，最大烟密度为246。此外，通过配方4和配方8的比较可以看出，在阻燃剂用量相同的情况下，增加 EG 的用量有利于阻燃 HIPS 达到 UL-94 V-0 级。另外，少量红磷的加入进一步增强了协同阻燃作用，大幅度降低了阻燃剂的使用量，如配方

10 所示,仅使用 10phr 的阻燃剂即可达到 UL-94 V-0 级,最大烟密度仅为 170。

如果单独使用含卤阻燃剂,在用量较少的情况下(22phr,如配方 11 所示)也可以达到 UL-94 V-0 级,但其发烟量非常大,最大烟密度超过 500。显然,配合使用可膨胀石墨和聚磷酸铵及红磷,可获得最佳的阻燃效果,在达到 UL-94 V-0 级的同时具有最低的烟密度,特别是利用三者的协同阻燃作用,可以大幅度降低阻燃剂的添加量,有利于保持 HIPS 良好的抗冲击性能。

可膨胀石墨和聚磷酸铵及红磷协同阻燃 ABS 也可得到类似的结果,见表 4－17。

值得注意的是,尽管可膨胀石墨与红磷在阻燃 ABS 时也表现出高效的协同阻燃效果(表 4－17 配方 4),但其发烟量很大,远高于含有 APP 的阻燃 ABS 材料(表 4－17 配方 3),但仍然低于含卤阻燃体系。

4.4.2.3　工程塑料

工程塑料广泛应用于电子、电气、仪表、汽车、建筑等行业,其阻燃是十分必要的。在众多无卤阻燃剂中,含磷阻燃剂如红磷或磷酸酯对工程塑料表现出高效的阻燃作用,例如,以 7.5% 红磷阻燃的聚酰胺的氧指数可达到 35%,并通过 UL-94 V-0 级。但在燃烧中发烟量非常大,无法适应许多场合对阻燃材料的低烟化要求。含氮阻燃剂如三聚氰胺等也可在很少的用量下发挥较高的阻燃效果,而且发烟量相对较少,在要求低烟的场合成为含磷阻燃剂的最佳替代品,但含氮阻燃剂的使用也存在问题,比较突出的是表面析出问题,此外,燃烧中产生腐蚀性气体和发烟量较高也是有待解决的问题。

可膨胀石墨,特别是与红磷或磷化物复配也可以有效阻燃工程塑料,且具有低发烟量、低腐蚀性的特点,但有关其研究工作不是很多,主要限制在于目前大多数可膨胀石墨产品的膨胀温度不能满足工程塑料的加工需要。在美国专利 US 5810914 中较为详细地介绍了可膨胀石墨用于阻燃工程塑料的有关成果[60],以下对其部分结果加以介绍。

聚对苯二甲酸丁二酯(PBT)或聚对苯二甲酸乙二酯(PET)是一类重要的工程塑料,其阻燃通常采用含卤阻燃剂,如 14% 溴代聚苯乙烯(含溴 68%)与 4.7% 的三氧化二锑阻燃 PBT 可达到 UL-94 V-0 级,而大部分无卤阻燃剂的阻燃效果并不显著。采用可膨胀石墨与含磷阻燃剂复配使用,在阻燃 PBT 或 PET 时获得了良好的效果。

通过表 4－18 中的配方 1～3 的比较可以看出,可膨胀石墨、红磷和 APP 单独使用时并不能有效改善 PBT 的阻燃性能,虽然三者中,可膨胀石墨阻燃 PBT 表现出较高的氧指数,但在垂直燃烧试验中表现较差。在复配使用时,可膨胀石墨与红磷表现出更佳的协同阻燃效果,采用 15phr 的复配阻燃剂(配方 4,10phr 可膨胀石墨和 5phr 红磷)可使 PBT 达到 V-0 级,而可膨胀石墨与 APP 复配使用时(配方

6),阻燃剂用量在 25phr 时,才能达到 V-0 级,其氧指数仍低于可膨胀石墨与红磷的复配体系。三者的共同使用表现出较好的协同效果,并具有较低发烟量。

表 4-18 可膨胀石墨协同阻燃 PBT

配方	PBT	EG	红磷	APP	UL-94	LOI/%	D_m
1	100	15	—	—	不够等级	32.0	345
2	100	—	15	—	V-2	24.0	408
3	100	—	—	15	V-2	23.0	355
4	100	10	5	—	V-0	34.5	205
5	100	9	—	6	V-1	29.5	185
6	100	15	—	10	V-0	33.3	164
7	100	9	2	4	V-0	33.3	197

欧洲专利 EP 794229 也将可膨胀石墨与红磷或含磷化合物用于阻燃工程塑料[61],采用 10phr 可膨胀石墨与 5phr 红磷复配使用,可获得氧指数为 34.5%,达到 UL-94 V-0 级的阻燃 PBT 材料,最大烟密度为 205。

可膨胀石墨协同阻燃尼龙 6(PA 6)也表现出类似的结果,如表 4-19 所示。

表 4-19 可膨胀石墨协效阻燃 PA6

配方	PA 6	EG	红磷	APP	UL-94	LOI/%	D_m
1	100	5	—	—	V-2	28.5	85
2	100	15	—	—	V-2	30.1	70
3	100	—	5	—	V-1	24.5	92
4	100	—	—	5	V-2	25.0	72
5	100	—	—	15	V-2	25.4	85
6	100	3	2	—	V-0	32.1	41
7	100	10	—	—	V-0	36.4	36

聚碳酸酯本身具有一定的阻燃性,氧指数可达到 25%,并能通过 UL-94 V-2 级,但为达到 V-0 级,仍需要阻燃处理。可膨胀石墨协同阻燃体系同样表现出良好的阻燃性能,这一点在美国专利 US 5810914 中也有详细介绍,例如,采用 5phr 可膨胀石墨和 5phr 红磷即可使聚碳酸酯达到 UL-94 V-0 级,氧指数高达 42.5%。

4.4.3 可膨胀石墨防火涂料

随着树脂材料在建筑领域的广泛使用,其阻燃问题也越发突出,阻燃建筑材料显示出越来越重要的意义。不仅树脂材料本身要求具备阻燃性能,而且要求建筑材料表面的涂覆材料也应具有阻燃性能。为降低材料的易燃性、阻止火灾的传播，建筑材料表面通常采用膨胀防火涂料进行涂覆，在火焰作用下，膨胀型防火涂料能够在基材表面形成难燃的绝热膨胀炭层，保护基材并延缓火灾的传播，从另一方面讲，膨胀炭层的形成能够抑制或延缓材料的机械性能的损失，这在一定程度上提高了火灾中材料的安全性能。膨胀防火涂料也可用于其他一些易燃材料表面的阻燃涂覆。

目前，大部分使用的膨胀型防火涂料为化学膨胀型防火涂料，多采用含磷化合物与成炭剂作为膨胀组分。然而，在火焰作用下，化学膨胀防火涂料形成的炭化泡沫层的强度很低，对火焰和氧的抵抗能力较弱，容易引发降解或炭层破裂，而达不到理想的阻燃效果。此外，膨胀防火涂料中大量使用磷酸铵作为酸源，较高的水溶性往往成为实际使用中的问题之一。因此，有必要开发一种具有良好抗氧化降解能力、耐候能力、耐潮解能力的膨胀阻燃组分，而且要求膨胀阻燃组分尽可能在较低的温度下（如 200℃ 以下）发挥有效作用，形成性能稳定的膨胀层。

近年来，可膨胀石墨正逐步广泛用于防火涂料中，以赋予防火涂料优异的受火膨胀特性。可膨胀石墨用于膨胀型防火涂料具有很多显著的优点，首先，可膨胀石墨具有很高的膨胀容积，显著优于普通的化学膨胀型阻燃剂；其次，可膨胀石墨具有较低的膨胀温度，目前大部分可膨胀石墨产品的初始膨胀温度在 200℃ 左右，能够在火灾初期形成膨胀绝热层，有效保护基材，防止基材的降解，这一点对于抑制或阻断火灾的传播具有重要意义；第三，可膨胀石墨防火涂料克服了以往防火涂料会产生烟雾的不足之处，在火灾中不释放有毒气体，如 SO_2、NO 等；此外，可膨胀石墨还具有优异的耐环境性能、耐潮解能力、抗氧化降解能力等。

很多场合下，建筑材料的阻燃涂层通常较薄，要求膨胀防火涂料具有较高的膨胀倍率，但大多化学膨胀防火涂料的膨胀倍率有限，而且受热形成的膨胀层容易碎裂、脱落，无法保护底层材料，这也是传统的膨胀防火涂料比较突出的问题。由于可膨胀石墨具有很高的膨胀倍率，因而可能用于涂层要求较薄的场合。

为了简化建筑工地上的施工过程，通常建筑用横梁和支柱材料都是预先经过阻燃涂覆处理的，然而，对于横梁和支柱的结合点、汇合处，以及外墙金属固定结构等，事先进行阻燃涂覆显然并不现实，这一工作必须在施工过程完成，喷涂是实现建筑材料阻燃涂覆的重要手段，这种阻燃涂覆手段不仅容易实现，而且更有利于复杂结构实现阻燃涂覆。

可膨胀石墨阻燃丁基橡胶涂料表现出良好的抗火性能，特别是，该涂料在火灾中能够很好地保持膨胀炭层的形状，较高的膨胀倍率和炭层强度、良好的绝热性能使该材料非常适于用作建筑防火涂料，此外，通过调节溶剂用量，可获得用于喷涂的黏度适合的阻燃涂料。表 4 - 20 中给出了一些相关结果。

表 4 - 20　可膨胀石墨阻燃丁基橡胶阻燃涂料及其性能

配方/份	1	2	3	4
丁基橡胶	100	100	100	100
EG	150	30	300	50
APP	—	100	—	50
氢氧化铝	50	50	50	20
氢氧化镁	—	20	—	—
碳酸钙	100	100	—	30
甲苯	800	1 000	2 000	250
性能评价				
固含量/%	33	29	18	50
黏度/(Pa·s)	300	250	100	400
膨胀倍率	25.0	10.2	48.0	11.0
炭层强度/(kg/m²)	0.04	1.70	0.01	0.70
抗火性能	L	L	L	L
最高温度/℃	335	350	330	340
平均温度/℃	315	330	310	320
氧指数/%	45	44	40	40
漆膜伸长率/%	250	300	220	280
漆膜弹性模量/(kgf/mm²)	1.6	1.0	1.5	1.2

注:L代表钢材平均温度低于或等于 350℃、最高温度低于或等于 450℃。

可膨胀石墨阻燃涂料也存在许多有待解决的问题,比较突出的是膨胀层的稳固性能较低,产生这一问题的主要原因在于,可膨胀石墨受热后容易产生飞灰,导致膨胀炭层的破坏,降低了防火能力;可膨胀石墨的阻燃效果仍然有限,需要与其他阻燃剂协同作用,以发挥更好的阻燃效果。

利用化学膨胀阻燃和物理膨胀阻燃的协同阻燃作用,不仅有利于阻燃性能的改善,而且也可以获得具有良好稳固性能的膨胀炭层。日本专利 JP 10237263 将可膨胀石墨和含磷化合物用于丙烯酸防火涂料的制备[62],该涂料具有良好的柔韧性、阻燃性、黏着性和形状稳定性,可用于建筑材料的阻燃涂覆。美国专利 US 6228914 采用含磷化合物和可膨胀石墨制备了水性三聚氰胺—甲醛树脂防火涂料[63],受热时,可膨胀石墨首先受热膨胀形成蠕虫状膨胀绝热层,而以含磷化合物和三聚氰胺化合物为组分的化学膨胀型阻燃剂形成的膨胀炭层可有效促进膨胀石墨与基材之间的紧密联结,因此膨胀层具有足够的强度抵抗热压力,有效抑制火灾的传播,该专利研制的膨胀型防火涂料具有良好的阻燃作用,可广泛用于木材、塑料、橡胶、金属以及纤维材料等的阻燃。表 4 - 21 中列出了该涂料阻燃半硬质聚氨酯泡沫的试验结果。

表 4 - 21　可膨胀石墨膨胀阻燃涂料阻燃聚氨酯泡沫

聚氨酯泡沫	涂料	点燃时间/s	质量损失/%	发烟情况
聚氨酯泡沫	无	3	100	浓烟
	三聚氰胺-甲醛树脂涂料	7	85	浓烟
	膨胀阻燃三聚氰胺-甲醛树脂涂料	>90	15	无
含卤阻燃聚氨酯泡沫	无	3	100	浓烟
	三聚氰胺-甲醛树脂涂料	4	100	浓烟
	膨胀阻燃三聚氰胺-甲醛树脂涂料	>90	13	无

　　为增强可膨胀石墨膨胀炭层的稳固性能,选择合适的聚合物作为膨胀组分的黏结剂非常关键。例如,环氧树脂的交联结构有利于提高阻燃漆膜的强度,燃烧时,可膨胀石墨首先受热膨胀,形成绝热层,阻止热量的传递,而环氧树脂的交联结构可有效固定膨胀石墨炭层,起到稳定炭层、保持炭层的形状和功能、增加膨胀炭层的机械稳定性能的作用,并通过进一步炭化有效增强了膨胀炭层的热绝缘性能。美国专利 US 6472070 通过可膨胀石墨与无机填料和含磷阻燃剂的复配使用[64],有效提高了阻燃涂料的抗火性能和热绝缘性能,研制出具有广泛应用价值的膨胀阻燃环氧树脂涂料,其性能结果见表 4 - 22。

表 4 - 22　可膨胀石墨阻燃环氧树脂阻燃涂料及其性能[1]

配方/份	1	2	3	4	5
环氧树脂	40	40	40	40	40
固化剂	60	60	60	60	60
EG	30	—	70	150	50
APP	100	20	—	—	—
氢氧化铝	100	50	200	150	200
碳酸钙	100	50	500	—	—
二甲苯溶剂	—	—	100	50	25
性能评价					
黏度/(Pa·s)	无法测量	230	380	480	640
漆膜厚度/mm	无法制备	2	2	2	2
漆膜伸长率/%	—	200	无法测试	120	180

续表

配方/份	1	2	3	4	5
弹性模量/(kgf/mm²)	—	48	—	100	69
氧指数[2]	—	L	L	L	L
抗火性能[3]	—	T	—	L	L
热绝缘性能[4]	—	T	T	L	L

1) 表中有关性能是将配方中的环氧树脂阻燃涂料涂覆于 0.3mm 厚的 PET 膜上进行测试的。

2) 氧指数按照 JIS K7201 进行测试,"L"代表氧指数大于或等于 40%,"T"代表氧指数低于 40%。

3) 抗火性能是将阻燃涂料涂覆于尺寸为 300mm×300mm×1200mm 厚为 12mm 的钢材上,按照 JIS A1304 方法进行测试,"L"代表钢材平均温度低于或等于 350℃,最高温度低于或等于 450℃。

4) 热绝缘性能利用锥形量热仪,在热辐照功率为 50kW/m² 的条件下,对未受热面的温度进行测试,"L"代表温度低于或等于 260℃,"T"代表温度高于 260℃。

很多化学膨胀阻燃体系中以多羟基醇为碳源,如季戊四醇,多羟基化合物具有很好的成炭能力,可以稳固膨胀炭层,增加膨胀炭层的膨胀能力和热绝缘性能,对获得良好的炭层强度起到了非常关键的作用,如果膨胀阻燃组分中没有这一组分,而且所选择的聚合物黏结剂的成炭性能有限时,往往导致膨胀炭层强度不足,容易开裂,而达不到理想的阻燃效果。然而,多羟基醇的大范围使用也容易损坏涂料的防水性能,限制了防火涂料在很多场合中的应用,为提高涂层的防水性能,常常在阻燃涂覆层上施加额外的涂层。

可膨胀石墨与多羟基醇复配使用时,有效解决了膨胀石墨之间的黏结强度问题,改善了膨胀炭层的稳固性能和机械性能,同时,由于可膨胀石墨具有优异的防水性能、耐候性能等,在一定程度上克服了由多羟基醇带来的防水性能较差的问题,阻燃涂料的防水性能仍可满足要求。美国专利 US 5968669 即采用此方法获得了防水、耐潮的阻燃涂料[65],可广泛用于纤维材料如木材、板材的阻燃涂覆,其组分如表 4-23 所示。

表 4-23　可膨胀石墨防水、耐潮阻燃涂料

组分	用量/%
可膨胀石墨	23.64
碳酸钙	21.28
氢氧化铝	2.48
氯化石蜡(含氯 70%)	2.13
三聚氰胺	2.13
季戊四醇	4.25
三聚氰胺增强脲醛树脂	14.19
表面活性剂	0.23
水	29.67
总量	100

美国专利 US 6084008 采用可膨胀石墨、固体吸收材料如石灰石或碳酸钙、聚合物粘接剂如苯酚-甲醛树脂、成炭剂如季戊四醇等作为阻燃涂料组分[66]，获得的防火涂料可用于各种木质纤维材料、屋顶、墙壁、地板的阻燃涂覆，也可用于玻璃纤维层状复合材料等的阻燃涂覆，专利中提供的阻燃涂料组分示例如表 4-24 所示。

表 4-24　可膨胀石墨阻燃涂料组分

组分	用量/%
可膨胀石墨	19.566
碳酸钙	17.890
氢氧化铝	1.630
苯酚甲醛树脂(固含量50%)	22.032
间苯二酚甲醛树脂(固含量75%)	0.625
季戊四醇	3.362
三聚氰胺	1.674
氯化石蜡	1.674
二氧化硅	0.063
表面活性剂	0.001
催化剂	0.044
水	26.438
苯酚甲醛添加剂	5.001
总量	100

由可膨胀石墨、固体吸热材料、聚合物黏结剂等组成的防火涂料，可用于对纤维板、木板等进行阻燃涂覆，该涂料克服了以往涂料会产生烟气的不足之处，在火灾中迅速膨胀形成轻质炭层阻燃的同时，不释放出有毒气体，如 SO_2、NO 等，可有效地对基材进行防火保护。

4.5　展　望

尽管化学膨胀型阻燃体系已广泛使用了近 60 年，仍面临一些亟待解决的问题，特别是用于潮湿环境、海洋气候、露天环境等场所时，因其耐候性、盐析性、水溶解性等使其应用受到一定限制。近年来，随着膨胀阻燃剂以及阻燃聚合物材料的广泛研究与应用，物理膨胀型阻燃剂受到了普遍关注，其中最受重视的当首推可膨胀石墨，作为一种性能优越的物理膨胀型阻燃剂，它已经广泛用于塑料、泡沫、涂料等领域，由于阻燃的聚合物具有无卤、无毒、低烟、低热释放、无熔滴等特点，为膨胀型阻燃材料的研发开辟一个良好的途径。

本章以可膨胀石墨为中心,介绍了有关其阻燃聚合物的基础及应用,从中可以发现,可膨胀石墨具有以下突出优点。

(1) 无毒、低烟、低腐蚀性气体

可膨胀石墨本身无毒,而且在燃烧时也不产生有毒气体,并能够在一定程度上抑制燃烧中烟雾的产生。通过受热膨胀形成膨胀绝热层而发挥阻燃作用,是可膨胀石墨阻燃机理的关键,优质膨胀绝热层的形成有效降低了聚合物基材的温度,阻断了氧气的扩散,抑制或延缓了聚合物的热降解和热氧化降解的进程,有利于减少烟的产生和释放。尽管很多数据表明,可膨胀石墨与聚合物之间不发生或很少发生化学作用,但膨胀炭层的形成有效稳定了聚合物基材,有利于聚合物的交联成炭,因此许多阻燃聚合物往往表现出成炭量的增加,这对于减少烟释放量是非常有利的。

然而,有时单独使用可膨胀石墨并不能有效抑制烟的产生,例如,以 20phr 可膨胀石墨阻燃 HIPS 并没有显著降低烟的释放量,但采用可膨胀石墨与其他无卤阻燃剂的协同作用常常可以得到良好的抑烟效果。例如,仍采用 20phr 的阻燃剂用量(15phr 可膨胀石墨和 5phr APP),阻燃 HIPS 的烟密度显著降低(表 4-16)。即使对于发烟量较大的红磷,可膨胀石墨与其复配也能达到较好的抑烟效果(表 4-19)。

(2) 高膨胀倍率和优质的绝热膨胀层

可膨胀石墨具有很高的膨胀容积,一般可达到 200mL/g,甚至更高,显著优于化学膨胀型阻燃剂,而且膨胀后形成的蠕虫状膨胀石墨具有良好的耐热性能,因此,由其阻燃的聚合物材料能够在火灾中迅速形成绝热膨胀层,抑制或阻断火灾的传播,这一点在阻燃聚氨酯泡沫时有突出表现,膨胀石墨表面炭层以下的泡沫结构燃烧后仍可保持完整,而在 APP 和 MC 阻燃的聚氨酯泡沫中,炭层以下的聚氨酯均发生了不同程度的降解,证明膨胀石墨炭层能够非常有效地保护聚合物(见4.4.1节)。

(3) 防止熔滴

从阻燃角度考虑,燃烧中产生的熔滴可以带走热量,有利于阻断燃烧,但在火灾中,熔滴,特别是燃烧的熔滴,是导致火灾范围扩大的重要原因之一。许多热塑性聚合物材料在燃烧中容易产生熔滴,因此选择使用阻燃剂时不仅要考虑其阻燃效果的优劣,还应考虑是否能有效抑制熔滴的产生。尽管许多无卤阻燃剂在阻燃这一类聚合物时表现出良好的阻燃性能(例如较高的氧指数),却无法抑制熔滴的产生。

可膨胀石墨单独使用时并不能有效抑制熔滴的产生,例如,添加 15phr 的可膨胀石墨并不能使阻燃 PBT 通过 UL-94 测试,而可膨胀石墨协同其他无卤阻燃剂却可有效抑制熔滴的产生,如采用 10phr 可膨胀石墨和 5phr 红磷复配使用,就可使阻燃 PBT 达到 UL-94 V-0 级(表 4-18)。利用可膨胀石墨与其他无卤阻燃剂的协同阻燃效应,可以在很少的阻燃剂用量时,较容易使阻燃聚合物材料达到 UL-94 V-0 级,例如,仅用 10phr 的阻燃剂(6phr 可膨胀石墨、2phr 红磷、2phr APP)就可使阻燃 ABS 达到 UL-94 V-0 级(表 4-17)。

(4) 耐候性、耐腐蚀性

化学膨胀型阻燃剂为有机化合物组合而成,一般说来具有一定的保质期或稳定期,时间越久,分解程度越大,甚至导致最后失效,而且由于盐析效应,会与空气中的成分反应,发生潮解或化学变化,例如含化学膨胀型阻燃剂的涂料在室外应用时,其防火性能降低很快,一般在 2～3 年就可能失效。可膨胀石墨在日常使用中以稳定的晶型存在,属于耐腐蚀性能、耐候性能很好的一种材料,可膨胀石墨在气候中的变化很缓慢,其耐候性、耐久性是非常优异的。

(5) 其他

可膨胀石墨具有许多优良的性能,使其可用于特殊场合的阻燃需求。例如,利用其膨胀倍率高、阻燃效果好的优点,可将其用于防火密封材料,此外,由于可膨胀石墨膨胀容积大,而且化学性质稳定,氧化温度高,安全性好,是理想的隔热(保温)、隔声材料。例如,可膨胀石墨阻燃聚苯乙烯泡沫,国外有些高档建筑的墙壁材料中夹入一层可膨胀石墨,以起到保温、隔声作用,且在火灾发生时,可以起到阻止火势蔓延的作用。

然而,可膨胀石墨阻燃聚合物材料也存在许多有待解决的问题,其中比较突出的有以下几方面。

(1) 协同阻燃作用

尽管可膨胀石墨具有较高的阻燃性能,但仍然达不到人们对高性能阻燃剂的要求,在很多场合下,仍逊色于化学膨胀型阻燃剂,因此,可膨胀石墨通常与其他阻燃剂复配使用,如红磷、磷酸酯、APP、MC 等,研究可膨胀石墨与其他阻燃剂的协同阻燃效应是目前的方向之一。

(2) 加工温度

阻燃剂的热稳定性往往是聚合物加工中重点考虑的问题之一;否则,如果阻燃剂的分解温度低于聚合物的加工温度,在挤出、压制、模塑过程中,阻燃剂就会先发生分解以至失效,直接影响阻燃效果及加工质量。对于可膨胀石墨而言,初始膨胀温度是重要的选择参数之一。目前,许多可膨胀石墨产品的初始膨胀温度在 200℃左右,可满足许多通用塑料的加工要求,但还不能完全满足工程塑料的加工要求。最近,Reinheimer Arne 提出采用石墨与 $FeCl_3$ 熔态反应可制备出初始膨胀温度达到 314℃的可膨胀石墨[16],而 Naycol 公司称可提供初始膨胀温度为 300℃的可膨胀石墨产品[17],但如何提高可膨胀石墨的初始膨胀温度仍需要进一步地研究。

（3）膨胀容积与粒度

可膨胀石墨的阻燃效果与其粒度大小密切相关，相对来说，粒度较大的可膨胀石墨往往具有较高的膨胀容积与阻燃性能，同时，粒度分布和膨胀容积对阻燃性能的影响显著，膨胀容积大于 $200mL/g$、筛上量大于 80% 的可膨胀石墨往往具有更高的阻燃性能，因此实际应用中常常采用粒度较大的可膨胀石墨作为阻燃剂。由此产生的负面影响主要在于两个方面：首先，颗粒较大的可膨胀石墨与被阻燃聚合物的相容性较差，导致力学性能的恶化；其次，加工中容易导致颗粒尺寸变小，影响可膨胀石墨的阻燃能力。

选择适当的加工工艺和可膨胀石墨的表面处理或包覆可能是这一问题的解决方案，例如，在采用双螺杆挤出方法加工阻燃材料时，可以将可膨胀石墨在侧喂料口加入，尽量降低剪切力的影响，但在加工时粒度减小仍然不可避免，而且阻燃剂在后期加入可能会影响在聚合物中的分散均匀性。这也是目前难于解决的问题之一。

本章在 4.2.2.2 节中曾提到氧化程度过高可能导致可膨胀石墨膨胀容积的减小，尤其在形成氧化石墨后，膨胀容积已经很小，甚至消失，这对于阻燃显然是非常不利的，但作者在研究中发现，聚合物/氧化石墨纳米复合材料却表现出良好的阻燃效果，很少的氧化石墨用量就可以使氧指数大幅度增加，纳米效应发挥了关键作用[67,68]，此时粒度和膨胀容积已不是阻燃的关键因素，由于该部分内容已超出本章的讨论范围，感兴趣的读者可参考文献。

（4）可膨胀石墨的表面处理或包覆

可膨胀石墨的阻燃性能要求其粒度较大，一般在毫米级，对于这一级别的颗粒进行表面处理或包覆相对比较困难，有关文献报道很少。但这一方向的研究具有较为现实的意义，它可能为解决由于粒度较大而带来的问题提供有效途径，此外，在很多应用中，改善可膨胀石墨与聚合物的相容性也是非常必要的，例如，增加可膨胀石墨与多元醇溶液的相容性可有效延长适用期，对于阻燃涂料，还可能解决膨胀炭层的强度问题等。

（5）可膨胀石墨的颜色

可膨胀石墨阻燃聚合物材料往往具有较深的颜色（灰色或黑色），只能用于制造深色制品，这在很大程度上限制了其应用领域。

综上所述，可膨胀石墨阻燃聚合物表现出显著的优越性，使之成为解决许多阻燃问题的良好途径，但随着应用领域的不断扩大，其发展不断面临新的问题，探究这些问题的解决方案成为当前可膨胀石墨阻燃聚合物材料研究的重要课题。以初始膨胀温度为例，可以很好地说明这一问题。可膨胀石墨较早成功用于阻燃聚氨酯泡沫塑料，在制备阻燃聚氨酯泡沫时，可膨胀石墨的初始膨胀温度并不是重点考虑的问题,也常常被忽视,而在用于阻燃热塑性塑料时,材料的加工方式使得热稳定性成为选择阻燃剂首要考虑的问题之一,可膨胀石墨的初始膨胀温逐渐被重视并成为其重要性能指标之一,研制具有较高初始膨胀温度的可膨胀石墨产品也就成为目前普遍关注的课题之一。

　　本章着重介绍了可膨胀石墨在阻燃聚氨酯泡沫、阻燃热塑性塑料和防火涂料中的应用情况,应该指出,其应用领域并不局限于此,例如,可膨胀石墨也可用于阻燃热固性塑料[69],在防火密封材料方面也获得了广泛的研究和应用[70],鉴于本书的宗旨与篇幅,未能一一概述。

　　可膨胀石墨在阻燃领域的应用,无疑会给阻燃材料的研究和发展带来新的动力。加强可膨胀石墨在阻燃领域中研究及应用,将为开发无卤、低烟、高性能、环境友好的阻燃产品提供一个崭新的途径。同时,必须认识到,可膨胀石墨并不是唯一的物理膨胀型阻燃剂,尽管目前还没有任何一种物理膨胀型阻燃剂的性能可以与之相媲美,但其他物理膨胀型阻燃剂的开发,可能为解决可膨胀石墨目前存在的问题,提供新的思路和方法。迄今为止,与化学膨胀阻燃聚合物相比,有关物理膨胀阻燃聚合物的研究较少,应用范围还很有限,其研究和发展仍任重而道远。

参 考 文 献

[1]　薛恩钰. 曾敏修. 阻燃科学及应用. 北京:国防工业出版社,1988. 264

[2]　Schilling B. Kunststoffe, 1997, 87(8): 1004, 1006

[3]　欧育湘. 阻燃剂——制造、性能及应用. 北京:兵器工业出版社,1997. 169

[4]　张旭东. 张玉军等. 无机非金属材料学. 济南:山东大学出版社,2000. 309

[5]　Graf von Reichenbach. Clay minerals, 2002, 37(1): 157～168

[6]　ROULIA M. CHASSAPIS K et al. Spill science and technology bulletin, 2003, 8(56): 425～431

[7]　倪文. 李建平等. 矿物材料学导论. 北京:科学出版社,1998. 223

[8]　赖盛刚. 奚羣. 膨胀石墨密封材料及其制品. 北京:中国石化出版社,1994. 20

[9]　李士贤. 姚建. 林定浩. 石墨. 北京:化学工业出版社,1991. 34

[10]　陈宇飞. 炭素, 1996, 2: 38～40

[11]　于仁光. 乔小晶等. 精细石油化工进展, 2003, 4(10): 8～10

[12]　吴翠玲. 翁文桂等. 华侨大学学报(自然科学版), 2003, 24(2): 147～150

[13]　朱继平. 合肥工业大学学报(自然科学版), 2001, 24(6): 1158～1162

[14]　Camino G. Duquesne S et al. Polymer materials science and engineer, 2000, 83: 42～43

[15]　Daniel W K. Brian M F. Fire and materials conference, San Antonio, Texas, 1998

[16]　Reinheimer A. Wenzel A. US 20030157015, 2003

[17]　Shen K. Schilling B. www.nyacol.com

[18]　张瑞军. 刘建华. 炭素, 1998, (3): 39～42

[19]　陈祖耀. 朱继平等. 中国科学技术大学学报, 1998, 28(2): 205～210

[20]　靳通收. 马艳然等. 无机化学学报, 1997, 13(2): 231～233

[21]　渠荣遴. 炭素, 1995, (1): 17～19

［22］ 王慎敏. 乔英杰等. 哈尔滨理工大学学报，1999，4(5)：24

［23］ Herold A. Petitjean D et al. Materials science forum，1994，152～153：281

［24］ 阎万明. 内蒙古石油化工，1998，19(2)：54～56

［25］ Duquesne S，M Le Bras et al. Journal of applied polymer science，2001，82(13)：3262

［26］ Duquesne S，M Le Bras et al. Polymer degradation and stability，2001，74：493～499

［27］ Duquesne S，Delobel R et al. Polymer Degradation and Stability，2002，77：333～344

［28］ Modesti M，Lorenzetti A et al. Polymer degradation and stability，2002，77：195～202

［29］ Xie R. Qu B. Polymer degradation and stability，2001，71：395～402

［30］ Modesti M，Lorenzetti A et al. Polymer degradation and stability，2002，78：167～173

［31］ Iuchi K. Tono M. Iwane K. JP09003256，1997

［32］ Okisaki F. Hamada A. Endo S et al. EP 730000，1996

［33］ Li Z. Qu B. Polymer degradation and stability，2003，81：401～408

［34］ Tono M. Yamaguchi B. Iuchi K. JP 09176404，1997

［35］ Kiuchi S. JP 2003147052，2003

［36］ Terao K. JP 09208768，1997

［37］ Heitmann U. Rossel H. US 5192811，1993

［38］ Heitmann U. Rossel H. EP 450403，1991

［39］ Terao M. Tsujimoto M. JP 09059439，1997

［40］ Okisaki F. Hamada A. US 5760115，1998

［41］ Okisaki F. Hamada A. Endo S. EP 729999，1996

［42］ Suzuki T. Suzuki M. JP 03167237，1991

［43］ Iwane K. Tono M. Iuchi K. JP 08295753，1996

［44］ Wallace W R. Baumforth R J. US 5719199，1998

［45］ Wallace W R. Baumforth R J. US 5650448，1996

［46］ 张骥红. 陈峰. 聚氨酯工业，2001，16(4)：6～9

［47］ Modesti M. Lorenzetti A. Polymer degradation and stability，2002，78：341～347

［48］ Von B W. Schapel D. US 5173515，1992

［49］ Heitmann U. Rossel H. US 5169876，1992

［50］ Haas P. Hettel H. US 5023280，1991

［51］ Olstowski. US 3574644，1971

［52］ Heitmann U. Rossel H. US 5169876，1992

［53］ Yukuta T，Ishiwaka T et al. US 4221875，1980

［54］ Nissen D，Marx M et al. US 4293657，1981

［55］ Lutter H D，Zschiesche R et al. US 5739173，1998

［56］ Okisaki F，Hamada A et al. US 5760115，1998

［57］ Xie R. Qu B. Polymer degradation and stability，2001，71：375～380

［58］ Knox C L. US 5414031，1995

［59］ Okisaki F，Hamada A et al. US 5942561，1999

［60］ Okisaki F，Hamada A，Obasa M. US 5810914，1998

［61］ Okisaki F，Hamada A，Obasa M. EP 794229，1997

［62］ Numata N. Tono M. Yamaguchi B. JP 10237263，1998

[63]　Ford B M, Hutchings D A et al. US 6228914, 2002

[64]　Muraoka H. Tono M. Okada K. US 6472070, 2002

[65]　Liu F. Zhu W. US 5968669, 1999

[66]　Liu F. US 6084008, 2000

[67]　Wang J Q, Han Z D. In: M Le Bras et al. Fire retardancy of polymer. American Chemical Society, 2004: 161~176

[68]　Wang J Q, Han Z D. TGA—FTIR Study on Thermal Degradation and Flammability of Polymer Layered Graphite Oxide (PLGO) Composites. Presented at 228th ACS meeting, 2004

[69]　Piotr P, Ryszard O, Daniel K. In: Proceedings of the Flame Retardants 2000 Conference 9th, London, United Kingdom, 2000: 105~111

[70]　Ackerman Eva. US 6207085, 2001

第5章 纳米效应与聚合物阻燃

5.1 概　　述

20世纪80年代，日本丰田公司中心研究与开发实验室公布了尼龙6纳米复合物的专利，引起了业界人士的广泛关注，因为只需要加入5％的有机改性黏土即可使尼龙6的拉伸强度增加40％、拉伸模量提高68％、弯曲强度提高60％、弯曲模量提高126％，热变形温度（HDT）从65℃增加到152℃，而抗冲强度只降低了10％[1]。与常规的玻纤或滑石粉等填料（添加量为30％甚至更高）相比，非但提高了材料的性能，减轻了材料的质量，还为材料的再生带来了佳音。可见，纳米效应带来的优点是显而易见的。

物质由宏观尺度过渡到微观尺度，即由宏观力学过渡到量子力学的发展是人类认识微观物质世界的一个飞跃。所谓的纳米效应则是指物质尺寸介于"宏观"与"微观"间的纳米范畴（nm，10^{-9} m）所表现出的"介观"效应。广义上讲，"纳米技术"可定义为："以分子为原料构筑所需性能的材料和器件"的技术。尽管20世纪60年代至今，出现了许多时尚的新名词，诸如"纳米材料"、"纳米技术"、"纳米器件"、"纳米微电子学"、"纳米医用机器人"等，其实纳米材料的存在已由来已久。例如，已有数十年、上百年甚至千年历史的染料、墨汁、炭黑、气相氧化硅等都是"天然的"纳米物质。

种类繁多、形貌各异的纳米材料包含三维的纳米粒子（例如，沉淀法SiO_2、溶胶-凝胶法SiO_2-TiO_2）、二维的纳米管（例如，炭纳米管、纤维素纳米须）和一维的纳米层（如层状硅酸盐）等。总之，"具有一维或多维处于1～100nm尺寸范围的材料"都可被视为"纳米材料"。各种纳米材料（纳米颗粒、纳米黏土、纳米碳管等）各有不同特点和用途。表5-1和表5-2分别列出纳米材料在汽车工业中的一些应用以及2000年度有关文献发表的频率。

表5-1　现代纳米材料与技术在汽车工业的发展状况

纳米技术材料	现代应用	应用示例	有代表性的公司
金属氧化物	玻璃遮光、化妆品、半导体抛光、抗擦涂层	触摸屏、黏结剂、汽车尾气催化剂	Degussa、Nanophase Technologies、Cabot、Rohm and Haas、BASF、Altair Nanomaterials、NanoProducts Corp.

纳米技术材料	现代应用	应用示例	有代表性的公司
纳米黏土	汽车塑料复合材料、食物饮料透气阻隔	阻燃、重型工业塑料、线缆护套	Nanocor、Southern Clay、Honeywell、Bayer、Mitsubishi、Basell
碳纳米管	硬盘静电去除、半导体制造、汽车塑料静电喷涂	阻燃、移动通信工具天线、耐热抗腐蚀塑料、平面显示器	Hyperion、Carbon Nanotechnologies、DSM、DuPont、Sumitomo、GE

表 5-2　研究文献报告频率(2000 年度)

纳米课题	发表篇数	起始年代
纳米颗粒	750	1991
纳米复合物	390	1991
聚合物纳米复合物	150	1993

数据来自:EI Compendex。

2001 年,由美国军方资助的美国防卫局与欧洲诺丁汉(Nottingham)、牛津(Oxford)两所大学的合作以及跨国的纳米材料联合体的出现预示着抢夺制高点的新发展。中国科学院也在 2001 年宣布成立了纳米科学与技术的专门研究机构。随着"纳米世界"内涵的深化以及纳米科技的快速发展,各国政府及相关部门相继加大了人力、物力、资金的投入。例如,美国国家纳米技术中心(National Nanotechnology Initiative, NNI)仅 2003 年度即已斥资 6.0 亿美金[2]。

各发达国家,如美国宾州、英国剑桥、德国弗里堡、法国波尔多(Bordeaux)、荷兰 Twente 等大学均将其列为资助与研发的重点。研究活动的范围也不断扩大,如①力学性能的改善;②功能化的扩展;③材料体系的选择;④纳米与长纤维复合增强材料的结合;⑤新型纳米材料结构的检测等。据 2004 年美国商业通讯公司(BCC)机构的统计预计,在未来的 5 年内许多重要领域的商业化运作与应用将会出现令人瞩目的发展[2]。

20 世纪 90 年代,以美国国家标准与技术研究院(National Institute of Standards and Technology, NIST)[3]为首率先对纳米聚合物/黏土复合物(polymer layered silicates nanocomposites, PLS)的燃烧行为开展了系统的重点研究。他们发现 PLS 纳米复合物在降低聚合物燃烧性方面有其独到之处,并被誉为"革命化"的进步[4]。研发的兴趣集中在热塑性聚合物,包括廉价的通用塑料与高性能的工程塑料。为了降低成本,获取高强度、高模量、高热变形温度(HDT)、高阻隔及高阻燃等性能的纳米复合材料,对通用塑料(特别是聚丙烯)纳米复合物给予了优先的关注,以期部分地或大部取代昂贵的工程塑料。黏土产于自然界,其组成与纯度因产地而异。由 2∶1 的四面体（氧化硅 SiO_4）与八面体（氧化铝 AlO_6）组成了蒙特石（又称绿土）（montmorillonite，M M T）备受青睐。它是使用最广的硅酸盐黏土。为满足产品性质的多种要求，其他类型的黏土也在被研究开发之列。表 5 - 3 列出某些可供聚合物插层的天然（如蒙特土）与合成的（如云母等）层状化合物[5]。

表 5 - 3　可供插层的层状化合物举例[5]

层状化合物	举　例
单质元素	石墨
金属硫化物与氧化物	$(PbS)_{1.18}(TiS_2)_2$、MoS_2、SiO_2
碳氧化物	氧化石墨
金属磷酸盐	$Zn(HPO_4)$
黏土与层状硅酸盐	蒙特土、水辉石、皂石、氟化云母、氟化水辉石、蛭石、高岭土、云母
层状双羟基化合物	$M_6Al_2(OH)_{16}CO_3 \cdot nH_2O(M=Mg, Zn)$

聚合物纳米复合材料的发展为我们提高聚合物阻燃与耐热功能，寻求新型环境友好的无卤阻燃技术展示了美好的前景。本章的重点将锁定在纳米效应、纳米填料和无卤阻燃的现状与发展动向。表 5 - 4 中列出的一些因特网资源举例可供实时跟踪本领域参考之用。

表 5 - 4　部分有用网址[1]

网址	内容
w w w . nano . gov	NNI homepage、links、news、solicitations
w w w . nano . org . uk	Homepage of Inst . of Nanotechnology、links、news、conferences
itri . loyola . edu	Database、links、WTEC reports
w w w . zyvex . com / nano	General introduction to nanotechnology with links
w w w . foresight . org	
	Links and news
nanodot . org	
amptiac . iitri . org	Advanced materials and processes、links and news
Public . itrs . net	Roadmap for semiconductors and associated links

1) 仅供参考，随时间的发展将会不断更新。

5.2　聚合物层状纳米复合物

5.2.1　层状硅酸盐的结构

层状硅酸盐的结构属于 2∶1 云母型层状硅酸盐结构系列，如图 5 - 1 所示。晶体晶格由二维平面层堆积而成。每个二维层面中间为 Al_2O_3 或 $Mg(OH)_2$ 组成的八面体层，嵌夹在由 SiO_2 组成的两个四面体层之间。氧离子同时分属于四面体与八面体共同连接的顶点之上。各二维平面层之间通过范德华力疏松连接而逐层堆积。二维平面层之间的间隙称为"通道"。八面体层内的 Al^{3+} 被 Mg^{2+} 或 Fe^{2+} 取代,或 Mg^{2+} 被 Li^{1+} 取代而呈现负电荷,后者被"通道"中的碱金属或碱土金属阳离子所抵消。由于范德华力强度较弱,"通道"中的阳离子很容易与外界的阳离子进行交换,为聚合物分子链的插层提供了条件。

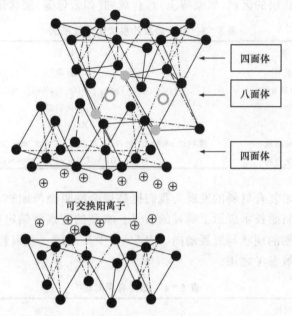

四面体

八面体

四面体

可交换阳离子

○ Al,Fe,Mg,Li; ● OH; ● O; ⊕ Li,Na,Rb,Cs

图 5 - 1　2:1 云母型层状硅酸盐结构系列

　　2:1 云母型层状硅酸盐的层间电荷(表 5 - 5)只能看作整个晶体的平均电荷。实际上,各层的电荷都不相同。平衡阳电荷中只有少数处于结晶外表面,大部分存在于层间。因此,有机表面活性剂的阳离子一端主要插入层间,而另一端的脂肪尾链则向外辐射。所有的层状硅酸盐大都具有高的活性比表面(例如,蒙特土的比表面在 $700 \sim 800 m^2/g$) 和中等大小的表面负电荷,后者与阳离子交换能力(cationic exchange capability,CEC)有关。

表 5 - 5　2:1 云母型层状硅酸盐的化学结构

名称	同形取代位置	化学通式
蒙特土	八面体	$M_x(Al_{4-x}Mg_x)Si_8O_{20}(OH)_4$
水辉石	八面体	$M_x(Mg_{6-x}Li_x)Si_8O_{20}(OH)_4$
皂土	四面体	$M_xMg_6(Si_{8-x}Al_x)O_{20}(OH)_4$

　　表 5 - 6 给出 Southern Clay Product (SCP)公司有机层状硅酸盐(organic layered silicates,OLS)商品 Cloisite® 的品牌和技术规格。天然层状硅酸盐的结构、

化学组成,包括杂质的含量都对制得的纳米产品的结构和性能产生影响。人工合成的氟化水辉石等的研发可以弥补天然层状硅酸盐的不足,为制备多种类型的纳米复合物提供了更多的机会。

表 5 - 6　Cloisite® 品牌有机黏土(SCP,Southern Clay Products Inc.,南方黏土产品公司)

OLS	有机改性剂	改性剂浓度 /(meq/100g)	水含量 /%	d_{001} /Å	点燃质量损失 /%
Cloisite 10A	天然 MMT	92.6	2	11.7	7
Cloisite 20A	2M2HT(Cl⁻)	95	2	24.2	38
Cloisite 25A	2MHTL8(CH₃SO₄⁻)	95	2	18.6	34
Cloisite 30B	MT2EtOH(Cl⁻)	90	2	18.5	30
Cloisite 93A	M2HT(HSO₄⁻)	90	2	23.6	40

注:M—methyl,HT—hydrogenated tallow(以 Cloisite 93A 为例:大约含 65%C_{18},30%C_{16},5%C_{14});d_{001}:层间距离(XRD)。

5.2.2　聚合物层状纳米复合物的形貌

聚合物层状纳米复合物的形貌与制备方法、实验条件和原材料的选择都有关系。一般有以下三种形貌结构(图 5 - 2)。

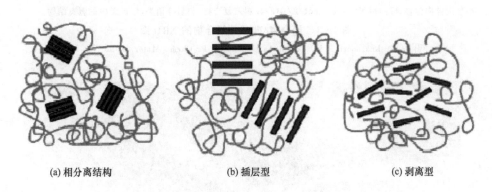

(a) 相分离结构　　　　　　(b) 插层型　　　　　　(c) 剥离型

图 5 - 2　不同 PLS 混合体示意图

当聚合物与层状硅酸盐间毫不相容时,混合后得到的是相分离结构(a),即通常所谓的微混(micro-mixing)。其余两种形貌(b)、(c)分别属于插层型(intercalated)和剥离型(exfoliated)纳米结构。(b)结构为聚合物分子链的插层,呈现有序的多层排列。如果硅酸盐层完全均匀分散到连续的聚合物主体中,此时 XRD 的衍射峰消失说明无结晶态存在,随即形成了剥离的纳米分散结构(c)。

X 射线衍射(XRD)和透射电镜(TEM)是当前最常用的两种测量技术。图 5 - 3 与图 5 - 4 给出了示例。在实验误差极限内,XRD 为我们判断插层型纳米结构是否存在提供了重要证据。TEM 给出的是直观的、细致的空间局部结构,对分析判断混合过程的均匀性提供有利的旁证。TEM 也可用来观察和鉴别由几十层硅酸盐组成的个别微晶的存在。两者的相互配合印证有助于研究纳米形貌结构与阻燃性能的关系。

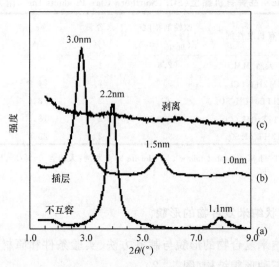

(a) PE/C18FH 微混物,与纯有机硅酸盐(C18FH)的 XRD 图相同;(b) PS/C18FH 插层复合物,衍射峰向小角度方向位移,层间距增大;(c) 硅氧烷/C18FH 剥离复合物,衍射峰消失,形成无序的剥离结构。

图 5-3 聚合物/硅酸盐复合物的 XRD 图

引自:Krishnarnoorti R K, Vaia R A, Giannelis E P. Chem. Mater.,1996(8):29

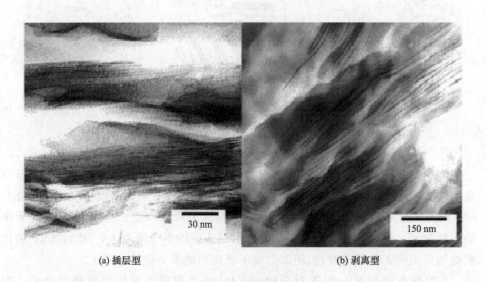

(a) 插层型   (b) 剥离型

图 5-4 TEM 图像

引自:Krishnarnoorti R K, Vaia R A, Giannelis E P. Chem. Mater.,1996(8):29

为推动本学科的发展,提高检测精度,扩大信息范围,需要寻找新的有效的表征手段。

5.3　黏土的有机化处理与熔态挤出

聚合物层状纳米材料的制备方法[6,7]一般有:①原位聚合法。这是最早用来制备聚合物/层状硅酸盐纳米复合物的方法。以极性单体溶液代替极性溶剂。待有机黏土膨胀,即加入引发剂,聚合后常可得到剥离型纳米结构。此法当前仍广泛使用,特别是热固性/层状硅酸盐纳米复合物的制备。②溶液法。将有机黏土与聚合物一起溶于极性有机溶剂中,利用溶剂分子的脱附(熵变增加)而使聚合物分子链扩散进入黏土的"通道"(熵变减少)。待溶剂蒸发后,常可得到插层型纳米结构。很多水溶性高分子常使用这一方法,如聚乙烯醇(PVA),聚乙烯吡咯烷酮(PVP),聚氧化乙烯(PEO),聚(乙烯-乙烯醇)(PEVA)。③熔态插层法。将有机黏土与熔态聚合物共混,通过螺杆挤出快速完成。④原位热液结晶生成法。在聚合物水溶胶介质中通过热液结晶法原位生成层状硅酸盐,进而合成出聚合物/层状硅酸盐纳米复合物。

5.3.1　黏土的有机化处理

制备聚合物层状纳米材料的关键在于无机黏土的有机改性。许多黏土都是由铝硅酸盐组成。后者呈层片状结构。小片表面和边缘上携带电荷的多少取决于黏土自身精细的化学组成。该电荷为处于黏土层间的部分相反电荷所平衡。层状小片的厚度为纳米级,纵横比可高达 $100\sim1500$,具有很高的比表面(每克数百平方米)。离子交换能力是黏土的另一个特性。聚合物/黏土纳米复合物生成的先决条件是黏土表面亲水性的改造,即通过黏土内部离子与外界荷有相反电荷的离子进行交换后生成的亲油性表面。以蒙特土(MMT)为例,含有的 Na^+ 与 12-氨基十二烷基酸的铵阳离子与黏土间的静电吸引反应如下

$$Na^+ \text{—黏土} + HO_2C\text{—}R\text{—}NH_3^+Cl^- \longrightarrow HO_2C\text{—}R\text{—}NH_3^+\text{—黏土} + NaCl$$

$$(5-1)$$

其他类型的黏土也常使用,例如,含有很少量层状结构的水辉石(镁硅酸盐)以及高纯度的合成黏土,如水滑石等。不同的是,后者的层状结构荷带的是正电荷(有关细节见 5.3.2 节)。

离子-偶极作用也可用于黏土的改性。例如,将小分子十二烷基吡咯烷酮插入黏土之中再为聚合物所取代后,最终形成聚合物纳米复合物。这里的黏土边缘区域与聚合物之间的不相容性可以通过硅烷偶联剂的边缘处理得到解决。为加强协同效果,也可与镝离子改性的有机黏土联合使用。

近来,有报道提出利用嵌段共聚物及接枝共聚物(图 5 - 5)的改性剂处理黏土[8]。该共聚物的结构分别由亲水段和憎水段两部分组成。此种黏土的使用可以获得高度分散的剥离型纳米复合物。

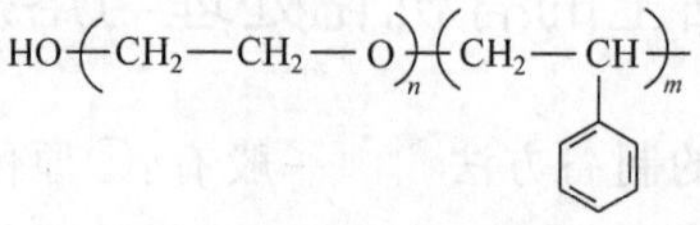

$$HO-(CH_2-CH_2-O)_n-(CH_2-CH)_m$$

图 5 - 5　与聚合物相容的典型憎水性嵌段共聚物的结构

提高改性黏土的热稳定性在熔态加工中非常重要。当前采取的技术措施有:① 以咪唑鎓盐(图 5 - 6)取代铵盐制备工程塑料的纳米复合物。五元环结构中咪唑鎓的离域性阳离子具有共轭作用,故有较高的热稳定性;② 开发鏻盐的使用以代替铵盐,可以提高有机黏土的分解温度,例如,从 200～300℃提高到 400℃以上;③ 人工合成有机黏土可将有机黏土的分解温度提高到 400℃以上;④ 使用氟代有机改性黏土等。

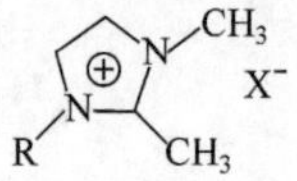

图 5 - 6　咪唑鎓盐的结构

人们注意到,烷基取代季铵盐改性的黏土与几乎无极性的聚合物(例如,聚丙烯、聚二烯、聚碳酸酯等)之间很难相容。使用氟代有机改性黏土是一个可行的途径。由于含氟表面活性剂的表面能极低,难与相反的碱离子进行正常的离子交换,Manias[10]首先使黏土内的阳离子与十八烷基铵盐进行完全的交换(C_{18}-MMT);然后,C_{18}-MMT 再与半氟代烷基-三氯-硅烷表面活性剂 $[CF_3-(CF_2)_5-(CH_2)_2-SiCl_3]$ 作用得到 f-MMT,通过表面活性剂的三氯硅烷基团与黏土 MMT 解理面上的羟基相互连接。图 5 - 7 给出制得的黏土含有十八烷基铵盐(完全离子交换)(C_{18}-MMT)和大约 60%的半氟表面活性剂(f-MMT)的 XRD 结果。图 5 - 7 中上方两条曲线分别为 PP/f-MMT(熔体插层)与 PP/f-MMT(挤出)。前者由静态退火制得,后者为螺杆挤出所得。有两点是清楚的:① PP 与 f-MMT 很容易生成纳米形貌结构;② 螺杆的剪切力有助于纳米分散。

以层状黏土为基础的纳米材料制备途径在经济上最具很大的竞争能力。预期到 2010 年,全球用于增强用途的纳米黏土需求将达几亿美元的规模。届时,与之竞争的碳纳米管聚合物市场也将达 8000t/a 之多[9]。

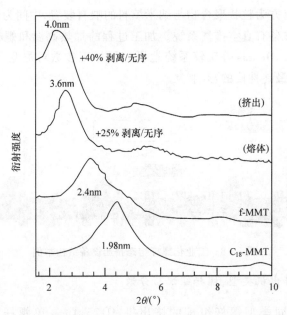

图 5 - 7 　C_{18}-MMT,f-MMT 及 PP/f-MMT 的 XRD 图形[10]

5.3.2　聚合物/层状纳米复合物的生成

黏土的有机改性是关键。荷有负电的黏土(如蒙特土)需要经过鏻离子改性,而荷有正电的黏土(如水滑石)需要阴离子表面活性剂。制备聚合物/层状纳米复合物的关键取决于有机改性黏土与聚合物之间的相容匹配。无论热塑性或热固性聚合物均有很多成功的实例。日本丰田公司的纳米尼龙 6 复合物是采用原位聚合最早的一个。典型的合成方法是先将 ADA 改性黏土分散于己内酰胺单体内,经原位聚合反应后,即可得到剥离型纳米尼龙 6-黏土复合物。单体先是插入黏土层,而后转变为剥离型的纳米形态。少量的黏土(百分之几)就可明显提高纳米复合物的性质。尼龙 6/尼龙 66 共聚物也可依照类似的方法获得纳米形貌。

相容技术的种类很多,如将羟基官能团引入到黏土表面,可通过氢键与尼龙发生作用,通过羟基化季铵离子与乙烯醇共聚物作用,再以马来酸酐接枝聚丙烯为相容剂混入聚丙烯体内,也可以制得相应的纳米复合物。

5.3.3　熔态加工挤出

纳米材料的商业化要求质量高,价格低,合乎环保要求。1993 年,Gilman 等[11]首次提出的熔态挤出法制备纳米聚合物的思路引起了业界的广泛兴趣。螺杆熔态挤出技术的成功为聚合物层状硅酸盐纳米材料走向商业化运开了个好头。成功的例子不乏其举,如 PEO、PS、PS 衍生聚合物和共聚物、尼龙 6 等。

　　图 5-8 左上方为粒状聚合物与纳米填料的喂料装置,中间为纳米填料补加喂料器,出口处前方备有真空排气系统。加工过程的加热高温和螺杆剪切对产品最终性质影响很大。Dennis 等比较系统地研究了加工参数对尼龙 6/有机改性黏土纳米复合物体系最终性质的影响[12]。

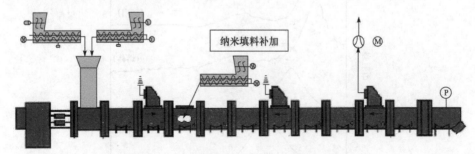

图 5-8　工业化螺杆熔态挤出设备结构举例

5.3.3.1　挤出机类型、螺杆组配与分散

　　使用四种不同类型螺杆组配的挤出机:①25.4mm 单螺杆(配置混合头);②30mm 自清理同向双螺杆(螺杆配置:低剪切,中剪切);③34mm 啮合型反向双螺杆(螺杆配置:低剪切,中剪切,高剪切);④34mm 非啮合型反向双螺杆(螺杆配置:低剪切,中剪切,高剪切)。

　　熔态加工的分散程度取决于机内停留时间分布和剪切强度。以有机黏土 MMT(Cloisite®)为例,粒子尺寸为 $8\mu m$,其中含有数以百万计或更多的微片。与聚合物混合后一般以微团聚体(tactoid)形式存在(图 5-9)。随着聚合物分子逐步进入黏土层,当层间距离达到 80～100Å 或更大时即可形成均匀分布的剥离型纳米分散。表 5-7 列出不同挤出机及螺杆组配制备纳米复合物的参数。可见物料在机内的平均停留时间和剪切强度与挤出机类型和螺杆组配的选择有密切关系。

微团聚体　　　　插层　　　　　无序插层　　　　　均匀
剥离

图 5-9　由插层到剥离分散过程的形貌变化

表 5-7　不同挤出机及螺杆组配制备尼龙 6/有机黏土纳米复合物的参数表征[1]

挤出机/螺杆组配/ 有机土类型	层间距 d （XRD）	XRD 曲线下 面积	黏土微片计数[2] （TEM）	挤出机内平均 停留时间/s
单螺杆挤出机				
30B	30.9	120	13	141
15A	32.2	825	4	141
双螺杆挤出机				
（同向啮合）				
低剪切 15A	36.2	382	7	67
中剪切 15A	37.7	146	16	153
双螺杆挤出机				
（反向啮合）				
低剪切 15A	34.4	263	8	47
中剪切 15A	38.0	106	14	102
中剪切 30B	（无峰出现）	（无峰出现）	35	102
高剪切 15A	37.9	164	10	117
双螺杆挤出机				
（反向非啮合）				
低剪切 15A	34.7	581	11	108
中剪切 15A	（无峰出现）	（无峰出现）	27	162
高剪切 15A	37.9	277	30	136

1) 本工作使用 Cloisite® 30B 及 15A 两种有机黏土。30B 与尼龙 6 有很好的相容性,容易形成纳米复合物。表 5-7 中选择 15A 的试验数据。无峰出现说明分散效果良好。

2) 黏土微片计数选用 TEM(放大倍数：130,500×)测量每 6.25cm² 面积上的微片计数。共取 12 个样品,取其平均值。此数值越大,表明挤出机的剪切程度越大。

5.3.3.2　加工条件对纳米复合物形貌的影响

图 5-10 与图 5-11 分别是 XRD 及 TEM 的试验结果。XRD 峰的出现表明未完全分散的黏土微片的存在。峰的位置随挤出机/螺杆配置的类型的改变影响不大,但峰的强度却随剥离程度的增加而变低且增宽。表 5-7 中 TEM 计数值的增加说明纳米复合物剥离分散程度的增高。综合分析表 5-7 及图 5-11,可以看出:反向、非啮合、中剪切强度的挤出机对尼龙 6/15A 可以得到最好的分散与剥离效果。也就是说最高的剪切强度未必给出最好的剥离和分散。熔体加工中剥离与分散的机理可以有三种情况:①有机化黏土与聚合物间相容性好。例如,上述的尼龙 6/30B 混合物,对加工设备要求不高。除了单螺杆挤出机外,几乎任何一种加工手段,甚至 Brabender,双滚混炼都可以用来制备剥离型纳米复合物。②有机化黏土与聚合物间相容性一般。例如,上述的尼龙 6/15A 混合物,此时通过优化加

工条件可以制备满意的剥离型纳米聚合物复合物。③有机化黏土与聚合物间相容性不佳。例如,聚丙烯与 15A。可以通过优化加工条件首先取得微团聚体的混合。此时甚至少量的剥离分散都难以生成。为此有必要加入其他相容剂,例如,马来酸酐接枝聚丙烯。此时剪切可能成为重要前提。

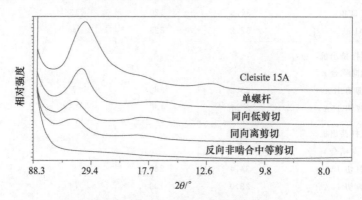

图 5 - 10　X 射线衍射图线

(层间距/Å)

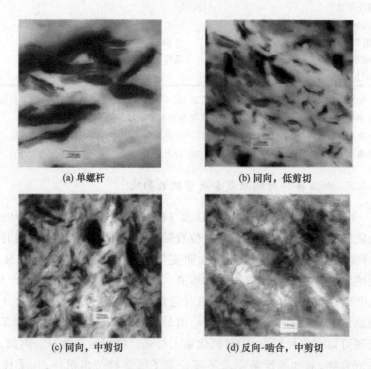

(a) 单螺杆　　　　　　　　　　　　(b) 同向,低剪切

(c) 同向,中剪切　　　　　　　　　　(d) 反向-啮合,中剪切

图 5 - 11　不同加工条件对尼龙 6/15A 纳米复合物 TEM 图像的影响

可见,纳米材料的整体性质在很大程度上受控于体系相界面(如聚合物与黏土)间的作用,而作用的程度往往又与纳米体系的制备方法与条件有关。通过控制体系相界面间物理的和化学的作用可能获取不同性能的目标产物。

5.4　纳米聚合物的热行为

聚合物纳米复合材料之所以受到如此青睐,不仅在于其诱人的力学性能,更在于其他许多功能的提升。热变形温度(HDT)的大幅度提高和可燃性的显著降低就是聚合物材料中的两项重要指标。

5.4.1　纳米聚合物的热变形温度

在某种意义上讲,HDT 的提高可以看作是热稳定性的改善。前面提到的纳米尼龙 6 复合物(含 5%改性黏土)即是一个重要的实例。相对于纯尼龙 6,纳米尼龙 6 的 HDT 从 65℃增加到 152℃,提高量达 85℃之多[1]。Lincoln 等将这种填料引起的"力学"效应归结为 MMT 对尼龙 6 不同结晶相的稳定化作用[13],认为较高的熔点(或玻璃化温度)可能是导致 HDT 提高的前提。问题在于:这种由填料引起 HDT 提高的"力学"效应与纳米效应之间有什么关系?

Manias 等[10]发现在所有的 PP/MMT 混合物中,它们的熔点与纯 PP 的相差并不大,但是当形成了纳米复合物之后 HDT 即刻会有明显的提高。表 5-8 的数据足以说明纳米结构的重要性。表中的 f-MMT 与 R-MMT 分别为半氟烷基铵盐及烷基铵盐改性的蒙特土。

表 5-8　PP/f-MMT 与 PP/R-MMT 纳米体系的热变形温度(HDT)[10]

有机化-MMT 填料量	HDT/℃	
(质量分数)/%	PP/f-MMT	PP/R-MMT
0	109±3	109±3
3	144±3	130±3[1)]
6	152±3	141±3[2)]
9	153±3	—

1) C_{18}-MMT 填料(挤出机)。

2) $2C_{18}$-MMT 填料(双头混合机)。

以 f-MMT 为例,加量为 6%时的 HDT 由纯 PP 的 109℃提高到 152℃。使用 R-MMT 为填料时的 HDT 也有明显提高,但幅度稍小(由 109~141℃)。实验表明,这一差别与纳米剥离程度大小有关,R-MMT 在 PP 中的纳米剥离程度小于 f-MMT 的剥离程度。此外,HDT 的高低常与复合物的制备加工条件有着密切的关系。体系的断裂拉伸强度也有类似规律。因此,由纳米分散导致的力学效应主要来自纳米形貌的变化,而与聚合物熔点或玻璃化温度关系不大。

应该指出,PP 的 HDT 大幅度提高,在应用上具有重要意义。因为这种改善一般来说很难通过化学改性或常规填料增强达到。不仅如此,纳米复合体系还常伴随着热膨胀系数和热传递系数的改进[5]。

5.4.2　纳米聚合物的热稳定性

Blumstein[14]于 1965 年首次给出 PMMA/MMT(10％)纳米复合物热稳定性的报告。即使加入 10％的 MMT,热稳定性的提高也是很明显的。例如,以 50％失重点计算,线性 PMMA 与交联 PMMA 均有 40～50℃的增加。并认定热稳定性的提高是由于黏土层间单体(MMA)聚合引起层间 PMMA 端基双键量的减少所致。

图 5‑12 给出二甲基硅氧烷 (PDMS)弹性体及含 10％云母型硅酸盐(MTS)全剥离型纳米复合物的 TGA 曲线[9]。该纳米复合物是通过硅醇端基与 MMT 反应而表现出更高的热稳定性(提高量大于 140℃)。Burnside[15]则认为原因在于纳米层间分解的挥发性产物受阻难于逸出的缘故。

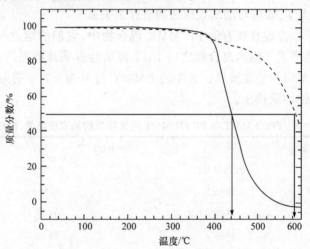

——硅氧烷弹性体-0％ MTS；‑‑‑硅氧烷弹性体-10％ MTS

图 5‑12　PDMS(实线)与 PDMS/MTS10％纳米复合物
(虚线)的 TGA 分析曲线(以 50％失重线为标准)[9]

聚醚亚胺(PEI)是重要的工程塑料之一。图 5‑13 给出其四条热失重曲线,分别是:纯脂肪族 PEI、常规微混、纳米剥离、纳米插层型的 PEI/黏土(10％)体系。样品均是利用熔态加工方法获得。数据表明微混体系的热性能没有提高,但纳米剥离与纳米插层型的 PEI/黏土(10%)体系的热性能较微混体系均有所提高。相比之下,插层型纳米复合物优于剥离型。如果用烷基铵盐交换的蒙特土及氟化水辉石(纵横比分别为 1 000/1 及 1 500/1,阳离子交换能力分别为 0.8 和 1.3meq/g)分别与 PEI 作用,得到的插层型纳米复合物有相似的热性质[16]。Huang 等[17]将聚醚亚胺(PEI)/蒙特土(MMT)纳米复合物的热稳定性提高归结为纳米结构的阻隔作用和玻璃化温度 T_g 的提高。两者都与 PEI/MMT 相界面间的强作用密切相关(表 5 - 9)。

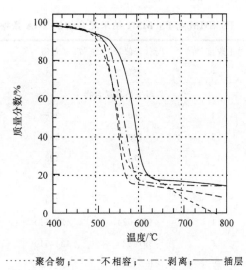

·······聚合物;﹣﹣﹣﹣不相容;﹣·﹣·剥离;﹣﹣﹣插层

图 5 - 13　PEI 及 PEI/黏土的微混、剥离
及插层体系的 TGA 分析曲线[16]

表 5 - 9　PEI/MMT 纳米复合物的热性能随 MMT 的变化

MMT(质量分数)/%	0	5	10	20
T_d(TGA)[1]/℃	514.2	523.5	526.6	551.2
T_g(DSC)[2]/℃	174.0	200.1	209.5	210.4

1) T_d:起始温度,20℃/min,N_2 气氛保护。

2) 20℃/min,N_2 气氛保护。

　　Gilman 等[18]通过热重/红外联用技术(TGA/FTIR)研究了有机改性蒙特土(AMMT)/聚苯乙烯(PS)纳米体系的裂解产物,并配合凝胶渗透色谱(GPC)分析熔态挤出样品的分子量。认为该体系提前热降解的根源来自有机改性剂(烷基季铵盐)自身受热分解。

　　Wilkie 等观察到顺磁性物质在聚苯乙烯/有机改性黏土体系中的特殊作用,提出了自由基捕获机理[19]。为了观测黏土中含有铁或其他顺磁物种对自由基的作用,特别制备了含铁的四种样品。四种黏土内含 Fe^{3+} 的情况如下:① MMT (Fe_2O_3:4.2%);② SMM (Fe_2O_3:0.02%);③ PGW (Fe_2O_3:3.06%,其中的 3.00% 的 Fe 原子取代黏土中的 Si、Al 而存在于结构之中);④ S-PGW (Fe_2O_3: 3.00%,键合情况与 PGW 相同,其余的 0.06% 已用磁化法除去)。三种有机改性剂分别为:① N,N-二甲基-n-十六烷基-(p-乙烯苄基)氯化铵盐(VB16);②氢化硬脂二甲基苄基氯化铵盐(M2HTB,P18);③硬脂基三丁基溴化膦(P18)。全部实验结果列入表 5-10 和表 5-11。

表 5-10　PS/SMM 与 PS/MMT 纳米复合物的 TGA 数据(N_2)[19]

纳米复合物	黏土浓度/%	$T_{0.1}$(差值)/℃	$T_{0.5}$(差值)/℃	残炭(600℃)/%
PS	—	351	404	0
剥离型纳米复合物				
PS-SMM-VB16	0.1	340	378	1
PS-SMM-VB16	0.5	339	383	4
PS-SMM-VB16	1	378	428	3
PS-SMM-VB16	3	401	441	9
PS-SMM-VB16	5	392	439	8
PS-MMT-VB16	0.1	402(62)	429(51)	1(0)
PS-MMT-VB16	0.5	397(58)	434(51)	2(−2)
PS-MMT-VB16	1	405(27)	438(10)	3(0)
PS-MMT-VB16	3	408(7)	444(3)	6(−3)
PS-MMT-VB16	5	417(25)	444(9)	6(−2)
插层型纳米复合物				
PS-SMM-M2HTB	0.1	358	407	1
PS-SMM-M2HTB	0.5	346	391	4
PS-SMM-M2HTB	1	377	429	5
PS-SMM-M2HTB	3	364	434	4
PS-SMM-M2HTB	5	372	436	8
PS-MMT-M2HTB	0.1	395(37)	425(18)	1(0)
PS-MMT-M2HTB	0.5	399(53)	433(42)	2(−2)
PS-MMT-M2HTB	1	399(22)	435(7)	4(−1)
PS-MMT-M2HTB	3	396(32)	435(1)	4(0)
PS-MMT-M2HTB	5	398(26)	445(9)	5(−3)

注:$T_{0.1}$ 与 $T_{0.5}$ 分别表示失重为 10% 和 50% 时的温度。以 $T_{0.1}$ 作为降解起始温度。

表 5 - 11 PS/SPGW 与 PS/PGW 纳米复合物的 TGA 数据(N_2)[19]

纳米复合物	黏土浓度/%	$T_{0.1}$(差值)/℃	$T_{0.5}$(差值)/℃	残炭(600℃)/%
PS	—	351	404	0
PS-SPGW-M2HTB	0.1	396	433	1
PS-SPGW-M2HTB	0.5	401	441	1
PS-SPGW-M2HTB	1	396	442	1
PS-SPGW-M2HTB	3	400	447	3
PS-SPGW-M2HTB	5	400	452	4
PS-PGW-M2HTB	0.1	402(6)	440(7)	1(0)
PS-PGW-M2HTB	0.5	403(2)	441(0)	1(0)
PS-PGW-M2HTB	1	408(11)	454(12)	1(0)
PS-PGW-M2HTB	3	415(15)	456(9)	4(1)
PS-PGW-M2HTB	5	422(22)	463(11)	5(1)

可得出以下结论：①因为在热源条件下聚合物表面热降解发生在还原气氛而不是氧化气氛之中，因此氮气气氛下的 TGA 数据对于研究聚合物阻燃最为有用。②黏土含量为 0.1% 的样品适合于观测黏土中铁的影响，因为此时纳米阻挡层的作用最小。数据表明，含 0.1% 黏土的 PS-MMT-VB16 剥离型纳米复合物样品的 $T_{0.1}$ 值提高 62℃。说明铁的存在确实影响降解初始温度，但不影响成炭量。③结构型（指与黏土键联的）的铁是有效的自由基捕获剂，而顺磁的铁杂质则不是。因此以杂质形式存在的铁，不能有效地捕获自由基；反之，如果铁在黏土内以结构形式存在，可以有效地捕获自由基，进而阻止热降解，提高热稳定性。④插层型纳米复合物中的铁比剥离型（VB16）中的铁更容易捕获自由基，故具有更高的热稳定性。这种情况亦因情况而异，例如，对尼龙 6/黏土纳米复合物而言，剥离型纳米复合物的热稳定性高于插层型[20]。⑤另有工作表明，铁在石墨中尽管石墨可以纳米形式分散在聚合物之中，铁却仍以杂质形式存在。因此，对 PS-石墨纳米复合物的热稳定性不起作用。

有关纳米结构对热稳定性的作用机理仍然说法不一，许多疑点仍需作进一步的探讨研究。但目前更多的文献还是将热稳定性归结为纳米结构的阻隔作用，即聚合物降解产物的扩散运动受阻于致密的纳米结构阻挡层。

5.5 纳米聚合物的阻燃性能

1998 年下旬，美国国家标准与技术研究院联合多家公司（GE、3M、Nancor、Sekisui America、Great Lakes Chemicals、PQ、Raychem、Southern Clay Products），会同美国空军研究实验室（AFRL）、联邦航空管理局（FAA）联手对聚合物/黏土纳米复合物的可燃性课题展开系统的研究。第一阶段（截止到 2000 年底），研究目标选择燃烧时不成炭的聚合物，如，PA6、PP、PS 等；表征手段以锥形量热仪（Cone calorimeter）

为主;初期研究内容有以下六个方面:①插层与剥离纳米形貌;②黏土与聚合物键合状态;③交联程度;④熔体黏度;⑤硅酸盐含量;⑥成炭树脂(PPO)的影响等。第二阶段(截至2003年底),在第一阶段研究基础上,重点研究:①黏土增强炭层产生的机理;② 纳米复合物的协同阻燃。上述课题的开展对本领域起到了重要的推进作用。现重点介绍如下。

5.5.1 尼龙6纳米复合物

按表5-12设计的PA6配方,采用非啮合-反向双螺杆制样(246℃)。为防止加料的分层现象,先将粉状PA6与烷基取代季铵盐-MMT混合均匀后,再加粒料。

表5-12 PA6纳米复合物配方(熔体挤出法制备的插层样品,黏土:SCPX 2171)

PA 6(粉状)/%	PA 6(颗粒)/%	黏土/%	PPO/%
74	24	2	0
72	23	5	0
70	20	10	0
62	28	4.75	5
65	20	4.5	10

由XRD分析得知,PA6/5%MMT(SCPX 2171)为插层型纳米结构,层间距为2.45nm(图从略)。TEM图(图5-14)中的深色部分为分散的微团聚体(tactoid)。

图5-14 插层型PA6/5%MMT(SCPX 2171)的TEM图

引自:Gilman J W, Kashiwagi T, Morgan A B et al. NIST 6531, 2000

图 5-15～图 5-18 分别是锥形量热仪的测量结果。图 5-15 中剥离型 PA6/MMT(5%)纳米复合物样品由原位聚合法制得,而插层型 PA6/MMT(5%)纳米复合物样品是通过双螺杆熔体挤出制得。两者的 HRR 曲线差异不大,但与纯 PA6样品相比 HRR 都有很大的降低。这表明插层与剥离形貌在降低 PA6 纳米复合物可燃性方面同等有效,然而两者在点燃时间(time to ignition,TTI)方面的表现却明显不同。插层型 PA6 纳米复合物的 TTI 为 40s,而剥离型 PA6 纳米复合物则为80s,后者与纯 PA6 的相似(70s)。插层型 TTI 的明显缩短可能有两方面的原因:物理效应(热导率、辐射吸收)和化学效应(热稳定性、有机化黏土的挥发性)。具体说,由原位聚合法制得的剥离型 PA6 纳米复合物中 MMT 与 PA6 间是共价键结合的,而熔融挤出法制得的纳米复合物中的 MMT 与 PA6 间并不如此。而且熔融挤出加工的温度(246℃)与有机化黏土 MMT 的分解温度(246℃)十分接近,加工过程中产生的分解产物势必造成 TTI 的变短。

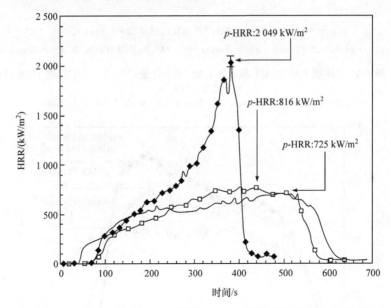

图 5-15　纯 PA6、插层及剥离 PA6/MMT(5%)纳米复合物的 HRR 对时间曲线
辐照通量:50kW/m^2
引自:Gilman J W,Kashiwagi T,Morgan A B et al. NIST 6531,2000

一般提高黏土含量(2%、5%、10%)可以降低 HRR(图 5-16),但黏土含量大于 5% 以上时,HRR 的改善不明显。

人们曾企图通过加入成炭树脂(聚氧化亚苯基,PPO)以提高 PA6 的成炭量(图 5-17)。结果发现,加入 5%PPO 无助于 HRR 的降低。加入 10%PPO 可使HRR 有明显降低。部分原因可能是因为 PPO 内在的 HRR 数值本来就低。

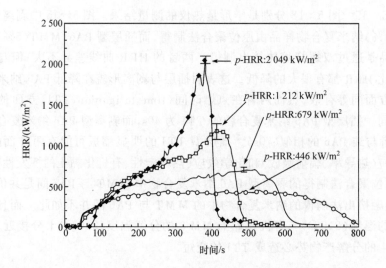

图 5-16　纯 PA6 与插层 PA6/MMT 纳米复合物(黏土含量:2%、5%、10%)的 HRR 对时间曲线
辐照通量:50 kW/m²
引自:Gilman J W, Kashiwagi T, Morgan A B, et al. NIST 6531, 2000

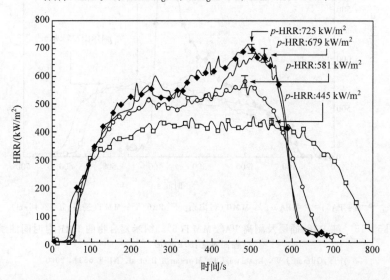

图 5-17　PA6/5%MMT, PA6/10%MMT, PA6/5%PPO/5%MMT,
PA6/10%PPO/5%MMT 的 HRR 对时间曲线
辐照通量:50 kW/m²
引自:Gilman J W, Kashiwagi T, Morgan A B et al. NIST 6531, 2000

图 5‒18 为纯 PA6、插层、剥离 PA6/MMT(5%)的质量损失速率(MLR)的时间曲线。与图 5‒15 对比,两者的曲线几乎完全重合一致,体现了凝聚相阻燃的特征。但在点燃时间(图 5‒15)与质量损失起始点(图 5‒18)则有所不同,剥离型纳米复合物尤为突出。这说明蒙特土在尼龙 6 中的纳米分散首先引起纳米复合物质量损失速率(MLR)的减少,进而导致热释放速率(HRR)的降低。

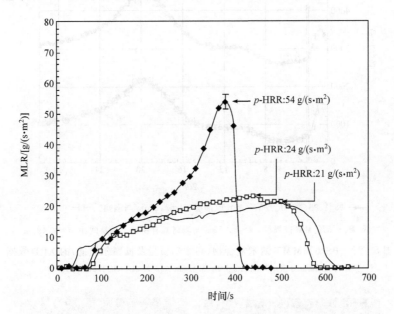

图 5‒18　纯 PA6、插层、剥离 PA6/MMT(5%)的 MLR 对时间曲线
辐照通量:50 kW/m²

引自:Gilman J W, Kashiwagi T, Morgan A B et al. NIST 6531, 2000

5.5.2　聚苯乙烯(PS)纳米复合物

两种不同摩尔质量的 PS (Styron 663;XU70262.08)与有机黏土(Cloisite®20A)通过双螺杆熔融共混(170℃)。表 5‒13 给出混合配方。

表 5‒13　170℃双螺杆熔融共混制备 PS 纳米复合物使用配方(单位:%)

高摩尔质量 PS	低摩尔质量 PS	黏土(SCPX 2197)	高摩尔质量 PS	低摩尔质量 PS	黏土(SCPX 2197)
98	—	2	—	98	2
95	—	5	—	95	5
90	—	10	—	90	10

XRD 实验(图 5‒19)表明 PS/5%黏土纳米复合物的黏土层间距随 PS 相对分

子质量的大小变化(高、低摩尔质量的 d 值分别为 $3.27\,\mathrm{nm}$、$3.34\,\mathrm{nm}$)。

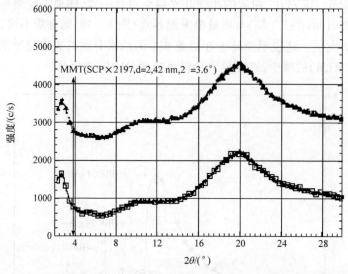

$—▲—\;95\%\;\mathrm{PS}(高\;M_w)/5\%\;\mathrm{MMT}(插层,d=3.27\,\mathrm{nm}\;与剥离);—□—\;95\%\;\mathrm{PS}$

(低 M_w)/5% MMT(插层,$d=3.27\,\mathrm{nm}$ 与剥离),有机黏土的层间距 $d=2.42\,\mathrm{nm}$

图 5‑19　PS/5％MMT 纳米复合物(高摩尔质量及低摩尔质量)的 XRD 数据

引自:Gilman J W, Kashiwagi T, Morgan A B et al. NIST 6531, 2000

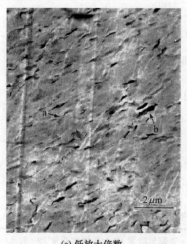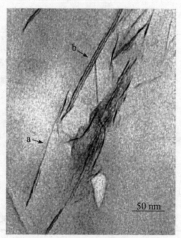

(a) 低放大倍数　　　　　　　　　(b) 高放大倍数

(a) a—多层小团聚体,b—较大的团聚体;(b) a—单层堆叠,b—多层堆叠

图 5‑20　PS＋5％黏土的 TEM 像

引自:Gilman J W, Kashiwagi T, Morgan A B et al. NIST 6531, 2000

图 5–20(a)、(b)分别给出 PS/5%
黏土纳米复合物的形貌图像。黏土(包
括大的插层团聚体)在聚合物中的分散
良好[图 5–20(a)及图 5–21]。从图
5–20(b)可以看到个别黏土层以及两层
和三层的颗粒均有良好的分散,并能形
成剥离的形貌。

摩尔质量大小对纯 PS 与 PS/10%
MMT 纳米复合物 HRR 的影响如图
5–22 所示。可以清楚地看到:尽管摩尔
质量高低对纯 PS 的 HRR 几乎没有什么
影响,但对 PS/10% 黏土纳米复合物
HRR 的作用却非常显著。相对于纯
PS,高摩尔质量纳米复合物的前 400s 燃

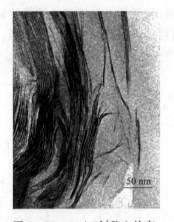

图 5–21　PS+5%黏土的高
放大 TEM 图像

引自:Gilman J W, Kashiwagi T,
Morgan A B et al. NIST 6531, 2000

烧过程中 HRR 的下降量可达 30% 之多,且优于低摩尔质量纳米复合物。

很明显,熔体黏度的影响是重要的。这可能表明高黏度熔体更不利于降解产

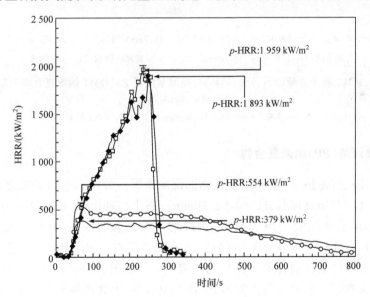

图 5–22　摩尔质量大小对纯 PS 与 PS/10% MMT 纳米复合物 HRR 的影响

辐照通量:50 kW/m²

引自:Gilman J W, Kashiwagi T, Morgan A B et al. NIST 6531, 2000

物的逸出，延长了分解产物的停留时间，从而为后继反应(如成炭)提供了机会。同样，随着黏土含量的增加(2%、5%、10%)，使高摩尔质量 PS/MMT 纳米复合物的 HRR 的峰值逐步降低(图 5-23)。

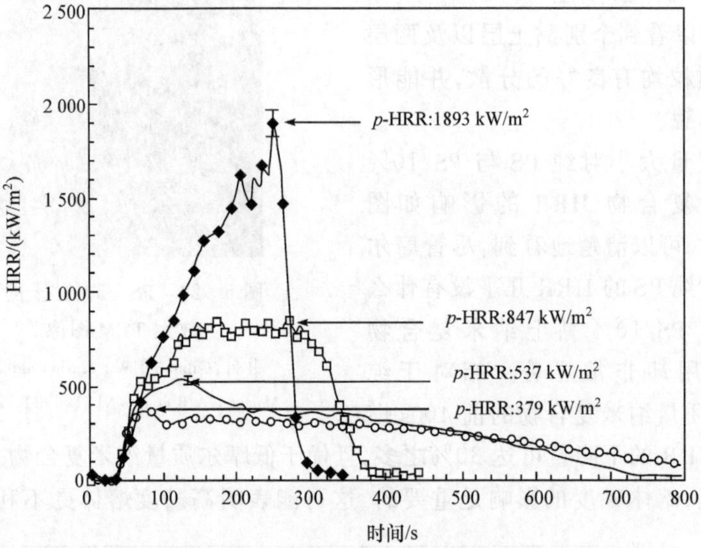
2 500
2 000
1 500
1 000
500
0
HRR/(kW/m²)
p-HRR:1893 kW/m²
p-HRR:847 kW/m²
p-HRR:537 kW/m²
p-HRR:379 kW/m²
0 100 200 300 400 500 600 700 800
时间/s

—■— 纯 PS(高 M_w)；—□— PS(高 M_w)/2% MMT[插层(3.3nm)/剥离]；—— PS(高 M_w)/5% MMT[插层(3.3nm)/剥离]；—○— PS(高 M_w)/10% MMT[插层(3.3nm)/剥离]

图 5-23　MMT 黏土含量(2%、5%、10%)对高摩尔质量 PS/MMT 纳米复合物 HRR 的影响

辐照通量：50kW/m^2

引自：Gilman J W，Kashiwagi T，Morgan A B et al. NIST 6531，2000

5.5.3　聚丙烯(PP)纳米复合物

双螺杆机熔体挤出 PP 纳米复合物的温度范围一般在 170～190℃之间。选择以下原料：PP(Mitsubishi，MI＝0.5g/10min)、黏土(Southern Clay Products，SCPX 1980，烷基取代季铵盐处理 MMT)、丙烯酸甲酯接枝料 PP-g-MA (Sanyo Kasei，26mgKOH/g，MA＝0.9%分子分数)。所采用的配方与 PP/MMT 纳米复合物的 XRD 和 TEM 结果分别表示在表 5-14、表 5-15 及图 5-24、图 5-25 中。

因为很难制备出完全剥离型的 PP 纳米复合物，因此两种形貌的 PP 纳米复合物之间的燃烧性差别不像 PA-6 那样明显。从图 5-26 的数据可知在 200～400s 之间，插层/剥离混合型样品(PP/15%PP-g-MA/5%MMT-ODA)给出的 HRR 比插层样品(PP/5%MMT-ODA)低得多。此外，PP 纳米复合物的 HRR 与 MMT 含量有关(图 5-27)。当 MMT 含量大于 5%时，HRR 的降低趋势就不那么明显了。

表 5 - 14 PP 纳米复合物配方（双螺杆机熔体挤出）

PP(质量分数)/%	PP-g-MA(质量分数)/%	黏土(SCPX 1980)	黏土(ODA Nanomer)
100	0	0	0
85	15	0	0
95	0	5	0
80	15	5	0
83	15	2	0
75	15	10	0
95	0	0	5
80	15	0	5
83	15	0	2
75	15	0	10

表 5 - 15 PP/MMT 纳米复合物的 XRD 和 TEM 结果

样品	有机黏土 (d-间距/nm)	PP/MMT (d-间距/nm)	d-间距 变化/nm	TEM
PP/5%MMT (SCPX 1980)	烷基取代季铵盐 MMT(2.54)	2.63	0.09	插层
PP/15%PP-g-MA/ 5%MMT(SCPX)	烷基取代季铵盐 MMT(2.54)	3.68	1.14	插层/剥离
PP/15%PP-g-MA/ 2%MMT(SCPX)	烷基取代季铵盐 MMT(2.54)	—	—	插层/剥离
PP/15%PP-g-MA/ 10%MMT(SCPX)	烷基取代季铵盐 MMT(2.54)	3.22	0.68	插层/剥离
PP/5%MMT(ODA Nanomer)	ODA MMT (1.85)	2.71	0.86	插层/剥离
PP/15%PP-g-MA/ 5%MMT(ODA)	ODA MMT (1.85)	3.56	1.71	插层/剥离
PP/15%PP-g-MA/ 2%MMT(ODA)	ODA MMT (1.85)	3.56	1.71	插层/剥离
PP/15%PP-g-MA/ 10%MMT(ODA)	ODA MMT (1.85)	3.50	1.65	插层/剥离

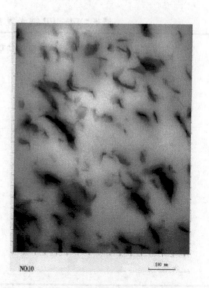

图 5-24　PP/5％MMT 的插层结构
引自:Gilman J W, Kashiwagi T, Morgan A B et al.
NIST 6531, 2000

图 5-25　PP/15％PP-g-MMT/5％MMT
插层/剥离的混合结构
引自:Gilman J W, Kashiwagi T, Morgan A B et al.
NIST 6531, 2000

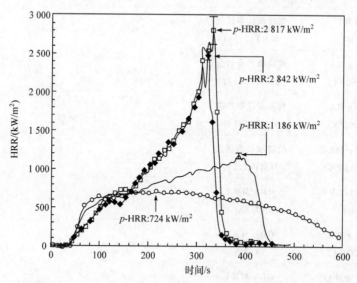

— ■ — 100％纯 PP；— □ — 85％PP/15％ PP-g-MA；——— 95％PP/5％ MMT(ODA Nanomer)(插层, $d=2.7$ nm)；
— ○ — 80％PP/15％ PP-g-MA15％ MMT(ODA Nanomer)(插层, $d=3.5$ nm/剥离)

图 5-26　纯 PP、PP/15％PP-g-MA、PP/5％MMT(插层)纳米复合物及
PP/PP-g-MA/5％MMT(插层/剥离)纳米复合物的 HRR 数据
辐照通量:50 kW/m²
引自:Gilman J W, Kashiwagi T, Morgan A B et al. NIST 6531, 2000

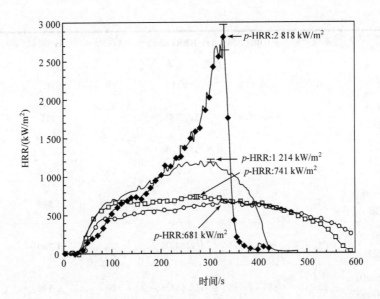

- ■— 85% PP/15% PP-g-MA；—— 83% PP/15% PP-g-MA/2% MMT(SCP×1980)(插层/剥离)；—□— 80%
PP/15% PP-g-MA/5% MMT(SCP×1980)[插层(3.7nm)/剥离]；—○— 75% PP/15% PP-g-MA/10% MMT
(SCP×1980)[插层(3.2nm)/剥离]

图 5-27　PP/15% PP-g-MA 及 PP/PP-g-MA/x% MMT(插层/剥离)纳米复合物
（x=2%,5%,10% MMT）

辐照通量：50 kW/m²

引自：Gilman J W,Kashiwagi T,Morgan A B et al. NIST 6531, 2000

值得注意的是,在燃烧过程的前 60s 内纳米复合物的 HRR 比 PP/PP-g-MA 还高。可能来自物理的或化学的原因。其分析与前面 PA6 纳米复合物相似。为克服这一缺点,可以使用一些成炭添加剂或常规的阻燃剂以推迟点燃时间。例如,三聚氰胺、聚四氟乙烯、红磷等[21,22]。

表 5-16 给出聚合物纳米复合材料的锥形量热仪燃烧参数[23]。表中的 p-HRR(Δ%)及 av-SEA(Δ%)表示纳米复合物相对于纯聚合物的差值。

表 5-16　聚合物纳米复合物的锥形量热仪参数[23]

样品	残余量/%	p-HRR(Δ%)	av-HRR(Δ%)	Av-H_c	Av-SEA	Av-CO 产率
尼龙 6 基体						
PA6	1	1 010	603	27	197	0.01
PA6（PLS）2%（剥离）	3	686（32%）	390（35%）	27	271	0.01
PA6（PLS）5%（剥离）	6	378（63%）	304（50%）	27	296	0.02

续表

样品	残余量/%	p-HRR(△%)	av-HRR(△%)	Av-H_c	Av-SEA	Av-CO 产率
尼龙 12 基体						
PA12	0	1 710	846	40	387	0.02
PA12（PLS）2%（剥离）	2	1 060（38%）	719（15%）	40	435	0.02
聚苯乙烯基体						
PS	0	1 120	703	29	1 460	0.09
PS silicate-mix 3%（不互溶）	3	1 080	715	29	1 840	0.09
PS（PLS）3%（插层）	4	567（48%）	444（38%）	27	1 730	0.08
PS/DECA/Sb₂O₃ 30%（质量分数）	3	491（56%）	318（54%）	11	2 580	0.14
聚丙烯基体						
PP	0	1 525	536	39	704	0.02
PP（PLS）2%（插层）	5	450（70%）	322（40%）	44	1 028	0.02

注：辐照通量：35kW/m²；H_c（MJ/kg）：有效燃烧热；p-HRR（kW/m²）：热释放速率峰值；SEA（m²/kg）：比消光面积；CO 产率：kg/kg；△%：相对于未填充聚合物的变化百分数。

5.6　聚合物/黏土纳米复合物阻燃机理的 XPS 研究

X 射线光电子能谱（XPS，X-ray photoelectron spectroscopy）具有极高的表面灵敏度，是研究固体表面与界面物理与化学现象的重要工具之一[24]。近 10 年的研究工作表明，XPS 在聚合物阻燃研究领域中有其独特的不可替代的重要性[25~28]。该研究也是国家阻燃材料研究实验室的重点工作之一。

聚合物受热降解过程中得到的往往是高度交联的，难溶的，且多为黑色的残留混合物。由于结构复杂、难于分离等原因，已成为阻燃学科研究的瓶颈。XPS 的特点在很大程度上弥补了上述不足。表面分析有别于常规的体相分析，必须排除表面污染才能得到真实的分析结果。为了尽量避免大气中的 H_2O、污染炭、污染氧的干扰，简化操作，缩短实验周期，准原位 XPS（pseudo *in situ* XPS）实验被证明是行之有效的方法[29]。

迄今有两种阻燃机理（见本章 5.4.2 节）。一是"阻挡层"机理[30]，认为黏土起着阻挡层的作用,隔绝了聚合物表面与外界的热与质的交换;二是"自由基捕获"机理[19],认为黏土中含有的少量顺磁性杂质(如铁)捕获自由基,故而抑制了降解的进行。

为取得直接的实验证据以支持阻燃机理的成立,王建祺等[31]首次做了聚苯乙烯/有机改性硅酸盐纳米复合物的 XPS 研究。有关样品配方及制备方法见表 5-17。所得的结果如图 5-28～图 5-31 所示。可以假设,如果铝硅酸盐在聚合物中分布是均匀的,且随温度上升而向表面富集,那么应该能同时观察到:随温度的上升,表面上氧原子浓度的增加和碳原子浓度的下降。事实上,O1s 谱及 C1s 谱证明了这点。

表 5-17　聚苯乙烯(PS)样品配方及制备方法[31]

样品	纳米形貌	描述	注解
PS	—	聚苯乙烯	美国 Aldrich 化学公司
PS-VB16	剥离(完全)	PS:VB16 = 100:3	原位聚合
PS-OH16	剥离＋插层	PS:OH16 = 100:3	原位聚合
PS-P16	剥离＋插层	PS:P16 = 100:3	原位聚合
PS-NP	插层	PS:OLS-NP = 100:3	原位聚合
MT₂Et	插层(完全)	PS:OLS-MT₂ET = 100:3	熔融混炼
Na	—	PS:OLS-Na = 100:5	熔融混炼(原土)

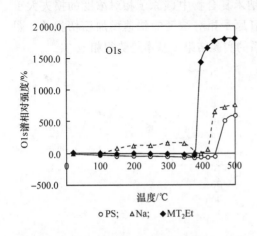

图 5-28　PS、PS/Na-MMT、PS/MT₂Et
纳米复合物的 O1s 谱随温度变化

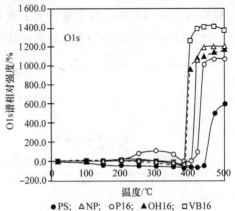

图 5-29　PS、PS/NP、PS/P16、PS/OH16、
PS/VB16 纳米复合物的 O1s 谱随温度变化

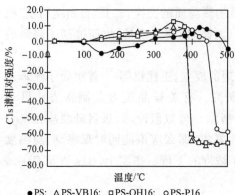

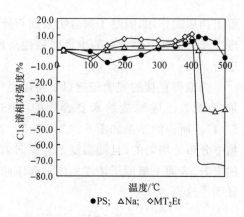

图 5-30　PS、PS/Na-MMT、PS/MT₂Et
纳米复合物的 C1s 谱随温度变化

图 5-31　PS、PS/NP、PS/P16、PS/OH16、
PS/VB16 纳米复合物的 C1s 谱随温度变化

　　可作如下理解：聚合物降解失重，表面上的铝硅酸盐逐渐成为主要成分。200～250℃期间，蒙特土开始分解成类氧化铝与类氧化硅组分。由于后者的表面能低于前者，故随温度的上升，类氧化硅组分向表面迁移。因此表面上的氧原子浓度增加。具体说，图 5-28 在 450℃时 PS 样品表面氧的相对浓度开始增加。400℃时的 PS/Na-MMT 可观测到明显的提高，较纯 PS 提前约 50℃。氧原子的表面富集除与上述迁移现象有关外，不排除外来氧的污染。PS/MT₂Et 在＜400℃开始降解与挥发，氧浓度即开始上升，并很快地提高。图 5-29 给出相似的情况。

　　值得注意的是，在氧相对浓度提高的同时，伴随着碳原子相对浓度的减少（图5-30、图5-31）。可以看出，PS/MT₂Et 纳米复合物中碳原子相对浓度的损失大于PS/Na-MMT，当然这与纳米复合物表面氧原子相对浓度的快速增加密切相关。图5-32和图5-33给出了 PMMA/黏土体系的实验结果。基本趋势很相似[32,33]。

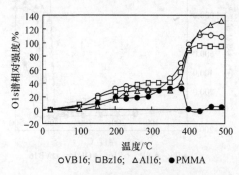

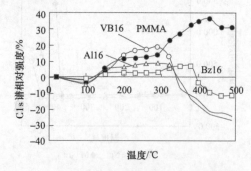

图 5-32　PMMA、PMMA/BZ16、PMMA/
VB16、PMMA/Al16 纳米复合物的 O1s 谱随
温度变化

图 5-33　PMMA、PMMA/BZ16、PMMA/
VB16、PMMA/Al16 纳米复合物的 C1s 谱随
温度变化

XPS 数据支持了"黏土阻挡层机理",即高温下表面氧原子(黏土)表面富集,参与组成了阻挡层,后者隔断了聚合物表面与外界环境间的传热、传质过程,起到阻燃作用。为了检验这一机理的普遍性,Du 等[34]对 PVC 纳米体系做了进一步的探讨(图 5 - 34 和图 5 - 35)。样品代号 PVC-0-0 表示 PVC-黏土(质量分数/%)-增塑剂(质量分数/%)。图中 PVC-0-0、PVC-2-0、PVC-30-0 分别表示含黏土为 0、2%、30%的 PVC/黏土纳米复合物。

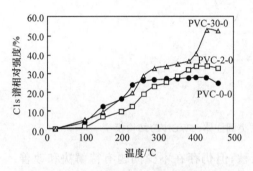

图 5 - 34 PVC/黏土纳米复合物 C1s 谱
相对强度随温度的变化

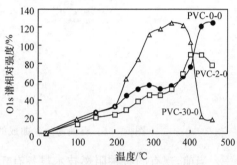

图 5 - 35 PVC/黏土纳米复合物 O1s 谱相
对强度随温度的变化

可见,PVC 纳米复合物的 XPS 曲线迥然不同于 PS/黏土和 PMMA/黏土纳米复合物。PVC 自身受热降解后,表面成炭远远超过并覆盖了表面上的氧原子。与此同时,黏土的存在使得纳米 PVC 的热稳定性有所改善。

5.7 聚合物/无机碳化合物纳米结构与阻燃性能

自然界黏土类的丰富资源使得聚合物/层状黏土(PLS)复合物成为纳米聚合物研究与开发的主流。与此同时,寻找其他可用资源的努力也在紧锣密鼓地进行。碳系大家族(如石墨、膨胀石墨、氧化石墨、笼状富勒烯、碳纳米管等)正是人们竞相猎取的对象之一。除了力、热、光、电、磁等领域的探索外,有关聚合物/碳系家族纳米复合物的耐热、阻燃等研究工作也已陆续亮相,朝着高新技术的方向继续延伸。

5.7.1 聚合物/碳纳米管(CNT)复合物纳米结构与阻燃性能

1991 年发现的碳纳米管[35]又有单壁纳米管(SWCNT)与多壁纳米管(MWCNT)之分。图 5 - 36 显示 SWCNT 是由石墨薄片卷曲而成,而 MWCNT 则是由多层同心圆筒组成。碳纳米管有很多突出的特点。与 MWCNT 相比,SWCNT 不易纯制、价格昂贵,但有更好的电学、力学和气体吸附性能。SWCNT 不仅是电、热的优良导体,又有凸出的力学性能。它的拉伸强度为钢的 100 倍,但质量却是钢的 1/6。

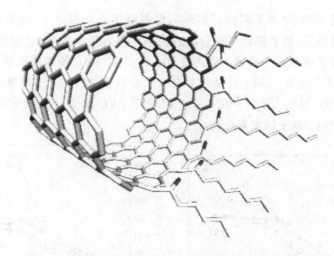

图 5-36　石墨薄片卷曲成的类圆柱体(SWCNT)结构模型

当前,现有的各种阻燃技术虽各有千秋,但仍存在不少问题有待解决和改善。例如,无机填料填充型阻燃技术(见第 2 章)的大量的填充(如 60%以上),导致产品缺乏柔性,加工困难。膨胀型阻燃技术(见第 3 章)相对昂贵的价格及其电性能限制了一些方面的用途。纳米阻燃技术(如聚合物/层状硅酸盐)相比之下添加量小(2%~10%),且根据锥形量热仪(CONE)表征的结果,燃烧性可以有很大的降低。但从全面阻燃角度的要求,其阻燃性能尚嫌不足(见 5.7.2 节)。作为纳米填料,MWCNT 属于有发展前途的阻燃添加剂之一。

碳纳米管早期多用电弧放电和激光消融法制备,缺点是:尺寸小(<1mm),产量低,成本高。化学蒸汽沉积法(CVD)[36]产量较高,简单易行,制得的 CNT 尺寸可高达 15mm,用途很广。但不足之处是催化过程中制得的碳纳米管比较厚,伴生几十毫米尺寸的聚集体,不利于分散。此外,少量催化剂的去除也是个棘手问题。

5.7.1.1　碳纳米管(CNT)的结构与性能

1985 年,首次在电弧放电中偶然观察到一个由 60 个碳原子排列成类似足球形状的纯碳分子,人称 C_{60} 为布基球(Buckyball),或单壁纳米碳管(SWCNT)。由 70 个碳原子排列成 C_{70} 呈现椭球形。统属于笼状富勒烯(fullerene)的一类新型分子。

碳纳米管属于球形笼状富勒烯的管状衍生物,两端为两个半球,中间由一段直管相连而成(图 5-37),不同于笼状富勒烯(如 C_{60}、C_{70}、C_{76} 等)的结构与特征。由于碳纳米管(CNT)具有很大的长径比(aspect ratio)(>1 000)和特殊的电子结构,因此具有高的机械强度和优越的导电性质,近些年来颇受重视。例如,常被用于非均相金属催化剂载体、储氢材料、聚合物复合材料以及蛋白质与酶的固定等领域[37],正在步入工业化的规模生产[38]。SWCNT 的高长径比使它成为迄今已知的具有最大韧性和强度的聚合物;但容易黏结,不利于分散加工。由于 SWCNT 的制造成本高,因此尽管 MWCNT 的性能不如 SWCNT,仍然是优先研发的重点项目。粗制 MWCNT 常通过乙炔催化分解而成[催化剂:CoFe/Al(OH)$_3$]。表 5－18 中给出粗制与纯制 MWCNT 样品的性质比较。

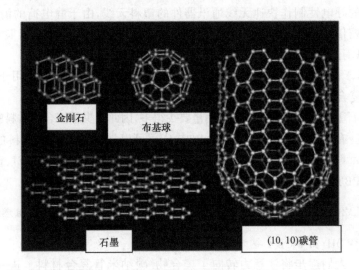

图 5－37　碳的结构

表 5－18　多壁碳纳米管(MWCNT)的性质

| 样品 | 碳纳米管 | | 催化剂 | | 载体 | |
	长度 /μm	直径 /nm	Co (质量分数)/%	Fe (质量分数)/%	Al$_2$O$_3$ (质量分数)/%	MgO (质量分数)/%
粗 MWCNT	约 50	5～15	0.3	0.3	19	—
纯 MWCNT	约 50	5～15	0.2	0.3	0.2	—

样品中除残留少量的催化剂外,还含有非晶炭、裂解炭、碳纳米颗粒以及金属纳米颗粒等。表 5－19 是碳纳米管与其他材料物理性能的比较。

表 5－19　各种材料物理性能比较

材料	弹性模量 /GPa	应变 /%	屈服强度 /GPa	密度 /(g/cm^3)	规一化强度 /质量比
SWCNT	542	12	65.0	1.4	462
MWCNT	400	1.5	2.7	1.8	15
石墨纤维(IM-7/977-3)	152	1.2	2.1	1.6	13
钛金属	103	15	0.9	4.5	2
铝金属(2024)	69	16	0.5	2.7	2
钢(1050)	207	9	0.8	7.8	1

MWCNT 碳纳米管的用途可综合如下：

1）碳纳米管用作导电塑料的填料，可以消除静电。例如：①Hyperion 公司采用含有碳纳米管的 PA-12 母粒制造汽车燃油系统管路；②Hyperion 公司采用含有碳纳米管的 PC 母粒制造计算机硬盘驱动器与半导体晶片；③Hyperion 公司利用碳纳米管的导电性制作快速无线通讯器件的塑料天线，由于静电荷的消除，可使快速数字压缩信号传输更为有效；④用于聚醚醚酮（PEEK），聚醚酰亚胺（PEI）制造容器，可以消除半导体芯片在制造运输过程中的静电。

2）用于塑料汽车车身的静电喷涂，如 GE 公司将 MWCNT 用于汽车外部 PPO/PA 复合料的静电喷涂。从而摈弃了价格昂贵的导电底漆。

3）与石墨纤维相比碳纳米管的用量要少得多，因此减少了聚合物材料的降解。

至今已有一些公司，例如，美国 RTP 公司可以提供下列工程塑料的碳纳米管复合料：PA 6、PA66、PC、HIPS、Acetal（聚甲醛树脂）、PBT、PPS、PEI、PEEK、PC/ABS、PC/PBT 等。

5.7.1.2　聚合物/碳纳米管(CNT)纳米复合物的热稳定性与阻燃性能

(1) PVOH/MWCNT 纳米复合物热稳定性

近几年人们逐步将注意力转向了聚合物/碳纳米管复合材料。进一步探索提升聚合物热稳定性与阻燃性的潜在可能。

Schaffer 等[39]研究了碳纳米管（MWCNT）/聚乙烯醇（PVOH）复合物的制备与表征。TGA 数据显示当 MWCNT 质量分数为 20% 时，PVOH 的热分解起始温度移向高端，即提高了热稳定性。但当 MWCNT 含量较高时（譬如，质量分数高于 30%），则转而促进分解使热稳定性降低。该作者认为可能是因聚合物高温降解产生的自由基为活性炭表面吸收所致。当温度较高或 MWCNT 含量较高时，被氧化的碳纳米管表面开始分解，从而抵消了上述的稳定效应。

(2) PP/MWCNT 纳米复合物的热稳定性

Kashiwagi 等研究了聚丙烯（PP）/MWCNT 复合物的热降解[40]，发现用碳纳米管取代有机改性层状硅酸盐后有两个明显的优点：①容易分散，无须对 MWCNT 进行有机化处理；②无需使用马来酸酐接枝 PP 等相容剂（如 PP-g-MA）。

从图 5-38 可以看出，MWCNT 在 PP 中是可以均匀分散的。此外由微分热失重（DTG）曲线在 N_2 气氛中测得纯 PP 在约 300℃ 处出现一个失重峰。该峰对应于 C—C 链断裂过程，同时伴有 H 原子转移[41]。PP/MWCNT 复合物则仍显示一个宽峰，峰值较纯 PP 高出 12℃，说明纳米复合物的稳定性有所提高。此增值与 MWCNT 的加入量关系并不明显。Zanetti 等对 PP/PP-g-MA/黏土体系做了类似的研究，发现增值为 17℃[42]。上述增值效应都被归结为黏土层间的阻挡作用，减缓了降解产物从聚合物体相向气相中的扩散速度。

图 5-38　MWCNT(2％,体积分数)在聚丙烯复合物中分散的 SEM 图像
(去除溶剂后)[40]

　　在有空气存在时,由于氧化脱氢以及伴随的氢原子抽取反应(abstract reac-tion)而使纯 PP 的热稳定性大幅度降低。明显的热失重速率发生在 298℃左右。与此相比,PP/MWCNT 纳米复合物的热失重机制比 PP 要复杂得多。在 205℃就开始失重,在这个温度范围内纳米复合物的热稳定性低于 PP。但高于 250℃时,PP/MWCNT 纳米复合物的稳定性反而变得更为稳定。温度在 340℃以上时开始出现尖峰。如将 PP/PP-g-MA/黏土体系与 PP 做个对比,不难发现差异很大。后者的热稳定性较 PP 要好得多,而且也不出现复杂的尖峰。

　　(3) PP/MWCNT 纳米复合物的燃烧行为

　　MWCNT 的加入量(0.5％～4.0％)对 PP/MWCNT 纳米复合物的燃烧参数有影响[43]。图 5-39 是 50kW/m² 条件下的锥形量热仪(CONE)结果。

　　有两个特征值得注意:①MWCNT 浓度为 0.5％时,点燃时间 (TTI) 比纯 PP 的短,随着浓度的增加(＞1.0％)TTI 增加;②MWCNT 浓度为 1.0％时,热释放速率有所增大。显然,CONE 的结果与上面的 TGA 结果并不一致。这与两种实验装置热传递过程(即样品的热吸收与热发射)有关。实验表明,CONE 测量中锥形辐射器发出的辐射能包括可见光直至远红外波段。50 kW/m² 大约相当于 750℃,对于 PP 只有部分的能量可以被表面层所吸收;对 PP/MWCNT(1％)纳米复合物来说几乎全部的 50kW/m² 能量均可被吸收。此乃由于黑色的 MWCNT(1％)本身就是红外辐射的吸收体。于是 PP/MWCNT(1％)纳米复合物表面的温度急剧升高,足以促使 PP 降解(350～450℃)而释放出易于点燃的单体、二聚体、三聚体等物种。随着样品表面上热量的逐渐积累,热释放速率随 MWCNT 含量的增加也随之增大。表面逐渐为 MWCNT 所覆盖,其厚度逐渐加大,质地更趋致密,整体无裂痕。此间热导率成为另一个必须考虑的因素。MWCNT 的热导率高于聚合物

(PP)样品。随 PP/MWCNT 复合物不断降解失重,表面上 MWCNT 的数量不断增多,于是高温下传热的方式逐步由热传导向热辐射转变,即热量通过辐射传向气相,但由于整体呈现的多孔状,阻挡层对 PP 的降解产物尚不能构成有效阻挡[43]。

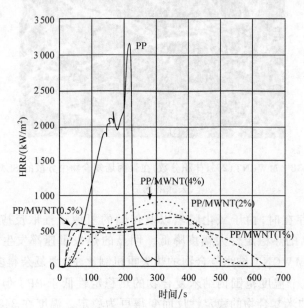

图 5−39　MWNT 在 PP 中的浓度对 PP/MWCNT 纳米复合物样品热释放速率的影响
(辐照通量:50kW/m²)[43]

　　有趣的是,这里的 PP/MWCNT 纳米复合物只需加入 1% 的 MWCNT 即可,并不需加入任何相容剂。由此看来,PP/MWCNT 纳米复合物的阻燃效果比 PP/黏土纳米复合物更为有效。

　　众所周知为了解阻燃作用的空间是在气相还是凝聚相,人们常通过氧指数(LOI)与氧化氮指数(NOI)的实验对比予以确定。同样也可以通过锥形量热仪(CONE)实验与汽化(gasification method)实验的对比研究同一问题。锥形量热仪是在有火焰条件下进行的,而汽化实验的装置是在无火焰的 N_2 气氛中进行的。汽化实验可用于判断气相反应的可能,即如果 CONE 给出的数据(HRR,MLR)低于(或优于)汽化实验的结果,则可以说明阻燃作用主要发生在气相,即主要为气相阻燃;否则,就是以凝聚相阻燃为主。图 5−40(a)、(b) 分别给出 50kW/m² 条件下 MWCNT 添加量在有焰与无焰两种模式下对 PP 质量损失速率(MLR)的影响。从中可以得出结论:PP/MWCNT 纳米复合物的阻燃过程是以凝缩相为主。

　　如果对比 PP/MWCNT 与 PP/炭黑粉的 CONE 数据,可以发现炭黑对 HRR 的抑制作用确实不如碳纳米管[43]。尽管炭粒的大小与形状有显著影响,但纳米分散仍是最重要的因素。

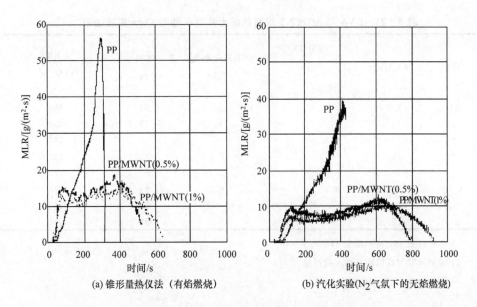

(a) 锥形量热仪法（有焰燃烧）　　　　(b) 汽化实验(N₂气氛下的无焰燃烧)

图 5 - 40　MWCNT 添加量对 PP 质量损失速率的影响($50kW/m^2$)[43]

（4）EVA(VA＝28)共聚物的热稳定性与燃烧行为

乙烯-乙酸乙烯酯（EVA）共聚物广泛用于电线电缆工业，有耐热阻燃的要求。EVA 的热分解行为往往与硅酸盐的分散性有关[44]。Beyer[45]首次报告了 EVA/有机黏土(PLS)纳米聚合物在电缆业中的阻燃作用，并宣称纳米效应可以改善 EVA 的热降解行为(表 5 - 20)[46]，表中使用 VA 含量为 28％的 EVA 共聚物。

表 5 - 20　纳米填料％对 EVA 纳米复合物热稳定性的影响

纳米填料含量/％	TGA 中分解峰的最高峰值/℃
0	452.0
1	453.4
2.5	489.2
5	493.5
10	472.0
15	454.0

在 BCC(2002)年会上，Beyer 也报告了 EVA/多壁碳纳米管（MWCNT）纳米阻燃的应用(表 5 - 21)[47]。

表 5 - 21　EVA 与 MWCNT 或有机黏土共混条件与 Cone 实验结果[47]

样品	EVA/phr	MWCNT /phr		有机化黏土 /phr	TTI /s	p-HRR /(kW/m²)
		纯	粗			
EVA	100.0	—	—	—	84	580
1[1]	100.0	2.5	—	—	85	520
2[1]	100.0	5.0	—	—	83	405
3[1]	100.0	—	—	2.5	70	530
4[1]	100.0	—	—	5.0	67	470
5[1, 2]	100.0	2.5	—	2.5	71	370
6a[1]	100.0	—	5.0	—	83	403
6b[3]	100.0	—	5.0	—	85	405

1) 螺杆转数 45r/min,温度 136℃。

2) 碳纳米管与有机黏土加入前预混。

3) 螺杆转数 120r/min,温度 142℃。

由实验得出以下顺序(表 5 - 21):

p-HRR(2.5％填料)　　EVA>有机黏土≈纯碳纳米管

p-HRR(5.0％填料)　　EVA>有机黏土>纯碳纳米管≈粗碳纳米管

显然,当填料量由 2.5％增加到 5.0％时,碳纳米管(纯或粗)的阻燃效果优于有机黏土。

由图 5 - 41 得知:①相对于 EVA 共聚物而言,有机黏土的加入会引起 TTI 的减少;碳纳米管(纯或粗)的加入,基本可以保持 TTI 不变;②MWCNT 与有机层状硅酸盐之间的协同作用能够改善裂缝密度与表面质量,有利于阻燃性能的提高(图 5 - 42)。

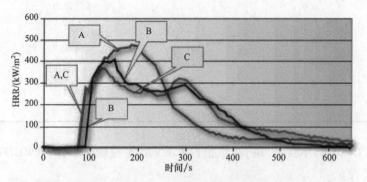

A—EVA+5.0phr 有机黏土;B—EVA+5.0phr MWCNT;C—EVA+2.5phr
有机黏土+2.5phr MWCNT

图 5 - 41　三个 EVA(28％VA)样品的 HRR 与时间的变化曲线(35kW/m²)

(a)EVA/5phr 有机黏土　　　　(b)EVA/5phr MWCNT　　　　(c)EVA/(2.5phr有机黏土
　　　　　　　　　　　　　　　　　　　　　　　　　　　　　+2.5phr MWCNT)

图 5-42　燃烧后 EVA/填料复合物的裂缝密度与表面质量

图 5-42 是三个样品的扫描电镜(SEM)图。当填料量为 2.5phr 时,观察到的裂缝密度按下列顺序增加:纯 MWCNT<有机黏土。当填料量为 5.0phr 时,裂缝密度按下列顺序增加:粗 MWCNT<纯 MWCNT<有机黏土。图 5-42(c)表明 EVA/(2.5phr 有机黏土+2.5phr MWCNT)表面的裂缝密度最小,表面质量最好,能有效地阻止可燃性降解气体的逸出,遂导致 p-HRR 的降低。显然,两种填料的协同对成炭阻挡层的质量有正面影响。

Butzloff 等[47,48]在研究材料的力学应变时,认为最佳协同的原因是由于 MWCNT 的随机取相所引起聚合物内部的局部应变被 MWCNT 与有机改性 MMT 的联合效应所抵消,从而消除了环氧树脂的内部应变。

5.7.2　聚合物/层状氧化石墨(GO)复合物纳米结构与阻燃性能

5.7.2.1　氧化石墨的生成与结构

众所周知,石墨是由交替的碳层通过范德华力堆积起来的层状结构。较弱的范氏引力使得外来客体(插层剂)进入石墨层间通道(插层)成为可能。不同程度的插层导致不同"阶段"(stage)的石墨插层化合物(graphite intercalation compound, GIC)。以强氧化剂(如硝酸、高氯酸、氯酸钾或高锰酸钾等)处理石墨,在石墨层间形成一种没有确定化学计量的层间化合物,通常统称氧化石墨(GO),又称石墨酸[49]。氧化石墨的研究历史可追溯到 1855 年[50],其间,有关氧化石墨的制备及表征多有报道。就目前的研究状况而言,普遍认为化学法制备的氧化石墨中存在羟基、环氧基和双键结构[52],已经得到广泛的证实。FTIR[52]结果表明氧化石墨中含有C—OH、—OH、C=O等基团。^{13}C-NMR[53]也检测到与醚或羟基相连的碳原子,并发现 sp^2 杂化的碳原子。元素分析给出氧化石墨的 C/O 在 2~3 之间[54]。

研究者们根据碳骨架构型和C—O键的性质建立了多种结构模型,如 Ruess 模型[55]、Hofmann 模型[56]以及 Scholz-Boehm 模型[57],但是,由于氧化石墨的组成结构与原材料的选择、反应条件、反应方法关系密切,加之,氧化石墨又具有很强的

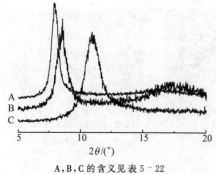

A,B,C 的含义见表 5-22

图 5-43　含水量不同的氧化石墨
的 XRD 结果[59]

吸水性[58]，因此给分析工作带来了很大的困难，直接影响到实验结果的重复性。所以，迄今为止，氧化石墨的结构仍然不十分确定。一般认为，氧化石墨的生成过程遵守以下三步机制：①第一"阶段"或第二"阶段"石墨插层化合物（GIC）的生成；②GIC 的氧化；③GIC 的水解。

韩志东等[59]以工业化生产的膨胀石墨为原料代替天然石墨制备 GO。图 5-43 及表 5-22 给出了不同干燥时间 GO 的 XRD 及 TGA 实验结果。

表 5-22　不同水含量的氧化石墨（图 5-43）的 XRD 和热失重试验结果

氧化石墨	2θ/(°)	层间距/nm	120℃的热失重/%
A	7.9	1.1	21
B	8.5	1.0	18
C	11.0	0.8	5

尽管制备氧化石墨的方法相同，但含水量不同，也会影响三者的 XRD 结果，主要表现在氧化石墨强衍射峰出现的位置不同。随着氧化石墨含水量的增加，层间距增大。以上过程说明，以可膨胀石墨为原料制备氧化石墨的过程中，仍然是先形成石墨插层化合物，GIC 的进一步氧化，最终形成氧化石墨。可膨胀石墨本身即是石墨插层化合物（GIC），所以达到较高氧化程度的氧化石墨所需的时间较短。XPS 定量数据[59]表明，氧化石墨结构中仍以石墨结构成分为主，碳的氧化基团中以单键 C—O 为主，其次为 C=O，再其次是 C(O)O。

5.7.2.2　聚合物/氧化石墨纳米复合物

氧化石墨（GO）是准二维平面结构的极性物质。在平面与边缘部位与羟基、羰基、羧基、醚基等官能团结合，容易通过各种方式吸引具有极性的大、小分子，最终形成插层型或剥离型纳米复合物，如聚氧化乙烯（PEO）[60,61]、聚乙烯醇（PVA）[62,63]、聚（二烯丙基二甲基氯化铵）（PDDA）[64]、聚（糠基醇）（PFA）[65]、聚苯胺（PAn）[66]、聚苯乙烯[67,68]、苯乙烯-丙烯酸丁酯[69]等。以上聚合物与 GO 之间通过强的氢键作用结合在一起，对 GO 的热学、电学等物理化学性质产生明显的影响。图 5-44 的聚乙烯醇（PVA）/GO 纳米复合物是一个比较典型的例子[70]。

图 5-44 中 PVA(a)与 GO(b)的 2θ 分别为 21° 和 10°；c 显示两个峰，分别为原来的 PVA 和插层后产生的峰；d 出现三个峰，即原来的 PVA，GO 和插层后产生的

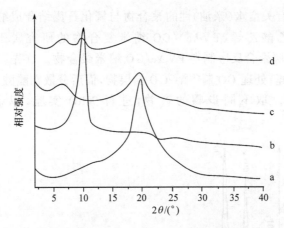

a—PVA；b—GO；c—PVA/GO(5%)插层纳米复合物；

d—PVA/GO(20%)插层纳米复合物

图 5-44　XRD图像[70]

两个峰。说明 c 为全部插层，d 为部分插层。

上述三种样品的玻璃化温度也受 GO 含量的影响。图 5-45 及图 5-46 为上述三种样品的 TGA 及 DSC 实验结果。由 DSC 分析得知 PVA 与 PVA/GO(5%)的玻璃化温度分别为 71.3℃ 及 80.8℃。当 GO 含量达 20% 时，PVA/GO(20%) 的玻璃化温度趋于模糊，此时，拥挤在 GO 层间的 PVA 分子链与 GO 间的作用增强，致使聚合物分子链很难移动，所以玻璃化温度变化不明显，乃至模糊消失。图中也给出了 500～650℃ 范围的降解吸热峰。可以看出 GO 的加入有利于提高 PVA 的热稳定性。

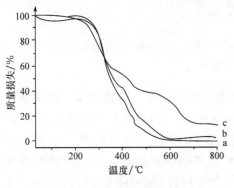

a—PVA；b—PVA/GO(5%)插层；

c—PVA/GO(20%)插层[70]

图 5-45　TGA 数据

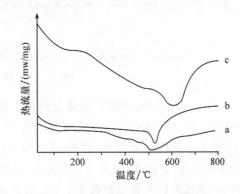

a—PVA；b—PVA/GO(5%)插层；

c—PVA/GO(20%)插层[70]

图 5-46　DSC 数据

　　截止到目前,有关憎水(亲油)性的聚合物与氧化石墨结合成纳米复合物的研究报道很少。聚乙酸乙烯(PVAc)/GO 纳米复合物的研究属于最早的一例。Liu[71]利用原位插层聚合反应制得 PVAc/GO 纳米聚合物。首先以醇类(n-辛醇、十二烷醇、十八烷醇)处理 GO 制得醇-GO 插层物,而后分散在醋酸乙烯单体中,再经原位聚合而得。取不同步骤的产物,进行 XRD 实验,以研究整个过程(图 5-47)。

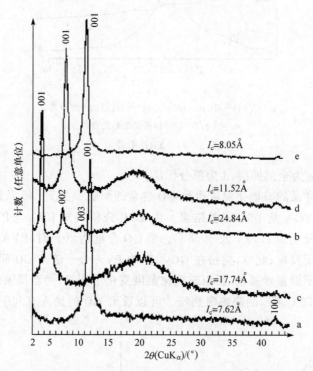

a—GO;b—GO-辛醇;c—GO-VAc;d—PVAc-GO 插层;e—GO-辛醇(50℃下加热 24h)

图 5-47　XRD 实验结果[71]

　　GO 与辛醇间的插层是通过醇的—OH 基团与 GO 层内的极性集团的氢键作用进行的,层间距由 7.62Å(a)增加到 24.84Å(b),后者比按"准三层烷基链排列"模型计算的数值大得多,说明过量的辛醇使得 GO-辛醇间产生膨胀[72]。产生的GO-VAc 插层物,间距由 24.84Å(b)减少到 17.74Å(c),这是因为层间的辛醇被VAc 单体取代所致。原位聚合后,间距进一步由 17.74Å(c)降至 11.52Å(d)。为了验证 PVAc 确实存在于插层物之中(d),将(b)与(d)同时加热。结果发现样品(b)不稳定,分解后减低到 8.05Å(e),几乎接近原来的 GO(7.62Å),插层消失。样品(d)则不变。TGA 与 DSC 实验同样说明 PVAc/GO 插层纳米复合物相对纯PVAc 有较高的热稳定性。

5.7.2.3　纳米效应与阻燃性能

锥形量热仪、UL-94（underwriters laboratories）、极限氧指数是评估材料阻燃性能的传统工具。上述三种评估方法分属于不同的燃烧模型，因此，它们之间未必存在必然的相关（correlation）关系。LOI 素以精度高、重复性好、价格低廉著称，故常用于研究领域。UL-94 试验指标难度较高，常被商业界用作产品考核的技术标准。锥形量热仪试验可以给出模拟实际火情的燃烧状态，同一时间可获得多个信息参数，特别是 HRR 参数。在纳米阻燃复合物（例如，层状硅酸盐纳米材料）的研发方面使用得最多。

人们发现，如以 HRR 数据为基础，那么聚合物/黏土纳米体系常常给出令人兴奋的结果。但如果改用 LOI 评价，结果却常令人失望。全面评价纳米效应对燃烧性的影响在理论上有其重要意义，在应用上也有其使用价值。有鉴于此，开展以氧化石墨为主的纳米复合物研究是纳米复合材料的进一步延伸。

选择 PAE/GO(5%)为模型体系，其中 PAE 是聚丙烯酸酯共聚物。为比较起见，图 5-48 给出锥形量热仪（15kW/m^2）结果[73~76]。

图 5-49 中的两条曲线 A，B 分别给出微混与纳米复合物的 LOI 值。两者之差被定义为纳米效应。图 5-50 表示四种体系的纳米效应（以 LOI 为基础）与氧化石墨（GO）加入量的变化关系。

可以看出，无论含卤（如 PVDC-GO）还是无卤的纳米体系，其 LOI 值的增长明显取决于纳米效应。以 PAE-GO 为例，当 GO 的用量小于 10% 以下，LOI 可以提升约 5 个单位之多。为了理解 GO 的阻燃作用机理，利用 X 射线光电子能谱研究 PAE 与 nano-PAE/GO(5%)两体系受热过程 C1s 谱的电子结合能随温度的变化规律。图 5-51 中两条曲线分别代表 nano-PAE/GO(5%)（黑点）与 PAE（圆圈）。水平线表示的结合能对应于类石墨结构（284.3eV）。两者的结合能均随温度的升高而减少，但 nano-PAE/GO(5%)（黑点）下降的速度比纯 PAE 曲线快得多，也就是说含有 5%GO 的 PAE 纳米复合物在大约 380℃ 即开始出现类石墨结构，而纯 PAE 则差得远。有两个可能：①纳米效应促进聚合物提前成炭；②PAE 的表面为 GO 所覆盖，从而起到了隔离层作用。②中的观点得到了图 5-52 的支持。

图 5-52 是 GO、micro-PAE/GO(5%)与 nano-PAE/GO(5%)三种样品在 500℃时的 C1s 谱线对比。可以看到 nano-PAE/GO(5%)表面的化学结构与 GO 表面更加相似。表明处于 500℃条件下的表面已基本为 GO 所覆盖。

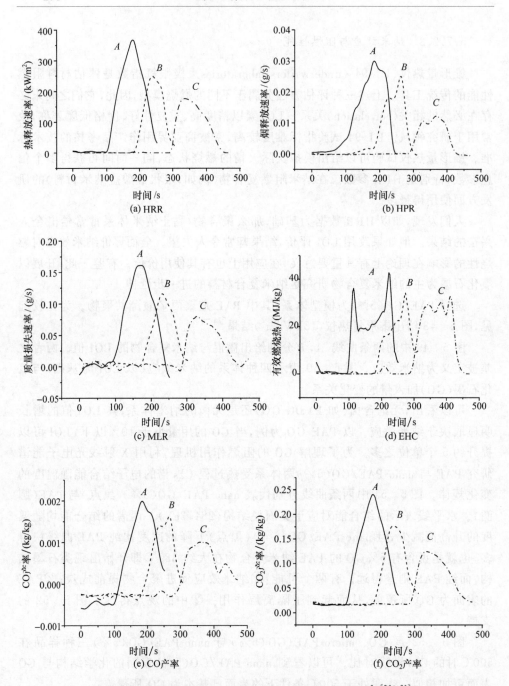

图 5-48　PAE/GO(5%)体系的 CONE 数据(15kW/m²)[73~76]

曲线 *A*、*B*、*C* 分别代表 PAE、PAE/GO 微混复合物、PAE/GO 纳米复合物

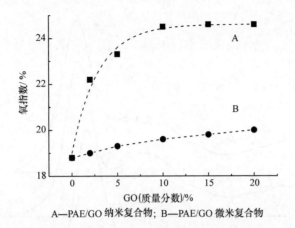

A—PAE/GO 纳米复合物; B—PAE/GO 微米复合物

图 5-49 LOI 与 GO 含量的关系(PAE/GO 纳米体系与 PAE/GO 微混体系)

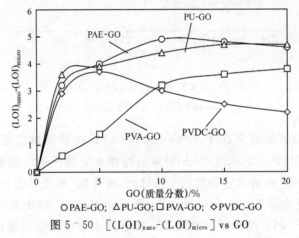

○PAE-GO; △PU-GO; □PVA-GO; ◇PVDC-GO

图 5-50 [(LOI)$_{nano}$-(LOI)$_{micro}$] vs GO

四种聚合物:聚丙烯酸酯(PAE)、聚氨酯(PU)、聚乙烯醇(PVA)、聚偏氯乙烯(PVDC)

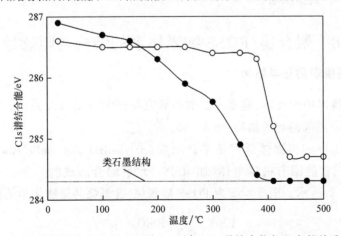

图 5-51 PAE 与 nano-PAE/GO(5%) C1s 谱结合能与温度的关系

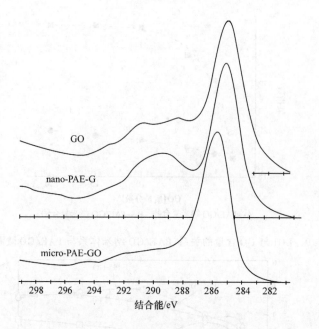

结合能/eV

图 5 - 52　500℃时 GO,micro-PAE/GO(5%)
与 nano-PAE/GO(5%) 的 C1s 谱

上述分析的重要意义在于:①纳米效应(△)首次被明确地定义为(LOI)$_{nano}$-(LOI)$_{micro}$;②清楚证明纳米效应(△)对聚合物体系阻燃性能的改善起着关键的作用;③与聚合物/黏土纳米复合物(PLS)对比,聚合物/氧化石墨纳米复合物(PL-GO)可以给出更为满意的综合阻燃性能,既可给出低的 HRR 又能给出高的 LOI 数值。相比之下,PLS 纳米复合物的 LOI 值随黏土%变化却只能停留在±1.0 个单位范围波动(数据从略)。

5.8　聚合物/POSS 纳米体系的结构与阻燃性能

5.8.1　硅基阻燃剂化学结构

鉴于环境保护的要求,硅基阻燃剂的研究与开发备受世人关注。下面是一些典型的硅基阻燃剂的化学结构(图 5 - 53)[77,78]。

图 5 - 54 中的多面体低聚倍半硅氧烷(polyhedral oligomeric silsesquioxanes,POSS)是由三官能团有机硅单体(如 RSiX$_3$)水解缩合而成的一类三维倍半硅氧烷,如式(5—2)所示。图 5 - 55 为 POSS 硅氧烷-硅氧烷共聚物化学结构示例。

$$RSiX_3 \xrightarrow[\text{溶剂}]{H_2O} [RSiO_{3/2}]_n \qquad\qquad (5-2)$$

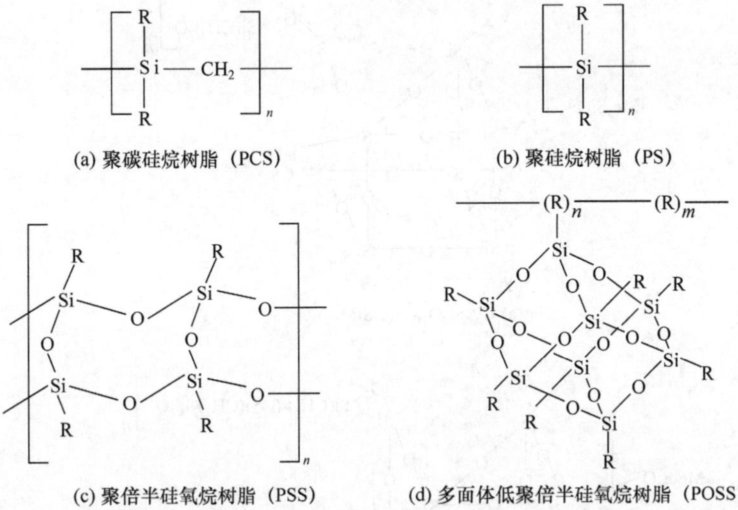

(a) 聚碳硅烷树脂（PCS）　　　　　　　　　(b) 聚硅烷树脂（PS）

(c) 聚倍半硅氧烷树脂（PSS）　　　(d) 多面体低聚倍半硅氧烷树脂（POSS）

图 5-53　几种硅基阻燃剂的化学结构[77,78]

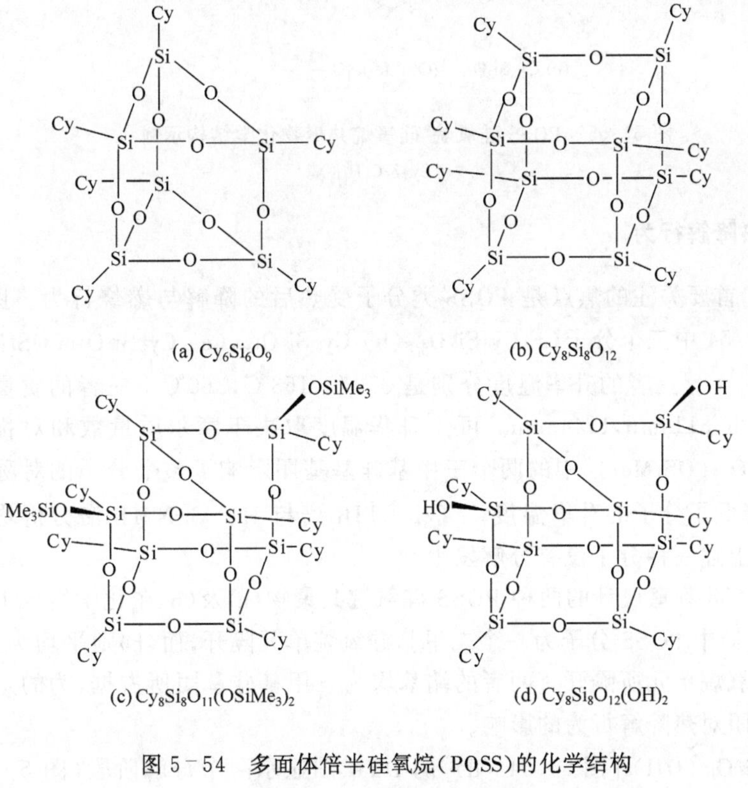

(a) $Cy_6Si_6O_9$　　　　　　　　　　(b) $Cy_8Si_8O_{12}$

(c) $Cy_8Si_8O_{11}(OSiMe_3)_2$　　　　　　(d) $Cy_8Si_8O_{12}(OH)_2$

图 5-54　多面体倍半硅氧烷（POSS）的化学结构

$Cy：c\text{-}C_6H_{11}$；全缩合型：(a)(b)；非全缩合型：(c)(d)[79]

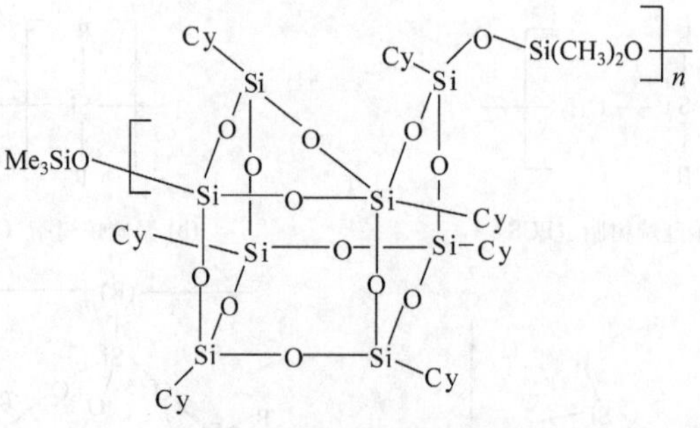

(a) Cy$_8$Si$_8$O$_{11}$—(OSiMe$_2$)O—

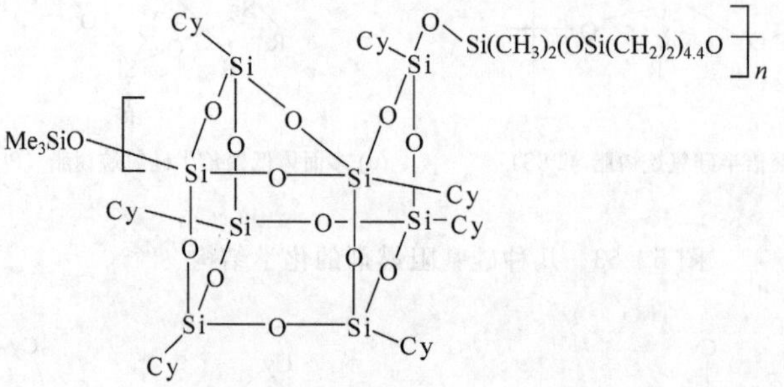

(b) Cy$_8$Si$_8$O$_{11}$—(OSiMe$_2$)$_{5.4}$O—

图 5-55　POSS 硅氧烷-硅氧烷共聚物化学结构示例

Cy：c-C$_6$H$_{11}$

5.8.2　热降解行为

这里,首要关注的焦点是 POSS 类分子受热后的降解与燃烧行为。图 5-56 给出图 5-54 中三个分子(a) Cy$_6$Si$_6$O$_9$,(b) Cy$_8$Si$_8$O$_{12}$,(c) Cy$_8$Si$_8$O$_{11}$(OSiMe$_3$)$_2$ 的 TGA 结果[79]。三者的升华温度分别是 359℃,463℃,360℃。三者的质量数分别为 1081amu,811amu,1244amu。可见升华温度取决于摩尔质量数和对称性。显然,Cy$_8$Si$_8$O$_{11}$(OSiMe$_3$)$_2$ 中的两个三甲基硅基基团影响了整个分子的对称堆积排列,故而降低了分子的升华温度。气相 FTIR 谱与 ^{1}H,^{29}Si-NMR 谱分析均表明在该温度时上述三种分子没有分解发生。

图 5-55 刻意设计的两种 POSS-硅氧烷共聚物(a)及(b)在化学组成上的差异表现在:(a)中 POSS 分子为一个二甲基硅氧烷单元隔开,而(b)则平均为 5~6 个二甲基硅氧烷单元所隔开。两者的端基均为三甲基硅基基团所占据,为的是减少活性硅醇基团对热降解行为的影响。

Cy$_8$Si$_8$O$_{12}$(OH)$_2$[图 5-54 (d)]的 DTG 图显示两个分解阶段(图 5-57),即 230~450℃及 450~650℃。情况比(c) Cy$_8$Si$_8$O$_{11}$(OSiMe$_3$)$_2$ 来得复杂。由 FTIR/

TGA 和^{1}H、^{13}C、^{29}Si-NMR 谱分析得知第一个失重峰的最初阶段是由 $Cy_8Si_8O_{12}(OH)_2$ 的升华所致。借助 FTIR/TGA 得知在大量升华发生的同时亦有降解产生(H_2O)。图 5-57 中的第二个失重峰被指认为环己烯及环己烷。产物的产生机理与倍半硅氧烷的降解相似,即两步自由基机理。

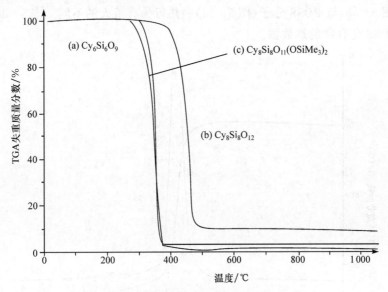

图 5-56　图 5-54 中(a) $Cy_6Si_6O_9$,(b) $Cy_8Si_8O_{12}$
及(c) $Cy_8Si_8O_{11}(OSiMe_3)_2$ 的 TGA 结果[79]

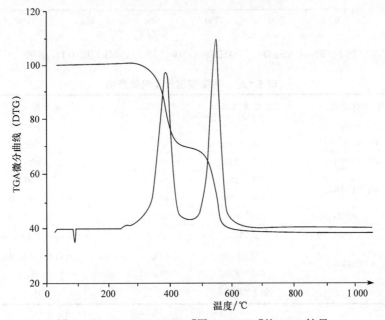

图 5-57　$Cy_8Si_8O_{12}(OH)_2$[图 5-54(d)]的 DTG 结果

在同样条件下，$Cy_8Si_8O_{11}$—$(OSiMe_2)_{5.4}O$—只显现一个单峰（390～650℃，图5－58）。FTIR/TGA的气相分析表明不存在整体分子的升华，开始阶段是聚二甲基硅氧烷从共聚物分子链的硅氧烷嵌段处解聚，进而分解成类环状二甲基硅氧烷，如，$(Me_2SiO)_3(1\,020$～$1\,010\,cm^{-1})$及$(Me_2SiO)_4(1\,090$～$1\,075\,cm^{-1})$。看来共聚物（图5－55）与POSS分子（图5－54）的热行为有很大的不同。表5－23记录了上述POSS化合物的热数据。

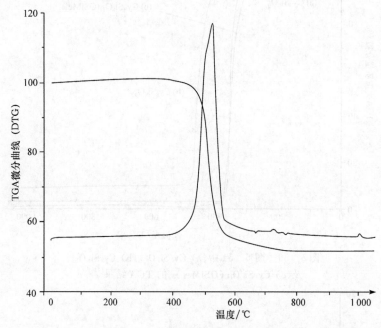

图 5－58　$Cy_8Si_8O_{11}$—$(OSiMe_2)_{5.4}O$—[图5－55(b)]的DTG结果

表 5－23　热降解温度及气体产物

POSS 化合物	温度范围/℃	T_{max}/℃	主要挥发物
$Cy_6Si_6O_9$	230～450	359	升华
$Cy_8Si_8O_{12}$	280～490	463	升华
$Cy_8Si_8O_{11}(OSiMe_3)_2$	250～415	360	升华
$Cy_8Si_8O_{12}(OH)_2$	230～450	383	升华/缩合
	450～650	446	c-C_6H_{10}, c-C_6H_{12}
$Cy_8Si_8O_{11}$—$(OSiMe_2)_1O$—	325～610	532	c-C_6H_{10}, c-C_6H_{12}
$Cy_8Si_8O_{11}$—$(OSiMe_2)_{5.4}O$—	390～525		$(Me_2SiO)_3$, $(Me_2SiO)_4$
	525～650	518	c-C_6H_{10}, c-C_6H_{12}
	650～800	532	CH_4
	650～1\,000		H_2

Zeldinde 的工作[80]表明聚二甲基硅氧烷(PDMS)的解聚温度大约在 340℃。而处于 $Cy_8Si_8O_{11}$—$(OSiMe_2)_{5.4}$O—共聚物中的聚二甲基硅氧烷嵌段的热稳定性则有所提高(390℃)。原因可能来自:PDMS 嵌段的解聚/环化反应受阻于 POSS 的笼形结构;或者因为共聚物中含有的 PDMS 单元数(5.4)较少的缘故。另一共聚物 $Cy_8Si_8O_{11}$—$(OSiMe_2)_1$O—与之对比,基本相似,两者的降解产物中均无 POSS 嵌段升华物出现。不同的是 $Cy_8Si_8O_{11}$—$(OSiMe_2)_1$O—降解产物中的硅氧烷是非环状的。

5.8.3　固相燃烧残余物的结构分析

固体核磁(NMR)、X 射线衍射(XRD)、X 射线光电子能谱(XPS),并配合热红联用(FTIR/TGA)可为固相残余物的结构研究提供重要依据(本书第 8 章的 8.1 节将对固体核磁做出较详细的分析)。

5.8.3.1　固体 NMR/XRD 分析

图 5 - 59 为不同温度下 $Cy_8Si_8O_{12}(OH)_2$ 固相残余物的 ^{29}Si-NMR 固体核磁

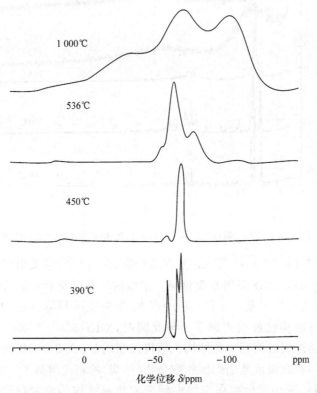

图 5 - 59　不同温度 $Cy_8Si_8O_{12}(OH)_2$ 固相残余物的 ^{29}Si-NMR 固体核磁谱[81]

谱。^{29}Si-NMR 谱的化学位移一般可以分为四个区域,即[81]

$$M(O_{1/2}SiR_3) \qquad \delta=-8\sim-12ppm$$
$$D(O_{2/2}SiR_2) \qquad \delta=-18\sim-55ppm$$
$$T(O_{3/2}SiR) \qquad \delta=-65\sim-85ppm$$
$$Q(O_{4/2}Si) \qquad \delta=-85\sim-112ppm$$

据此,图中-58.6ppm、-65.3ppm、-68.2ppm 分别归属于硅醇基,环己基取代 T 型 Si 的化学位移(δ)。390℃时核磁共振峰开始出现增宽。450℃时仍可以观测到 T 型硅醇的信号,说明 T 型结构依然存在,但强度削弱。表明有自缩合聚合反应发生,得到均聚物$[—O—Cy_8Si_8O_{11}O—]_n$。这与350～450℃温区内 FTIR/TGA 所观测到的痕量水的事实一致。此时,仍保留着 POSS 完整的 T 型骨架。XRD 实验(图 5-60)中由 30℃至 360℃,XRD 谱线的强度与增宽程度变化不大,直至 450℃仍然保留着鲜明的结晶结构,支持了上面的结论。

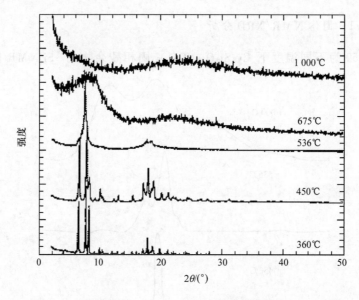

图 5-60　不同温度 $Cy_8Si_8O_{12}(OH)_2$ 固相残余物的 XRD 图谱

进一步加热(536～1 000℃)使 T 型结构有部分损失,但又出现了新的共振峰($\delta=-77.8$ppm)以及 Q 型和 D 型谱峰。谱线的增宽以及最大值的位移表明 Si 原子周围电子环境发生了重新分布。1 000℃时的 Si 电子环境含有 M、D、T、Q 多种结构,说明原有结构已经损失掉了。与此同时,XRD(536～1 000℃)谱线明显增宽,由结晶状态连续过渡到非晶结构。值得注意的是:在 $2\theta=18°$处的衍射峰值向高端移动,证明在此温度范围内固相残余物(残炭)的密度增高了。实验同样证实,$Cy_8Si_8O_{12}(OH)_2$ 固相残余物在空气中转变成非晶结构的温度(450℃)要比在 N_2

中低得多。

　　再来对比 POSS-硅氧烷共聚物。图 5－61 是共聚物 $Cy_8Si_8O_{11}$—$(OSiMe_2)_{5.4}$O—固相残余物的[29]Si-NMR 固体核磁谱。30～40℃温度范围内图谱的特征不变。^{29}Si-NMR 谱线的 POSS T 型结构和硅氧烷的 D 型结构证明这两种硅结构在＞450℃范围仍然是稳定的。继续加热至 590～1 000℃范围,随着[29]Si-NMR 共振峰的不断明显增宽,共聚物发生降解,Si 环境重排。相应于 430℃的 XRD 衍射谱线的两个峰的峰值出现在 2θ=8.2°及 17.8°处(图 5－62)。这两个峰对应于以 POSS 为基础的聚合物,也是笼形 POSS 骨架存在的证明。NMR 与 XRD 两者互相补充。高温下硅原子的重排/交换反应变化规律对硅酮、倍半硅氧烷、硅烷等有共同之处。

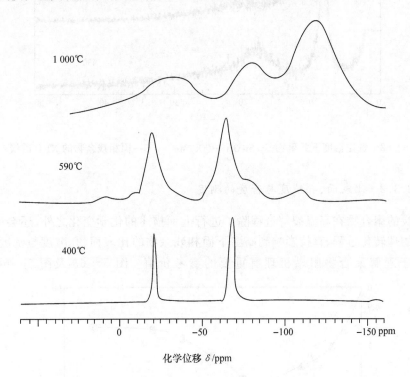

图 5－61　选定温度下共聚物 $Cy_8Si_8O_{11}$—$(OSiMe_2)_{5.4}$O—固相
残余物的[29]Si-NMR 固体核磁谱

　　对 1 000℃的共聚物 $Cy_8Si_8O_{11}$—$(OSiMe_2)_{5.4}$O—固相残余物进行的 XPS 分析同样支持了上述结论。给出了固相残余物的化学组成是 14.5% SiO_2,7.5% SiO_xC_y,1.4% SiC。与[29]Si-NMR 固体核磁谱结果倒很一致(图 5－61),尽管这两种测试技术就其本质而言分属于体相与表面相的测试方法。

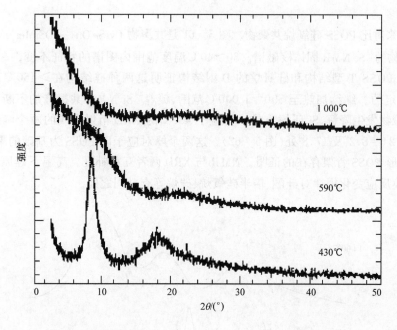

图 5−62　选定温度下共聚物 $Cy_8 Si_8 O_{11}$—$(OSiMe_2)_{5.4} O$—固相残余物的 XRD 谱线

5.8.3.2　比表面、孔隙度与密度的测定

　　成炭的聚合物在高温裂解过程除了进行上面描述的化学变化之外,还会引起系列的物理转化过程,直接影响到高温下固相残余物的比表面、孔隙度与密度等,后者对于理解聚合物阻燃机理有重要的参考价值。图 5−63 及图 5−64 为

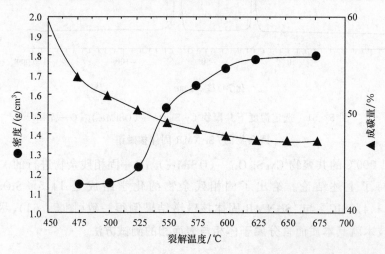

图 5−63　$Cy_8 Si_8 O_{11}$—$(OSiMe_2)_{5.4} O$—的密度与质量损失随裂解温度的变化

$Cy_8 Si_8 O_{11}$ —$(OSiMe_2)_{5.4}$ O—共聚物的密度、质量损失和比表面随裂解温度的变化。两条比表面曲线（图 5－64）分别由 Brunauer-Emmett-Teller（BET，N_2 吸附等温线）和 Dubinin-Radushkivich（DR，CO_2 吸附等温线）理论计算而得。前者给出的比表面主要是中孔与微孔比表面积之和，而后者则主要是微孔比表面积。

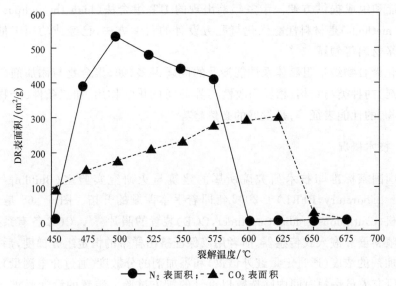

图 5－64　$Cy_8 Si_8 O_{11}$ —$(OSiMe_2)_{5.4}$ O—的比表面与裂解温度的关系

加热到 450℃时样品热失重达到 40%，此时的密度为 $1.10g/cm^3$，与起始时样品的密度（$1.12g/cm^3$）惊人地相似。此时残余物的孔隙都很小（图 5－63）。475℃时比表面突然增大，此为来自中孔与微孔比表面之和。500℃时只有 10% 的额外失重，比表面（即总的孔隙度）却达到最高点（图 5－64），密度进一步上升。继续加热至 675℃，密度增至 $1.79g/cm^3$。进一步加热到 1 000℃，密度可高达 $1.96g/cm^3$。

总之，样品的主要质量损失峰过去以后，凝聚相密度逐步增值。在 600～650℃ 之间，密度升至最大，固体残余物的孔隙逐步封口，以致比表面由 406 急降至 $2.5m^2/g$。再继续加热，影响极微。1 000℃时形成以 Si—O—C 为主体的微孔残余炭层。正是这种微孔残余炭起到了隔热阻燃的作用。

5.9　聚合物纳米阻燃体系"多功能组合法"的研究

初期少量样品的研发往往开始于单一或少量参数的反复试验法（trial and error），或称为试错法，即是一种通过尝试各式各样的方法或理论直到错误被充分地减少或杜绝，从而达到正确的解决或令人满意的结果的方法。该方法既费时又费事，而且所得结果与最终产品的区别相差甚远。鉴于全球市场经济竞争的压力和推动,工业界急需拥有一种快速全面评价材料燃烧性能的对策和方法。所谓的"多功能"(或"组合的")方法随即应运而生。这里的"多功能"(high-throughput,HT)系指"集多数实验于一体,同一时间完成的研究策略"。它可以用来探索优化组成的分布、组分之间的作用以及各参数对材料性能的影响等信息,为工业界高效优化性能和组成提供方便。十多年前出现的 HT-组合法(high throughput combinatorial methods)是材料性能优化与配方设计的科学方法,已经成功用于催化、医药和纳米材料等领域[82~84]。

优化聚合物纳米阻燃体系性能涉及的问题很多,如,聚合物与添加剂(包括纳米添加剂)的种类与结构、相界面改性与界面间的化学作用、加工条件、产物(包括中间产物)的性能表征等,是发展的必然趋势[85,86]。

5.9.1　技术概况

美国国家标准与技术研究院所属的建筑与火研究实验室(Building & Fire Research Laboratory,BFRL)于 2002 年即着手本课题的开拓。图 5‒65 是连续梯度挤出机(continuous gradient extruder,CGE)装置的照片[86]。CGE 备有系列的程控质量喂料器和嵌入式传感器,前者用以保证挤出样带的恒定组分梯度,后者用于检测添加剂的浓度(通过定量红外谱仪)和添加剂的分散度(通过介电测量)。此装置可使研究人员在短时间内筛选数以百计的配方试验。装置的设计要求:①高的质量挤出速度(2~3kg/h);②自动控制聚合物和添加剂的喂料速度,以保证设定的物料梯度;③便于调整改变加工条件,如停留时间和剪切速率;④为后续产品表

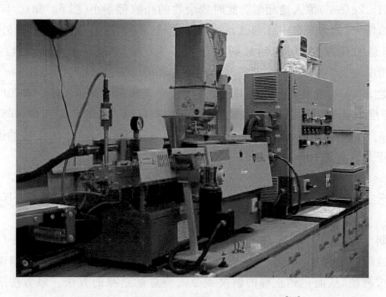

图 5‒65　多功能组合挤出机的装置照片[86]

征提供所需形状的样条以及相应的性能测试[例如,火焰传播速度测量、快速锥形量热试验、纳米缺口(nanoindentation)试验等]。

图 5‑66 展示挤出的梯度样条,其中添加剂组分的梯度与螺杆前进长度成比例。

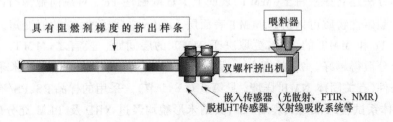

图 5‑66　沿长度方向成比例的梯度样条[86]

5.9.2　实验结果

优化聚合物纳米阻燃复合物需要考虑的组分参数很多,依表 5‑24 所示的组分参数,整体需要研究的配方不下 10^6 个!现以 PS/黏土纳米复合物为例予以介绍。

表 5‑24　研究聚合物纳米复合物方案中需要考虑的组分参数

聚合物	纳米添加剂	表面化学	加工条件	常规添加剂	阻燃剂
PE	层状硅酸盐	烷基铵盐	温度	加工稳定剂	含磷
PP	POSS	咪唑鎓盐	剪切	UV 稳定剂	含卤
PS	碳纳米管	螯合物	停留时间	抗氧剂	含硅
PA6	氧化硅	硅烷化		填料	
PU		烷基化		颜料	
PVC		羧酸化			
PC					
PEO					
酚醛					

5.9.2.1　PS/黏土纳米复合物的固体 NMR 测试

尽管透射电镜（TEM）是研究纳米聚合物材料的有力工具之一，但由于 TEM 的局部性和定性难的缺点，不适于 HT 体系的需要。故以 MAS ^{1}H-NMR 取而代之。本方法建立在蒙特土（MMT）表面上少量顺磁性 Fe^{3+} 对纵向弛豫时间 T_1^H 的影响。顺磁性物质可以引起 MMT 表面层 1.0nm 内质子的 T_1^H 数值变短。此效应取决于 Fe 和 MMT 的浓度，更取决于 MMT 的层间距。换言之，MMT 与聚合物间混合分散得越好，T_1^H 越短[87]。测得的质子 T_1^H 可用来快速估量纳米聚合物的加工条件（有关固体 NMR 详情，见第 8 章 8.1 节）。采用的样品 PS、PS/有机改性 MMT 体系试验结果列入表 5－25，其纳米形貌均经过 XRD 及 TEM 充分确定。

表 5－25　PS/MMT 纳米复合物 NMR、XRD、TEM 的表征[87]

聚合物	层状硅酸盐	T_1^H/s	d-间距/nm XRD	d-间距变化/nm	TEM
PS	—	1.68	—	—	—
—	P16	—	3.72	—	—
PS/P16	—	1.47	4.06	0.34	纳米插层
—	OH16	—	1.96	—	—
PS/OH16	—	1.26	3.53	1.57	纳米插层/剥离
—	VB16	—	2.87	—	—
PS/VB16	—	1.12	无峰	—	剥离

可以看到，随着分散度的增加，T_1^H 数值由 PS 的 1.68s 降到 PS/VB16 的 1.12s。

试验中有机黏土的加量分七档，即 2%、3%、4%、5%、6%、7% 及 8%。螺杆转速分五档，即 250 r/min，300r/min，350r/min，400r/min 和 450r/min。每个试验需要重复 4~5 次。总共约 150 次挤出试验需要 2~3 天，NMR 试验仅需 3 天。如果做 XRD 试验则需 2~3 周。

5.9.2.2　火焰传播试验

挤出的样带在线（on-line）通过 300mm 的加热区，保持火焰前缘位置不变。图 5－67，图 5－68 分别给出 PS/APP/PER 与 PS/黏土纳米复合物体系的实验结果。

添加剂含量范围选择 $C=0$ 到 $C=30%$ 范围。纵坐标 $X=0$ 对应纯聚合物。图 5－67 曲线斜率随阻燃剂含量增加而下降，说明火焰传播速度下降。图 5－68 的曲线走向与此相反,即曲线斜率随阻燃剂含量增加而增加,显示了 PS/有机改性黏土纳米复合物的特点。总体来说,HT 系统比常规系统具有明显的优越性(表 5-26)。

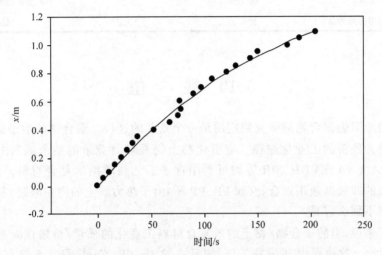

图 5-67　火焰前缘进展随时间的变化(PS/APP/PER 梯度样条)

图中曲线为理论设定拟合函数,试验数据以黑点"·"表示

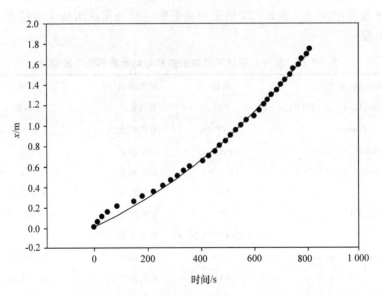

图 5-68　火焰前缘进展随时间的变化(PS 黏土纳米复合物梯度样条)

图中曲线为理论设定拟合函数,试验数据以黑点"·"表示

表 5 - 26 常规与 HT 系统可燃性的比较

方法	重复性/(＋/－)	数据/(组/d)	数据性质
UL-94	差（50％）	2～3	定性
Cone	优（5％）	2～3	多参数高度定量
HIFT（用梯度样品）	优（5％）	100s[1]	定量

1) s；秒。

5.10 展　望

从纳米阻燃聚合物的研究到应用是一个复杂的过程。聚合物的熔态加工工艺公认是最为经济的工业化途径。有机化黏土仍是最具竞争的纳米填料之一。例如，PS、PA、EVA、EVOH、SIR 等均可利用这一工艺制成纳米复合材料。然而，对用量最大的非极性通用聚合物（如 PE、PP 等）由于热力学上的内在限制，制备纳米复合物就不那么容易。

总起来说，当前聚合物/黏土纳米复合材料工业化的质量/价格比尚不能与常规填料相比。这也是某些研发工作，如日本的 Unitika 公司（尼龙 6 汽车部件）和美国的 GE 公司（汽车用 PPO/尼龙部件）等几乎陷于停顿的原因。

然而聚合物纳米复合材料的诱人魅力一直是人们追求的目标，实际上对它的探索从来没有停止过。表 5 - 27 给出的是当前一些公司纳米技术与纳米填料方面的开发简况。

表 5 - 27 部分公司对不同纳米技术与纳米填料的开发简况

供应商（商标）	树脂	纳米填料	市场
Bayer AG（Durethan LPD U）	PA6	有机黏土	阻隔膜
Clariant	PP	有机黏土	包装
Creanova（Vestamid）	PA12	碳纳米管	导电
GE Plastics（Noryl GTX）	PPO/PA	碳纳米管	汽车喷漆部件
	PA6	有机黏土	多种用途
Honeywell（Aegis）	PA	有机黏土	塑料瓶，薄膜
	PETG、PBT、PPS、PC、PP	碳纳米管	导电
Kabelwerk Eupen of Belgium	EVA	有机黏土	电线电缆
	PA6	有机黏土	多种用途
Nanocor（Imperm）	PP	有机黏土	注膜
	PA MDX6	有机黏土	PET 啤酒瓶
Polymeric Supply	不饱和树脂	有机黏土	海上运输

续表

供应商(商 标)	树脂	纳米填料	市场
RTP	PA6、PP	有机黏土	多种用途,导电
Showa Denko (Systemer)	PA	黏土、云母	阻燃
	聚甲醛	黏土、云母	多种用途
Ube (Ecobesta)	PA6,12	有机黏土	多种用途
	PA6,66	有机黏土	汽车燃料系统
Unitika	PA6	有机黏土	多种用途
中国烟台海利股份有限公司	UHMWPE	有机黏土	

引自:Bins & Associates, Sheboygan, Wis. Report on the prospects for nanocomposites.

　　20世纪90年代中期初露端倪的"纳米技术"在阻燃聚合物方面,无论是基础研究还是产品开发已经取得了可喜的进步。近年来,汽车供应商对聚丙烯纳米复合物和热塑性聚烯烃(TPO)弹性体纳米复合物又提出新的要求[85]。开拓新型聚合物/纳米阻燃复合物(包括其他新型的纳米阻燃填料,纳米阻燃添加剂,如 CNT 或 GO 等)的合成路线、高温(>260℃)相容与加工等新的挑战又在继续。美好的前景为我国阻燃事业的攀升提供了新的机遇和挑战,也是我们阻燃界同行的光荣使命[88]。

参 考 文 献

[1]　Kojima Y. Usuki A. Kawasumi M et al. J. Mater. Res,1993,8;1185~1189

[2]　Brauer S. P-234R Polymer Nanocomposites:Nanoparticles, Nanoclays and Nanotubes,BCC Company,April 2004

[3]　Gilman J W, Kashiwagi T, Morgan A B et al. Flammability of Polymer Clay. Nanocomposites Consortium: Year One Annual Report,NISTIR 531,July 2000

[4]　Gilman J W, Kashiwagi T, Lichtenhan J D. 97' Proceedings Lectures LCAPS. Lille,France,September 24~26, 1997; Gilman, J W, Kashiwagi T, and Lichtenhan J D. 42nd International SAMPLE Symposium, May 4~8,1997

[5]　Alexandre A, and Dubois P. Materials Science and Engineering,R28,2000, Nos. 1~2 ;1~63

[6]　Oriakhi C. Chem. Br,1998, 34;59~62

[7]　Gilman J W, Morgan A B, Giannelis E P et al. In: Proceedings of the BCC Conference on Flame Retardancy,1999, 10

[8]　Fischer H R, Gielgens L H, Koster T P M. Acta Polymerica,1998, 50 (4);122~126

[9]　Esteban P J, Nanotechnology:Market Outlook and Future Prospects. Automation and Control Institute, Tampere University of Technology,2001

[10]　Manias E, Touny A, Wu L et al. Chemistry of Materials,2001, 13;3516~3523

[11]　Vaia R A, Hope I, Giannelis E P. Chem. Mater,1993, 5;1694

[12]　Dennis H R, Hunter D L, Chang D et al. Polymer,2001, 42;9513~9522

[13]　Lincoln D M，Vaia R A，Wang Z-G et al. Polymer,2001, 42:9975～9985

[14]　Blumstein A J. Polym. Sci,1965, A3:2665

[15]　Burnside S D, and Giannelis E P. Chem. Mater,1995, 7:1597

[16]　Lee J，Takekoshi T，Giannelis E. Mater. Res. Soc. Symp. Proc,1997, 457:513～518

[17]　Huang J，Zhu Z，Yin J. Polymer,2001, 42:873～877

[18]　Giannelis E. Advanced Materials,1996, 8:29～31

[19]　Zhu J，Uhl F M，Morgan A B et al. Chem. Mater,2001, 12:4649

[20]　Pramoda K P，Liu T，Liu Z et al. Polym. Degrade. Stab,2003, 81:47～56

[21]　Takekoshi et al. USP 5 773 502 (1998,GE Company)

[22]　Klatt et al. PCT Int. Appl. WO98 36 022 (1998,BASF AG)

[23]　Gilman J W，Kashiwagi T，Giannelis E P et al. In: Fire Retardancy of Polymers: The Use of Intumes-
cence,ed. Le Bras M. Camino G. Bourbigot S et al. The Royal Society of Chemistry,Cambridge, UK.
1998. 203

[24]　王建祺,吴文辉,冯大明. 电子能谱学(XPS/XAES/UPS)引论. 北京:国防工业出版社,1992

[25]　Wang J. In: "Fire and Polymers II, Materials and Tests for Hazard Prevention",ed. Nelson G. L. ACS
Symposium Series 599,American Chemical Society. Washington,DC. 1995. Chapter 32. 518～535

[26]　Wang J. In: "Fire Retardancy of Polymers, The Use of Intumescence",ed. Le Bras M. Camino G. Bour-
bigot S et al. The Royal Society of Chemistry,Cambridge,UK. 1998. 159～172

[27]　Wang J，Wei P, and Hao J. In: "Fire and Polymers, Materials and Solutions for Hazard Prevention",ed.
Nelson G. L. Wilkie C.A.. ACS Symposium Series 797,American Chemical Society. Washington,DC.
2001. Chapter 12. 150～160

[28]　Wang J，Han Z. In: "Fire Retardancy of Polymers : The Use of Mineral Fillers in Micro- and
Nano-composites",2005

[29]　Tu H，Wang J. Polym. Degrad. and Stab,1996, 54:195～203

[30]　Gilman J, W，Kashiwagi T. In: "Polymer-clay nanocomposites". New York. John Wiley & Sons,2000.
193～206

[31]　Wang J，Du J，Jin J et al. Polym. Degrad. and Stab,2002, 77:249～252

[32]　Du J，Zhu J，Wilkie C A et al. Polym. Degrad. and Stab,2002, 77:377～381

[33]　Du J，Wang J，Su S et al. Polym. Degrad. and Stab. 2004, 83:29～34

[34]　Du J，Wang D，Wilkie C A et al. Polym. Degrad. and Stab,2003, 79:319～324

[35]　Lijima S. Nature,1991, 56:354

[36]　Jose-Yacaman M，Miki-Yoshida M，Rendon L et al. Appl. Phys. Lett,1993, 62:657

[37]　Coleman J N，Dalton A B，Curran S et al. Proc. Electrochem. Soc,1998, 98:147

[38]　Bernier C J P. Appl. Phys. A,1998, 76:1

[39]　Schaffer M S P，Windle A H. Advanced Materials,1999,11(11):937～941;Schaffer M S P, In: Nanos-
tructures in Polymer Matrices,10～13 September 2001,Riesly Hall,Derbyshire,UK

[40]　Kashiwagi T，Grulke E，Hilding J et al. Macromol. Rapid Commun,2002, 23:761～765

[41]　Madorsky S L. Thermal Degradation of Organic Polymers. New York:Interscience Publication,1964.
Chapt.4

[42]　Zanetti M，Camino G，Reichert P et al. Macromol. Rapid Commun,2001, 22:176

[43]　Kashiwagi T，Grulke E，Hilding J et al. Polymer,2004,45 (12):4227～4239

[44] Zanetti M, Camino G, Thommen R et al. Polymer, 2001, 42:4501

[45] Beyer G. In: BCC Conferences"Flame Retardancy of Polymeric Materials"2001, Stamford, CT, USA; Beyer G, Fire & Materials, 2001, 25:193~197

[46] Beyer G, Alexandere M, Henrist C et al. Macromol. Rapid Commun, 2001, 22:643

[47] Butzloff P, D'Souza N A, and Sun Y. In: 57th Southwest Regional American Chemical Society Meeting, October 17~20, 2001 (Poster)

[48] Butzloff P, and D'Souza N A. SAMPE, 2002

[49] 李士贤,姚建,林定浩. 石墨. 北京:化学工业出版社,1991

[50] Brodie B C. Ann. Chim. Phys, 1855, 45:351

[51] Hontoria-Lucas C, Lopez-Peinado A J, Lopez-Gonzalez J, et al. Carbon, 1995, 33:1585

[52] Lowde DR, Williams J O. J. Chem. Soc. Faraday Trans, 1979, 72:2312

[53] Mermoux M, Chabre Y, Rousseau A. Carbon, 1991, 29:469

[54] Nakajima T, Mabuchi A, and Hagiwara R. Carbon, 1988, 26:357

[55] Ruess G L. Monasch. Chem, 1947, 76:381

[56] Clauss A, Plass R, Boehm H P et al. Z. Anorg. Allg. Chem, 1957, 291:14

[57] Scholz W, Boehm H P Z. Anorg. U. Allgem. Chem, 1969, 369:327

[58] Pechett J W, Trens P. Carbon, 2000, 38:345

[59] 韩志东,王建祺. 无机化学学报, 2003, 19 (12):1366~1370

[60] Matsuo Y., Tahara K, Sugie Y. Carbon, 1997, 35:113

[61] Matsuo Y., Tahara K, Sugie Y. Carbon, 1996, 34:672

[62] Matsuo Y, Hatase K, Sugie Y. Chem. Mater, 1998, 10:2266

[63] Xu J, Hu Y, Song L et al. Carbon, 2002, 40:445~465

[64] Kotov N A, Dekany I, Fendler J H. Adv. Mater, 1996, 8:637

[65] Kyotani T, Moriyama H, Tomita A. Carbon, 1997, 35:1185

[66] Liu P, Gong K. Carbon, 1999, 37:706

[67] Ding R, Hu Y, Gui Z et al. Polym. Degrad. and Stab. 2003, 81:473~476

[68] Uhl F M, Wilkie C A. Polym. Degrad. and Stab. 2004, 84:215~226

[69] Zhang R, Hu Y, Xu J et al. Polym. Degrad. and Stab. 2004, 85:583~588

[70] Xu J, Hu Y, Song L et al. Polym. Degrad. and Stab. 2001, 73:29~31

[71] Liu P, Gong K, Xiao P et al. J. Mater. Chem, 2000, 10 (4):933~935

[72] Dekany I, Kruger-Grasser R, Weiss A. Colloid Polym. Sci, 1998, 276:570

[73] 韩志东. 聚合物/氧化石墨纳米体系阻燃性能的比较研究. [学位论文]. 北京:北京理工大学博士学位论文, 2003

[74] Wang J. In: Proceedings of The 9th European Meeting on Fire Retardancy and Protection of Materials, FRPM'03, September 16~19, 2003, Lille, France

[75] Wang J, Han Z. In: Fire Retardancy of Polymers:New Applications of Mineral Fillers, Ed. by Le Bras M, Bourbigot S, Duquesne S, Jama C, Wilkie C. The Royal Society of Chemistry, 2005, Chapter 12

[76] Wang J. In: Proceedings of 2nd International Symposium on Engineering Plastics, EP'04, 15~20 August 2004, China

[77] Rikowski E, Marsmann H C. Polyhedron, 1997, 16:3357~3361

[78] Fehler F J, Budzichowski T A. J. Organomet. Chem, 1989, 33~40

[79]　Mantz R A et al. Chem. Mater,1996, 8:1250～1259

[80]　Zeldinde M,Qian B.-R,Choi S J. J. Polym. Sci. Polym. Chem. Ed. 21. 1983, 1361

[81]　Marsmann H, Kintzinger J P. Oxygen-17 and Silicon-29 NMR. New York:Spronger-Verlag,1981. 74～239

[82]　2004 Gordon Research Conference, Combinatorial & High Throughput Materials Science.January 25～30, 2004, Rancho Santa Barbara Marrriot, Buellton, CA, USA

[83]　2005 Gordon Research Conference, Combinatorial & High Throughput Materials Science August 14～19, 2005, Queen's College, Oxford, UK

[84]　Gilman J W, Maupin P H, Harris R H et al. Polym. Mater. Science & Engineering, 2004, 90: 717

[85]　Gilman J W, Nyden M, Davis R et al R. 13th Annual BCC Conference on Flame Retardancy, Stamford, Plaza Hotel, 2002

[86]　Gilman J W, Bourbigot S, Shields J R et al. J. Mater. Sci., 2003, 38:4451～4460

[87]　Vanderhart D L, Asano A, Gilman J W. Chem. Mater. 2000, 13:3796

[88]　The New Omnexus. Featured Trend Report, Nov. 3, 2004

第6章 电子束辐照与阻燃

6.1 概　　述

尽管人们在降低阻燃剂毒性、添加量及无卤化方面做了种种努力,并且取得了一定的成效,但仍然没有放弃对新的阻燃技术及途径的探索。电子束辐照及其接枝阻燃改性技术具有独特的魅力,逐渐被人们所重视[1]。该技术的主要思路是在聚合物的表面(或体相)接枝具有阻燃(或成炭功能)的单体(或官能团),当聚合物燃烧时,这些单体或官能团分解或降解形成具有保护作用(隔热、隔氧)的炭层;或促进聚合物表面成炭;或形成具有捕捉气相自由基的物质,从而提高聚合物的阻燃性能。

辐照接枝技术是材料获得新性能(包括阻燃性能)的方法之一[2]。聚合物的接枝改性在20世纪50年代就开始了[3],当时人们通过自由基引发接枝(例如,^{60}Co辐照接枝,氧化还原体系引发接枝)来使乙烯基、烯丙基单体接枝到棉花、木材或其他纤维材料上,以期改善这些聚合物的一些性能,如亲水性、染色性。聚合物的辐照接枝阻燃改性研究要稍微晚一点,但人们却给予了高度关注[2]。

6.1.1　辐照接枝的基体聚合物

最早采用辐照接枝阻燃改性的聚合物是棉纤维。Miles和Delasanta[4]首次将阻燃单体用电子束辐照的方法直接接枝到聚合物上,他们先将三烯丙基磷酸酯和N-甲氧基丙烯酰胺涂敷到棉纤维上,然后在室温下、空气中进行高能电子束辐照,接枝后棉纤维的阻燃性能得到了较大的提高,并且耐洗次数达15次以上。

第一篇采用接枝技术来改善聚酯阻燃性能的专利是由Farbwerk和Hoechst[5,6]公司发表的。采用2-烯丙基-2,3-二溴丙基磷酸酯和烯丙基-双(2,3-二溴丙基)磷酸酯作为接枝单体,成功地接枝到聚酯上,并改善了聚酯的阻燃性能。

此后人们逐渐将此技术引入到其他聚合物体系。总的说来,20世纪90年代前涉及的改性基材有聚丙烯(PP)纤维[7]、棉花[8~10]、棉花/聚酯共混物[9,10]、聚酯[11]、羊毛[12]、木材、麻、人造丝、醋酸纤维素、尼龙12和木/塑复合材料。

此后,在对棉花等纤维织物接枝阻燃改性的基础上,逐步扩大到其他聚合物领域。1994年,Kanako等[13,14]采用电子束辐照技术在开孔型聚乙烯泡沫的内壁上接枝具有阻燃功能的乙烯磷酸酯低聚物,其阻燃性能有较大的提高,并成功地实现了工业化。

　　王建祺等[15~19]采用电子束辐照法成功地在低密度聚乙烯(LDPE)、PP、三元乙丙橡胶(EPDM)、乙烯-乙酸乙烯酯共聚物(EVA)、丙烯腈-丁二烯-苯乙烯共聚物(ABS)、苯乙烯-丁二烯共聚物(SBS)等聚合物上接枝甲基丙烯酸、丙烯酸和丙烯酰胺及其盐,同样这些聚合物的阻燃性能也得到了不同程度的提高。该研究将辐照法的工作继续向前推进,更重要的是大大拓展了接枝基材的领域。

　　电子束的能量较高(尤其是高能电子加速器),所以原则上电子束辐照能使所有的聚合物产生大量的活性自由基并引发接枝反应,但是电子束辐照接枝改性的基材聚合物仍局限在纤维、热塑性塑料和一些发泡体上,而热固性塑料(环氧树脂固化物、酚醛树脂等)采用电子束辐照来进行接枝阻燃改性还未见文献报道。

6.1.2　辐照接枝的单体

　　早期采用的阻燃单体主要是乙烯基或烯丙基含卤、磷的物质,采用过的阻燃单体有三烯丙基磷酸酯、2-烯丙基-2,3-二溴丙基磷酸酯、乙烯基含氯化合物、乙烯基膦酸酯的低聚物、N,N',N''-三烯丙基磷酸酰胺、丙烯酰胺膦酸酯、环状的含磷化合物、溴乙烯、氯乙烯、有机硼化合物、二烯丙基膦酰丙酰胺、N,N'-亚甲基-双(二烯丙基氧化膦酰丙酰胺)、丙烯酸膦酸酯和甲基丙烯酸膦酸酯。

　　除以上含卤、磷接枝单体外,人们也对其他的接枝单体进行了探索。王建祺等采用电子束辐照法成功地将甲基丙烯酸、丙烯酸和丙烯酰胺及其盐接枝到 LDPE、PP、EPDM、EVA、ABS、SBS 等聚合物上,取得了良好的阻燃效果。甲基丙烯酸、丙烯酸和丙烯酰胺及其盐等单体与早期的含卤、磷类乙烯基阻燃单体不同,这些单体不含卤、磷等阻燃元素,但这些单体及其盐在聚合物燃烧时能促进聚合物成炭,从而起到阻燃的作用,为此人们把此类单体称为成炭单体。

6.1.3　各种接枝方法的比较

　　在实现接枝这种技术中,接枝方法是极其重要的。根据引发自由基的方式分类,接枝方法可分为化学法接枝和高能辐射法接枝。利用光、热和氧化还原反应所引发的接枝都属于化学法接枝;利用荷电粒子(如电子束)、高能光子(如 γ 射线)、中子等所引发的接枝都属于高能辐射接枝。

　　表 6-1 列出了辐射接枝聚合物与紫外光法、等离子体法和化学引发剂法等方法的比较[20]。紫外光法[21]要用光引发剂,如二苯甲酮、蒽醌等。光引发剂吸收了光能,转移给主干聚合物而产生自由基,也可能是光引发剂变成自由基之后抽去主干聚合物上的氢原子而产生聚合物自由基,随后引发单体接枝。等离子体中的电子能在聚合物主干上产生自由基,自由基可直接引发单体接枝,也可以与氧反应生成过氧自由基,后者也可以引发聚合反应。可采用等离子体法来对一些聚合物进行阻燃接枝改性[22]。紫外线与等离子体只引发基材表面附近的反应,难以在聚合

物内部引发接枝反应。紫外光的激发能较低,其光子的能量为 $4\sim6eV$,不适合像聚四氟乙烯(PTFE)这种具有强化学结合能的聚合物。但紫外光及等离子体技术因为设备简单、经济便宜而具有一定的发展前景。

表 6-1　各种接枝方法的比较

项目	辐射法	紫外光法	等离子体法	化学引发剂法
生成自由基的机理	辐射分解	光引发剂分解	等离子体中的电子	化学引发剂分解
主干聚合物种类	种类任选	有限定	种类任选	有限定
基材形状	任何形状	平膜	有限定	有限定
基材表面接枝	可以	可以	可以	很困难
基材内部接枝	可以	不可以	不可以	可以
单体种类	任选	任选	任选	限定
工业化大量生产	可以	尚无	尚无	可以
装置的价格	大	小	中	小

化学引发剂法包括链转移法、乳液聚合法、铈盐等方法。链转移法用过氧化苯甲酰、偶氮二异丁腈(AIBN)等化学引发剂,此种接枝产品产量最大的就是乳液聚合法生产的 ABS[23]。化学法的优点是:设备简单,操作简便,价格低廉,对人身没有辐射危害。但化学法也存在着自己的缺点:化学方法需要向体系中加入引发剂等添加物,使接枝后的聚合物不纯;化学法具有较强的选择性,因此某些单体和聚合物的接枝不能够实现。

辐射接枝技术是辐射化学应用研究的一个重要方面,是研制各种性能优异的新材料或对原有材料进行改性的有效手段。同化学接枝法相比较,它具有如下优点:

1) 辐射接枝法比一般化学接枝法更容易掌握,有些辐射接枝反应,如用通常的化学接枝法难以完成,采用辐射接枝法则可以实现。原则上辐射接枝技术可以使聚合物与任何一种单体结合在一起,并且任何形状的聚合物都可以接枝,任何形状的聚合物与单体都可以使用。因此,采用这一方法使可赋予聚合物阻燃性能的分子或基团接枝到基体材料上。

2) 辐射接枝反应可以限制在聚合物表面或指定厚度内进行。可根据需要控制接枝率。

3) 辐射接枝反应是由射线引发,不需要向接枝体系内加入引发剂等添加物,因此可以得到非常纯的接枝聚合物。

4) 可以进行工业规模生产。尤其是预先辐照聚合物再浸入单体溶液的方法易于控制,也是最适合工业化的方法。

虽然辐照法的装置价格较贵,但是对于已经购买辐射源或电子加速器的厂家而言,可以通过进行辐照接枝来拓展其应用领域,提高辐射源或电子加速器的利用效率。

辐射法又可以分为两种[24]:一种是 γ 射线辐照;另一种是高能电子束辐照。γ 射线所产生的辐照源主要有 ^{60}Co 和 ^{137}Cs 源。据中国同位素与辐射行业协会 2000 年 8 月的统计,我国各类工业用钴源有 55 座,铯源 2 座,可见钴源占有绝对的优势,本章以钴源为例来说明 γ 射线辐照与电子束辐照的差别。从原理上讲,γ 射线和高能电子束在辐射加工时诱发的原初反应基本一致,但两种源的性能(粒子能量与穿透能力以及剂量率等)差别很大(表 6−2),各自应用领域也因此有所不同。虽然电子加速器在一次性投资上要高于 ^{60}Co 源,但是运行费用要低于 ^{60}Co 源的,更重要的是电子加速器可随开随关,非常方便。目前,^{60}Co 源主要用于食品保鲜、医疗用品消毒、药物灭菌、核辐射聚合交联;电子辐照加速器则广泛应用于涂层固化、线缆料的辐射交联、聚乙烯交联发泡以及聚合物的合成、接枝和裂解等。

目前,世界上大约有 180 台 ^{60}Co 的 γ 射线源,约 1000 台电子加速器。后者为我们采用的高能电子束接枝方法提供了可能,作为新近发展起来的技术有着更广阔的应用前景。鉴于电子束辐照的诸多优点,本章将着重讨论电子束辐照接枝技术。

表 6−2　^{60}Co-γ 射线源和电子加速器主要性能比较

^{60}Co-γ 射线源	电子辐照加速器
射线穿透能力强(密度为 1 的物质中穿透 45cm 后约减弱至原强度的 1/10),适合于大包装和不规则物件的辐照	电子束穿透能力低(密度为 1 的物质中 3 MeV 电子的射程约 1cm),适于化工产品等的精细加工
设备技术简单,操作、维修方便	设备复杂,需专业人员维修
连续辐射,防护条件要求高	可随时关机,防护较易
辐射能量恒定,不可调(^{60}Co 衰变时放出 2 个光子,能量分别为 1.17MeV 和 1.33MeV)	电子束能量范围较宽,并可调
源强度逐渐减弱,需定期补充新源	源强度可保持恒定,并在一定范围内可调
剂量率低≈10^4Gy/h,辐照时间长	剂量率高(比 ^{60}Co 高 4~5 个数量级),并且可调
功率低(≈1kW),处理量小	功率大,辐照时间短,处理量大
辐射源向 4π 立体角即四面八方辐射能量	向一定的方向发射能量
适于厚重的产品	适于处理大量薄的片材
装置便宜,但运行费用较高	装置昂贵,但运行费用低

6.2　电子束辐照接枝的技术基础

6.2.1　电子束辐照与聚合物相互作用简述

高能电子束通过介质时,在极短的时间($\leqslant 10^{-15}$s)内将能量传递给介质分子,打破了介质体系原有的热力学平衡状态。这一传递能量的过程,不仅是电子束辐射引起内部的物理效应和化学效应的基础,也是测量各种辐射的依据。

介质吸收高能电子束的能量是一种高度局部化的现象,即电子束辐射通过介质时,是在其径迹周围附近将能量传递给介质的。介质吸收辐射能量以后,会使本身产生电离和激发,在体系中产生各种活性粒子(离子、次级电子、激发分子、自由基等)。这些活性粒子具有高度不均一的立体分布,它们极不稳定,会经受一连串的连续变化。从电子束进入物质起,到建立起新的热力学平衡状态为止的这一整个过程,以一个电子入射事件为例,理论上可分为以下几个阶段。

1) 物理阶段。发生在 $10^{-18} \sim 10^{-15}$ s 之间,辐射能被体系吸收,能量传到介质中,产生正离子、激发分子、δ 电子。

2) 物理化学阶段。发生在 $10^{-14} \sim 10^{-11}$ s 之间,传递在介质中的部分能量递降为粒子的振动能和转动能。

3) 化学阶段。发生在 10^{-11} s 之后,在电离辐射的入射径迹、刺点以及簇团上发生自由基-自由基反应。

电子束辐射与物质相互作用的物理过程,是指高能电子束通过物质时,与物质相互作用,如何把自己的能量传递给物质体系的过程。电子束与物质相互作用的方式、程度与被作用物质的本质、结构和状态有着密切的关系,而表征物质本质的是原子序数 Z。电子通过物质时,主要以非弹性碰撞和产生韧致辐射损失能量[25]。能量很高的电子($>10 \sim 100$ MeV)主要以韧致辐射的形式损失能量。所谓韧致辐射,是指入射电子的能量损失在生成 X 射线上,这一能量损失的大小与入射电子的能量 E 及介质的原子序数两者有关,它与非弹性散射损失的能量比例粗略地为 $EZ/800$(E 以 MeV 计),如 2 MeV 的电子轰击金($Z=79$),此比值为 0.2,而 3 MeV 的电子轰击塑料($Z=6 \sim 8$),此比值约为 0.01。电子能量较低时,非弹性散射损失的能量占支配地位。只有电子能量很低时,弹性散射才占重要的地位。但这一过程,只改变电子能量的运动方向,基本上不损耗能量(或很小)。

高能电子束作用于聚合物时,其能量将以多种形式转移给物质的分子(或原子),引起大分子的电离和激发。但是,不是一次碰撞就使射线的能量全部失去,而是一次一次地引起许多电子的电离和激发。产生一个离子对平均消耗的能量多数情况下为 100eV,1 MeV 的电子能产生 10 000 多对离子对。电子束与聚合物的作用经电离和激发、电子变成热电子而稳定、离子的中和、自由基的裂解等初级过程,产生聚合物自由基。自由基·R 有两种,一种是主链断裂产生的,另一种是作为侧基的 H 脱落产生的。自由基·R 可以发生抽 H 反应,也可以与双键发生加成反应,·R 与·R 再结合产生交联反应,还可以引发接枝反应,同时也还会发生辐射降解反应。以上的反应在不同的体系中,反应的速率各不相同,但往往是不同程度地同时发生。

6.2.2　电子加速器简介[26~28]

自由电子可被电场直接或间接加速到很高的能量。直接作用加速是在电位场中加速带电粒子,而间接加速则通过不断变换的电磁场将电子加速到高能量。直接作用加速主要用于低、中能加速器,可产生连续的电子束,其平均流强和额定功率大,因而加工速度快。当需要 5 MeV 以上高能电子束时,通过微波辐射、高频辐射或脉冲电场加速更为经济实用。电子束能量越高,可加工的厚度越大,加工均匀性也更好,但造价也随之增高。

1932 年,英国制造了世界上第一台高压倍增器,此后加速器技术发展很快,20世纪 50 年代已经工业化,许多类型的加速器(直接的或间接的)已开发和应用。早期的加速器产生的电子束功率只能达到几千瓦、能量几兆电子伏特。近 20 年来,计数器技术飞速发展,现代加速器能产生高至数百千瓦、能量达 15 MeV 的电子束。加速器已成为目前辐射加工的重要辐照源。用于辐照加工用的电子加速器的数目据说有 1 000 台以上。粗略的统计,其分配为美国:日本:其他国=4:3:1,其他国包括欧洲、俄罗斯、中国(约 50 多台)和韩国。Mehnert[26]对电子加速器的制造厂商和加速器的性能参数进行了统计和归纳。工业辐照加速器能量范围为0.15~10 MeV(为避免加工过程中由于核反应时被加工材料产生放射性,电子束能量一般不超过 10 MeV)。

电子加速器共有六种类型:Dynamitron、Dynacote、Insulation core transformer、Linear accelerator、Resonant transformer 和 Van de graaff accelerator 等,机器的结构简图和相关参数见文献[26]。按电子束能量高低加速器可分为低能电子加速器、中能电子加速器、高能电子加速器,其具体的参数及应用见表 6-3[27]。

表 6-3　电子束辐照加速器的分类及应用

分类	能量/MeV	束流功率举例	主要机器类型	应用范围
低能加速器	0.015~0.5	~几百千瓦	电子帘加速器	涂层固化
			高压倍增器(CW)	建筑装饰材料
			绝缘芯变压器(ICT)	多层柔性薄型复合材料、磁性材料、薄膜改性
中能加速器	0.5~5	几十千瓦到200 kW	高压倍增器(CW)	
			高频高压加速器	辐射交联电线电缆
			高频单腔电子加速器	热收缩材料
			谐振变压器	橡胶硫化
			绝缘芯变压器(ICT)	

续表

分类	能量/MeV	束流功率举例	主要机器类型	应用范围
高能加速器	5～10	几千瓦到 30kW	微波电子直线加速器	医疗器械消毒
			甚高频(VHF)直线加速器	食品保藏
			高气压型倍增器	电子元器件改性

　　在对能量、机型和主要应用有了初步了解后,对于每一个具体的辐射加工项目,可根据选定的产品依据以下几个基本因素来选择电子加速器的参数和机型[28]。第一是剂量和剂量率。被照物吸收剂量是辐射加工最重要的要求,它是以每单位质量的物质吸收的能量来定义的,在国际单位制中,剂量单位是 Gy(戈[瑞]),1Gy 等于每千克物质吸收 1J 的能量。辐射加工要求的剂量范围为 $10～10^6$Gy,各种应用要求的剂量范围列于表 6-4。第二是电子束穿透能力,这是选取加速器能量的依据。实际应用中电子束的穿透能力(g/cm^2)以材料的厚度 d(cm)×材料的密度(g/cm^3)来表示,不同能量的束流在物质中有确定的分布(图 6-1)。

表 6-4　各种应用要求的辐照剂量

分类	剂量范围/kGy	用途
低剂量	0.01～1	抑制发芽、杀毒、食品保藏
中剂量	1～100	辐射消毒、辐射接枝、辐射聚合、涂层固化
高剂量	≥100	辐射交联、橡胶硫化、耐辐射试验

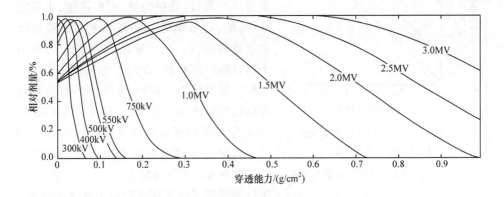

图 6-1　单面辐照时材料的剂量深度变化曲线

　　为保证辐照的均匀性,通常选取束流进入被照物和穿出被照物剂量(约为相对剂量的 60%)的深度作为电子穿透深度,被照物的厚度应小于该值。如果材料较厚可采用双面辐照,双面辐照的电子穿透深度是单面辐照的 2.4 倍(图 6-2),按"等剂量原则",确定的"有效作用范围"是被照物厚度与加速器能量的最佳匹配,加速器的能量在 1～10MeV 间,可用下式计算:

　　单面辐照　$dp=0.4E-0.1$,　即　$E=2.5dp+2.5$

　　双面辐照　$dp'=2.4dp$

式中:E 表示电子束能量(MeV);d 为穿透深度(cm);p 为材料密度(g/cm³)。电子束的穿透能力与电子束能量的关系见图 6-3。

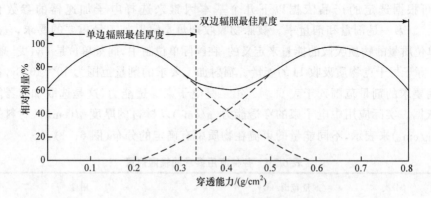

图 6-2　双面辐照时材料的剂量深度变化曲线

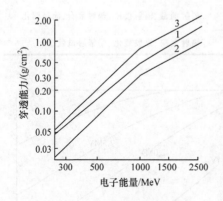

1—总穿透深度;2—单面辐照穿透深度;
3—双面辐照穿透深度

图 6-3　穿透能力与电子能量的关系

至于产品的形状和大小及生产能力的两个因素的影响请见参考文献[28]。

当采用电子加速器辐照样品时,需要弄清楚以下参数:辐照能量、束流强度、束流功率、剂量、剂量率等。束流功率为加速电压和束流的乘积。电子束的剂量率与输出电子窗口的距离有关,最大可达每秒几十万戈[瑞]。当剂量率一定时,电子束的吸收剂量可由辐照时间来进行调节,即电子束的吸收剂量为时间和剂量率的乘积。电子束在物质中的穿透深度与加速电压有关,如 1MeV 电子束在水中的穿透能力约为 4mm,图 6-3较好地说明了电子束在物质中的穿透能力。

6.2.3　电子束辐照的接枝方法

　　利用高能电离辐射引发接枝反应是一种奇特而有效的方法,因为物质同射线相互作用的结果,产生了各种自由基和正负离子等活性粒子。由于能量吸收与温度无关,也与分子结构无关,因此,物质可被射线均匀地"活化",对化学稳定性较高的物质,同样可以达到目的。这是通常化学接枝法所无法做到的。

按照不同的工艺条件,辐射接枝过程可分为自由基机理和离子机理两种类型。到目前为止,绝大多数的辐射接枝是按自由基机理进行的,它实施方法简单,易于掌握。按离子机理进行的辐射接枝虽然对实施条件要求比较苛刻,但它有其潜在的优点,还是值得研究的,这里不作介绍。根据辐照过程和接枝过程的特点,大体可以分为以下三种接枝方法:直接辐照法(又称共辐照法, mutual irradiation 或同时辐照法, simultaneous irradiation)、预辐照法 (pre-irradiation)、过氧化物法 (peroxide)。

6.2.3.1　直接辐照法(或共辐照法或同时辐照法)

直接辐照法是聚合物 A 与单体 B 保持直接接触的情况下进行辐照。单体可以是蒸气[29]、液体或溶液。由于单体 B 与聚合物 A 是同时接受辐照的,单体本身产生的自由基或聚合物产生的低相对分子质量碎片自由基·R,将不可避免地会使单体 B 发生均聚,因而欲获得较纯净的接枝物,必须进行工作量很大的溶剂萃取工作,以除去均聚物。由此可见,在共辐照技术中,有些问题需要着重考虑。

直接辐照接枝法的优缺点可以归纳如下:

1) 直接辐照法对聚合物自由基的利用率较其他两种方法为高(可达 100%),自由基一经产生,立即可用于引发接枝聚合反应。

2) 辐照与接枝过程在同一阶段,一步完成,操作技术比较简单。

3) 大部分单体 B 可作为聚合物的辐射保护剂,降低聚合物 A 辐射裂解程度。

4) 本法最大的缺点就是在聚合物/单体混合体系同时受辐照的情况下,必然发生单体的均聚反应,当单体过量时,这一现象更严重。

6.2.3.2　预辐照法

本法是将聚合物基材在除氧的情况下(真空或氮气等惰性气体保护下)进行辐照,产生比较稳定的捕获自由基(trapped free radicals),然后,在辐射场外与脱除空气的单体(液相或气相)在加热下进行接枝共聚合反应。需特别指出的是,本法特别适用于玻璃态或半结晶态聚合物,而且只要样品的辐照厚度在电子射程之内,采用电子加速器辐照是很方便的。

在预辐照的情况下,虽然聚合物中也会生成一部分低分子量的自由基·R,但由于辐照过程和接枝过程是分开的,分别在两个不同阶段进行,在接枝反应之前·R有足够的机会从周围抽取氢原子等而消失掉,这样接枝反应中生成均聚物的量就会减少。当然,为了提高接枝产率,通常希望辐照后不久立即进行接枝反应。由于接枝反应是靠单体向扑获自由基的扩散来进行的,因此,可以在较低的温度下接枝,这就使接枝过程最大限度地避免链转移和单体热引发聚合等因素的干扰。除此之外,预辐照接枝还可将接枝反应限制在聚合物定型制品(如薄膜和纤维等)的表面。

大量研究结果表明,在被辐照的聚合物中自由基的浓度最初随吸收剂量的增加而升高,但往往在超过某一剂量之后,自由基浓度便达到一个极限值。由此可见,对每一个特定体系有它自己最适合的吸收剂量,而且这个最佳值要由实验加以确定。至于能否成功地运用预辐照技术进行接枝,在很大程度上取决于基体的结晶度,以及在接枝温度下单体同捕获自由基反应速率与自由基热衰变速率两者的比值。

从目前国内外报道的文献资料看,预辐照法的应用远不及直接辐照法普遍,原因是对捕获自由基的性质及其在辐射接枝过程中的行为研究得不够广泛深入,ESR 波谱研究人员并不熟悉辐射接枝技术或高分子结构,这里存在着两个方面人员密切合作和相互学习的问题。

总而言之,到目前为止,预辐照接枝法的优缺点可以评价如下:

1) 因为辐照和接枝反应是两个分开的过程,对研究和生产均极为方便,即研究和生产单位不必购置价格昂贵的辐射源或辐射装置,从而不必配备相应的运行和维修专业人员,这一点对研究比较成熟的辐射工艺过程扩大投产,是一个极为有利的因素。

2) 原则上本法可适用于任何选定的聚合物/单体混合体系,因为单体不受辐照,这样,对接枝聚合反应过程的限制要少得多。

3) 采用预辐照技术,基本上很少产生均聚物,有利于制备较纯的接枝共聚物,可供某些特殊的用途之用。

4) 预辐照接枝法的缺点是聚合物自由基的利用率较低。提高的办法有二:一是辐照后立即进行接枝聚合反应;二是采用较低的接枝反应温度。另外,本法所需的剂量略高。

6.2.3.3　过氧化物法

本方法包括以下两个步骤:①先将聚合物在空气或氧气中辐照,根据辐照条件及聚合物的化学性质,在被辐照物质中会生成过氧化物或氢过氧化物。这些过氧化物非常稳定,离开辐射场后可以保持相当长的时间。例如,纤维素过氧化物存放数年之后,仍然可以引发苯乙烯的接枝反应。聚乙烯辐照后产生的过氧化物也有类似情况。②聚合物 A 经辐照过氧化后,与单体 B(或单体溶液)接触,遮空气或真空的条件下升温进行接枝反应,按照聚合物辐照后生成过氧化物种类的不同,可以分别进行如下反应:

$$
\begin{array}{c}
\text{A} \\
| \\
\wwww \\
| \\
\text{A}
\end{array}
+ O_2 \longrightarrow
\left\{
\begin{array}{l}
\wwww-O-O-\wwww \\
\\
\wwww-O-O-\wwww
\end{array}
\right.
\xrightarrow[\text{加热}]{\text{单体B}}
\left\{
\begin{array}{l}
\wwww-O\wwww B \\
\\
A\wwww-O\wwww B
\end{array}
\right.
\tag{6-1}
$$

$$
\begin{array}{c}
\text{A} \\
| \\
\wwww \\
| \\
\text{A}
\end{array}
+ O_2 \longrightarrow
\left\{
\begin{array}{l}
\wwww-O-O-H \\
\\
\wwww-O-O-H
\end{array}
\right.
\xrightarrow[\text{加热}]{\text{单体B}}
\left\{
\begin{array}{l}
\wwww-O\wwww B + Bm-OH \\
\\
A\wwww-O\wwww B + Bm-OH
\end{array}
\right.
\tag{6-2}
$$

由上述反应可见,如按式(6-1)接枝,则基本上不生成均聚物,但如果按式(6-2)进行,或当有低相对分子质量碎片 ROOH 时,则情况就不同了。例如,按式(6-2)反应,则氢过氧化物受热分解,释放出·OH,很容易引发单体的均聚反应。在此情况下,为了防止和减轻这种副反应,通常在体系中添加"选择性阻聚剂",常用的有 Fe^{2+}、Cu^{2+}、Fe^{3+} 等。以 Fe^{2+} 为例,通过反应 $AOOH + Fe^{2+} \longrightarrow AO + OH + Fe^{3+}$ 清除了单体中的 OH,从而避免了单体的严重均聚。例如,这些金属离子对丙烯酸接枝时阻止均聚的效果顺序为:$Cu^{2+} > Fe^{2+} > Cu^{+} > Fe^{3+}$。

在采用过氧化法进行接枝共聚反应时,有几个问题值得注意。

1) 过氧化物法在辐照过程中必须保证反应介质中有氧源源不断地供应,以补偿氧在反应中的消耗。如果聚合物处于高度分散状态,剂量率又不太高,则可以收到最好的效果。具有多孔结构的聚合物,如聚乙烯等,即使样品较厚,在辐照时还是很容易进行过氧化反应的。当采用高剂量率辐照时,提高氧的压力有助于被辐照聚合物的过氧化。

2) 不论是由什么机理生成的过氧化物,都可以得到这样的规律,就是聚合物中过氧化物的浓度随着吸收剂量的增加而提高。当剂量较低时,过氧化物的浓度与剂量基本上保持线性关系;当剂量较高时,过氧化物的辐射分解会更显著。当剂量非常高时,可能会出现稳态平衡,就是说生成过氧化物的速率等于它们的分解速度。另外,过氧化物可以通过能量转移而被有选择地摧毁。

因为在聚合物中过氧化物活性点的数量直接决定接枝链的多少,所以,接枝链的数量在其他接枝条件不变的情况下,可以由改变剂量的高低加以控制。另外,如果在已知温度下进行接枝反应,那么,聚合物中过氧化物浓度(相应预辐射剂量)可以决定单体 B 接枝共聚的引发速率,从而进一步影响了接枝链的长度。由此可见,预辐射剂量可以同时影响到接枝链的数量和长度。当然,接枝链长度还可以通过选择不同温度和单体浓度等参数进一步控制。

3)添加剂及溶剂对辐射接枝也存在着影响。很多物质,即使含量很小,也会强烈影响辐射过氧化过程。大多数抗氧化剂使过氧化物产额下降,或者使接枝反应过程出现明显的"诱导期"。但在另一方面,也有些物质会促进过氧化反应。例如,在"间接过氧化"的情况下,当聚合物和那些容易产生活泼自由基的物质一起辐照时,就会产生这种促进作用。

总之,过氧化接枝法具有以下特点:

1)聚合物中辐射生成的过氧化物寿命比无氧预辐照形成的"捕获自由基"寿命更长,储存更方便(常温常压即可)。

2)聚合物自由基在接枝过程中的利用率比较高。

3)辐照过程与接枝过程是两个分开的阶段,因此,辐射处理和接枝处理可以在不同的地点进行,不受地区和时间的限制。

4)过氧化法的缺点是接枝反应温度较高,一般在 80℃左右,加上过氧化氢分解形成的·OH 自由基,很容易发生均聚反应,需要加入适量阻聚剂。

6.2.4　辐照对聚合物的交联与降解及各种性能的影响

聚合物遭受电子束辐照后将不可避免地发生交联和降解,交联后聚合物将形成三维网状的结构,而辐照降解会使主链发生断裂,其结果是聚合物的机械性能、热性能、电性能、阻燃性能等也会发生一定的变化,甚至会影响聚合物的最终使用。本节仅讨论电子束辐照对聚合物交联、降解及部分性能的影响。

6.2.4.1　辐照交联与辐照降解

聚合物受高能电子辐照产生的电离和(或)激发过程将导致以下物理或化学现象:①辐射交联——分子链之间形成的三维立体网络结构;②辐射降解——大分子主链断裂并使平均相对分子质量下降。同时伴生以下过程:①不饱和结构;②氧化及其他过程;③释放气体反应;④异构化/环化反应。最基本的反应过程是交联与降解。这些变化对聚合物材料的各项性能会产生较大的影响。

聚合物对电子束辐照的响应性一般与聚合物的化学组分和化学结构有关。凡是具有$\{CH_2-CH_2\}_n$ 或$\{CH_2-CHR\}_n$ 类型的聚合物一般是优先交联,这类聚合物辐照后,相对分子质量逐渐上升,最后形成不溶的网状结构,整个聚合物连成为一个大分子。当然各种聚合物的 G(交联)值和 G(降解)值的大小及比值都不同,其交联的速率及程度也不相同。具有$\{CH_2-R_1CR_2\}_n$ 的季碳原子即聚合物结构单元上存在不对称的二取代基(R_1、R_2)或更多取代基时,分子中空间应变增高,削弱了主链中 C—C 键能,使之容易断裂,则以降解为主。更多的情况是辐射交联和降解同时发生,只是视条件而异,某些具体条件下,何者优先发生而已。

辐射交联是聚合物辐照效应中最重要的一种,适度的交联可使聚合物物理和机械性能得到明显的改善。例如,聚烯烃辐照交联电线电缆[30]、热收缩材料的开发与商业化[31]就是以辐射交联反应为基础的。

一般聚合物有结晶区与无定形区之分。结晶区内大分子排列规整,分子运动受阻,而无定形区内分子链比较柔顺,活动比较自由,气体(如氧、氢等)和溶剂易于渗入。因此,辐射交联主要发生在无定形区和结晶区的表面。因此有很多因素影响聚合物的交联。

(1) 剂量和剂量率的影响

聚合物辐射交联时,在一定的剂量范围内交联度与剂量成正比[图 6 - 4(a)、(b)]而与剂量率无关,但在较低剂量范围内交联度随剂量上升趋势较快。

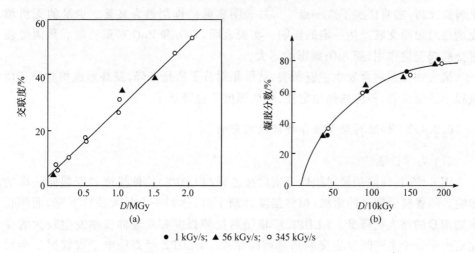

● 1 kGy/s; ▲ 56 kGy/s; ○ 345 kGy/s

图 6 - 4　交联度与剂量的关系(a)和凝胶分数与剂量和剂量率的关系(b)

(2) 辐照交联的氧效应

氧是自由基俘获体,它的存在与否对自由基反应为基础的辐射交联有举足轻重的影响。例如,聚乙烯的辐射交联,由于氧的存在可以减少凝胶含量(或交联度)。这是由于聚合物体系在空气中辐照时,主链自由基优先与氧反应生成过氧化物,最终导致主链降解,可见氧的存在对辐射交联起抑制作用。但在高剂量率下时,氧对辐射交联的影响不明显,一方面是高剂量率下大分子自由基形成的速率快、浓度高、复合交联的概率也大;另一方面是聚合物内的氧被迅速耗尽,当另一部分氧还来不及渗入,交联反应已经完成,因此氧的存在影响不大。

(3) 辐照温度的影响

辐照温度对辐射交联有一定的影响,但考虑到聚合物在常温下就可以进行辐射交联,所以辐照温度不是影响交联的因素。

（4）多官能团单体对聚合物强化辐射交联作用

一般而言，要想得到较高的交联度，一般需要加大辐照剂量，而辐照剂量的增加势必会产生更严重的降解，因此为提高辐射交联效率、降低辐照剂量，可以加入某些添加剂。提高辐射交联效率最有效的办法是加入多官能团单体，如三烯丙基氰尿酸酯、双烯丙基邻苯二甲酸酯、四乙烯基二乙醇双甲基丙烯酸酯、三羟甲基丙烷乙氟基三丙烯酸酯、三羟甲基丙烷三甲基丙烯酸酯等。多官能团单体能促进辐射交联是由于它们参与了自由基反应，形成了交联的"桥梁"。

（5）其他添加剂

某些交联型聚合物在空气中辐照时易发生氧化降解，辐照后在空气中放置，依然会有后氧化降解现象，使材料变脆。为防止这种现象，可加入一些抗氧剂。常用的抗氧剂有受阻酚、二级胺和硫酯等。抗氧剂在给定剂量下降低了交联度，使凝胶化剂量升高，实验证实了这一点[32]，并表明硫酯的作用最为显著。少量的无机填充剂也对辐照交联产生一定的影响。实验表明，TiO_2和 ZnO 对聚乙烯和聚丙烯辐射交联起促进作用，而 SiO_2 则影响不大。

聚合物辐照后会发生主链断裂，结果相对分子质量下降，最终形成相对分子质量很小的低聚物，相应的热稳定性、机械强度等也降低了。

6.2.4.2　辐照对聚合物各种性能的影响

（1）力学性能

图 6-5 是辐照剂量对线性低密度聚乙烯（LLDPE）拉伸强度和断裂伸长率的影响。随着辐照剂量的增加，拉伸强度逐渐上升，达到一个最大值后下降，而伸长率随剂量的增大而降低。LLDPE 经辐照后拉伸强度和断裂伸长率发生较大的变化是由于分子主链间发生交联和降解的结果。LLDPE 经高能电子束辐照后会形成三维的网状结构，而网状结构使得分子链之间的相对运动困难，而试样的拉伸过程也就是其分子链之间的相对地运动过程，所以发生交联后拉伸强度增加，断裂伸长率下降。当剂量较高时，再增加剂量，拉伸强度不在增加甚至下降。这是因为辐照引起 LLDPE 的变化包含两个过程：一是交联形成网状结构；二是链断裂形成线形结构。开始时前者大于后者，以交联为主；当剂量增加到一定程度时，两个过程基本持平，这时拉伸强度随剂量的增加变化不大；当剂量增加过高时，后者大于前者，拉伸强度随剂量的增加反而下降。

Darwis[33]研究了辐照剂量对聚己内酸酯的拉伸强度和断裂伸长率的影响，得到了与 LLDPE 相同的规律。随着剂量的增加，拉伸强度也是逐步上升，达到一个最大值后又下降，而断裂伸长率随辐照剂量的增加而逐步下降。

但是并非所有的聚合物体系经电子束辐照后都存在着上述规律。Gheyseri[34]研究了电子束辐照对 EVA/ATH 阻燃体系拉伸强度和断裂伸长率的影响（图 6-6、

图 6‐7）。结果表明,所有的 EVA/ATH 阻燃体系的拉伸强度均是随着剂量的增加而缓慢增大;而断裂伸长率也存在着同样的规律。由此可见,在一定的情况下,电子束辐照不仅能提高聚合物体系的拉伸强度,甚至还可以提高聚合物的断裂伸长率。

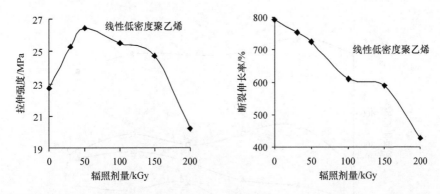

图 6‐5　电子束辐照剂量对 LLDPE 拉伸强度(左)和断裂伸长率(右)的影响

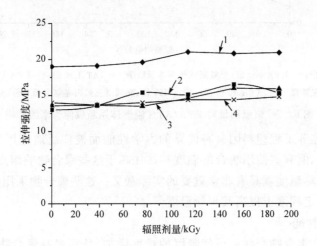

1—EVA 100 份;2—EVA 100 份,交联剂三烯丙基氰酸酯 1 份,ATH 30 份;3—EVA 100 份,交联剂三烯丙基氰酸酯 1 份,ATH 40 份;4—EVA 100 份,交联剂三烯丙基氰酸酯 1 份,ATH 60 份

图 6‐6　辐照剂量对 EVA/ATH 阻燃体系拉伸强度的影响

总之,电子束辐照对聚合物力学性能的影响是多样性的。

（2）耐热性能

对于某些聚合物而言,若耐热性能进一步提高,则将大大拓宽其应用领域。在聚合物中加入耐热剂或玻璃纤维可在一定程度上提高聚合物的耐热性能。除此以外,采用电子束辐照交联来提高聚合物的耐热性也是一条切实可行的办法。最突出的例子就是电线电缆工业中用电子束辐照交联来提高电线电缆的耐热温度,例如聚乙烯电线电缆的耐热温度通常为 90℃,而辐照交联后耐热温度可提高到 105℃。耐热仅为 70℃的聚乙烯管辐照后,耐热温度可达 110℃,从而可用作室内供热聚乙烯管线[35]。

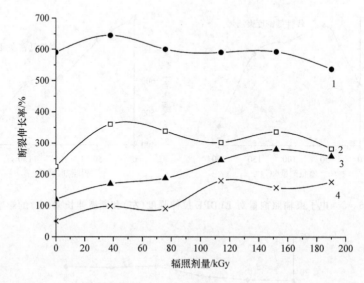

1—EVA 100 份;2—EVA 100 份,交联剂三烯丙基氰酸酯 1 份,ATH 30 份;3—EVA 100 份,交联剂
三烯丙基氰酸酯 1 份,ATH 40 份;4—EVA 100 份,交联剂三烯丙基氰酸酯 1 份,ATH 60 份

图 6-7　辐照剂量对 EVA/ATH 阻燃体系断裂伸长率的影响

尼龙、聚酯等工程塑料因具有优异的力学性能而被广泛地应用于一些工程领域(如齿轮等),但有些使用场合的温度却往往高于这些聚合物的熔点,因此提高这些聚合物的耐热温度就具有非常重要的实际意义。这些聚合物采用电子束辐照交联后也可在一定程度上提高其耐热温度[36]。

(3) 阻燃性能

一般来说,聚合物交联后可使降解的难度增加,从而提高聚合物的阻燃性能。但聚合物接受辐照后,在产生交联的同时又发生降解反应,即化学键的断裂使聚合物中产生易燃的小分子碎片,该小分子碎片却有利于聚合物材料的燃烧。因此,二者的综合结果将决定辐射聚合物的阻燃性能。

图 6-8 为电子束辐照剂量对 LLDPE 和 EVA28 的极限氧指数(LOI)影响[37]。可以看出,当辐照剂量低于 100kGy 时,LLDPE 的 LOI 随着辐照剂量的增大而逐渐增大,并在 100kGy 时达到最高;辐照剂量大于 100kGy 时,其 LOI 开始逐渐下降。与 LLDPE 不同,EVA 的 LOI 随着辐照剂量的增加而逐渐下降。辐照剂量为 250kGy 时,EVA 的 LOI 从 20.4 下降到 19.4。

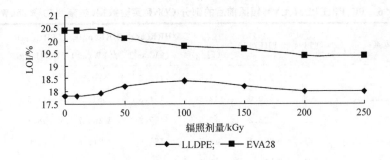

图 6－8　辐照剂量对 LLDPE 和 EVA28 的 LOI 影响

吴绍利[38]研究了电子束辐照剂量对 ABS 和 SBS 的 LOI 的影响,结果表明在辐照剂量范围内,ABS 和 SBS 的 LOI 在辐照剂量范围内(0～100kGy)均是随着辐照剂量的增加而逐步增大的。锥形量热仪法研究 ABS 和 SBS 辐照前后的结果见表 6－5,从中可以看出,ABS、SBS 辐照后的 pk-HRR 值较 ABS、SBS 的降低;从 TTI 看,辐照后比未辐照的材料的 TTI 要长,表示辐照后材料更难点燃;ABS、SBS 辐照后的 av-EHC 值较 ABS、SBS 的低,表明经过电子束辐照后,材料降解后气相中的可燃性气体的量降低了。

表 6－5　ABS、SBS 及其辐照后的 CONE 数据(热辐照功率 25kW/m^2)

体系	ABS	ABS(辐照剂量 100kGy)	SBS	SBS(辐照剂量 100kGy)
TTI/s	52	56	49	52
pk-HRR/(kW/m^2)	899	846.1	2 105	2 012.4
av-HRR/(kW/m^2)	360.42	346.54	456.2	346.54
av-EVC/(MJ/kg)	82.31	76.28	126.54	76.28
THR/(kJ/g)	18.2	17.85	25.61	17.85
av-SEA/(m^2/kg)	886.4	822.7	1348.6	822.7
pk-SPR/(m^2/s)	0.243	0.227	0.318	0.227
ML/%	98.86	97.67	98.9	97.67
残留量/%	1.16	2.33	1.17	2.33

张胜[39]也采用锥形量热仪研究了 PP、EPDM、EVA 辐照前后的燃烧性能(表 6－6)。不同的聚合物体系辐照后点燃时间的变化也是不同的,PP 辐照的点燃时间略有缩短,HRR(av)略有上升,其他阻燃指标变化不大,说明辐照 100kGy 后时对 PP 的阻燃性能是不利的。EPDM、EVA18 和 EVA35 辐照后的点燃时间略有延长、HRR 等指标略有下降,即都向有利于阻燃的方面变化,说明辐照引起的交联效应对这些材料阻燃性能的改善是有利的。

表 6 - 6　PE、PP、EPDM、EVA 辐照前后的部分 CONE 实验数据(热辐照功率 25kW/m²)

体系	TTI/s	THE/kJ	HE(av) /(kJ/g)	HRR(av) /(kW/m²)	HRR(peak) /(kW/m²)	EHC(av) /(MJ/kg)	SEA(av) /(m²/kg)
PP	68	231.5	41.6	159.6	870.5	41.4	635.7
PP 辐照 100kGy	58	220.0	42.8	161.3	854.3	41.5	628.4
EPDM	52	223.2	45.6	185.3	1 269.7	48.3	584.1
EPDM 辐照 100kGy	57	225.1	44.7	178.9	1 243.8	45.6	577.9
EVA18	79	211.2	37.1	160.8	866.2	39.2	515.6
EVA18 辐照 100kGy	81	206.5	36.8	160.6	854.1	38.2	510.9
EVA35	74	180.5	36.1	155.0	876.7	38.4	538.5
EVA35 辐照 50kGy	76	182.5	35.7	136.9	846.3	36.7	495.9

　　徐桂琴[40]考察了辐照对无卤阻燃 LLDPE 复合体系(用氢氧化镁作为阻燃剂)氧指数的影响。由表 6 - 7 可看出:经过不同辐照剂量照射后的样品,氧指数都比未辐照前的低,但辐照剂量为 120kGy 时,氧指数相对来讲最高,并研究指出无卤阻燃体系经过辐照后的样品氧指数与样品体系、配方、辐照剂量、抗氧剂的种类等因素有关。

表 6 - 7　不同辐照剂量对无卤阻燃 LLDPE 极限氧指数的影响

辐照剂量/kGy	1#	2#	3#	4#	5#
0	34.5	34.5	34.5	47.1	34.3
90	32.2	32.2	32.3	41.1	32.1
120	33.8	33.9	33.9	43.0	33.7
150	33.0	33.0	33.0	42.3	33.0

　　总而言之,聚合物材料受到电子束辐照后,其阻燃性能与辐照剂量、添加剂和聚合物的种类等都有很大的关系。

　　(4)电子束辐照改善聚合物燃烧时的熔滴行为

　　有些热塑性聚合物如 PE、PP、聚对苯二甲酸乙二醇酯(PET)、聚对苯二甲酸丁二醇酯(PBT)、尼龙(PA)在燃烧时很容易产生熔滴(即熔融材料的滴落物,分为有焰熔滴和无焰熔滴),而一些带有火焰的熔滴(甚至没有火焰的熔滴)很容易引燃其他易燃聚合物材料,从而加速了火焰的传播及火灾规模的扩大。一些像聚酯和尼龙之类的热塑性材料制成的织物燃烧时产生的熔滴除具有传播火焰外,还能带来其他的危害[41]:熔融后,使得皮肤暴露在火焰和热的辐射下而受到伤害;熔融的聚合物如果粘在皮肤上为传热创造了理想的条件而可能使皮肤烫伤;熔融的聚合物重新凝固时放出的潜热也会使皮肤受到伤害,而且除掉粘在皮肤上已凝固的聚合物会增加灼烧的程度。由此可见,对于这些聚合物的阻燃来说,不仅要提高阻燃性能,还应克服熔融滴落这一弱点。

聚合物燃烧时的熔滴一般通过添加填料来解决。例如,在 PP 中加入滑石粉、聚四氟乙烯粉末等可在一定的程度上解决熔滴行为。除此之外,电子束辐照对解决熔滴行为也是有所作为的(^{60}Co 辐照也能改善聚合物的熔滴行为)[42]。一般而言,聚合物主链通过分子间的交联后使聚合物由热塑性转变为热固性时就能够很好的解决熔滴行为,而产生三维网状结构的最好方法就是采用诸如电子束和^{60}Co-γ 射线的高能辐射。原则上这种技术可用于辐照后能产生交联的所有聚合物。为了达到既交联又不使聚合物过多的降解,即较低的剂量下获得较好的交联,此时一般聚合物中加入少量的交联剂。

例如,Elton[43]采用电子束辐照的方法改善了 PET 的熔滴行为。当采用二乙烯基苯和 1,2-二氯乙烷作为交联剂时,辐照后聚合物燃烧时由熔滴行为转变为成炭行为,熔滴得到了抑制。但辐照后聚合物的极限氧指数有一定程度的下降,其原因容易理解,辐照后由于熔滴被消除,原来因熔滴带走的热量被保留下来,该部分热量作用于基材,加快基材的热裂解速度,从而使基材聚合物的极限氧指数存在下降的趋势。

（5）其他性能

聚合物经电子束辐照后对以上性能产生影响外,还对聚合物的热稳定性、耐溶剂性、耐水性和耐环境应力开裂等性能也有一定的影响。EVA/ATH 阻燃体系的热起始分解温度(本节用此温度来表征聚合物的热稳定性)与辐照剂量的关系如表 6-8 所示。从表 6-8 中可以看出,阻燃体系的第一失重阶段和第二失重阶段的起始热分解温度均随着辐照剂量的增加而缓慢增大,起始分解温度向高温漂移说明了辐照可以提高聚合物的热稳定性。

表 6-8　EVA/ATH 阻燃体系及其电子束辐照后的热稳定性数据[34]

温度/℃	辐照剂量/kGy					
	0	38	76	114	152	190
T_{d1}	259.6	267.5	271.3	276.0	278.5	278
T_{d2}	410	409.5	418.4	421	424	424.5

注：T_{d1}为阻燃体系第一失重阶段的起始分解温度；T_{d2}为阻燃体系第二失重阶段的起始分解温度。

电子束辐照也可在一定程度上提高耐溶剂性及耐水性能,一般而言,随着辐照剂量或交联度的增加,聚合物在溶剂中的溶胀性降低;同时电子束辐照交联还可以使聚合物环境应力开裂的机会大大减少[20]。

6.3　电子束辐照接枝含磷阻燃单体

6.3.1　含磷阻燃单体概述

　　由于磷是一种具有较好阻燃效果的元素,尤其是磷类阻燃剂对含氧的纤维素等聚合物很有效,所以最初的辐照接枝阻燃技术大多是围绕纤维的接枝开始的。例如,在20世纪60年代末期就已研制成功了辐照接枝含磷单体的阻燃聚酯纤维,并于1971年发表了第一篇专利[6]。除磷以外,还有诸如氮、硅、硼等无卤阻燃元素,但是单纯的接枝或固化含有这些氮、硅、硼元素的单体来改善聚合物阻燃性能的报道极少。本节主要讨论接枝含磷单体的情况。

　　原则上采用电子束辐照的方法可接枝任何具有乙烯基(或烯丙基)的含磷、氮单体,但并不是每一种单体都具有很高的接枝率,甚至在实验条件选择不适当的情况下还不能发生接枝反应。虽然乙烯基含磷单体较多,但采用电子束辐照的方法接枝的含磷单体的报道却较少,具体的含磷单体见表6-9。

表6-9　含磷阻燃单体(含电子束和^{60}Co辐照)

接枝单体	接枝单体
乙烯基二苯基膦	二乙基膦酰乙基甲基丙烯酸酯
顺-双-(1,2-二苯膦)乙烯酯	反-双-(1,2-二苯膦)乙烯酯
双(二苯膦)乙炔酯	三烯丙基磷
二乙烯基苯基膦	二乙基膦酸乙烯酯
乙烯基磷酸酯低聚物	N-(二甲基膦酰基甲基)丙烯酰胺
二甲基-1-甲氧基乙烯膦酸酯	二甲基-1-乙酰氧基乙烯膦酸酯
二甲基膦酰基甲基丙烯酸酯	二甲基乙烯膦酸酯
二甲基烯丙基膦酸酯	N-羟甲基丙烯酰胺

6.3.2　含磷单体的接枝及阻燃性能

6.3.2.1　三烯丙基磷酸酯接枝性能和阻燃性能

　　最早采用电子束辐照接枝阻燃改性的单体就是三烯丙基磷酸酯(triallyphosphate,TAP)。Miles[4]指出含有烯丙基的磷酸酯是不太容易聚合的,事实上,TAP在室温空气中电子束的辐照剂量为240kGy时仍然不能很好地聚合。另外,人们希望发生辐照接枝的剂量越小越好,一来可以降低辐照成本,二来对聚合物的其他性能(如力学性能、热学性能)影响会小一些。所以,寻找合适的条件使得含磷单体在低剂量的情况下发生接枝聚合反应就非常重要了。从文献看,人们一般在三烯丙基磷酸酯中加入另外一种共聚单体,就能很好的解决含磷单体的接枝问题。此类单体可以是丙烯酰胺、丙烯腈、丙烯酸和 N-羟甲基丙烯酰胺。

（1）接枝性能

Miles[4]采用电子束辐照法（电子束能量 24MeV,功率 18kW）研究了 TAP 和 N-羟甲基丙烯酰胺（NMA）在棉花上的接枝规律。研究结果表明,棉花上的接枝率与辐照剂量和两种单体的比率有关,而与辐照剂量率的关系不大。图 6‒9 为棉花上的接枝率与辐照剂量之间的关系,图中表明棉花上的接枝率跟辐照剂量之间的关系比较简单。但 TAP 和 NMA 的比率对接枝率影响比较复杂,进而对阻燃性能的影响也比较复杂。

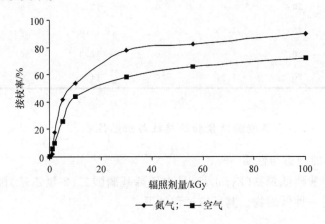

图 6‒9　棉花接枝 TAP 的接枝率与辐照剂量的关系

（2）阻燃性能

表 6‒10 是在 TAP 和 NMA 质量比率恒定时电子束辐照剂量与棉花的阻燃性能的关系。辐照剂量越高,棉花上的接枝率就越大,则阻燃性能就越好。

表 6‒10　接枝 TAP 和 NMA（质量比为 1/4.8）的棉花的阻燃性能

剂量/kGy		10	20	30	40
漂洗后的阻燃性能	续燃时间/s	0	0	0	0
	炭化长度/cm	14.5	12.2	14.2	11.9
洗涤 15 次后的阻燃性能	续燃时间/s	5	0	0	0
	炭化长度/cm	23.4	14.5	13.2	12.2

表 6‒11 为不同单体比率时的接枝含磷量和棉花的阻燃性能。从表 6‒11 可以看出,共聚单体的比率与接枝的含磷量有很大关系。当 TAP 的质量等于或小于 NMA 的质量时,接枝的含磷量相对而言都比较低,并且阻燃性能也比较差,洗涤

15 次后棉花不能自熄。当 TAP 的用量是 NMA 的用量的 3 倍或更高时,即使在较低的辐照剂量下也能使接枝的含磷量较高,棉花的阻燃性能也很好。这表明低剂量下时选择合适的单体比率可以使棉花达到较好的阻燃效果,这正是人们追求的目标之一。

表 6‑11　棉花在不同单体比率下的阻燃性能

NMA/TAP (质量比)	辐照剂量 /kGy	接枝物的 含磷量/%	初始阻燃性能		洗涤 15 次后的阻燃性能	
			续燃时间/s	炭化长度/cm	续燃时间/s	炭化长度/cm
1/0.5	30	0.65	0	14.5	燃烧	—
1/1	30	0.67	0	11.4	燃烧	—
1/3	30	—	0	13.0	0	13.7
1/4.8	30	1.98	0	12.0	0	12.2
1/4.8	20	—	0	12.2	0	14.5
1/8.3	20	1.54	0	14.2	0	10.2

6.3.2.2　乙烯基膦酸酯低聚物的接枝与阻燃性能

(1) 单体的制备与性质

乙烯基膦酸酯低聚物(Fyrol 76)是由乙烯基膦酸二(2-氯乙基)酯与甲基膦酸酯缩聚生成的一种低聚物。其反应过程如下

$$n(\text{ClCH}_2\text{CH}_2\text{O})_2\text{P}—\text{CH}=\text{CH}_2 + (n+1)\ \underset{\text{H}_3\text{C}}{\overset{\text{RO}\ \ \text{O}}{\text{P}}}—\text{OR}_1 \longrightarrow$$

$$\underset{\text{H}_3\text{C}}{\overset{\text{RO}\ \ \text{O}}{\text{P}}}—\text{O}—\text{CH}_2\text{CH}_2\text{O}—\underset{\overset{|}{\text{CH}=\text{CH}_2}}{\overset{\text{O}}{\text{P}}}—\text{OCH}_2\text{CH}_2\text{O}—\underset{\text{CH}_3}{\overset{\text{O}}{\text{P}}}—\text{O}\Big]_n\text{R}$$

此低聚物的每一个分子上含有多个乙烯基基团,从而使得该物质具有很大的反应活性。因此 Fyrol 76 既可单独采用电子束辐照接枝[12],也可与其他的诸如 N-羟甲基丙烯酰胺一起作为共聚单体。

Fyrol 76 主要用于人造丝、棉花、羊毛等织物的接枝阻燃改性。当 Fyrol 76 与 N-羟甲基丙烯酰胺(NMA)作为共聚单体接枝纤维素织物时,其反应过程如下

$$\underset{H_3C}{\overset{O}{RO}}\!\!-\!\!P\!-\!O\!-\!\left[CH_2CH_2O\!-\!\underset{\underset{CH=CH_2}{\overset{O}{\parallel}}}{P}\!-\!OCH_2CH_2O\!-\!\underset{\underset{CH_3}{\overset{O}{\parallel}}}{P}\!-\!O\right]_n\!\!-\!R+$$

$$m\,CH_2\!=\!CHCNCH_2OH\xrightarrow{\ m\,Cell\!-\!OH\ }$$

$$\underset{H_3C}{\overset{O}{RO}}\!\!-\!\!P\!-\!O\!-\!\left[CH_2CH_2O\!-\!\underset{\underset{CONHCH_2O\!-\!Cell}{\overset{CH_2CH_2CH_2CH_2}{\overset{O}{\parallel}}}}{P}\!-\!OCH_2CH_2O\!-\!\underset{\underset{CH_3}{\overset{O}{\parallel}}}{P}\!-\!O\right]_n\!\!-\!R+m\,H_2O$$

（2）接枝性能

Walsh 和 Bittencount[44]采用绝缘芯型电子加速器（加速电压 0.55MeV，束流20mA）研究了 Fyrol 76 在棉花和人造丝上的接枝规律。图 6‑10 为接枝 Fyrol 76和 NMA 时接枝率与炭化长度的关系。图中表明接枝率越高，则炭化长度就越小。

除 NMA 可用作 Fyrol 76 的共聚单体外，乙烯基吡咯烷酮（vinyl pyrrolidone）也可作为 Fyrol 76 的共聚单体。图 6‑11 是采用电子束辐照 Fyrol 76 与乙烯基吡咯烷酮共聚单体的接枝率与棉花 LOI 的关系。在此体系中虽然紫外光辐照也是可行的，但当棉花染色后，则紫外光辐照接枝被强烈的抑制了，这也是紫外光接枝的一个致命的缺点。

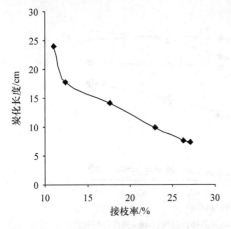

图 6‑10　接枝 Fyrol 76/NMA 时的接枝率
与炭化长度的关系

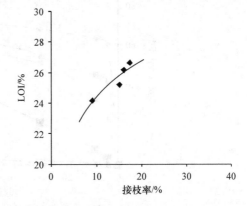

图 6‑11　Fyrol 76 与乙烯基吡咯烷酮
共聚单体的接枝率与 LOI 的关系

Needles[12]研究在电子束辐照情况下辐照剂量、单体浓度、湿气、氧气、氢供体还原剂及共聚单体对 Fyrol 76 接枝规律的影响。结果说明在电子束辐照下,Fyrol 76 能有效地发生接枝聚合,并能显著提高羊毛的阻燃性能,同时羊毛基材并未发生实质性的破环和变质。

图 6-12 为辐照剂量、湿气和氧气和 Fyrol 76 反应率之间的关系。在本实验条件下,Fyrol 76 的反应率都是随着辐照剂量的增加而逐渐增大。接枝反应过程中,湿气及氧气对 Fyrol 76 的接枝聚合速率和反应转化率影响很大。干态下的羊毛(Fyrol 76 涂敷到羊毛上后再进行彻底干燥)的接枝速率和反应转化率均要比湿态下的羊毛(Fyrol 76 涂敷到羊毛上后不进行干燥直接进行辐照)和一定条件下的羊毛(Fyrol 76 涂敷到羊毛上彻底干燥后置于 21℃ 和 70% 的湿度环境中)的接枝速率和反应转化率高。并且在相同的辐照剂量下,在氮气气氛下的接枝速率和反应转化率要比在空气气氛下的高。也就是说,水和氧气对 Fyrol 76 的接枝和反应转化率有较大的抑制作用。其原因可以解释为:电子束辐照羊毛所产生的自由基浓度因水和氧气的存在而较大幅度地下降,从而导致了接枝速率和反应转化率的下降。但水和氧气对接枝聚合的抑制还存在着很大的差别,水的存在是永久地降低了自由基的浓度,而在氧气气氛中低剂量时才抑制 Fyrol 76 的接枝聚合,但在高辐照剂量时接枝速率和反应转化率与在氮气气氛下时相差不大。电子束辐照羊毛时,氧气会促使过氧化物自由基的形成;水会将一个氢原子传递给羊毛而形成羟基自由基,随后形成过氧化氢而使自由基消失掉,同时此自由基在羊毛上易于重新结合而消失。

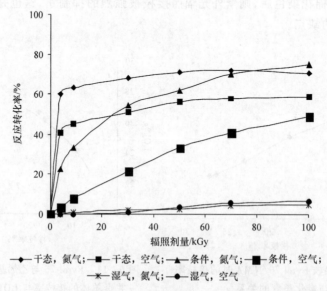

图 6-12　辐照剂量、湿气和氧气与 Fyrol 76 反应率之间的关系

　　像三乙醇胺、四羟基氯化磷和连二亚硫酸钠等氢供体还原剂（添加量为 0.5%）可抑制 Fyrol 76 的接枝聚合速率和反应转化率，如图 6－13 所示。

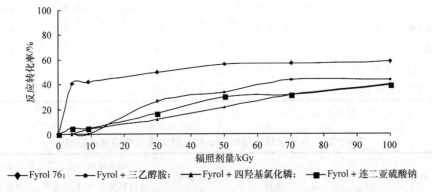

图 6－13　氢供体还原剂对 Fyrol 76 的接枝反应转化率的影响

　　能交联的双功能单体对 Fyrol 76 的聚合也有较大的影响。像 *N*-羟甲基丙烯酰胺、双丙烯酸四乙二醇等之类的单体能提高 Fyrol 76 的反应转化率，如图 6－14 所示。

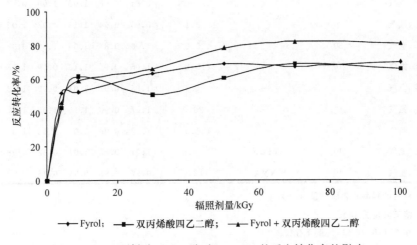

图 6－14　双丙烯酸四乙二醇对 Fyrol 76 的反应转化率的影响

　　未处理的羊毛及接枝 Fyrol 76 处理的羊毛的阻燃性能和力学性能如表 6－12、表 6－13 所示。这些数据说明接枝 Fyrol 76 确实能提高羊毛的 LOI。与此同时辐射接枝行为对羊毛基材的力学性能的影响不是很大，尤其是在干态的条件辐射接枝的拉伸强度和断裂伸长率影响更小。

表 6 - 12　Fyrol 76 对羊毛阻燃性能的影响

羊毛的辐照条件	Fyrol 76 的涂敷量/%	Fyrol 76 反应率/%	燃烧长度/cm	LOI/%
空白	—	—	燃烧	24.5
干态,氮气	9.4	74	5.3	28.5
干态,空气	5.8	53	5.8	28.5
一定温度和湿度[1),氮气	6.5	54	5.1	27.75
一定温度和湿度,空气	4.6	36	7.4	26.5

1) 温度为 21℃,湿度为 70%。

表 6 - 13　电子束辐照接枝 Fyrol 76 对羊毛拉伸强度的影响[1)

羊毛辐照条件	Fyrol 76 浓度/%	单体[2)	接枝物的含量/%	与未辐照羊毛比较的相对值					
				拉伸强度		断裂伸长率		断裂能量	
				干态	湿态	干态	湿态	干态	湿态
干态,氮气	—	—	—	0.95	0.93	1.06	1.01	1.04	0.89
干态,空气	—	—	—	0.90	0.94	0.89	1.00	0.82	0.90
条件[3),氮气	—	—	—	1.05	0.87	1.03	0.99	1.11	0.84
条件,空气	—	—	—	0.94	0.98	1.04	1.00	0.97	0.92
干态,氮气	20	—	9.1	0.96	0.94	1.13	1.02	1.02	0.91
干态,空气	20	—	6.6	1.00	0.86	1.03	0.99	0.98	0.82
条件,氮气	20	—	7.8	1.06	0.95	1.13	0.99	1.18	0.90
条件,空气	20	—	4.3	1.05	0.91	1.04	0.99	1.03	0.89
干态,氮气	40	—	20.9	1.07	0.90	1.15	1.10	1.17	0.86
干态,氮气	10	—	6.3	1.02	0.96	1.08	1.02	1.05	0.92
干态,氮气	10	TEGA	14.6	1.01	0.75	1.01	0.92	0.98	0.71
干态,氮气	10	NMA	12.6	0.97	0.88	0.94	0.95	0.89	0.83

1) 所有的样品的辐照剂量为 50kGy。

2) 溶液浓度为 10%。

3) 在 21℃和 70%的湿度下存放。

　　Fyrol 76 不仅可接枝到含氧的纤维织物上,也可接枝到开孔型聚乙烯泡沫上[13]。开孔型聚乙烯泡沫中含有大量的空气而具有易燃性,一旦发生火灾就相当危险,同时对其阻燃也很困难。对开孔型聚乙烯泡沫材料首先想到的是采用添加型阻燃剂对其进行阻燃,即将阻燃剂捏合到聚乙烯中,然后进行发泡。但是当阻燃剂的用量很小时(即达到一定阻燃效果的最低用量)就不能使聚乙烯正常发泡,所以采用添加型阻燃剂对开孔型聚乙烯泡沫进行阻燃是不太成功的。电子束辐照接枝阻燃改性技术可在一定程度上解决这个问题,图 6 - 15 为上述两种方法制备的阻燃型开孔型聚乙烯泡沫材料。

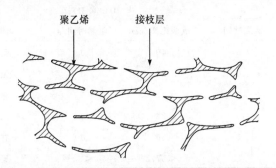

聚乙烯　　　　接枝层

图 6－15　用电子束辐照法在开孔型聚乙烯泡沫内壁接枝乙烯基磷酸酯低聚物

日本的 Kanako[13]对电子束辐照接枝 Fyrol 76R 阻燃改性开孔型聚乙烯泡沫材料进行了较为详细的探索。其工艺过程为：首先将开孔型聚乙烯泡沫材料[表观密度 $0.027g/cm^3$，平均孔径 2mm，$1cm\times30cm\times(200\sim600)cm$ 的片材]浸入盛有不同浓度的 Fyrol 76R 水溶液或甲醇溶液的 100L 器皿中，浸泡一段时间后将泡沫材料放入两个辊之间进行倾轧以除去过量的低聚物溶液。半干的泡沫材料在 50℃的真空下干燥至恒量以除尽溶剂。处理好的材料在氮气气氛下以 $0.5\sim10m/min$ 的恒定速率通过电子加速器。具体的实验条件见表 6－14。

表 6－14　电子加速器辐照条件

束流/mA	4.0	7.5	电子加速器能量/MeV	0.8	0.8
剂量率/(kGy/s)	23.0	44.0	材料牵引速率/(m/min)	0.9	3.0
剂量 kGy	180	100	扫描宽度/cm	30	30

表 6－15、表 6－16 是接枝 PE 泡沫的燃烧滴落实验及 UL 垂直燃烧实验结果。接枝 Fyrol 76R 的聚乙烯泡沫材料在其底端施火 5s 后撤离，仅仅只有极少量的物质滴落下来，而做对比实验的阻燃聚氨酯泡沫却大不一样，样品的损失会发生一个突变，即滴落严重。

表 6－15　阻燃聚乙烯泡沫的可燃性实验（UL-94 HF-1）

接枝率/%	UL-94 HF-1				
	燃烧时间/s	成炭距离/cm	阻燃时间/s	熔滴	评价
94.1	0	29	0	无	通过
93.1	0	31	0	无	通过
91.0	0	45	0	无	通过
89.0	0	37	0	无	通过

续表

接枝率/%	UL-94 HF-1				
	燃烧时间/s	成炭距离/cm	阻燃时间/s	熔滴	评价
85.7	0	40	0	无	通过
62.5	0	23	0	无	通过
改性聚氨酯泡沫	0	32	0	有	未通过
闭孔型聚乙烯泡沫	0	24	0	无	通过
开孔型聚乙烯泡沫	5	36	0	有	未通过
指标要求	<2	<57.2	<30	无	

注:闭孔型聚乙烯泡沫含有 Sb_2O_3、Br 和 Cl;开孔型聚乙烯泡沫含有 Sb_2O_3、Br 和 Cl。

表 6-16 　阻燃聚乙烯泡沫的可燃性实验(UL-94 V-0)

接枝率/%	UL-94 V-0				
	燃烧时间（第一次点燃)/s	燃烧时间（第二次点燃)/s	阻燃时间/s	熔滴	评价
97.3	0	0	0	无	通过
96.6	0	0	0	无	通过
94.4	0	2	0	无	通过
94.1	0	5	0	无	通过
88.0	0	8	0	无	通过
87.5	5	7	0	无	通过
改性聚氨酯泡沫	0	0	0	有	未通过
闭孔型聚乙烯泡沫	14	—	—	有	未通过
开孔型聚乙烯泡沫	5	5	0	有	未通过
指标要求	<10	<10	<30	无	

注:闭孔型聚乙烯泡沫含有 Sb_2O_3、Br 和 Cl;开孔型聚乙烯泡沫含有 Sb_2O_3、Br 和 Cl。

当 Fyrol 76R 的接枝率为 60% 以上时,就可使接枝泡沫通过 UL-94 HF-1 水平燃烧实验结果。其接枝率为 87.5% 以上时,接枝 Fyrol 76R 的聚乙烯泡沫材料可通过 UL-94 V-0 级。而采用卤锑协同阻燃体系制备的闭孔型和开孔型 PE 泡沫材料都不能通过 UL-94 V-0 级。

图 6-16 为接枝 PE 泡沫的接枝率与 LOI 之间的关系,PE 泡沫材料的极限氧指数随着接枝率的增加而逐渐增大,当接枝率为 100% 时,LOI 值可达 28,而传统加工方法所制备的 PE 泡沫材料很难达到这一点。

接枝 PE 泡沫的机械性能见表 6-17。结果表明,聚乙烯泡沫材料接枝后其断裂伸长率相对于未接枝时下降了近 20%,但拉伸强度和 50% 的模压强度却分别提高了 10% 和 30%。

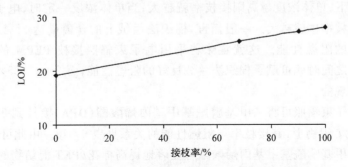

图 6－16　接枝 PE 泡沫的接枝率与 LOI 之间的关系

表 6－17　阻燃聚乙烯泡沫的机械性能

项目	未接枝泡沫	接枝后的泡沫(接枝率 100%)
拉伸强度/(kg/cm²)	0.96	1.05
断裂伸长率/%	220	180
50%压缩强度/(kg/cm²)	0.041	0.066

6.3.2.3　其他含磷单体的接枝

采用电子束辐照除可接枝三烯丙基磷酸酯和 Fyrol 76 系列外,还可以在聚合物上接枝其他乙烯基磷酸酯。

Shiraishi[45,46]采用电子束辐照(加速电压为 0.5MeV,束流为 20mA)研究了乙烯基磷酸酯(PEPM)在棉花上的接枝规律。图 6－17 为电子束辐照剂量和 PEPM

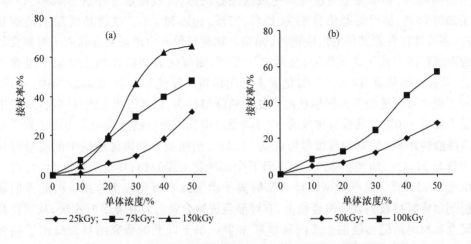

图 6－17　辐照剂量和单体浓度对棉织法兰绒接枝率的影响

单体浓度对棉织法兰绒的增重率(接枝率)的影响的典型曲线。在电子束辐照剂量相同的情况下,单体浓度越高则接枝率就越大;当单体浓度一定时,电子束辐照剂量越高则接枝率也就越大。一般而言,棉织法兰绒上的含磷量达 3% 以上时就可赋予其良好的阻燃性能。这就意味着采用电子束辐照接枝 PEPM 的接枝率在 25%～35% 之间时就可赋予棉织法兰绒良好的阻燃性能,而 25%～35% 的接枝率是很容易实现的。

采用电子束辐照可将二甲基膦酰基甲基丙烯酸酯(DPA)接枝到 50/50(质量比)棉花/PET 织物上,其接枝率与阻燃性能的关系见表 6‑18。由此可见,电子束辐照接枝二甲基膦酰基甲基丙烯酸酯可显著地提高棉花/PET 混纺物的 LOI。

表 6‑18　50/50(质量比)棉花/PET 织物上的含磷量与 LOI 的关系

阻燃剂	接枝率/%	含磷量/%	LOI/%
无	0	0	18.8
二甲基膦酰基甲基丙烯酸酯	25	4.0	24.0

6.4　电子束辐照接枝成炭阻燃技术

6.4.1　接枝成炭技术的理论起源及接枝成炭单体的现状

20 世纪 70 年代,McNeill[47,48] 研究了聚甲基丙烯酸及其钠盐、锂盐、钾盐、铯盐和锌盐的热降解行为,发现聚甲基丙烯酸中羧基上的氢原子被金属离子取代后,其在 500℃ 时的残留量(氮气气氛中)大大增加。一个值得注意的现象是,聚甲基丙烯酸钠盐、锂盐、钾盐、铯盐在 500℃ 时的残留量逐渐增加,分别为 54%、64%、66% 和 82%,如果完全对应分解生成碳酸盐的话,其残留量应分别为 42%、49%、56% 和 75%,前后的差值分别为 12%、15%、10% 和 7%。也就是说除了碳酸盐外,还可能存在着其他的惰性物种,如炭。这些结果有力地说明金属离子对聚合物的降解存在着催化成炭作用,金属离子不同,则催化成炭的作用程度似乎也有差别,从这些结果看,钠离子的催化成炭作用最强。在此基础上,Wilkie[49] 进一步研究了聚甲基丙烯酸及不同制法的钠盐的热降解行为,结果表明在氮气气氛中,聚甲基丙烯酸 800℃ 时的残留量仅为 5%,而经过甲基丙烯酸钠直接均聚而成的聚甲基丙烯酸钠在 800℃ 时的残留量可高达 55.4%,钠在聚甲基丙烯酸钠中的质量百分含量为 24.4%,即使在 800℃ 的高温下全部转化为碳酸钠,其残留量仅为 51.6%,也比 55.4% 低。这些数据同样表明钠离子确实具有催化成炭作用。由此人们联想到如将其接枝到其他聚合物上,有可能促进聚合物材料在降解时成炭,从而提高聚合物材料的阻燃性能。美国科学家 Wilkie 基于以上的研究结果而提出了接枝成炭技术[50～52],并率先采用化学法在 ABS、SBS 上接枝甲基丙烯酸及其钠盐、丙烯酸及其钠盐等成炭单体,结果发现 SBS 和 ABS 热降解的成炭量有所提高,阻燃性能也得到了明显地提高,由此证实了这种想法。

从原理上讲,能够进行自由基聚合的所有乙烯类单体(包括络合型单体)均可用于表面接枝反应(有些单体需在特殊的条件下方能发生接枝反应)。但根据无卤化接枝成炭阻燃技术的两个特征——无卤和成炭催化作用,此外单体还应具有较小的毒性、较小的挥发性,以上的要求大大限制了单体的选择范围。从目前的研究水平来看,究竟哪些烯类接枝单体在燃烧时对聚合物具有成炭催化作用还无规律可循。

以前人们采用的单体主要是甲基丙烯酸、丙烯酸及其钠盐和丙烯酰胺。而这些成炭单体在催化成炭的强度似乎还不是很高,需要寻找更有效的接枝成炭单体。但由于理论和实践的缺乏,寻找高效的接枝成炭单体仅只能通过实验的方法来选择、甄别。本节主要介绍甲基丙烯酸、丙烯酸及其钠盐和丙烯酰胺的接枝和阻燃规律。

6.4.2　接枝反应的分类

接枝反应可分为两类。其一是基体表面的接枝反应,该类反应的接枝率不仅与剂量、温度等有关,还与基体表面的结构和性质、单体分子的表面吸附特性有关。单体接枝于无机物和气相辐射接枝就属于这种类型。其二是固相体积内进行的接枝反应,反应介质的高黏度、单体分子在其中的扩散速度对接枝率的影响很大。当单体在聚合物内的扩散速度大于它的消耗,则接枝反应可发生与固相体积内部;反之,当单体在聚合物内的扩散速度小于它的消耗,则接枝反应主要在基体的表面进行。

6.4.3　各种因素对成炭单体接枝率的影响

在电子束辐照接枝的过程中影响接枝率的因素有很多,如辐照时间、单体浓度、接枝反应时间、反应温度、辐照样品的厚度、溶剂种类以及辐照的方法(大多数是直接辐照法或过氧化物法)等都对接枝反应产生影响,这些因素的综合作用决定着接枝率的大小。

一般而言,甲基丙烯酸(MAA)、丙烯酸(AA)和丙烯酰胺(AAm)的接枝率都是随着剂量的增加、反应时间的延长而逐渐增加。例如,表 6-19、表 6-20、表 6-21分别列出了 LDPE、PP 和 EPDM 采用电子束预辐照过氧化物法在不同辐照剂量下的接枝率,样品的厚度皆为 0.3mm,接枝时间为 2h,单体溶液的浓度为 10%(体积分数),且是在沸腾的单体溶液中进行的接枝反应。可以看出,每一种单体在每一种基材聚合物上的接枝率均是随着剂量的增加而逐渐增加;在相同的实验条件下,三种单体在同一种基材聚合物上的接枝率并不一样。对于 PE 而言,三种单体的反应活性次序为:甲基丙烯酸>丙烯酰胺>丙烯酸。在以 PP、EPDM 为基材聚合物时存在着同样的规律,甲基丙烯酸的接枝率高于丙烯酰胺和丙烯酸的接枝率。

表 6 ⁻ 19　PE 在不同辐照剂量下的接枝率

辐照剂量/kGy	0	10	20	50	100
MAA	0.0	24.1	56.3	91.8	123.4
AA	0.0	3.1	4.3	6.4	10.8
AAm	0.0	3.5	4.8	7.2	12.0

表 6 ⁻ 20　PP 在不同辐照剂量下的接枝率

辐照剂量/kGy	0	10	20	50	100
MAA	0.0	12.7	20.9	43.1	74.5
AA	0.0	0.5	0.5	4.8	12.7
AAm	0.0	2.1	3.6	14.9	18.0

表 6 ⁻ 21　EPDM 在不同辐照剂量下的接枝率

辐照剂量/kGy	0	10	20	50	100
MAA	0.0	15.4	24.6	40.2	54.3
AA	0.0	3.2	4.3	4.5	4.9
AAm	0.0	3.4	4.6	6.0	11.6

　　同样,接枝率也是随着接枝反应时间的延长、单体浓度的增加而逐渐增大。同一种单体在不同的基材聚合物中的接枝率也是不一样的。例如,甲基丙烯酸[39]在 PE、PP、EPDM、EVA 中的接枝率就有较大的差别。

6.4.4　接枝皂化反应

　　Wilkie[50~52]研究表明,聚合物(如 SBS、ABS)单纯接枝甲基丙烯酸等成炭单体后,其聚合物在高温下的成炭量增加很少,聚合物的 LOI 也提高不大,但接枝聚合物皂化后,聚合物的阻燃性能具有较大幅度的提高,所以接枝后的皂化是极其重要的过程。皂化过程实际上就是用金属离子取代羧基中氢离子的过程。

　　下面以甲基丙烯酸和氢氧化钠为例来说明皂化过程。甲基丙烯酸的相对分子质量是 86.09,钠的相对原子质量是 23.1,如果钠原子完全取代羧酸中的氢原子,则接枝率要比皂化前增加(23.1/86.09)=25.5%。如果皂化前的接枝率是 51%,皂化后钠原子完全取代羧基中的氢原子后的理论接枝率应该是:51%×25.5%+51%=62.5%,对皂化前的接枝率是 81.5%的样品,皂化后的理论接枝率应是 81.5%×25.5%+81.5%=102.3%。表 6 ⁻ 22 为 PE 接枝 MAA 皂化时间对接枝率的影响。表 6 ⁻ 22 中数据表明,皂化过程中钠原子对羧基中氢原子的取代是不完全的。

表 6 - 22 皂化反应时间对接枝率的影响

皂化时间/h	0	1	2	4
接枝率(1h[1])/%	51.0	54.2	57.3	60.1
接枝率(2h)/%	81.5	83.6	84.2	86.4

1) 接枝反应时间。

除 Na^+ 能够作为皂化离子外,其他的金属离子同样也能作为皂化离子。不同金属离子的皂化对 EVA35 样品的接枝率也存在着一定的影响,分别选用了 KOH、$CaCl_2$ 和 $MgSO_4$ 中的钾离子、钙离子和镁离子作为皂化离子,实验结果如表 6 - 23。

表 6 - 23 不同离子的皂化对 EVA35 样品接枝率的影响

条件	K^+(1h[1])		Ca^{2+}(2h)		Mg^{2+}(2h)	
	皂化前	皂化后	皂化前	皂化后	皂化前	皂化后
接枝率/%	51.6	54.9	48.3	48.8	48.7	49.3

1) 接枝反应时间。

对比上述金属离子的皂化情况,可以看出,K^+ 和 Na^+ 的皂化对样品接枝率影响较大,皂化 1h 可使接枝率提高 3% 左右,而 Ca^{2+} 和 Mg^{2+} 的皂化对样品接枝率的影响相对较小,皂化 2h 可使接枝率提高 0.5% 左右,考虑到 Ca 和 Mg 的原子量要比 K 和 Na 的大,可以断言,K^+ 和 Na^+ 在皂化过程中对 H^+ 的取代比较完全,而 Ca^{2+} 和 Mg^{2+} 在皂化过程中对 H^+ 的取代则比较困难。这可以从酸碱性上得到解释:接枝层上的羧基是具有酸性的物质,而 NaOH 和 KOH 溶液是强碱性的,因而取代反应相对来说比较容易;$CaCl_2$ 和 $MgSO_4$ 溶液是属于弱碱性的物质,因此取代反应相对来说比较困难,对接枝率的影响就比较小。

同样当 ABS、SBS 接枝甲基丙烯酸后,金属离子的皂化对接枝率也有较大的影响。图 6 - 18、图 6 - 19 分别给出了皂化反应时间对 ABS 接枝 MAA、AA 和 SBS 接枝 MAA、AA 等接枝量的影响。与接枝反应相比,皂化反应对聚合物接枝量的影响要小得多,随着皂化反应时间的延长,接枝量增加的比较缓慢。

同样使用上述接枝产物,相同的皂化条件,采用 KOH 来对接枝聚合物进行皂化,实验结果得到与采用 NaOH 相近的结论。为了进一步考察金属离子对接枝聚合物阻燃作用的影响,吴绍利等[34]还用铜、钙和镁的碱溶液作为二价金属离子引入的途径,研究金属离子对接枝量的贡献。实验结果见图 6 - 20 和图 6 - 21。

由图 6 - 20 和图 6 - 21 得出,二价金属离子较 Na^+ 皂化引起的接枝量的变化大。Cu^{2+} 和 Mg^{2+} 的金属离子的引入对 ABS 接枝 MAA、AA 和 SBS 接枝 MAA、AA 接枝量的影响与 Ca^{2+} 的情况基本一致。

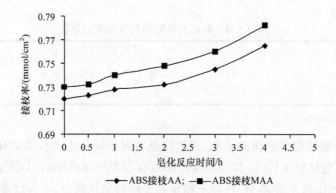

图 6 - 18 皂化反应时间对 ABS 接枝 MAA、AA 接枝率的影响

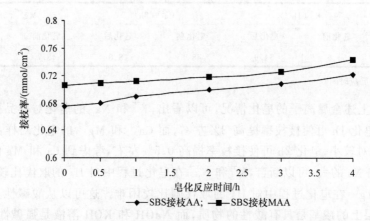

图 6 - 19 皂化反应时间对 SBS 接枝 MAA、AA 接枝率的影响

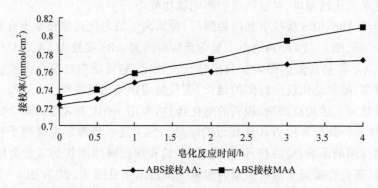

图 6 - 20 Ca^{2+} 对 ABS 接枝 MAA、AA 接枝率的影响

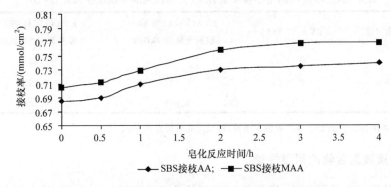

图 6-21　Ca^{2+} 对 SBS 接枝 MAA、AA 接枝率的影响

6.4.5　表面结构和状态的表征

聚合物接受高能电子束辐照后,会发生链的断裂和交联反应;聚合物样品经接枝后,表面的结构和状态也与接枝前不同,因此研究聚合物辐照前后、接枝前后的表面的结构与状态就显得格外重要。目前主要采用 X 射线光电子能谱(XPS)和原子探针显微镜等技术或手段来研究聚合物表面的结构和状态,这方面的工作日益增多[53~57],这里简略介绍北京理工大学阻燃材料实验室所做的工作。

张胜等[39]采用 XPS 对辐照后的 EVA 及接枝前后微观结构的变化进行了研究。结果表明,EVA 接受电子辐照后,EVA 上的侧基 AC 部分基团将会发生断裂,部分断裂的侧基会失去。同时也有其他化学键的断裂,过氧化物 AOOH 或 A_1OOA_2 随之生成。加热后乙酸基团以乙酸形式失去,小分子的过氧化物也会失去,大分子的 AOOH 会释放出自由基 AO· 和 HO·,氢氧自由基之间可以复合以 H_2O 和 O_2 的形式失去,这些因素导致了氧碳比 O/C 的下降。当 EVA 接枝上甲基丙烯酸后,其接枝样品的 O、C 原子浓度比值明显高于辐照样品的 O、C 原子浓度比值,表明接枝后氧原子的浓度增加,原因是接枝单体甲基丙烯酸较基体聚合物 EVA 有着更高的氧原子浓度,接枝层比基体更富氧,这是发生接枝反应的又一直接证据。

表 6-24 为不同掠射角下接枝 EVA45 样品的氧原子碳原子浓度比。从表 6-24 中可以看出,接枝前后氧原子与碳原子浓度比值发生了很大的变化,接枝后该比值明显变大。如果表面完全被接枝层所覆盖,氧原子与碳原子浓度比值应当等于甲基丙烯酸中碳氧的原子个数比,即等于 0.5,辐照剂量为 10kGy 的样品接枝后的相应比值小于 0.5,说明接枝层没有将聚合物完全覆盖,或者说覆盖的厚度小于被检测的厚度。

表 6-24　不同掠射角下接枝 EVA45 样品的氧原子碳原子浓度比（O/C）

掠射角/(°)	EVA45(空白)	EVA45 接枝 MAA (辐照剂量为 2kGy)		EVA45 接枝 MAA (辐照剂量为 10kGy)
10	0.180	0.316		0.394
45	0.193	0.312		0.322
90	0.212	0.293		0.301

注：单体溶液为 10%的甲基丙烯酸水溶液，接枝反应时间为 40min。

6.4.6　接枝聚合物的阻燃性能

在阻燃科学的研究中，阻燃性能表征是非常重要的一个方面，其表征方法一般有极限氧指数法、UL-94 垂直燃烧法，水平燃烧法，锥形量热仪法和点燃时间法等。北京理工大学阻燃材料国家专业实验室王建祺等对聚合物的电子束辐照接枝阻燃改性做了卓有成效的工作，本节主要对该实验室的工作进行归纳与总结。

6.4.6.1　用点燃时间表征接枝聚合物的阻燃性能

聚合物是否容易点燃是衡量聚合物材料阻燃性能的一个重要指标，而点燃时间是判断聚合物易燃与否最直观的参数，测量聚合物材料的点燃时间并分析其内在的变化规律是阻燃研究的重要内容。

（1）PE 接枝体系

张胜等[39]采用 CZF-2 型综合垂直燃烧仪测量了 PE 接枝前后的点燃时间。表 6-25 为 PE 接枝 MAA 前后 PE 的点燃时间随接枝率变化情况。从中可以看出接枝处理后样品的点燃时间有所延长，且接枝率越高，则点燃时间也越长，即样品比处理前难以点燃。当用丙烯酸和丙烯酰胺接枝 PE 时，点燃时间也有类似的规律。

表 6-25　接枝 MAA 前后 PE 的点燃时间随接枝率变化情况

接枝率/%	0.0	24.1	56.3	131.9	269.2
点燃时间/s	12.3	13.2	14.0	16.3	18.7

（2）PP 接枝体系

表 6-26 是 PP 接枝 MAA、AA 和 AAm 前后的点燃时间，从中可以看出接枝处理后样品点燃时间的变化规律和 PE 样品类似，点燃时间都有所延长。采用不同的单体接枝处理后点燃时间的变化幅度不一样，相同的接枝率下，用 AAm 处理的样品比用 AA 处理的更难点燃，接枝 AAm 样品点燃时间的变化幅度明显高于用 AA 处理样品的变化幅度，且接枝率越高，这种差别就越大；在所采用的三种单体

溶液中,用 AA 处理的样品变化幅度最小,当接枝率为 12.7％时,点燃时间仅仅增加 0.6s。

表 6‑26　接枝前后 PP 的点燃时间随接枝率的变化情况

接枝率(MAA)/％	0.0	2.7	10.2	43.1	74.5
皂化前点燃时间/s	2.6	2.6	3.1	4.0	4.6
皂化后点燃时间/s	2.6	3.9	4.8	6.2	8.8
接枝率(AA)/％	0.0	0.5	0.7	4.8	12.7
点燃时间/s	2.6	2.6	2.6	3.0	3.2
接枝率(AAm)/％	0.0	2.1	3.6	4.9	8.0
点燃时间/s	2.6	4.2	5.1	8.4	11.3

从表 6‑26 中还可看出,接枝 MAA 的 PP 样品在用 NaOH 溶液皂化处理后,点燃时间较处理前有较大的提高,且接枝率越大,处理前后点燃时间的变化幅度也越大;当接枝率达到 74.5％时,皂化处理以前,样品的点燃时间比接枝前仅仅提高了 2s,在皂化处理以后的样品比接枝前提高了 6.2s。

（3）EVA 接枝体系

表 6‑27 是接枝 MAA 后的 EVA18 在皂化前后点燃时间随接枝率的变化情况,容易看出,EVA18 在接枝处理后点燃时间普遍延长;用 NaOH 溶液皂化处理后,点燃时间较处理前有所提高。之所以出现以上情况,其原因是:表面的接枝层对成炭过程具有促进作用,炭层的形成有效地阻碍了热量向基体聚合物的传送,减缓了聚合物的分解速度,从而使点燃时间延长;另外,接枝层在受热过程中优先失水,带走了一部分热量也是使接枝样品点燃时间延长的重要因素。接枝样品的皂化对炭层的形成有着更加有利的促进作用,所形成的炭层比皂化前更厚、更致密,从而对热量向基体聚合物传播的阻挡作用更加有效。

表 6‑27　接枝 MAA 的 EVA18 皂化前后的点燃时间

接枝率/％	0.0	13	25	62	125
点燃时间(皂化前)/s	4.0	4.4	5.1	5.6	6.3
点燃时间(皂化后)/s	4.0	5.2	5.8	6.9	8.1

表 6‑28 为接枝 MAA 的 EVA45 在皂化前后点燃时间随接枝率的变化情况,可以看出:EVA45 同 EVA18 一样,在接枝处理后点燃时间也普遍延长;在用 NaOH 溶液皂化处理后,点燃时间较处理前也有大幅度提高,尤其是当接枝率达到 82％时,皂化处理以前,样品的点燃时间为 6.0s,与接枝前相比仅仅提高不到 4s,在皂化处理以后样品的点燃时间＞60s,即样品在室温下超过 60s 还不能点燃,从

外观上可以看出,此时被测样品几乎全部炭化,因此可以说样品在常温下不能被点燃。

表 6 - 28　接枝 MAA 的 EVA45 皂化前后的点燃时间

接枝率/%	0.0	14	36	82	160
点燃时间(皂化前)/s	2.1	3.2	5.0	6.0	8.3
点燃时间(皂化后)/s	2.1	18.2	34.4	>60	

（4）ABS、SBS 接枝体系

吴绍利[38]研究甲基丙烯酸和丙烯酸两种接枝单体对 SBS、ABS 阻燃性能的影响时指出,单纯接枝甲基丙烯酸、丙烯酸等单体还是不足以提高 ABS、SBS 的阻燃性能,金属离子的引入才是提高点燃时间的关键所在,而且金属离子的不同,对点燃时间的影响也存在着差异。当金属离子引入后,对于同一种接枝单体而言,点燃时间有如下规律。

1）接枝甲基丙烯酸时：

$$Ca^{2+} > Mg^{2+} > Cu^{2+} > K^+ > Na^+$$

2）接枝丙烯酸时：

$$Ca^{2+} > K^+ > Mg^{2+} > Cu^{2+} > Na^+$$

6.4.6.2　接枝聚合物的极限氧指数

（1）EVA 体系

表 6 - 29 列出了 EVA35 接枝 MAA 后的 LOI 值,容易发现:接枝 0.8％MAA 的皂化样品,氧指数没有变化;当接枝率较高时,氧指数上升。MAA 接枝率为 48％的样品皂化后,氧指数提高了 3 个单位。

表 6 - 29　EVA35 接枝 MAA 并用钠离子皂化后的 LOI 值

样品	EVA35(空白)	g-EVA35 (MAA,0.8％,1h)[1]	g-EVA35 (MAA,18％,1h)	g-EVA35 (MAA,48％,1h)
LOI/%	18.1	18.1	19.2	21.4

1）表示 EVA 接枝 MAA 的接枝率为 0.8％,用钠离子皂化 1h,下同。

表 6 - 30 列出了 EVA45 接枝不同 MAA 后的 LOI 值,容易发现 EVA45 接枝 MAA 后的 LOI 值和 EVA35 的规律相类似,接枝率较低的皂化样品,氧指数没有变化;当接枝率较高时,氧指数上升,且较 EVA35 的变化幅度要大。MAA 接枝率为 21％的样品皂化后,氧指数也提高了 3 个单位。非常值得一提和关注的是,当 MAA 接枝率为 57％的样品皂化后,氧指数竟然提高了 16 个单位,这个结果是一个很了不起的突破。

表 6 - 30　　EVA45 接枝 MAA 并用钠离子皂化后的 LOI 值

样品	EVA45(空白)	g-EVA45 (MAA,1.2%,1h)	g-EVA45 (MAA,21%,1h)	g-EVA45 (MAA,57%,1h)
LOI/%	19.0	19.0	21.3	35.2

（2）ABS、SBS 接枝体系

图 6-22～图 6-27 为 ABS 接枝 MAA/AA 并用 Na^+、Ca^{2+} 皂化后和 SBS 接枝 MAA/AA 并用 Na^+、Ca^{2+} 皂化后的 LOI 值。从中可知，金属离子的引入对提高聚合物的 LOI 值极为有利，ABS 接枝 MAA 并用 Ca^{2+} 皂化后的 LOI 值最高可达 34.8，较未处理的 ABS 的 LOI 值高出 16.5 个单位。SBS 接枝 MAA 并用 Ca^{2+} 皂化后的 LOI 值最高为 32.5，高出 15 个单位之多。原因可解释为：接枝聚合物的皂化使接枝层中含有金属离子，在燃烧状态下，金属离子不仅能够促使聚合物接枝层表面成炭（形成炭阻隔层阻止热量进一步向聚合物内部传递），随着燃烧的进行，而且 Na^+ 也能催化聚合物成炭使得聚合物燃烧缓慢，LOI 值提高。

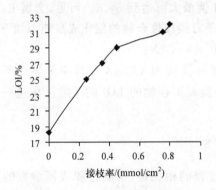

图 6-22　ABS 在 100kGy 辐照接枝 MAA
金属 Na^+ 引入后与极限氧指数的关系

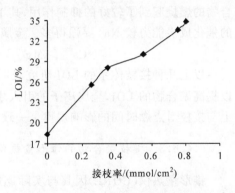

图 6-23　ABS 在 100kGy 辐照接枝 MAA
金属 Ca^{2+} 引入后与极限氧指数的关系

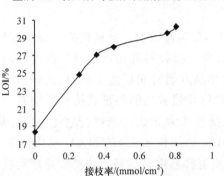

图 6-24　ABS 在 100kGy 辐照接枝 AA
金属 Na^+ 引入后与极限氧指数的关系

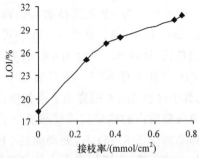

图 6-25　ABS 在 100kGy 辐照接枝 AA
金属 Ca^{2+} 引入后与极限氧指数的关系

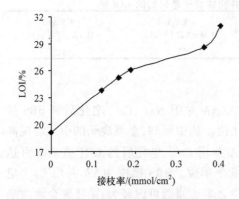

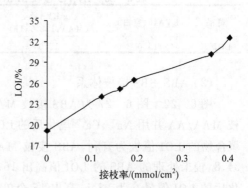

图 6-26　SBS 在 100kGy 辐照接枝 MAA
金属 Na$^+$ 引入后与极限氧指数的关系

图 6-27　SBS 在 100kGy 辐照接枝 MAA
金属 Ca^{2+} 引入后与极限氧指数的关系

Ca^{2+} 的引入,对接枝层及聚合物的催化能力更强,形成炭的量增大,对接枝聚合物的燃烧起到了较好的抑制作用,其 LOI 值最大可达到 34.8。可见,金属 Ca^{2+} 的催化成炭能力较 Na$^+$ 要强得多。金属离子对接枝聚合物的催化成炭能力如下:

$$Ca^{2+} > Mg^{2+} > Cu^{2+}, K^+ > Na^+$$

以上几种接枝体系的 LOI 研究表明,单纯接枝 MAA、AA 等成炭单体还不足以提高聚合物的 LOI,金属离子的引入才是提高聚合物的 LOI 的关键。在这一点上与接枝对点燃时间的影响规律是一致的。

6.4.6.3　接枝聚合物的锥形量热仪研究

锥形量热仪(CONE)因其与实际燃烧过程的相关性、准确性和表征参数的多元性日益成为研究聚合物阻燃性能的重要手段,它可提供点燃时间、热释放及烟释放等多种参数,具体的研究与应用可参考文献[58]。

（1）PE 接枝体系

表 6-31 为 PE 在接枝前后的部分 CONE 实验数据。被接枝的单体有三种:AA、AAm 和 MAA。从表 6-31 中可看出,所有接枝样品的点燃时间都有不同程度的延长,接枝 8.1% 的 MAA、皂化 1h 的样品点燃时间长达 105s,比处理前提高了 24s,增加了近 30%。所有接枝样品的单位质量放出的热量在接枝后均有所降低,其中接枝 MAA 的样品下降幅度最大,接枝率为 2.0%、未进行皂化处理样品,单位质量放出的热量比接枝前减少了 2.6kJ,而接枝 8.1% 的 MAA、皂化样品 1h 的样品减少了 5.1kJ,占处理前的 11%。所有样品接枝后最大热释放速率均有较大幅度的下降,下降幅度最大的是接枝 8.1% MAA 的皂化样品,降低了 300kW/m^2 多,约占处理前的 30%;另外,有效燃烧热、平均热释放速率、比消光面积都有不同程度的降低。

表 6‑31　PE 样品在接枝前后的部分 CONE 实验数据（热辐照功率为 25kW/m²）

样品	TTI/s	THE/kJ	HE(av) /(kJ/g)	HRR(av) /(kW/m²)	HRR(peak) /(kW/m²)	EHC(av) /(MJ/kg)	SEA(av) /(m²/kg)
PE(空白)	81	221.8	44.2	172.8	1 025.2	42.8	480.5
g-PE(AAm,1.0%)(500s/1)[1]	86	216.4	42.1	167.9	821.5	39.1	417.9
g-PE(AA,0.3%)(200s/1)	84	218.1	43.6	169.2	905.4	41.3	469.3
g-PE(AA,1.5%)(500s/1)	85	199.2	42.7	168.5	878.2	39.0	436.8
g-PE(MAA,2.0%)(500s/1)	84	220.9	41.6	162.4	909.9	38.7	445.7
g-PE（MAA,2.7%,1h)[2] (500s/1)	89	216.6	41.2	154.9	873.7	37.8	438.6
g-PE（MAA,6.8%,1h) (500s/2)	101	206.7	39.9	146.6	801.8	37.2	454.9
g-PE（MAA,8.1%,1h) (1000s/1)	105	198.0	39.1	132.4	723.9	35.7	437.2

1) g-PE(AAm,1.0%)(500s/1)表示 PE 辐照时间为 500s,接枝时间 1h,AAm 的接枝率为 1.0%。

2) g-PE(MAA,2.7%,1h):表示接枝 MAA 后的 PE 样品,接枝率为 2.7%,用钠离子皂化时间 1h,下同。

从表 6‑31 还可以发现,接枝 1.0%AAm 的样品同接枝 1.5%AA 的样品相比较,前者的点燃时间较长,热释放速率、比消光面积、平均热释放速率等参数也明显优于后者,说明单体 AAm 可以比 AA 更有效地对 PE 样品进行阻燃。随着 MAA 接枝率的提高,点燃时间显著延长,其他阻燃参数如 HRR、SEA、EHC 等有明显的下降,说明高的接枝率可以赋予 PE 样品更好的阻燃效果;对用 MAA 接枝的样品,皂化后的点燃时间较皂化前有明显的增长,HRR、SEA、EHC 等阻燃参数在皂化后也有下降,如最大热释放速率下降了 30 多个单位,约占皂化前的 3%,证明接枝 MAA 样品的皂化过程是提高 PE 阻燃性能的有效途径。

（2）PP 接枝体系

表 6‑32 列出了 PP 样品在接枝前后的部分 CONE 实验数据,容易看出:接枝样品的点燃时间都有所加长,而平均热释放速率、比消光面积等参数也均有不同程度的下降。

表 6‑32　PP 样品在接枝前后的部分 CONE 实验数据（热辐照功率为 25kW/m²）

样品	TTI/s	THE/kJ	HE(av) /(kJ/g)	HRR(av) /(kW/m²)	HRR(pk) /(kW/m²)	EHC(av) /(MJ/kg)	SEA(av) /(m²/kg)
PP(空白)	68	231.5	41.6	159.6	870.5	41.4	635.7
g-PP(MAA,3.4%)(500s/1)	75	214.6	39.1	138.0	794.9	38.3	578.9

续表

样品	TTI/s	THE/kJ	HE(av) /(kJ/g)	HRR(av) /(kW/m²)	HRR(pk) /(kW/m²)	EHC(av) /(MJ/kg)	SEA(av) /(m²/kg)
g-PP(AA,2.0%)(500s/1)	73	206.8	41.8	151.3	833.8	40.6	600.2
g-PP(AAm,0.5%)(200s/1)	79	216.8	39.8	152.9	819.2	39.4	543.5
g-PP(AAm,0.6%)(200s/1)	79	206.1	39.3	150.1	810.6	39.9	557.8

对比表中接枝 AA 和 AAm 样品的有关数据可发现,接枝 0.5％AAm 的样品同接枝 2.0％AA 的样品比较,前者的点燃时间较长,最大热释放速率、比消光面积、有效燃烧热等参数略低于后者,平均热释放速率二者差不多,说明单体 AAm 的接枝可以比 AA 更有效地对 PP 样品进行阻燃。

(3) EVA 接枝体系

表 6-33 为 EVA18 在接枝前后的部分 CONE 数据。从表 6-33 中可以看出,样品接枝后的点燃时间与接枝前相比较有不同程度的加长,接枝 20％的 MAA、皂化 1h 的样品点燃时间长达 99s,比处理前提高了 20s,增加了近 25％;接枝 25％的 AAm 后,点燃时间增加了 38％;接枝 25％的 AA 后,点燃时间增至 122s。单位质量放出的热量在接枝后有所降低,其中接枝 MAA 后的皂化样品下降幅度最大;样品经处理后最大热释放速率有较大幅度的下降,下降幅度最大的是接枝 25％AAm 的样品;另外,接枝 AA 和 AAm 样品其有效燃烧热、比消光面积都有不同程度的降低,证明单位面积的热生成量及烟的生成速率都有所减小;但接枝 MAA 及其皂化样品的烟生成速率都有所上升。

表 6-33　EVA18 样品在接枝前后的部分 CONE 实验数据(热辐照功率为 25kW/m²)

样品	TTI/s	THE/kJ	HE(av) /(kJ/g)	HRR(av) /(kW/m²)	HRR(pk) /(kW/m²)	EHC(av) /(MJ/kg)	SEA(av) /(m²/kg)
EVA18(空白)	79	211.2	37.1	160.8	866.2	39.2	515.6
g-EVA18(MAA,20%)(500s/1)	101	178.3	35.7	123.7	839.4	31.7	478.8
g-EVA18(AAm,25%)(500s/1)	109	170.2	34.7	120.3	659.1	30.0	494.1
g-EVA18(MAA,12%)(200s/1)	82	202.0	34.2	132.8	686.3	30.6	557.2
g-EVA18(MAA,20%,1h)(500s/1)	99	188.6	33.7	117.2	684.8	27.4	539.7
g-EVA18(AA,25%)(500s/2)	122	185.0	35.6	119.2	844.8	27.7	537.3

表 6-34 为 EVA35 样品在各种处理条件下的部分 CONE 实验数据,得到与 EVA18 样品相同的规律。

由此可见,高能预辐照接枝处理可以使 EVA 样品的点燃时间延长,平均热释放速率、最大热释放速率下降,有效燃烧热、比消光面积降低。说明接枝处理不仅可以使 EVA 材料难以点燃,而且可以降低放热量,减小火焰的传播速度,接枝 AA 和 AAm 的样品还可有效减低烟的生成速率,即高能预辐照接枝处理可有效地赋予 EVA 材料以良好的阻燃性能。

表 6 - 34 EVA35 样品在接枝前后的部分 CONE 实验数据(热辐照功率为 25kW/m²)

样品	TTI/s	THE/kJ	HE(av) /(kJ/g)	HRR(av) /(kW/m²)	HRR(pk) /(kW/m²)	EHC(av) /(MJ/kg)	SEA(av) /(m²/kg)
EVA35(空白)	74	180.5	36.1	155.0	876.7	38.4	538.5
g-EVA35(AAm,6%)(200s/1)	86	187.6	34.7	131.9	933.8	32.9	492.8
g-EVA35(AAm,12%)(200s/2)	89	176.6	33.3	121.9	745.3	30.3	502.4
g-EVA35(MAA,25%)(500s/1)	88	195.3	33.1	138.8	812.6	30.2	524.4
g-EVA35(MAA,26%)(500s/1)	89	199.9	32.3	139.9	824.3	30.0	528.9
g-EVA35(MAA,36%)(1000s/1)	92	193.4	31.7	138.5	788.2	29.7	502.5
g-EVA35(MAA,24%,1h)(500s/1)	98	166.0	32.5	120.7	826.7	28.5	483.7
g-EVA35(AA,30%)(200s/2)	97	182.1	32.5	117.7	772.5	25.6	512.8

另外,锥形量热仪实验还给出了样品燃烧后的质量损失量,对比实验前的初始质量,可以得到样品在燃烧后的残炭量,表 6 - 35 列出了 EVA35 和 EVA45 样品的部分数据。数据表明,EVA 经接枝处理后,燃烧后的残炭量明显增加,其中以皂化后样品的残炭量最高,这说明皂化过程可促进样品在燃烧过程中的成炭,从而有效地阻隔了热量的传播,提高了阻燃效果,从而解释了其他 CONE 实验参数的变化规律;另外,也证明凝缩相阻燃在接枝阻燃过程中起着重要作用。

表 6 - 35 EVA45 样品在接枝前后的部分 CONE 实验数据(热辐照功率为 25kW/m²)

样品	残炭值/%	样品	残炭值/%
EVA45(空白)	3.2	EVA35(空白)	3.8
g-EVA45(AAm,15%)	6.2	EVA35(辐照,500s)	5.6
g-EVA45(AAm,24%)	9.1	g-EVA35(AAm,6%)	3.6
g-EVA45(MAA,24%)	7.4	g-EVA35(MAA,36%)	14.1
g-EVA45(MAA,25%,1h)	13.2	g-EVA45(MAA,25%,1h)	20.3
g-EVA45(AA,15%)	6.1	g-EVA45(AA,30%)	12.3

(4) ABS、SBS 接枝体系

ABS 接枝及皂化体系的锥形量热仪数据如表 6 - 36 所示。从中可以看出,接枝后的 ABS 在 TTI 方面比 ABS 要长,而在 pk-HRR、av-HRR、THR、av-EHC 等方面均比 ABS 的小,表明了接枝确实增加了材料的阻燃性能。而将接枝物进行皂化后,TTI 值显著增大,pk-HRR、av-HRR、THR、av-EHC 等值显著降低,表明接枝物皂化后金属离子对阻燃性能的提高有很明显的效果。

表 6－36　在 25kW／m² 的热辐照条件下 ABS 接枝 MAA、AA 实验数据

样品	TTI	pk-HRR	av-HRR	THR	av-EHC
ABS	52	950	360.42	18.2	82.31
ABS 接枝 MAA	59	421.4	164.28	10.43	45.24
ABS 接枝 AA	57	517.6	192.47	12.58	53.75
ABS 接枝 MAA 并用 Na$^+$ 皂化	72	317.3	132.22	8.22	31.81
ABS 接枝 AA 并用 Na$^+$ 皂化	68	426.72	180.11	10.87	45.20
ABS 接枝 MAA 并用 Ca^{2+} 皂化	78	257.64	108.65	6.38	29.64
ABS 接枝 AA 并用 Ca^{2+} 皂化	78	276.88	115.64	7.11	32.75
ABS 接枝 MAA 并用 Mg^{2+} 皂化	78	289.65	120.44	7.29	37.14
ABS 接枝 AA 并用 Cu^{2+} 皂化	76	386.26	165.38	9.54	41.37

　　ABS 接枝及皂化对烟释放过程及抑烟的影响见表 6－37。实验结果表明,纯 ABS 的烟释放过程主要分为两个阶段。①点燃阶段即无焰燃烧,该阶段的热释放较少;②有焰燃烧阶段,该阶段烟释放较大,接枝聚合物燃烧放出的烟主要是由该阶段产生的,出现一较强的烟释放速率峰。接枝聚合物 ABS-g-MAA 皂化后的烟释放速率和总的烟释放量均有所下降,接枝量的增加,皂化后钠离子的交换量增大,SPR 及 TSP 随之降低。由于钠离子在促进接枝层成炭的情况下促进基体聚合物成炭同时起到了抑烟的效果。二价金属离子引入后,使聚合物在燃烧时的 SPR 及 TSP 均下降,下降的幅度大于经 NaOH 皂化后的聚合物。Cu^{2+} 的抑烟效果大于 Ca^{2+}、Mg^{2+},可能是由于 Cu^{2+} 在材料燃烧时对 ABS 中的苯乙烯的释放量减少导致烟的生成量减少。随着接枝量的增大,皂化及二价金属离子引入对接枝聚合物的抑烟作用增大,由于接枝层单体间的聚合,金属离子抑制了聚合物向苯的方向转化,同时影响聚合物的烟释放。

表 6－37　ABS、ABS-g-MAA 及皂化后的烟释放数据(热辐照功率为 25kW／m²)

样品	接枝量 /(mmol／cm²)	av-SEA /(m²／kg)	SEA(TI) /(m²／kg)	SEA(f) /(m²／kg)	pk-SPR /(m²／s)	TSP /(m²／kg)	RSE/%
ABS	0	985.3	458.5	2 387.6	0.315	774.9	—
ABS 接枝 MAA	0.238	821.4	417.6	1 954.2	0.298	656.3	15.3
	0.328	776.3	385.2	1 825.4	0.282	638.5	17.6

续表

样品	接枝量/(mmol/cm²)	av-SEA/(m²/kg)	SEA(TI)/(m²/kg)	SEA(f)/(m²/kg)	pk-SPR/(m²/s)	TSP/(m²/kg)	RSE/%
ABS 接技 MAA	0.442	702.5	338.7	1 641.8	0.261	611.4	21.1
	0.710	624.5	283.1	1 527.1	0.248	593.6	23.4
	0.734	568.4	261.7	1 325.4	0.233	582.7	24.8
ABS 接枝 MAA 并用 Na⁺皂化	0.245	682.3	281.5	1 417.6	0.271	554.8	28.4
	0.344	618.7	256.2	1 242.1	0.258	530	31.6
	0.465	564.3	221.8	1 114.6	0.242	518.4	33.1
	0.747	504.3	178.4	948.6	0.218	492.8	36.4
	0.772	488.5	162.4	892.6	0.187	486.6	37.2
ABS 接枝 AA 并用 Ca²⁺皂化	0.251	631.7	272.3	1 271.3	0.252	511.4	32.4
	0.352	561.1	231.5	1 025.5	0.231	501.4	35.3
	0.473	498.6	196.4	894.5	0.211	478.9	38.2
	0.762	428.5	142.8	782.4	0.178	447.1	42.3
	0.801	368.7	121.1	772.4	0.171	435.5	43.8

比消光面积(SEA)常用来评价聚合物热裂解挥发物对烟的贡献,数值大表明每千克挥发物的成烟量大。在 ABS 中丁二烯的存在,在燃烧时形成聚丁二烯小分子,在有金属离子的存在下,能有效抑制向苯的方向转化,这样就抑制了烟的生成,使烟的释放量减少。接枝量的增大,对聚合物燃烧 SEA 下降贡献较大,特别是接枝单体皂化后,由于钠离子量的增大,对聚合物抑烟较为明显,钠离子参与了抑烟作用,使得聚合物燃烧时的 SEA 降低。二价金属离子引入后与接枝层,对接枝聚合物的抑烟更为明显。当与 Cu^{2+} 交换的量增大时,对聚合物的 SEA 影响较大,使SEA 下降较大。Ca^{2+}、Mg^{2+} 具有同样的作用,只是抑烟效果也较 Cu^{2+} 的小一些。可见,二价金属离子不仅能够对聚合物起到阻燃作用,同时其抑烟效果也较为明显。

　　SBS 接枝共聚物的烟释放及抑烟数据见表 6-38。可以看出,SBS 接枝 MAA 的抑烟效果优于 SBS 接枝 AA 的,经过皂化反应后此作用更为明显。当聚合物的接枝达到一定量时,皂化及金属离子引入后聚合物的 TSP 及 SPR 较低。接枝量再增加,对烟释放的抑制作用不是很明显,这是由于聚合物的接枝量虽然增大了,但在其表面上含有的金属离子量增加不大,这样对聚合物的抑烟的效果达到了最大。金属离子的取代发生在接枝层表面,接枝聚合物的点燃首先在表面开始,大量金属离子的引入使点燃时在聚合物烟释放的第一阶段烟的释放量较少。随着时间的延长,基体聚合物发生燃烧,金属离子不仅能够促进接枝层成炭,抑制烟的释放,而且对聚合物材料本身也有促进催化成炭和抑烟的作用。

表 6-38　SBS 接枝物及皂化物的烟释放及抑烟数据(热辐照功率为 $25kW/m^2$)

样品	接枝量 /(mmol/cm²)	av-SEA /(m²/kg)	SEA(TI) /(m²/kg)	SEA(f) /(m²/kg)	pk-SPR /(m²/s)	TSP /(m²/kg)	RSE/%
SBS	0	1348.6	596.4	2640.8	0.318	834.2	—
SBS 接枝 MAA	0.221	1211.4	534.8	2421.4	0.302	713.2	14.5
	0.307	1151.8	502.6	2109.3	0.296	702.4	15.8
	0.417	1021.5	457.2	1829.5	0.274	689.1	17.4
	0.695	901.6	362.5	1628.7	0.261	664.9	20.3
	0.710	746.2	347.9	1450.1	0.256	647.3	22.4
SBS 接枝 MAA 并用 Na⁺皂化	0.231	942.3	352.1	1518.7	0.276	604.0	27.6
	0.316	822.7	321.7	1345.9	0.268	586.5	29.7
	0.430	711.3	283.1	1251.4	0.261	569.0	31.8
	0.718	587.4	211.8	1042.1	0.247	540.6	35.2
	0.725	533.4	195.7	1001.4	0.239	533.1	36.1
SBS 接枝 AA 并用 Ca²⁺皂化	0.239	832.1	318.4	1317.2	0.267	575.0	29.8
	0.324	706.5	286.7	1184.6	0.242	551.0	33.9
	0.441	551.7	238.4	1021.3	0.238	535.6	35.8
	0.730	485.7	198.5	889.6	0.217	503.3	39.7
	0.738	449.4	167.9	847.2	0.203	492.2	41.0

　　SBS 接枝 MAA、AA 皂化后,点燃阶段的 $SEA_{(nf)}$ 和有焰燃烧阶段的 $SEA_{(f)}$ 随着金属离子引入而发生变化,不同价态离子对接枝聚合物影响较大。

　　研究指出,Na^+、Ca^{2+}、Mg^{2+}、Cu^{2+} 等金属离子能显著降低点燃阶段的 $SEA_{(nf)}$,且 Cu^{2+} 的效果优于 Mg^{2+}。随着接枝率的增大,金属离子的量也随之增大,$SEA_{(nf)}$ 的降低更为明显。有可能是由于金属离子取代—COOH 中的 H,使其向苯方向转化的机会减少。在燃烧阶段,基体聚合物受热开始大量降解,烟的释放的量增大。经过接枝处理后,表面的成炭量增加,催化基体聚合物的成炭。金属离子在有焰燃烧阶段的抑烟较明显,在表面炭层的作用下,催化基体聚合物的成炭使得挥发物的量减少,也即是金属离子的抑烟作用主要发生在凝缩相中。

6.4.7　接枝聚合物的成炭行为

　　接枝使聚合物的表面结构发生了一些变化,这些变化除了导致聚合物的阻燃性能与未接枝不同外,还会使 TGA 曲线产生一些变化,可以利用接枝前后 TGA 曲线的差别,推断样品在受热时分子结构的稳定性,根据最后的残炭值可以确定接枝基团在成炭过程中的作用。首先应了解接枝单体的成炭情况,表 6-39 为丙烯酰胺单体、丙烯酰胺低聚物、聚丙烯酰胺、聚丙烯酸在 600℃时的残炭值及聚甲基丙烯酸、聚甲基丙烯酸钠的残炭值。

表 6 - 39　AAm 单体和几种聚合物的残炭值

样品	聚甲基丙烯酸	聚甲基丙烯酸钠	丙烯酸低聚物	丙烯酰胺单体	丙烯酰胺低聚物	聚丙烯酰胺
残炭值/%	5.0	13.0	5.4	8.9	10.0	25.0

从表 6 - 39 可知，AAm 单体自身就具有良好的成炭作用，且 AAm 的聚合度越高，最后的残炭值就越大。单体接枝到聚合物上后，大多以低聚物的状态存在，因为某一单体分子接枝到基体聚合物上后，其他未反应的单体分子还可以继续在该分子上接枝，如此便形成以低聚物状态接枝到聚合物上的情况。因此在计算理论残炭值时，以丙烯酸低聚物和丙烯酰胺低聚物的残炭量作为计算时采用的数值比较合理；在计算接枝 MAA 及其皂化样品的理论残炭值时，则采用文献提供的聚甲基丙烯酸和聚甲基丙烯酸钠的残炭值为计算引用值。

若某种聚合物在 TGA 实验中完全挥发，即残炭量为零，如果接枝甲基丙烯酸，且接枝率为 10%，则接枝物占接枝后样品总重量的 10/110＝9.1%，可以预测可得到 5%×9.1%＝0.46% 的残炭量。如果通过实验观察到残炭值大于这个值，就表明基体聚合物参与了成炭过程。同样的道理，如果将甲基丙烯酸接枝在上面之后进行皂化，且皂化后的接枝率为 10%，我们可望得到 13%×9.1%＝1.18% 的残炭量，如果实验得到的残炭值大于该数据，同样表明基体聚合物参与了成炭过程，将通过上述方法计算所得的残炭值称为理论残炭值。

6.4.7.1　PE 接枝体系的成炭行为

按照类似上面的计算方法，可以求出 PE 接枝 MAA、AA 和 AAm 后样品的理论残炭值，列于表 6 - 40 中。从表 6 - 40 中可以看出，较低接枝率的样品接枝层对基体成炭无促进作用，较高接枝率的样品则有明显的促进作用，尤其是接枝物皂化后，接枝物对 PE 的催化成炭作用更强。

表 6 - 40　PE 样品在接枝处理前后理论残炭值和实验残炭值

样品	理论残炭值/%	实验残炭值/%
PE(空白)	0.00	0.00
g-PE(AAm,6%)	0.56	0.00
g-PE(AA,7%)	0.34	0.81
g-PE(MAA,85%)	2.29	5.00
g-PE(MAA,38%,1h)[1]	3.58	8.89
g-PE(MAA,70%,1h)	5.35	17.02

1) g-PE(MAA,38%,1h)表示接枝 MAA、接枝率为 38%、皂化 1h 的样品。

表 6‑41 为 PE 样品在处理前后 TGA 实验部分数据。接枝对 PE 的热降解行为有较大的影响;接枝后样品开始失重的温度提前,出现最后平台的温度拖延了,即失重的温度范围变大了,尤其是接枝 MAA 的样品皂化后初始分解温度大大提前、最后平台温度大大延迟;接枝后样品的最大热失重速率都降低了,尤其是接枝 MAA 的皂化样品下降得更厉害;但是接枝后却对最大失重速率温度没有影响。

表 6‑41　PE 及其接枝体系的 TGA 数据

样品	初始分解温度/℃	最后平台温度/℃	最大失重速率/(%/℃)	最大失重速率温度/℃
PE(空白)	436.56	504.35	3.099	487.04
g‑PE(AAm,6%)	429.14	509.91	3.371	486.84
g‑PE(AA,7%)	429.23	508.56	2.766	485.48
g‑PE(MAA,85%)	393.37	508.76	1.320	484.24
g‑PE(MAA,38%,1h)	429.35	534.64	1.904	487.04
g‑PE(MAA,70%,1h)	392.65	530.29	1.640	487.12

6.4.7.2　PP 接枝体系的成炭行为

表 6‑42 为 PP 样品在处理前后的 TGA 实验部分数据。从表 6‑42 中可以看出,接枝后样品初始分解温度也是普遍提前的,未处理的 PP 空白样品在 410℃左右开始失重,而接枝率较低的样品在 404℃左右开始失重,接枝 46% MAA 样品,初始分解温度为 348℃,提前了 62℃。接枝处理后样品的最大失重速率小于处理前样品的最大失重速率,其中接枝 46% MAA 为皂化的样品对应的最大失重速率是 1.891%/℃,处理前样品的为 2.996%/℃。

表 6‑42　PP 样品的部分 TGA 实验数据

样品	初始分解温度/℃	最后平台温度/℃	最大失重速率/(%/℃)	最大失重速率温度/℃
PP 空白	410.61	489.83	2.996	469.74
g‑PP(AAm,1.5%[1])	404.61	501.24	2.734	469.51
g‑PP(AA,5%)	403.28	498.47	2.494	471.10
g‑PP(MAA,2.7%)	404.82	500.01	2.528	472.60
g‑PP(MAA,46%)	348.48	497.04	1.891	475.41

1) 数值表示接枝率。

PP样品的理论残炭值,连同热重分析实验所得的实验残炭值一起列在表 6‑43中。容易看出,低接枝率的样品,由于还没有形成致密有效的保护层,对基体聚合物的成炭无明显影响;当样品的接枝率较高时,接枝层对基体聚合物的成炭促进作用十分明显。

表 6 - 43　PP 样品在接枝处理前后的理论残炭值和实验残炭值

样品	理论残炭值/%	实验残炭值/%
PP 空白	0.00	0.00
g-PP(AAm,1.5%[1])	0.15	0.00
g-PP(AA,5%)	0.26	1.29
g-PP(MAA,2.7%)	0.13	0.00
g-PE(MAA,38%,1h)	3.58	8.89
g-PP(MAA,46%)	4.09	8.07

1) 数值表示接枝率。

6.4.7.3　ABS、SBS 接枝体系的成炭行为

表 6 - 44 为 ABS 等聚合物的 TGA 数据。辐照后的 ABS 开始分解温度提前,最大失重温度较高。从中可以看出,ABS 辐照后的初始分解温度几乎没有变化,但最大热失重速率峰值温度却提高了近 10℃,表明辐照能提高 ABS 的高温下的热稳定性,这对 ABS 的阻燃是有利的。表 6 - 45 和表 6 - 46 列出了 ABS 接枝 MAA 及 Na$^+$/Ca^{2+}皂化后的 TGA 数据。从表 6 - 44 中可得出如下结论。

表 6 - 44　ABS 及辐照后的 TGA 数据

聚合物体系	初始分解温度/℃	最大失重速率峰值温度/℃
ABS(未辐照)	377	419
ABS(辐照后)	376	429

表 6 - 45　ABS 接枝 MAA 及 Na$^+$皂化后的 TGA 实验数据

接枝率/(mmol/cm^2)	初始分解温度/℃	失重速率/(%/min)	最大失重温度/℃	失重速率/(%/min)	平台温度/℃	成炭量/%
0.242	372.1	0.02	412.8	2.19	482.3	5.24
0.353	370.6	0.02	415.4	2.12	483.1	6.87
0.476	365.1	0.16	445.3	1.98	478.5	9.98
0.759	362.0	0.21	448.5	1.72	481.7	12.65
0.782	361.5	0.33	452.6	1.36	488.6	15.24

表 6 - 46　　ABS 接枝 MAA 及 Ca$^+$ 皂化后的 TGA 实验数据

接枝率 /(mmol/cm^2)	初始分解 温度/℃	失重速率 /(%/min)	最大失重 温度/℃	失重速率 /(%/min)	平台温度/℃	成炭量/%
0.249	370.3	0.05	413.8	2.10	482.7	6.05
0.371	368.9	0.11	414.9	2.01	484.1	7.12
0.486	366.4	0.13	449.5	1.78	483.6	10.69
0.764	363.2	0.12	450.3	1.45	482.3	14.38
0.791	355.8	0.17	455.2	1.21	487.6	16.45

1) ABS 接枝并经皂化后,开始失重在 361℃ 左右,这可能是由于接枝层(聚甲基丙烯酸钠盐)侧链羧酸钠盐脱落引起的,在 452℃ 失重速率达到最大,这主要是由于聚合物底材及接枝层主链断裂引起的。随着接枝量的增大,开始失重温度提前,最大失重温度滞后,且失重速率降低。随着接枝量的增大,滞后越严重。二价金属离子的引入对聚合物的降解影响较大,起始温度提前,最大失重温度拖后。

2) 随着接枝量的提高,TGA 分析得到的成炭量明显增大。未处理的 ABS 没有炭的产生,经接枝处理后的最大成炭量仅为 3.12%,而经 NaOH 皂化后的最大成炭量为 15.24%,特别是二价金属离子的引入成炭增多,如 Ca^{2+} 引入后成炭量为 16.45%。

表 6 - 47、表 6 - 48 列出了 ABS 接枝 AA 及 Na$^+$ 皂化后和 ABS 接枝 AA 及 Ca^{2+} 皂化后的 TGA 的实验数据。接枝 AA 的 ABS 皂化后的热降解行为较未处理发生了变化。首先 ABS-g-AA-Na$^+$ 的热降解起始温度提前,较接枝 MAA 的温度高。最大热失重温度 458.6℃。由于接枝层的脱落及 ABS 主链的断裂导致此时的热失重最大,接枝样品的主链断裂最大热失重的推延,证明接枝层在受热过程中形成的炭层及金属离子的催化 ABS 的成炭能有效地阻隔热量的传递,证实接枝改性聚合物的方法达到聚合物阻燃的阻燃机理为凝缩相阻燃机理。

Na$^+$、Ca^{2+} 的引入 TGA 分析得到的成炭量明显增大,金属离子在促使接枝层成炭的同时催化了 ABS 的成炭。经 NaOH 皂化后的最大成炭量为 12.35%,特别是二价金属离子的引入成炭增多。

表 6 - 47　　ABS 接枝 AA 及 Na$^+$ 皂化后的 TGA 实验数据

接枝率 /(mmol/cm^2)	初始分解 温度/℃	失重速率 /(%/min)	最大失重 温度/℃	失重速率 /(%/min)	平台温度/℃	成炭量/%
0.245	381.6	0.02	415.6	2.36	477.6	4.86
0.348	378.5	0.05	419.7	2.22	478.3	5.31
0.465	371.3	0.09	452.4	2.01	480.3	7.68
0.738	365.8	0.16	453.6	1.81	482.9	10.62
0.759	363.5	0.22	458.1	1.41	485.6	12.35

表 6-48　ABS 接枝 AA 及 Ca²⁺ 皂化后的 TGA 实验数据

接枝率 /(mmol/cm²)	初始分解 温度/℃	失重速率 /(%/min)	最大失重 温度/℃	失重速率 /(%/min)	平台温度/℃	成炭量/%
0.247	375.6	0.07	415.3	2.28	480.1	5.27
0.365	374.1	0.12	416.2	2.04	481.2	6.85
0.473	371.3	0.18	451.2	1.86	483.6	9.25
0.756	368.7	0.20	452.3	1.58	481.8	13.86
0.782	362.3	0.22	461.2	1.41	486.4	14.57

表 6-49～表 6-52 为 SBS 接枝 MAA 及 Na⁺、Ca²⁺ 皂化后和 SBS 接枝 AA 及 Na⁺、Ca²⁺ 皂化后的 TGA 实验数据。从中可以看出，金属离子的引入对接枝聚合物的成炭起着至关重要的作用。

表 6-49　SBS 接枝 MAA 及 Na⁺ 皂化后的 TGA 实验数据

接枝率 /(mmol/cm²)	初始分解 温度/℃	失重速率 /(%/min)	最大失重 温度/℃	失重速率 /(%/min)	平台温度/℃	成炭量/%
0.215	386.6	0.05	447.1	2.62	487.5	4.38
0.312	382.5	0.09	449.5	2.47	488.3	4.51
0.386	378.4	0.12	451.7	2.30	489.1	5.68
0.658	372.8	0.20	452.9	2.06	490.2	7.89
0.701	370.5	0.26	457.1	1.97	491.4	10.61

表 6-50　SBS 接枝 MAA 及 Ca²⁺ 皂化后的 TGA 实验数据

接枝率 /(mmol/cm²)	初始分解 温度/℃	失重速率 /(%/min)	最大失重 温度/℃	失重速率 /(%/min)	平台温度/℃	成炭量/%
0.238	383.4	0.07	449.8	2.51	488.1	4.58
0.342	381.2	0.11	451.2	2.36	489.8	4.66
0.411	374.5	0.17	453.6	2.11	491.3	5.81
0.674	368.1	0.21	454.8	1.89	492.8	8.25
0.726	366.4	0.29	459.6	1.16	493.5	11.31

表 6-51　SBS 接枝 AA 及 Na⁺ 皂化后的 TGA 实验数据

接枝率 /(mmol/cm²)	初始分解 温度/℃	失重速率 /(%/min)	最大失重 温度/℃	失重速率 /(%/min)	平台温度/℃	成炭量/%
0.201	383.8	0.04	446.2	2.53	487.4	4.21
0.286	380.4	0.08	449.3	2.42	488.3	4.26
0.312	375.1	0.09	450.2	2.36	489.9	5.31
0.586	370.2	0.18	452.2	2.28	490.6	6.89
0.667	368.4	0.22	458.7	2.16	491.8	9.68

表 6-52　SBS 接枝 AA 及 Ca²⁺ 皂化后的 TGA 实验数据

接枝率 /(mmol/cm²)	初始分解 温度/℃	失重速率 /(%/min)	最大失重 温度/℃	失重速率 /(%/min)	平台温度/℃	成炭量/%
0.259	382.2	0.05	448.2	2.39	488.6	4.38
0.321	377.2	0.09	452.3	2.17	489.8	4.58
0.386	372.4	0.11	455.2	2.05	490.3	5.68
0.622	366.2	0.19	457.2	1.95	491.2	7.22
0.696	365.2	0.26	459.1	1.80	492.5	10.68

研究指出,Ca^{2+} 对聚合物的成炭的贡献要大于 Na^+ 对接枝聚合物成炭的贡献。金属离子对共聚物 ABS、SBS 接枝聚合物催化成炭能力如下：

$$K^+ > Na^+, Ca^{2+} > Mg^{2+} > Cu^{2+}$$

6.5　展　　望

与传统的阻燃方法相比较,高能电子束辐照接枝阻燃技术具有如下优点：

1) 高能电子束辐照接枝处理可以使反应主要在聚合物的表面进行,对聚合物原有的物理机械性能影响不大。避免了传统的填加型阻燃剂对聚合物体相性质的损伤。

2) 接枝少量的单体就能明显提高聚合物的阻燃性能,克服了无机阻燃剂和膨胀阻燃剂用量较多的缺点。

3) 由于接枝单体不含卤素,接枝层是单体分子或其低聚物或皂化后的盐,因而具有无毒、低烟的特点。

4) 高能电子束辐照接枝阻燃技术适用性强,可用于绝大多数聚合物的阻燃。传统的阻燃剂对聚合物具有一定的选择性,高能电子束辐照接枝原则上可以使单体接到任一聚合物上,具有广泛的适用性,因而高能电子束辐照接枝阻燃技术具有重要的实用价值。

但是电子束辐照接枝改善聚合物阻燃性能的同时,聚合物将不可避免地发生交联和降解,而过度的交联和降解将会给聚合物的一些性能带来负面影响,甚至影响材料的最终使用,因此在聚合物获得较高接枝率的情况下,使聚合物进行适度交联和降解就尤为重要,也是电子束辐照接枝阻燃技术所要解决的重要课题,也是以后的研究方向。

大量的事实及研究结果表明,电子束辐照接枝阻燃改性是一个值得研究和进一步开发的新课题,同时也为高能辐射技术开辟了新的研究领域。虽然电子束辐照阻燃改性技术用于工业化生产的实例不多(难燃发泡体已成功地实现工业化[13]),但相信不久的将来,随着科学和技术的进步,该技术将会获得更为广泛的工业应用。

参 考 文 献

[1] Zhang S,Horrocks A R. Progress in Polymer Science. 2003, 28：1517~1538

[2] Kabanov V Y, Aliev R E,Kudryavtsev V N. Radiation Physics and Chemistry.1991,37(2)：175~192

[3] Chapiro A.Industrial Plastics of Modern. 1957, 9：34

[4] Miles T D,Delasanta A C. Textile Research Journal. 1969, 39(4)：357~362

[5] Duffy J J,Golborn P. Ger. Offen. 2215434(Oct.12,1972)

[6] Loeffler W,Rieber M. Ger. Offen. 2006899(Sept.2,1971)

[7] Adler A,Brenner W. Nature Lond. 1970,225；60

[8] Tripp E P,Nablo S V. Electron-cured flame retardant cotton, presented at the 45th Annual Research and Technology Conference of the Textile Research Institute held at the Commodor Hotel, New York City, 20 March 1975

[9] Stannett V, Walsh W K, Bittencourt E et al. Chemical modification of fibers and fabrics with high energy radiation, presented at the Israel International Conference of Fiber Science, Rehovat, Israel, May 1976

[10] Liepins R, Jarvis C, Amujiogu S et al. Radiation fixation of flame retardants on polyester/cotton blend fabrics. The Association For Finishing Processes of Society of Manufacturing Engineers. Technical Paper, FC 76-522(1976)

[11] Kanako K J, Ohkura H, Okada T. Journal of Socitey Fiber Technology. 1979, 34：t-80

[12] Needles H L. Textile Research Journal. 1978, 48(9)：506~511

[13] Kanako K J, Yoshizawa I, Kohara C J et al. Journal of Applied Polymer Science. 1994, 51：841~853

[14] Yoshizawa I, Kohara C J, Kanako K J et al. Journal of Applied Polymer Science. 1995, 55：1643~1649

[15] Wang J, Zhang S, Xie L et al. Journal of Fire Sciences. 1997, 15：68~87

[16] 张胜,王建祺,丁养兵等. 科学通报. 1999,44：1503~1507

[17] Zhang S, Wang J Q, Xie L Q. Chinese Science Bulletin. 1997, 42：1549~1554

[18] 张胜,王建祺,丁养兵等. 高分子材料科学与工程. 2000,16：99~101

[19] Wang J Q, Wu S L. Journal of Fire Sciences. 2001, 19：157~172

[20] 幕内惠三. 聚合物辐射加工. 徐俊,孟永红译.北京：科学出版社. 2003

[21] 王德中. 功能高分子材料. 北京：中国物质出版社.1998

[22] Akovail G, Takrourl F. Journal of Applied Polymer Science. 1991, 42：2717~2725

[23] 孙载坚,周普,刘启澄. 接枝共聚合. 北京：化学工业出版社. 1992

[24] 哈鸿飞,吴季兰. 高分子辐射化学—原理与应用. 北京：北京大学出版社. 2002

[25] 张曼维. 辐射化学入门. 合肥：中国科学技术大学出版社. 1993

[26] Mehnert R. Nuclear Instruments and Methods in Physics Reseach B. 1995, 105：348~358

[27] Clel M R. High power electron accelerators for industrial radiation processing. New York：Hanser Publisher. 1992：23

[28] 崔山,杨军涛.同位素. 1995,8：117~123

[29] Yamakita H, Hayakawa K. Journal of Polymer Science：Polymer Chemistry Edition. 1978, 14：1175~1182

[30] Feng Y X, Ma Z T. Crosslinking of wire and cable insulation using electron acceleralors, Chapter 4, in

　　　　　Radiation Processing of Polymers. Edited by Singn A and Silverman J. Hanser, Public Shers. 1992;21~89

[31] Ota S. Radiation Physics and Chemistry. 1981,18;81

[32] Cal O S, Markovic U M, Novakovic L R. Radiation Physics and Chemistry. 1985,26;325

[33] Darwis D, Mitomo H. Journal of Applied Polymer Science. 1998,68;581

[34] Gheysari D, Behjat A. European Polymer Journal. 2002,38;1087~1093

[35] Gehring J, Zyball A. Radiation Physics and Chemistry. 1995, 46;931

[36] Veno K J. Radiation Physics and Chemistry. 1990,35;126~131

[37] 黄年华. 电子束辐照在低烟无卤聚烯烃电缆料中的应用研究:[博士后出站报告]. 北京:北京理工大学,2005

[38] 吴绍利. 电子束辐照共聚物(ABS、SBS)接枝阻燃新途径的探索与研究:[博士论文]. 北京:北京理工大学,1999

[39] 张胜. 高能量电子束辐照接枝阻燃改性高聚物的研究:[博士论文]. 北京:北京理工大学,1996

[40] 徐桂琴. 中国塑料. 2002,16(7);40~42

[41] Stuart E. Fire and Materials. 1998, 22; 19~23

[42] Balabanovich A I, Levchik G F, Levchik S V et al. Polymer Degradation and Stability. 1999, 64; 191~195

[43] Eloton E. Fire and Materials. 1998, 22; 19~23

[44] Walsh W K, Bittencourt E, Miles L B et al. Journal of Macromolecular Science; Chemistry. 1976, A10(4); 695~707

[45] Shiraishi N, Williams J L, Stannett V. Radiation Physics and Chemistry. 1982, 19; 73~78

[46] Shiraishi N, Williams J L, Stannett V. Radiation Physics and Chemistry. 1982, 19; 79~83

[47] McNeill I C, Zulfiqar M. Journal of Polymer Science; Polymer Chemistry Edition. 1978, 16; 2465~2478

[48] McNeill I C, Zulfiqar M. Journal of Polymer Science; Polymer Chemistry Edition. 1978, 16; 3201~3212

[49] Wilkie C A, Suzuki M, Dong X X, et al. Polymer Degradation and Stability. 1996, 54; 117~124

[50] Suzuki M, Wilkie C A. Polymer Degradation and Stability. 1995, 47; 223~228

[51] Deacon C, Wilkie C A. European Polymer Journal. 1996, 32; 451~455

[52] Wilkie C A, Dong X, Geuskens G. European Polymer Journal. 1995, 31; 1165~1168

[53] Zhao W, Krausch G, Rafailovich M H et al. Macromolecules. 1994,27;2933~2935

[54] Tsukruk V V, Reneker D H. Polymer. 1995,36;1791~1808

[55] Koutsos V, Von E w, Pelletier E et al. Macromolecules. 1997, 30;4719~4726

[56] Zhao B, Neoh K g, Liu F T et al. Langmuir. 1999, 15;3197~3201

[57] Uchida E, Iwata H, Ikada Y. Polymer. 2000, 41;3608~3614

[58] 李斌,王建祺. 高分子材料科学与工程. 1998,14(5);15~19

第 7 章　聚合物阻燃材料的计算机辅助设计和研究

　　大多数有机聚合物容易燃烧的缺点大大限制了聚合物材料在实际中的应用。随着聚合物材料的应用领域不断扩大和世界对环保问题的日益重视,无卤、低烟、无毒的阻燃聚合物材料应运而生,成为当代聚合物阻燃研究的前沿课题和发展方向。与有卤阻燃材料相比,开发无卤阻燃材料最大的困难在于阻燃体系组分多、填料添加量大、组分之间相互作用复杂、体系相容性差、加工困难[1],加之性能指标要求多,因此聚合物无卤阻燃材料已成为聚合物阻燃材料配方设计和研究中的难点和前沿课题。

　　无卤聚合物阻燃材料配方大都要求同时具备多种性能指标:良好的阻燃性能、优异的机械性能、易于加工、适应工业化生产。由于聚合物种类、加工方法、应用场合等的不同,必须对聚合物阻燃配方合理地进行优化设计[2],综合平衡各组分(基础树脂、多种添加剂)的多方面的性能,以取得最佳的优化效果,进而为研究诸多成分之间的互相作用(如协同作用),提供重要的依据[3,4]。

　　传统的聚合物阻燃材料配方设计和研究方法主要是全面试验法和正交试验法,数据处理主要采用回归分析方法。这种方法需要大量的重复实验工作,耗费巨大的人力、物力。面对聚合物阻燃材料无卤、低烟、无毒的发展趋势,传统的配方设计和研究方法已经无法适应。目前的聚合物阻燃领域迫切需要一套能够帮助科学家和工程技术人员进行阻燃研究和材料设计开发的计算机软件。

　　本章主要介绍本实验室应用基于人工神经网络的技术和面向对象的程序设计技术自主开发的聚合阻燃材料设计专家系统 FRES 2.0(flame retardant expert system 2.0)的主要原理、功能和使用,以及该软件在阻燃研究中的应用实例。

7.1　专家系统 FRES 2.0 的结构和功能

7.1.1　FRES 2.0 的设计原理

　　如图 7-1 所示,专家系统 FRES 2.0 主要由以下七个模块组成:均匀实验设计、人工神经网络知识获取、聚合物阻燃材料配方优化、配方性能预测、配方组成对性能的影响关系研究、聚合物阻燃配方知识库和附件部分,其中聚合物阻燃材料配方以特定的文件格式存储在配方知识库中。已完成的专家系统软件具有以下六项功能:①均匀实验设计;②人工神经网络知识获取;③配方性能预测;④配方多指标优化;⑤配方组成与性能关系研究;⑥聚合物阻燃实验数据处理工具。

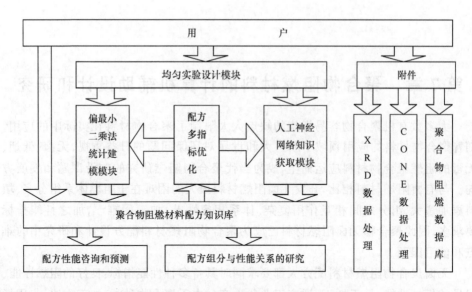

图 7-1　专家系统 FRES 2.0 的结构与功能

　　知识获取模块是整个专家系统的核心部分,主要由偏最小二乘法建模和人工神经网络知识获取两个部分组成。人工神经网络知识获取以 BP 算法为基础用面向对象的方法设计和实现。均匀实验设计模块为知识获取提供科学的实验设计方案,保证选取的样本尽量全面地反映所研究的聚合物阻燃材料配方体系的真实规律。配方多指标优化、配方性能预测和配方组成对性能的影响关系研究三个模块都以保存在配方知识库中的配方模型为基础来工作。附件为用户提供了聚合物阻燃配方设计和研究的一些实用工具,使用户不必离开 FRES 2.0 的软件环境就能得到相关的信息和数据。以上几个模块既互相支持又相对独立,用户可以根据配方设计需要直接访问实验设计模块、配方知识库或附件。

7.1.2　基于 BP 人工神经网络的知识表示、获取和推理

　　7.1.2.1　BP 人工神经网络理论概述

　　人工神经网络是从 20 世纪 50 年代末、60 年代初发展起来的,其代表性工作是 Rosenblatt 的感知器(perceptron)[5]和 Widrow 的自适应线性元(adalini)[6],至今已有 40 余年历史。特别是 80 年代以来,以 Hopfield 等[7,8]的联想记忆网络模型、Rumelhart 等[9]的多层前向网络误差反传算法(back-propagation,BP 算法)为代表的一批优秀工作的出现,掀起了人工神经网络研究的热潮。

　　人工神经网络的基本思路是基于人脑细胞(生物神经元,neuron)的工作原理来模拟人类思维方式,以建立模型来分类与预测的。图 7-2 是一个人脑神经元的示意图,神经元通过神经纤维(nerve fiber)或轴突(dendrite)与别的神经元相联系,用以接受来自别的神经元的信息,并将处理后的信息继续传送给下一个神经元。一个典型的人脑神经元与 $10^3 \sim 10^5$ 个其他神经元相连,据文献[10]估计,人类大脑大约包含有 $10^{10} \sim 10^{11}$ 个神经元,所以人脑是一个相当复杂的系统。实际上,人工神经网络方法只是简单地借用人脑神经元的结构和工作方式来设计一个数学抽象意义上的人工神经元(artificial neuron,如图 7－3 所示)。它也可以像人脑神经元一样通过网络与别的神经元相连,只是输入和输出的不再是生物神经信号,而是数值。人工神经元内部没有复杂的细胞运动和生物电流,而只有一个非线性的Sigmoid 数学处理函数,常用的 Sigmoid 函数如图 7－4 所示。

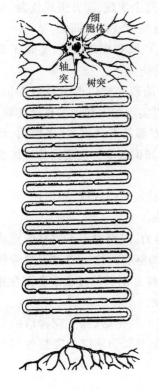

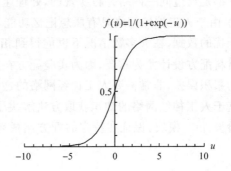

图 7－3　典型的人工神经元示意图

图 7－2　生物神经元示意图[10]　　　　图 7－4　常用的人工神经元非线性处理函数

　　1985 年,Rumelhart 等[9]提出了反向传播算法(back-propagation algorithm),这是一种多层前馈网络(multiple layer feedforward network)所使用的有监督学习(supervised learning)算法,该算法实现了 Minsky[11]的多层网络的设想。此后 BP算法便和人工神经网络紧密地联系在一起,文献中常常把使用 BP 算法的多层前馈人工神经网络称为 BP 网络,它已经成为迄今为止应用最多也最成功的人工神经网络之一。

1989年，Robert Hecht-Nielson[12]首次从数学上证明了，任何一个闭区间上的连续函数都可以用一个三层前向误差反传网络（BP网络）来逼近。人工神经网络这种很强的非线性映照能力因而受到化学家们的普遍关注，许多诸如分类、变换、非线性拟合、人工智能决策等问题都开始使用人工神经网络技术来处理。J. Zupan和J. Gasteiger[13]综述了人工神经网络技术用于化学化工中的大量实例，包括分析化学、有机化学、药物化学、生物化学和石油化工生产中的应用。在这些应用中，人工神经网络技术具有某些传统的数学建模方法所无法比拟的优点。应用人工神经网络方法来建立数学模型并不需要预先知道太多的背景知识，尤其适用于聚合物阻燃材料配方研究中所遇到的大量机理尚未完全清楚、配方组成复杂、影响因素众多、传统数学建模方法很难准确化和很难提取专家规则的问题。

FRES 2.0引进了基于人工神经网络的知识表示、获取和推理方法，实现了聚合物阻燃配方知识的自动获取、推理和预测。其主要优点如下：

1) 不必由知识工程师整理、总结和消化纷繁复杂的聚合物阻燃领域的知识，只需用聚合物阻燃配方的实例来训练神经网络，就可以实现配方知识的自动获取。

2) 由于实际应用中的大部分聚合物阻燃材料配方都具有多输入、多输出、严重非线性的特点。所以采用基于人工神经网络的配方知识获取方法要比传统的偏最小二乘法更准确更有效。

3) 处理速度快。人工神经网络专家系统的知识表示、知识获取、知识库、并行推理等都是通过同一网络并行实现的，处理速度相当快。

4) 由于人工神经网络具有联想记忆功能和泛化能力，因而对于不完全信息或噪声干扰的数据，在大多数情况下也能得到相当准确的解答。这一点对于聚合物阻燃材料配方设计尤为重要，因为实验配方在加工、制样和测试的过程中会存在相当大的累积误差，非常需要人工神经网络的这种容错性。

基于人工神经网络的知识获取方法解决了知识获取的困难，加上完善后的均匀实验设计[14]模块，保证在特定的配方组成范围内，配方知识获取的完整性和可靠性。

7.1.2.2　基于BP人工神经网络的知识表示和获取

FRES 2.0采用Rumelhart[9]提出的三层BP网络模型作为专家系统知识表示和获取的基础，学习算法采用改进的BP算法。如图7-5所示，一般以配方组成和配方加工工艺条件作为BP网络的输入，所研究的性能指标作为BP网络的输出。输入层（input layer）和隐层（hidden layer）还各有一个偏置神经元（bias neuron），三层神经元（neuron）之间都是由连接权值（weights）互相连接。

隐层神经元的数目取决于具体的配方，一般参照以下三个经验公式来选取隐层神经元的个数：

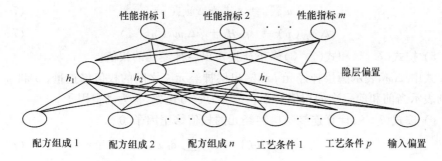

图 7-5　典型的配方模型 BP 网络结构示意图

$$k < \sum_{i=0}^{n} C(^{n_1}_{i}) \tag{7-1}$$

式中：k 为样本数；n_1 为隐层神经元个数；n 为输入神经元个数。

$$\text{若 } i > n_1, \qquad C(^{n_1}_{i}) = 0 \quad n_1 = \sqrt{n+m+a} \tag{7-2}$$

式中：m 为输出神经元个数；n 为输入神经元个数；a 为介于 1 和 10 之间的常数。

$$n_1 = \log_2 n \tag{7-3}$$

式中：n_1 为隐层神经元个数；n 为输入神经元个数。

应用 BP 算法对配方模型 BP 网络进行训练时，输入信息首先向前传播到隐层神经元，经过隐层神经元非线性处理函数作用后，成为隐层神经元的输出信息；这些信息再向前传播到输出层神经元，经过输出层神经元非线性处理函数计算后得到输出结果。BP 算法的学习由正向传播和反向传播两个过程组成。在正向传播中，输入信息从输入层经隐层神经元逐层处理，并传向输出层，每一层神经元的状态只能影响下一层神经元的状态。如果在输出层不能得到期望的输出，则转入误差反向传播过程，将误差信号沿原来的连接通路返回，并通过修改各层神经元之间的连接权值，使得误差信号满足给定的要求。改进的 BP 算法概述如下：

1）将经过标准化和归一化处理的输入数据 x_i 赋给输入神经元。

$$y_i = \sum w_{ij} x_i + \theta \tag{7-4}$$

$$H_j = 1/[1 + \exp(-\alpha y_j)] \tag{7-5}$$

式中：w_{ij} 是神经元 i 和 j 之间的连接权值；θ 是神经元 j 的偏置值或阈值（非零值），H_j 是神经元 j 的输出值，α 决定神经元非线性处理函数的非线性程度。

2）按式(7-4)和式(7-5)计算隐层神经元的输出。

3）按式(7-4)和式(7-5)计算输出层神经元的输出 o_k。

4）按式(7-6)，根据输出层神经元的输出值 o_k 和目标输出 t_k 的误差计算连接输出层神经元的权值修正因子 δ_k

$$\delta_k = (t_k - o_k) o_k (1 - o_k) \tag{7-6}$$

$$w_{jk}^{\text{new}} = w_{jk}^{\text{old}} + \Delta w_{jk}(p) \tag{7-7}$$

$$\Delta w_{jk}(p) = \eta \delta_k H_j + \mu \Delta w_{jk}(p-1) \tag{7-8}$$

5) 按式(7-7)和式(7-8)修正连接输出层神经元的权值。

式中 Δw_{jk} 表示隐层神经元 j 和输出层神经元 k 之间的权值修正量，p 和 $p-1$ 分别表示当前和前一次的权值修正量。η 为学习速率，μ 为动量因子。

6) 按式(7-9)计算连接隐层神经元的权值修正因子 δ_j。

$$\delta_j = H_j(1 - H_j) \sum \delta_k w_{jk} \tag{7-9}$$

$$w_{ij}^{\text{new}} = w_{ij}^{\text{old}} + \Delta w_{ij}(p) \tag{7-10}$$

$$\Delta w_{ij}(p) = \eta \delta_j H_i + \mu \Delta w_{ij}(p-1) \tag{7-11}$$

7) 按式(7-10)和式(7-11)修正连接隐层神经元的权值。

8) 返回第1)步，输入下一个学习样本数据，重复1)～8)。重复以上过程直至输出值和目标值的误差满足预先设定的误差标准。

在 FRES 2.0 中 BP 网络主要用于配方模型的自动知识获取和推理，因此对配方模型拟和的质量将用相关系数(correlation coefficient, r)和均方根误差(root mean square, RMS)两个统计变量来描述和评价，其计算方法分别见式(7-12)和式(7-13)。

$$r = \sqrt{1 - \sum (t_k - o_k)^2 \Big/ \sum (t_k - t_{\text{mean}})^2} \tag{7-12}$$

$$RMS = \sqrt{\sum (t_k - o_k)^2 \Big/ n} \tag{7-13}$$

式中：t_{mean} 表示目标值的平均值。

为了消除系统误差，加速 BP 网络训练，输入数据采用标准化和归一化处理；输出数据归一化到 0.05～0.95 之间。处理公式分别见式(7-14)和式(7-15)。

$$X'_i = (X_i - \overline{X_i}) \Big/ \sigma \tag{7-14}$$

式中：$\overline{X_i} = \dfrac{1}{p} \sum\limits_{i=1}^{p} X_i$，$\sigma = \sqrt{\dfrac{\sum\limits_{i=1}^{p} \left(X_i - \overline{X_i}\right)^2}{p}}$，$X_i$ 为原始输入数据，p 为输入样本个数。

$$Y'_i = 0.05 + 0.90 \times \frac{Y_i - Y_{\min}}{Y_{\max} - Y_{\min}} \tag{7-15}$$

式中：Y_i 为原始输出数据；$Y_{\min}$、$Y_{\max}$ 分别为输出数据中的最小值和最大值。

训练完成的 BP 人工神经网络配方模型的连接权值矩阵文件将以后缀为 wgt 的文本文件形式保存下来，所有与该 BP 人工神经网络配方模型有关的网络拓扑结构、训练设置参数以及训练数据文件索引和权值文件索引都被后缀为 net 的配方知识库文件保存在配方知识库中,以便继续训练或被用户和软件中的其他模块调用。因此 FRES 2.0 中的配方模型知识库主要是由配方模型文件 * .net 组成的。有关基于 BP 网络的配方知识表示和获取方法的面向对象的程序实现请参见 7.2 节。

7.1.2.3　基于 BP 人工神经网络的知识推理

知识推理是 FRES 2.0 中配方模型知识利用的基础,它是实现配方优化、性能预测、图形化显示和组分作用分析的主要手段。传统的知识推理一般分为正向推理(数据驱动策略)、反向推理(目标驱动策略)和双向推理(混合控制策略)。但是传统的推理方法由于"组合爆炸"和"推理复杂性",使得其速度很慢。FRES 2.0 中基于 BP 人工神经网络的知识推理类似于传统的正向推理,不同的是它是一种并行推理,速度远远超过传统的正向推理方法。具体步骤如下:

第一步,将原始配方组成和工艺条件数据经输入转换后提交给输入层各神经元。

第二步,按式(7-4)和式(7-5)计算隐层神经元的输出。

第三步,按式(7-4)和式(7-5)计算输出层神经元的输出 o_k。

第四步,计算得到的输出向量 o_k 经输出转换器转换为配方的性能指标。

FRES 2.0 的这种推理策略具有如下特征:

1) 同一层神经元的推理是完全并行的,只是各层间信息传递是串行的,由于一层中的神经元数目通常都会比网络层数多得多,因此它是一种并行推理。

2) 在传统推理方法中,如果多条规则的前提均与某一事实相匹配,就会出现推理冲突,从而使推理速度大为降低。人工神经网络所固有的容错性允许冗余信息的存在,使得上述推理过程不会存在冲突问题。

3) 上述推理过程无需进行数据操作,推理过程只与网络自身参数有关,其参数又可通过学习算法进行自适应训练,因此它同时又是一种自适应推理。

7.1.3　均匀实验设计

传统的聚合物阻燃配方实验设计和研究方法主要是全面试验法和正交试验法,数据处理主要采用回归分析方法。这种方法需要大量的实验工作,耗费大量的人力、物力。由于全面实验设计方案中有大量的信息是重复和冗余的,实验次数经常达到令人无法承受的地步,因此它在目前的实际配方设计中极少采用。FRES 2.0 采用均匀实验设计方法。

正交实验设计是由全面试验中挑出一部分试验点作为代表来进行试验,利用正交表的均衡分散性和整齐可比性,以较少的试验获取能基本上反映全面情况的试验结果,并能考察各因素之间的交互效果,估计实验误差。但当要考察的因子和水平数很多,尤其是水平数多且交互效应也很多时,用正交表安排试验仍然比较麻烦,计算工作量大,有时并不很方便。若不考虑整齐可比性,而让试验点在试验范围内充分均衡分散,则可从全面试验中挑选出更少的试验点作为代表进行试验,而仍能得到反映体系主要特征的试验结果。从这种均匀性出发的试验方法就是均匀设计。

均匀设计利用 U 表来安排试验,$U_n(t^q)$ 表的意义与正交表类似,U 表示均匀设计表,n 为均匀实验次数,q 为因子数,t 为水平数。如 $U_6(6^6)$ 表示 6 因素 6 水平的均匀实验设计,共需要 6 次实验。一般给出实验次数为奇数的均匀实验设计表,当实验次数为偶数时,用比它大 1 的奇数表划去最后一行即得。如 $U_6(6^6)$ 表就是将 $U_7(7^6)$ 表划去最后一行得到的。均匀设计表(以下简称 U 表)与正交设计表(以下简称 L 表)不同之处在于 U 表中的每一列是不平等的,每次实验取哪些列与实验中的因素数有关,同时每一张均匀设计表都附有一张使用表,后者告诉使用者有几个因素、该使用均匀设计表中的哪几列。

用均匀设计表安排实验的实验次数较少,误差有可能较大。为了减小误差,可采用实验次数较多的 U 表进行设计。均匀设计的优点是减少了大量的实验工作量,特别适合考察多因素、多水平的影响。但是由于每个因素水平较多,实验次数较少,没有整齐可比性,传统上通常采用线性回归或逐步回归分析均匀设计的实验结果。针对聚合物阻燃材料配方模型具有较强的非线性、多目标的特点,FRES 2.0 除了回归分析之外,主要采用人工神经网络的方法从实验数据中总结数学模型。

7.1.4　配方多指标优化

配方多指标优化模块根据用户给出的约束条件和优化目标对聚合物阻燃材料配方知识库中的配方模型进行优化计算,给出均匀实验设计范围内的最优配方。由于复合型优化方法不需要求解目标函数和约束函数的导数,就可以求解带不等式约束的优化问题,计算相对简单,利于程序实现。因此,我们采用 Box[15] 提出的复合型优化方法作为 FRES 2.0 中配方多指标优化模块的主要算法。

1965 年,Box 将求解无约束极小的单纯型法推广到了以下类型的有约束极小化问题:

极小化 $f(X)$

满足于
$$g_j(X) \leqslant 0, \quad j=1,2,\cdots,m$$
$$x_i^{(l)} \leqslant x_i \leqslant x_i^{(u)}, \quad i=1,2,\cdots,n$$

复合型法的基本思想是假定有一个初始可行点 X_1(满足 m 个约束条件),然后在 n 维空间中产生一个序列的具有 $k \geqslant n+1$ 个顶点的多面体以寻找约束极小点。以下简要描述本论文中 FRES 2.0 所用的求解约束条件下的 n 维最小值的复合型优化算法。

设多变量目标函数为 $J = f(x_0, x_1, \cdots, x_{n-1})$，$n$ 个常量约束条件为 $a_i \leqslant x_i \leqslant b_i, i = 0, 1, \cdots, n-1, m$ 个函数约束条件为

$$C_j(x_0, x_1, \cdots, x_{n-1}) \leqslant W_j(x_0, x_1, \cdots, x_{n-1})$$
$$\leqslant D_j(x_0, x_1, \cdots, x_{n-1}), \quad j = 0, 1, \cdots, m-1$$

求解 n 维目标函数 J 的极小值点及极小值。若实际问题中要求极大值，只需令：

$$J = -J = -f(x_0, x_0, \cdots, x_{n-1})$$

复合型共有 $2n$ 个顶点，假设给定初始复合型中的第一个顶点坐标为

$$X_{(0)} = (x_{00}, x_{10}, \cdots, x_{n-1,0})$$

且此顶点坐标满足 n 个常数约束条件及 m 个函数约束条件。在此初始条件下，求解以上约束条件下的 n 维最小值的复合型优化问题的迭代过程如下：

1) 在 n 维变量空间中再确定出初始复合型的其余 $2n-1$ 个顶点。其方法如下：利用伪随机数按常量约束条件产生第 j 个顶点

$$x_{(j)} = (x_{0j}, x_{1j}, \cdots, x_{n-1,j}), \quad j = 1, 2, \cdots, 2n-1$$

式中的各分量 $x_{ij}(i = 0, 1, \cdots, n-1)$，即

$$x_{ij} = a_i + r(b_i - a_i), \quad i = 0, 1, \cdots, n-1; j = 1, 2, \cdots, 2n-1$$

$$(7-16)$$

式中：r 为 $[0, 1]$ 之间的一个伪随机数。

显然，由上述方法产生的初始复合型的各顶点自然满足常量约束条件。然后再检查它们是否符合函数约束条件，如果不符合，则需要做调整，直到全部顶点均符合函数约束条件及常量约束条件为止。调整的原则如下。

假设前 j 个顶点已经满足所有的约束条件，而第 $j+1$ 个顶点不满足函数约束条件，则做如下的调整变换（$j = 1, 2, \cdots, 2n-1$）：

$$X_{(j+1)} = \left[X_{(j+1)} + \frac{1}{j} \sum_{k=1}^{j} X_{(k)} \right] \bigg/ 2 \tag{7-17}$$

重复以上过程，直到产生的初始复合型所有顶点都满足函数约束条件为止。

初始复合型的 $2n$ 个顶点确认之后，计算各顶点处的目标函数值：

$$f_j = f(X_{(j)}), \quad j = 0, 1, \cdots, 2n-1$$

在本论文中，f_j 的计算实际上是由训练好的 BP 人工神经网络配方模型来完成的。

2) 计算最坏点 $(X_{(R)}, f(X_{(R)}))$ 和次坏点 $(X_{(G)}, f(X_{(G)}))$：

$$f_{(R)} = f[X_{(R)}] = \max_{0 \leqslant i \leqslant 2n-1} f_{(i)} \tag{7-18}$$

$$f_{(G)} = f[X_{(G)}] = \max_{\substack{0 \leqslant i \leqslant 2n-1 \\ i \neq R}} f_{(i)} \tag{7-19}$$

3) 计算最坏点($X_{(R)}$, $f(X_{(R)})$)的对称点($X_{(T)}$, $f(X_{(T)})$):

$$X_T = (1+\alpha) \cdot \frac{1}{2n-1} \sum_{\substack{i=0 \\ i \neq R}}^{2n-1} X_{(i)} - \alpha X_{(R)} \tag{7-20}$$

式中：α 为反射系数，一般取 1.3 左右。

4) 确定一个新的顶点来替代最坏点($X_{(R)}$, $f(X_{(R)})$)以构成新的复合型，方法如下。

如果 $f(X_T) > f_{(G)}$，则用下式修改 X_T：

$$X_T = (X_F + X_T)/2$$

直到 $f(X_T) \leqslant f_{(G)}$ 为止。然后检查 X_T 是否满足所有约束条件。

如果某个分量 $X_T(j)$ 不满足常量约束条件，即出现 $X_T(j) < a_j$ 或 $X_T(j) > b_j$ 的情况，则令：

$$X_T(j) = a_j + \delta \quad 或 \quad X_T(j) = b_j - \delta$$

式中：δ 为一个很小的常数，一般取 $\delta = 10^{-6}$，然后重复 4)。

如果 X_T 不满足函数约束条件，则用下式修改 X_T：

$$X_T = (X_F + X_T)/2$$

重复 4)，直到 $f(X_T) \leqslant f_{(G)}$ 且 X_T 满足所有约束条件为止。此时令 $X_{(R)} = X_T$，$f_{(R)} = f(X_T)$，然后重复 2)～4)，直到复合型中各顶点之间的距离小于预先给定的精度要求为止。

文献[15]认为，在用直接法求解约束优化问题的方法中，复合型法是一种效果较好的方法。由于这种方法不需要计算目标函数及约束函数的导数，也不进行一维搜索，因此对目标函数和约束函数都没有特殊要求。所以非常适用于 FRES 2.0 中人工神经网络配方模型没有显式数学表达式的情形。从编程实现的观点来看，该方法比传统的 Powell 型约束变尺度方法简单，占计算机内存小，运行速度快得多，计算精度不相上下。更重要的是 Powell 型约束变尺度方法是一种必需要预先知道目标函数和约束函数的显式表达式的优化方法，对人工神经网络配方模型的优化无能为力。

对于反射系数 α，Box 认为初始值取 1.3 比较好[15]，但 Box 同时提出复合型法的两大缺点：①不能用此法求解含等式约束的问题；②此法需要一个可行的初始点。FRES 2.0 用了一些变通的方法解决了以上两个缺点对复合型优化的限制。对于前者,用户在均匀实验设计时将聚合物的单位用称重单位(一般为 g)来表示,添加剂的单位用占每百份树脂含量(phr)来表示,这样就无需考虑树脂总量必须满足 100phr 的配方约束条件。对于后者,FRES 2.0 软件在复合型优化模块中增加了一个计数器和程序判断,该计数器记录程序调整复合型初始点失败的次数,一旦该计数器的数值超过某个限定值,程序将自动重新启动,从上述算法的第一步开始重新赋初值计算。这样就避免了优化程序进入死循环的情况出现。有关复合型优化方法的面向对象的程序实现请参见 7.2 节。

7.1.5　配方组成与性能关系的研究

聚合物阻燃材料配方的设计者不仅要求一个优化配方,更关注从实验中发现配方组成对性能的影响规律,从而得到有价值的结论。FRES 2.0 用图形化显示的方式提供了这一功能。用户可以在已得到的人工神经网络配方知识库模型的基础上选择一个或两个组分作为研究变量,并固定其他配方组成,FRES 2.0 就可以把该组分添加量的变化对配方性能的影响结果直观地显示出来,并打印输出或自动转换成 EXCEL 格式。

在传统的聚合物阻燃材料配方研究中,为了得到某种组分的添加量或某一加工条件的变化对配方某一性能的变化关系曲线,一般是将其他条件固定,改变某一条件做若干个实验,然后把所测数据作图。若是要研究某一组分在另一组分变化的情况下对某一配方性能的变化关系就更加复杂。传统的办法只能是设计更多的实验来获取一族曲线。这样做有以下弊端:①实验所消耗的人力、物力和时间有可能无法被接受;如果前期做过正交实验探索,那么现在所做的实验可能大部分是重复的;②不同批次实验结果之间有可能无法比较;③实验数据大部分无法用于研究其他组分变化对性能的影响,数据利用效率不高。

利用 FRES 2.0 来研究聚合物阻燃材料配方,实验数据的利用效率将大大提高。如果用户研究的聚合物阻燃配方体系在专家系统的配方知识库中已经存有配方模型,那么只需要调用该模型,利用 FRES 2.0 中的配方组成与性能关系的研究工具就可以在计算机上作图。用户还可以随时修改设定条件,预测配方的性能,指导配方设计。

如果用户要研究的聚合物阻燃配方体系在专家系统的配方知识库中还没有,那么可以进入均匀实验设计模块,利用 FRES 2.0 提供的均匀设计实验方案去完成配方实验,所得到的数据经过配方知识的自动获取转换成配方模型并且存入知识库。如果实验数据准确、误差控制满足要求,剩下的工作就是在计算机上研究配方组成与性能的关系、预测配方性能、指导配方设计了。

与传统的研究方法相比,FRES 2.0 提供的这一功能具有以下显著的优点:

①充分利用了计算机对配方模型信息快速、高效、准确的处理能力,通过友好的图形化界面让用户可以很容易地发掘隐藏在纷繁复杂、看似毫无规律可循的配方实验数据背后的重要信息。②充分利用了配方实验所提供的信息,避免了无意义的大量重复实验,提高配方研究的效率。

7.2 面向对象的程序设计

面向对象的程序设计技术被认为是当前和未来计算机科学技术领域的主导技术之一。从认识论的角度出发,基于对象的程序设计思想比较符合人类的思维方式,因此该方法不仅限于程序设计领域,而且已经渗透到了计算机体系结构、数据库技术和人工智能领域。在传统的人工智能技术中,数据结构和算法是分开的。在传统的专家系统技术中,知识库与推理机也是分开的。然而人的知识存储与知识的应用是一个不可分割的统一体,人类专家用于解决问题的知识包括信息和由信息引起的一系列活动,也是一个不可分割的整体。面向对象的程序设计方法为一个信息域和作用于信息域的操作提供了封装机制[16]。

更重要的是,面向对象的程序设计不仅仅是一种程序设计方法,更是一种思维方法。它比传统的人工智能程序设计方法更接近于人的思维,更好地体现了人的思维过程的自然性。人工智能发展到今天,用面向对象的高级程序设计语言来建造专家系统更具灵活性,更适合于解决特定领域的问题。

在 FRES 2.0 的实际编程中,我们应用 Visual Basic 6.0[17~19]可视化编程环境提供的类生成器构造了人工神经网络 BP 类和复合型优化算法 Complex 类(表 7-1)。以上两个类构成了专家系统 FRES 2.0 的核心部分。BP 类负责配方人工神经网络模型的构造任务,配方设计者通过如图 7-6 的人工神经网络配方专家知识库界面构造配方 ANN 模型、完成模型训练、调入或保存配方知识库文件。Complex 类负责构造如图 7-7 的优化计算界面,在此接收用户的优化约束条件、调入所需配方模型、执行复合型优化计算。其他功能如配方预测、组分分析等都在配方知识库模型的基础上用事件驱动的方式实现面向对象的编程。组分分析的程序实现还要用到 Visual Basic 6.0 的 Windows 绘图功能。为了方便用户把图形自动转换为 Excel 格式,FRES 2.0 中还使用了对象链接和嵌入(object linking and embedding, OLE)技术。Visual Basic 6.0 提供了访问 OLE 服务器应用程序的对象,允许用户在自己的程序中使用其他程序提供的 OLE 工具。例如,在 FRES 2.0 中我们使用了 Microsoft 提供的 VBA for Excel 语言,来实现对 Excel 应用程序的控制和调用。由于 FRES 2.0 使用了面向对象的编程风格,整个软件的逻辑性强,易于维护和升级。有关本章的内容可参考文献[20]。

表 7 - 1　BP 类和 Complex 类的描述

类　名	属　性	方　法	事　件
人工神经网络 BP 类	1. 输入结点数 2. 隐层结点数 3. 输出结点数 4. 动量因子 5. 学习速率 6. 权值文件名 7. 训练样本文件名 8. 检验样本文件名 9. 输入输出归一化参数 10. 其他描述人工神经网络 　　运行状态的私有变量	1. BP 类的构造函数 2. 训练数据集构造函数 3. 测试数据集构造函数 4. 初始化权值函数 5. 权值读入函数 6. 权值保存函数 7. 神经元结点函数 8. 神经元结点求导函数 9. BP 算法学习函数 10. 检验学习效果函数 11. 计算权值分布函数	1. 画权值分布图 2. 画输出曲线 3. 画训练误差曲线 4. 暂停训练网络 5. 停止训练网络
复合型优化算法 Complex 类	1. 反射系数 2. 优化控制精度 3. 优化迭代次数 4. 自变量个数 5. 优化约束条件个数 6. 优化目标函数名称 7. 优化类型布尔变量	1. 计算目标函数值函数 2. 计算约束函数值函数 3. 复合型优化函数	1. 输出优化迭代次数 2. 输出最优目标函数值和 　　约束函数值 3. 输出最优配方组成

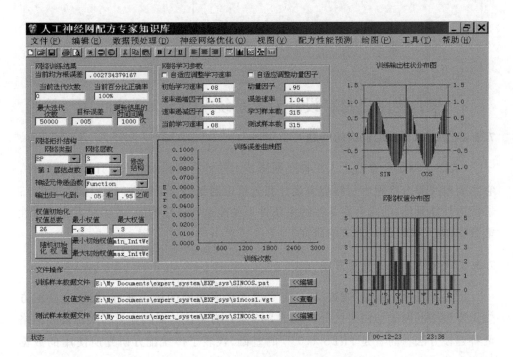

图 7 - 6　人工神经网络配方建模界面

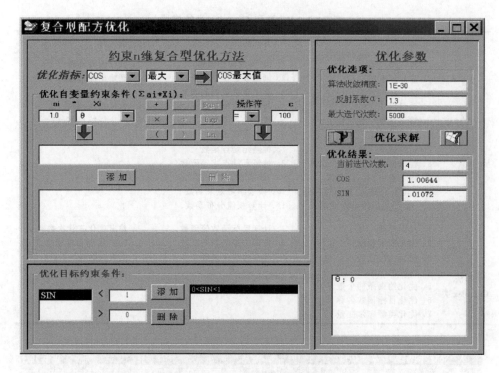

图 7-7　用于人工神经网络配方模型的复合型优化界面

7.3　聚合物阻燃材料设计专家系统 FRES 2.0 的使用与检验

7.3.1　FRES 2.0 能解决的问题

　　FRES 2.0 是一个基于人工神经网络技术的计算机辅助配方设计和分析软件，它主要解决聚合物阻燃材料配方设计和分析中遇到的以下四类问题：①配方设计；②配方性能预测；③求解在某些约束条件下性能达到最优的配方；④配方组分对性能的影响，尤其是协同效应的研究。

7.3.2　FRES 2.0 的使用方法

　　配方知识库模型是 FRES 2.0 能实现其众多功能的核心部分，根据建立配方知识库模型的两类方法来区分，FRES 2.0 可以有传统的回归建模和人工神经网络两种建模方法。前者是 FRES 1.0[21] 的基础，代表了传统配方研究所使用的数据处理和建模方法；后者则是 FRES 2.0 的核心，代表了较新的具有很强非线性映照能力的多输入、多输出拟合技术。两者都有其各自的特点和适用对象：①传统的回归建模技术适用于变量少，配方机理比较清楚，线性相关性好的情况。一般在配方研究初期使用。②人工神经网络技术适用于变量多,配方组分间相互关联复杂,非线性程度高的情形。一般在配方成型设计、研究中使用。

　　作为一种与传统回归建模方法完全不同的非线性回归技术,应用人工神经网络技术来建立配方模型的最大的优点在于,不需要事先了解有关问题的背景知识。这一点尤其适用于聚合物阻燃材料配方研究中所遇到的大量机理尚未完全清楚、配方组成复杂、影响因素众多、传统数学建模方法很难准确化的问题。使用该方法时,用户不必考虑输入变量之间的相互作用,只需把配方组成和加工工艺条件的定量描述作为人工神经网络的输入神经元、所研究的配方性能指标作为输出神经元,然后确定隐层单元数,就可以把建模工作交给网络自身来完成。由于人工神经网络特有的自学习、自适应和非线性的特点,配方建模的大部分工作是由网络从配方实例中自动获取知识来完成的。如果经检验配方模型符合用户的精度要求,该模型就可以用来进行配方优化设计和组分作用分析了。

　　所以,将人工神经网络方法应用于聚合物阻燃配方建模,实际上为此类建模问题提供了一种与配方体系无关的解决方法。它的重要意义在于让化学家从繁琐的选取自变量、考虑交叉项的工作中解放出来,只需关注得到模型之后的计算机图形分析结果,避免了因为自变量选取不当或配方体系的严重非线性而造成的模型偏差。以下分别就 FRES 2.0 中的这两种使用方法分别加以阐述,并重点研究后者在配方设计和研究中的应用实例和价值。

7.3.2.1　传统回归建模方法

　　如前所述,传统回归建模方法适用于配方组成比较少、配方性能与配方组成之间线性相关性比较好的情况。利用此方法建立配方模型的优势在于模型的数学表达式相对简单、物理意义明确。应用回归建模方法设计聚合物阻燃材料配方的主要流程如图 7-8 所示:首先用户要对所研究的聚合物阻燃体系有一个初步分析,确定要考察的组分和用量范围。然后将这些信息输入配方均匀设计模块,得到均匀实验设计方案。按均匀实验设计方案做配方实验、制样和测试,把配方组成和测试结果输入专家系统,以数据文件(后缀为.GDT)的形式保存。在数据处理和分析模块中建立回归模型,这时需要根据经验考虑配方模型是二次型还是更复杂的形式,最后得到的配方模型以后缀为.MDL 的模型文件形式存入知识库。

　　但是如果遇到非线性比较严重的情况,回归建模方法得到的配方模型复杂度就会显著增加。例如,文献[21]中用此方法得到的 10 组分 LDPE/EVA 配方体系的 LOI 模型(在仅考虑了二次交叉项的条件下)就多达 65 项。尽管模型十分复杂,但往往仍然无法准确揭示配方组成与性能之间的内在规律。这是本方法的局限性所决定的。对于这样的情况,宜采用人工神经网络方法。

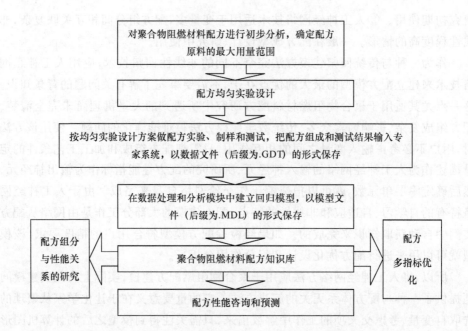

图 7 ⁻ 8　应用回归建模方法设计聚合物阻燃材料的流程图

7.3.2.2　人工神经网络方法

人工神经网络方法更适合于比较复杂的配方体系建模,如配方组成在 8 个以上、配方性能与组成之间非线性关系严重、要求同时建立多个指标的多输入、多输出配方模型。应用人工神经网络方法设计聚合物阻燃材料配方的主要优点在于不需要用户事先对于聚合物阻燃配方体系的机理有更多的了解,也不必考虑组分与组分之间的复杂相互作用,只需要用配方实例来训练神经网络,所研究的配方体系的模型以权值文件的形式被存储起来。具体的设计流程如图 7 ⁻ 9 所示。

首先需要用户对所研究的聚合物阻燃体系要有一个初步分析,确定要考察的组分和用量范围。然后将这些信息输入配方均匀设计模块,得到均匀实验设计方案。按均匀实验设计方案做配方实验、制样和测试,把配方组成和测试结果输入专家系统,以训练样本文件(后缀为.pat)的形式保存。选择合适的网络结构参数,建立配方模型人工神经网络,然后训练网络直到满足指定的样本误差,保存训练好的网络权值文件(后缀为.wgt)。最后得到的配方模型以后缀为.net 的配方模型文件形式存入配方知识库。

由于 FRES 2.0 中所用的人工神经网络学习算法均为改进的 BP 算法,所以在建立改进的配方 BP 人工神经网络模型时必须注意以下三点。

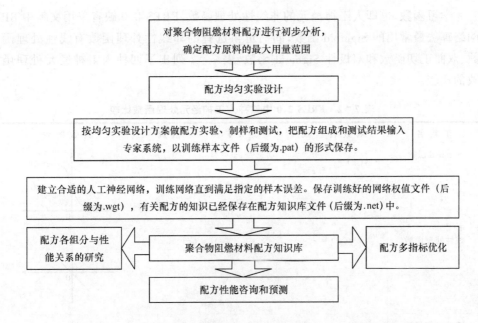

图 7-9　应用人工神经网络方法设计聚合物阻燃材料的流程图

1) 隐层神经元数目的选择。由于隐层是决定人工神经网络性能的最重要的因素,因此在确定配方模型的人工神经网络结构参数时应当慎重选择隐层人工神经元的数目。到目前为止,关于隐层神经元个数的选择还没有统一的理论和标准可循,一般凭使用者经验和根据网络训练的效果来判断隐层神经元数目是否合适。也有一些半经验公式可供参考,如 7.1.2.2 节中的式(7-1)～式(7-3)。但是必须注意,最佳的隐层神经元个数最终还是要根据网络实际预报结果来确定[22]。

2) 输入输出数据的预处理。为了消除实验数据的系统误差,输入数据采用标准化和归一化预处理。由于一般选用的人工神经元的非线性处理函数 Sigmoid 函数的值域为(0,1),因此 BP 网络的输出值范围也在 0～1 之间,而且在函数值接近于 0 和 1 的时候,人工神经元处于最不敏感的工作状态。为了避免 BP 网络学习时出现这种因函数值落入 0 和 1 附近而使网络“迟钝”的情况,我们预先将输出的目标数据归一化到 0.05～0.95 之间,最大限度地加速 BP 网络训练。以上训练数据预处理公式分别见式(7-14)和式(7-15)。FRES 2.0 提供了自动数据处理的功能,用户只要输入训练样本文件名,软件就会按要求对输入样本数据进行标准化和归一化,对目标输出数据归一化。

3) BP 网络学习参数的选择。专家系统 FRES 2.0 中构成配方 BP 网络模型的主要学习参数有学习函数、学习速率(learning rate)、动量因子(momentum factor)、目标训练误差(target error)和初始化权值(initial weights)范围。

　　学习函数,也即人工神经元的非线性处理函数,FRES 2.0 缺省采用文献中 BP 网络算法最常用的 Sigmoid 函数,同时可供选择的非线性处理函数有线性处理函数、双曲正切函数和双极性 Sigmoid 函数,表 7 - 2 列出了四种人工神经元处理函数的比较。

表 7 - 2　FRES 2.0 中四种人工神经元处理函数比较

函数名	函数表达式	定义域	值域	函数图象
Sigmoid 函数	$f(x)=\dfrac{1}{1+e^{-x}}$	$(-\infty,+\infty)$	$(0,1)$	
线性处理函数	$f(x)=x$	$(-\infty,+\infty)$	$(-\infty,+\infty)$	
双曲正切函数	$f(x)=\dfrac{1-e^{-2x}}{1+e^{2x}}$	$(-\infty,+\infty)$	$(-1,1)$	
双极性 Sigmoid 函数	$f(x)=-\dfrac{1}{2}+\dfrac{1}{1+e^{-x}}$	$(-\infty,+\infty)$	$(-0.5,0.5)$	

　　学习速率和动量因子是控制 BP 算法学习过程的重要参数。学习速率的取值范围一般在 0~1 之间。经验表明[22],较好的学习速率应该是在开始训练时学习速率快(步长大)一些,随着训练过程的进行逐渐降低学习速率(减小步长)、直到 BP 网络平滑地收敛。不同学习速率对 BP 网络的收敛速率和泛化性能有较大的影响。为了加速训练和防止误差曲线发生振荡,在许多资料[23]中都建议加入动量因子。FRES 2.0 中也引入了这一学习参数,取值范围在 0~1 之间。为了方便用户在配方 BP 网络模型训练的过程中进行人机交互的观察和干预,我们借助于 Visual Basic 6.0 可视化编程环境提供的类生成器实现交互式变步长人工神经网络 BP 类的构造。

　　目标训练误差的选择要根据实际的预报效果来决定,因此并非收敛误差越小越好,有时收敛误差太小甚至会出现过拟合现象。况且在聚合物阻燃配方实验中,有些测试数据本身误差就相对较大,过分精确的拟合,反而会破坏人工神经网络的泛化能力。一般地,目标训练误差设置在 0.05～0.001 之间比较合理,且足够精确。

根据经验,初始化权值范围一般在 −1～+1 之间比较合适,FRES 2.0 中的缺省范围为 −0.3～+0.3。初始化权值范围设定后,用"随机初始化权值"按钮可以随时设置在给定范围内初始权值。

一般地,用户可以把初始学习速率设置成 0.1～0.3,动量因子设置成 0.1 左右,初始化权值 −0.3～+0.3,目标误差 0.01,然后开始训练。如果误差下降很快,并且不出现振荡,可以不改动以上参数。如果训练误差出现大幅振荡,便可以选择"自适应调整动量因子"选项,大部分情况下振荡会即时减缓。如果训练误差几乎不下降,可以用鼠标点击"随机初始化权值"按钮,重新赋初始权值,使正在学习的网络从局部最小中跳出来。

7.3.2.3　sin 和 cos 函数的人工神经网络模型——验证 FRES 2.0 中的 ANN 方法

本节用人工神经网络方法来逼近 $(0, 2\pi)$ 区间上的两个熟知的非线性数学函数 $\sin \theta$ 和 $\cos \theta$,并将此模型用于两个三角函数的预测、优化和图形化分析,以此来检验 FRES 2.0 软件的准确性和可靠性。

设计如图 7–10 的 BP 网络结构,输入层只有一个人工神经元,表示 θ(用弧度为单位),输出层由表示 $\sin \theta$ 和 $\cos \theta$ 的两个人工神经元组成,经过尝试 2～8 个隐层神经元后,我们发现 6 个隐层节点的 BP 网络预测效果最好(预测相关系数最大、预测标准误差最小)。

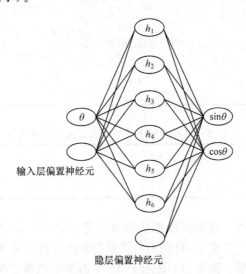

图 7–10　$\sin \theta / \cos \theta$ 的 BP 人工神经网络模型结构图

　　训练样本集为$(0,2\pi)$区间上每隔 0.02 取样,共 315 个学习样本,在此不再一一罗列。预测样本集如表 7 - 7 所示,列出了$(0,2\pi)$区间上所有特殊角的正弦和余弦函数值。网络结构和学习参数如表 7 - 3 所示。样本输入数据和目标输出数据分别按式(7 - 14)和式(7 - 15)预处理,处理结果如表 7 - 4 所示。

表 7 - 3　$\sin\theta/\cos\theta$ 的 BP 人工神经网络结构参数和学习参数

输入层/隐层/输出层节点数目	神经元处理函数	学习速率	动量因子	初始化权值范围	最大迭代次数	目标收敛误差
1/6/2	Sigmoid 函数	0.1	0.95	$-0.3\sim0.3$	5 000	0.05

表 7 - 4　$\sin\theta/\cos\theta$ 的 BP 人工神经网络的学习样本数据预处理

项目	输入样本原始数据		目标输出原始数据	
	最小值	最大值	最小值	最大值
数据预处理前	0.00	6.28	−1.00	1.00
数据预处理后	−1.726 6	1.726 6	0.05	0.95
数据预处理转换公式	$x'_i = 0.549\ 9 \cdot x_i - 1.726\ 6$		$y'_i = 0.45 \cdot y_i + 0.50$	

　　按上述参数设置对 BP 网络进行训练,网络收敛到指定的目标误差后,保存权值文件,表 7 - 5 和表 7 - 6 分别列出了各层神经元之间的连接权值。

表 7 - 5　隐层和输出层神经元之间的连接权值

	θ	Input bias
h_1	−7.162 8	−1.702 1
h_2	7.421 1	−1.760 6
h_3	−10.200 0	−6.445 6
h_4	10.020 0	−6.319 9
h_5	2.888 7	−3.730 9
h_6	−2.874 6	−3.708 4

表 7 - 6　隐层和输出层神经元之间的连接权值

	h_1	h_2	h_3	h_4	h_5	h_6	Hidden bias
$\sin\theta$	2.081 8	−1.951 6	2.269 4	−2.333 6	5.510 0	−5.532 0	−0.028 1
$\cos\theta$	2.259 3	2.224 9	0.391 2	0.434 8	5.351 3	5.372 4	−3.824 7

　　我们用表 7 - 7 的一组预测数据来检验网络的学习效果,所得结果列入 ANN 计算值一栏。如表 7 - 8 所示,我们用相关系数和均方根误差两个统计变量来评价 ANN 模型的预测效果。图 7 - 11 显示了 ANN 模型的预测值和理论计算值的比较结果。上述所有的预测结果和预测效果评价都表明 $\sin\theta/\cos\theta$ 的 BP 人工神经网络模型的预测能力相当理想,完全符合一般应用的精度要求。

表 7 - 7　$\sin\theta/\cos\theta$ 的 BP 人工神经网络模型的预测结果

θ	$\sin\theta$ 实际值	ANN 计算值	绝对误差	$\cos\theta$ 实际值	ANN 计算值	绝对误差
0.000 0	0.000 0	0.010 7	0.010 7	1.000 0	1.006 4	0.006 4
0.523 6	0.500 0	0.502 9	0.002 9	0.866 0	0.864 0	−0.002 0
0.785 4	0.707 1	0.718 1	0.011 0	0.707 1	0.716 0	0.008 9
1.047 2	0.866 0	0.867 3	0.001 3	0.500 0	0.505 0	0.005 0
1.570 8	1.000 0	0.990 7	−0.009 3	0.000 0	0.002 9	0.002 9
2.094 4	0.866 0	0.866 3	0.000 3	−0.500 0	−0.500 7	−0.000 7
2.356 2	0.707 1	0.701 8	−0.005 3	−0.707 1	−0.706 3	0.000 8
2.618 0	0.500 0	0.506 8	0.006 8	−0.866 0	−0.868 9	−0.002 9
3.141 6	0.000 0	0.000 1	0.000 1	−1.000 0	−0.994 6	0.005 4
3.665 2	−0.500 0	−0.506 8	−0.006 8	−0.866 0	−0.868 8	−0.002 8
3.927 0	−0.707 1	−0.701 8	0.005 5	−0.707 1	−0.705 8	0.001 3
4.188 8	−0.866 0	−0.866 9	−0.000 9	−0.500 0	−0.501 0	−0.001 0
4.712 4	−1.000 0	−0.990 5	0.009 5	0.000 0	−0.002 7	−0.002 7
5.236 0	−0.866 0	−0.867 4	−0.001 4	0.500 0	0.504 9	0.004 9
5.497 8	−0.707 1	−0.718 2	−0.011 1	0.707 1	0.716 1	0.009 0
5.759 6	−0.500 0	−0.502 9	−0.002 9	0.866 0	0.864 1	−0.001 9
6.283 2	0.000 0	−0.011 1	−0.011 1	1.000 0	1.006 3	0.006 3

表 7 - 8　$\sin\theta/\cos\theta$ 的 BP 人工神经网络模型预测效果的统计分析

ANN Model	$\sin\theta$	$\cos\theta$
相关系数(r)	0.999 95	0.999 98
均方根误差(RMS)	0.007 01	0.004 64

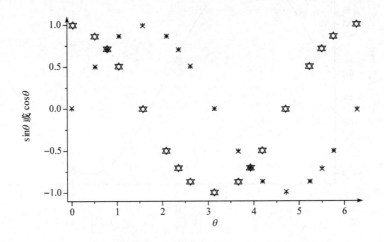

　+　$\sin\theta$ 实际值;　　×　$\sin\theta$ 的 ANN 计算值;　　△　$\cos\theta$ 实际值;　　▽　$\cos\theta$ 的 ANN 计算值

图 7 - 11　$\sin\theta/\cos\theta$ 的 BP 人工神经网络模型的预测结果的图示

　　利用 $\sin\theta/\cos\theta$ 的 BP 人工神经网络模型可以进行优化计算和图形分析。表 7‑9列出了 FRES 2.0 在不同约束条件下的复合型优化结果,并与理论计算值做了比较。图 7‑12 是 $\sin\theta/\cos\theta$ 的 BP 人工神经网络模型在 $(0,2\pi)$ 区间上的图形分析结果。由图可见,模型所反映的非线性函数关系在配方设计的应用范围里已经相当理想了。更重要的是这是一个多输出、非线性的模型,与传统回归分析方法得到的单输出模型相比具有更大的实际应用价值。考虑到 $\sin\theta/\cos\theta$ 仅仅是一对相对简单的数学函数,为了检验人工神经网络方法和 FRES 2.0 在实际中更多复杂应用中的效果,我们利用文献[24~27]中的实例来作进一步考察。

表 7‑9　不同约束条件下的 $\sin\theta/\cos\theta$ 的 BP 人工神经网络模型的复合型优化结果

设置优化条件	优化目标	ANN 优化结果			理论优化结果		
		θ	$\sin\theta$	$\cos\theta$	θ	$\sin\theta$	$\cos\theta$
$0<\cos\theta<0.707$	$\sin\theta$ 最大	1.57	0.99	0.00	1.57	1.00	0.00
$-0.707<\sin\theta<0$	$\cos\theta$ 最小	3.14	0.00	-0.99	3.14	0.00	-1.00
无	$\sin\theta$ 最大	1.57	0.99	0.01	1.57	1.00	0.00
无	$\cos\theta$ 最大	0.00	0.01	1.01	0.00	0.00	1.00
无	$\sin\theta$ 最小	4.72	-0.99	0.00	4.71	-1.00	0.00
无	$\cos\theta$ 最小	3.13	0.01	-0.99	3.14	0.00	-1.00

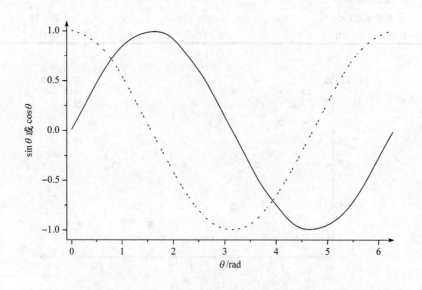

—— $\sin\theta$;　　…… $\cos\theta$

图 7‑12　$\sin\theta/\cos\theta$ 的 BP 人工神经网络模型的图形分析

7.3.2.4　预测有机化合物自燃温度——FRES 2.0 中的 ANN 方法与传统回归建模方法在实际应用中的比较

文献[24]提供了一个用线性回归方法(MLR)来建立 100 种有机化合物自燃温度(auto-ignition temperature,AIT)与分子结构参数关系的 QSPR(quantitative structure-property relationships)应用实例,建模用到的 100 种有机化合物结构数据和自燃温度参见文献[24]中的表 1,文献[24]得到的 QSPR 模型为

$$AIT = 2.94\,P_c - 3.57\,PA + 206.5\,^0\chi - 308.2\,\overline{Q_T^-} + 237.3$$

$n=100$,$r=0.881$,$s=52.0$,n 表示训练样本数,r 为相关系数,s 为标准偏差。

该模型的相关系数不是很高,标准偏差也相当大,模型的预测效果不太理想。本节将应用 FRES 2.0 中的人工神经网络建模工具对文献[24]中的数据重新建模,并比较两者结果,以期验证 ANN 方法与传统线性回归技术相比在实际建模方面的优势,同时也检验 FRES 2.0 软件的准确性和可靠性。

设计如图 7‑13 的 BP 网络结构,输入层有 4 个人工神经元,分别表示有机化合物的临界压力 P_c、20℃下的摩尔膨胀体积 PA、零阶分子连接指数 $^0\chi$ 和绝对原子负电荷总和 $\overline{Q_T^-}$,输出层用一个人工神经元表示有机化合物的自燃温度 AIT。学习样本数据集参见文献[24]中的表 1。经过尝试 4~12 个隐层神经元后,我们发现对于有机化合物的自燃温度模型,12 个隐层节点的 BP 网络预测效果最好(预测相关系数最大 0.993 5、预测标准偏差最小 12.19)。

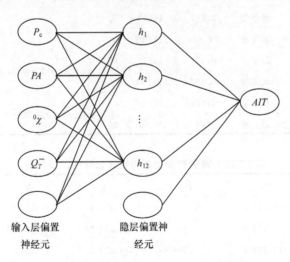

图 7‑13　有机化合物自燃温度(AIT)的 BP 人工神经网络模型结构图

网络结构和学习参数如表 7‑10 所示。样本输入数据和目标输出数据分别按式(7‑14)和式(7‑15)预处理,处理结果如表 7‑11 所示。按上述参数设置对

AIT 的 BP 网络模型进行训练,网络收敛到指定的目标误差后,保存权值文件,表 7‑12 和表 7‑13 分别列出了各层神经元之间的连接权值。如表 7‑14 所示,我们用文献[24]中的表 1 所列的 100 种有机化合物的 AIT 数据来检验网络的学习效果,并与文献[24]所得的 MLR 模型预测结果比较。显然,从 QSPR 建模的角度来看,ANN 方法有着比传统的 MLR 方法更强大的非线性拟合能力,其模型的预报也比前者准确得多。从 FRES 2.0 软件在这一应用实例中的使用和效果来评价,软件的设计和编程没有逻辑和算法上的问题。

表 7‑10　有机化合物自燃温度(AIT)的 BP 人工神经网络结构参数和学习参数

输入层/隐层/输出层节点数目	神经元处理函数	学习速率	动量因子	初始化权值范围	最大迭代次数	目标收敛误差
4/12/1	Sigmoid 函数	0.05	0.95	−0.3～0.3	5 000	0.05

表 7‑11　有机化合物自燃温度(AIT)的 BP 人工神经网络的学习样本数据预处理

项目		数据预处理前	数据预处理后	数据预处理转换公式
输入数据	P_c 最小值	13.2	−2.512 5	$P'_c = 0.106\ 8 \cdot P_c - 3.922\ 3$
	P_c 最大值	63.0	2.806 0	
	PA 最小值	129.2	−1.671 4	$PA' = 0.011\ 6 \cdot PA - 3.173\ 2$
	PA 最大值	659.0	4.487 0	
	$^0\chi$ 最小值	2.707	−1.690 9	$^0\chi' = 0.598\ 8 \cdot {}^0\chi - 3.311\ 6$
	$^0\chi$ 最大值	11.899	3.813 7	
	Q_T^- 最小值	0.129	−1.670 2	$(Q_T^-)' = 5.598\ 2 \cdot Q_T^- - 2.392\ 3$
	Q_T^- 最大值	0.907	2.685 2	
输出数据	AIT 最小值	198	0.05	$AIT' = 0.002\ 064 \cdot AIT - 0.358\ 672$
	AIT 最大值	634	0.95	

表 7‑12　隐层和输出层神经元之间的连接权值

项目	P_c	PA	$^0\chi$	Q_T^-	Input bias
h_1	−2.538 2	−0.116 3	6.132 3	−3.180 3	1.221 2
h_2	−4.752 3	3.710 3	−14.377 1	−4.973 1	−3.057 0
h_3	11.774 1	5.565 9	16.878 3	−7.971 3	−7.797 7
h_4	−1.980 7	9.656 2	−14.734 0	−2.279 6	−3.321 2
h_5	21.655 7	11.082 0	−9.597 4	24.339 7	34.097 9
h_6	−1.274 0	6.902 3	−7.031 5	1.540 4	−2.195 8

项目	P_c	PA	$^0\chi$	Q_T^-	Input bias
h_7	-3.5699	-2.3409	7.9650	-3.3062	1.2243
h_8	-2.3771	6.0097	-11.8086	-2.4509	-2.6038
h_9	2.5901	11.6110	-10.9978	0.4548	2.1914
h_{10}	-0.7693	-8.8248	12.9705	-7.9312	-9.7230
h_{11}	-7.7452	-6.0249	-10.6100	33.7686	4.8593
h_{12}	27.3767	-1.4981	12.1160	-25.5819	10.0522

表 7-13　隐层和输出层神经元之间的连接权值

	h_1	h_2	h_3	h_4	h_5	h_6
AIT	-7.1755	7.8165	1.7060	13.3437	-1.4504	-6.5260

	h_7	h_8	h_9	h_{10}	h_{11}	h_{12}	Hidden bias
AIT	7.9102	-20.8983	2.7825	1.9536	1.0646	-1.7431	-0.0061

表 7-14　FRES 2.0 中的 ANN 方法与传统回归建模方法实际应用效果比较

项目	线性回归模型	ANN 模型
相关系数(r)	0.881	0.9935
标准偏差(s)	52	12.2

7.3.2.5　预测有机化合物燃烧极限——FRES 2.0 中的 ANN 方法与文献 [27] 报道的 ANN 方法的比较

　　燃烧极限是可燃性有机化合物的重要物理化学性质。尤其是某些未见报道的新化合物,如果能根据其分子结构参数或其他热化学性质预测其燃烧极限,将有助于安全地使用和研究该化合物。文献 [25~27] 分别用非线性回归方法和人工神经网络方法建立起了低、高燃烧极限和有机化合物热化学性质之间的相关模型,并比较了两者的非线性拟合效果和预测结果。本节将应用 FRES 2.0 中的人工神经网络建模工具对上述数据重新建模,并比较两者结果,以验证 FRES 2.0 软件中的 ANN 方法的准确性和可靠性。

　　设计如图 7-14 和图 7-15 的 BP 网络结构,输入层各有 4 个人工神经元,分别表示该有机化合物气体的标准燃烧焓 $\Delta H_c^{\ominus}$、相对分子质量 M_w、临界温度 T_c

（或该有机化合物气体的扩散系数 D_{AB}）和临界压力 P_c（或该有机化合物气体的氧平衡浓度 OB），输出层各有一个人工神经元，分别表示该有机化合物的低、高燃烧极限。经过尝试 3～12 个隐层神经元后，我们发现对于低燃烧极限模型，8 个隐层节点的 BP 网络预测效果最好（预测相关系数最大 0.989、预测标准偏差最小 0.187）；对于高燃烧极限模型，12 个隐层节点的 BP 网络预测效果最好（预测相关系数最大 0.990、预测标准偏差最小 0.602）。

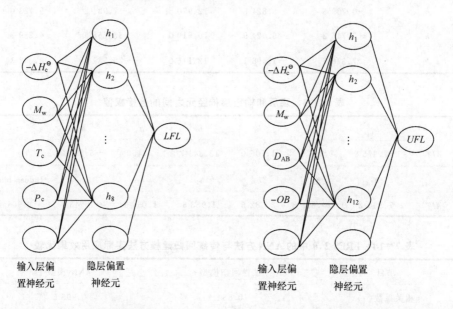

图 7 - 14　有机化合物低燃烧极限（LFL）的　　图 7 - 15　有机化合物高燃烧极限（UFL）的
　　　　　BP 人工神经网络模型结构图　　　　　　　　　BP 人工神经网络模型结构图

为了便于与文献[25～27]比较拟合结果，训练样本集参考文献[27]表 2，LFL 模型共有 144 个学习样本，UFL 模型共有 124 个学习样本。网络结构和学习参数如表 7 - 15 所示。样本输入数据和目标输出数据分别按式（7 - 14）和式（7 - 15）预处理，处理结果如表 7 - 16 和表 7 - 17 所示。

表 7 - 15　燃烧极限的 BP 人工神经网络结构参数和学习参数

	输入层/隐层/输出层节点数目	神经元处理函数	学习速率	动量因子	初始化权值范围	最大迭代次数	目标收敛误差
LFL	4/8/1	Sigmoid 函数	0.05	0.95	−0.3～0.3	10 000	0.05
UFL	4/12/1	Sigmoid 函数	0.05	0.95	−0.1～0.1	10 000	0.05

表 7 - 16　低燃烧极限(LFL)的 BP 人工神经网络的学习样本数据预处理

项目			数据 预处理前	数据 预处理后	数据预处理 转换公式
输 入 数 据	$-\Delta H_c^\ominus$	最小值	-6.83	-2.9632	$(-\Delta H_c^\ominus)'=0.7591\cdot(-\Delta H_c^\ominus)+2.2215$
		最大值	-0.5708	1.7882	
	M_w	最小值	16.04	-2.2013	$M_w'=0.034\cdot M_w-2.7575$
		最大值	150.17	2.4494	
	T_c	最小值	190.4	-3.358	$T_c'=0.01\cdot T_c-5.2715$
		最大值	810	2.8689	
	p_c	最小值	21.2	-1.8972	$p_c'=0.0823\cdot p_c-3.641$
		最大值	89.5	3.7211	
输出 数据	LFL	最小值	0.7	0.05	$LFL'=0.140625\cdot LFL-0.048434$
		最大值	7.1	0.95	

表 7 - 17　高燃烧极限(UFL)的 BP 人工神经网络的学习样本数据预处理

项目			数据 预处理前	数据 预处理后	数据预处理 转换公式
输 入 数 据	$-\Delta H_c^\ominus$	最小值	-6.83	-2.8937	$(-\Delta H_c^\ominus)'=0.7475\cdot(-\Delta H_c^\ominus)+2.212$
		最大值	-0.764	1.6408	
	M_w	最小值	16.04	-2.3216	$M_w'=0.0352\cdot M_w-2.8866$
		最大值	150.17	2.4033	
	D_{AB}	最小值	0.0536	-1.7082	$D_{AB}'=44.631\cdot D_{AB}-4.1004$
		最大值	0.2101	5.2766	
	$-OB$	最小值	-399	-1.6501	$(-OB)'=0.0118\cdot OB+3.0452$
		最大值	-51	2.445	
输出 数据	UFL	最小值	4.9	0.05	$UFL'=0.049724\cdot UFL-0.1936476$
		最大值	23	0.95	

　　按上述参数设置对 LFL 和 UFL 的 BP 网络模型进行训练,网络收敛到指定的目标误差后,保存权值文件,表 7 - 18～表 7 - 21 分别列出了两个模型各层神经元之间的连接权值。如表 7 - 22 所示,我们用文献[27]中的有机化合物的燃烧极限数据来检验网络的学习效果,并与文献[25～27]所得的 MLR 和 ANN 模型预测结果比较。结果表明 FRES 2.0 软件中的 ANN 方法对于较强非线性的 QSPR 建模问题具有比传统的回归建模方法更好的效果。与文献[11]中提到的其他人工神经网络商业软件相比,FRES 2.0 软件运行准确,结果可信。以上两个应用实例进一

步证明 FRES 2.0 软件的设计和编程没有逻辑和算法上的问题,用户可以放心地在聚合物阻燃材料配方的设计和研究中使用。

表 7-18　LFL 模型隐层和输出层神经元之间的连接权值

	$-\Delta H_c^{\ominus}$	M_w	T_c	p_c	Input bias
h_1	-8.4626	-3.7932	0.5203	-2.6165	14.7153
h_2	-2.4243	3.3015	-1.8091	-0.4800	0.2994
h_3	3.1844	-0.5799	-3.8103	-0.6537	-2.5894
h_4	4.6614	-2.4868	0.9773	-1.9953	-6.2029
h_5	-0.4358	-0.6093	1.0470	-0.4583	0.4830
h_6	-2.0092	2.3132	-2.1930	-0.8412	0.5460
h_7	1.6495	-1.6420	2.8078	0.5470	-0.9804
h_8	1.6620	-2.5366	4.9191	0.5354	-1.5464

表 7-19　LFL 模型隐层和输出层神经元之间的连接权值

	h_1	h_2	h_3	h_4	h_5	h_6	h_7	h_8	Hidden bias
LFL	-2.0226	-2.0933	-0.7797	2.0053	-3.3914	4.6050	6.2867	-2.8287	0.0551

表 7-20　UFL 模型隐层和输出层神经元之间的连接权值

	$-\Delta H_c^{\ominus}$	M_w	D_{AB}	$-OB$	Input bias
h_1	3.9793	3.1608	0.2308	-7.0568	5.6283
h_2	9.6623	7.3087	-5.5591	6.5033	-1.3250
h_3	3.2097	-1.8487	-6.5475	1.3995	-2.1415
h_4	0.2376	0.4208	-3.4044	-1.1565	0.9486
h_5	4.5603	2.9219	-10.6922	-1.0762	5.2950
h_6	-6.0371	3.8890	5.3308	-3.1682	-0.4602
h_7	3.3763	3.7672	-1.5319	-3.8278	0.0621
h_8	0.2401	2.6229	-7.0187	21.2881	-2.7785
h_9	-6.6546	6.0692	6.4622	0.3706	4.8289
h_{10}	-0.2408	2.9080	1.7446	-2.2240	2.3726
h_{11}	-0.3406	1.9221	4.9340	-2.5037	3.3660
h_{12}	7.1080	5.6480	0.0592	2.4685	0.9546

表 7 − 21 UFL 模型隐层和输出层神经元之间的连接权值

	h_1	h_2	h_3	h_4	h_5	h_6	
UFL	−7.907 7	−12.883 4	4.884 2	9.133 1	−2.873 5	1.885 2	
	h_7	h_8	h_9	h_{10}	h_{11}	h_{12}	Hidden bias
UFL	−8.568 0	8.384 6	−3.748 9	9.550 8	4.257 7	4.966 2	−3.880 6

表 7 − 22 FRES 2.0 与文献[27]中的 ANN 方法实际建模效果比较

	文献[25,26]中的 MLR 方法		文献[27]中的 ANN 方法		FRES 2.0 的 ANN 方法	
	LFL 模型	UFL 模型	LFL 模型	UFL 模型	LFL 模型	UFL 模型
预测样本数	144	124	144	124	144	124
相关系数(r)	0.949	0.913	0.989	0.989	0.989	0.990
标准偏差(s)	0.390	1.740	0.360	1.720	0.187	0.602

7.4 FRES 2.0 附件

附件是 FRES 2.0 专家系统软件的一个重要组成部分,它为用户提供了聚合物阻燃配方设计和研究中用到的数据库和一些实用工具软件,使用户不必离开 FRES 2.0 的软件环境就能得到与材料相关的信息和数据。进入聚合物阻燃材料设计专家系统 FRES 2.0 的主界面后,单击"附件"按钮,就进入 FRES 2.0 的附件模块,其中包括:聚合物阻燃数据库、XRD 数据处理和 CONE 数据处理工具。本节将介绍聚合物阻燃数据库和阻燃测试数据处理软件的用户界面和使用。

7.4.1 聚合物阻燃数据库

选择"聚合物阻燃数据库"按钮,进入如图 7 − 16 所示的聚合物阻燃数据库管理系统窗口。该窗口设置了十一种与聚合物阻燃材料配方设计有关的数据库:聚合物数据库,抗静电数据库,抗氧剂数据库,抗紫外剂数据库,偶联剂数据库,润滑剂数据库,填充剂数据库,相容剂数据库,增塑剂数据库,着色剂数据库,阻燃剂及抑烟剂数据库,其中聚合物数据库已经全部完成设计和数据输入工作。数据库的操作主要以菜单选择为主,菜单为两层结构。本节以聚合物数据库为例简要说明数据库管理系统的用户界面和使用。

聚合物数据管理窗口主菜单是聚合物数据库管理系统的主要操作界面,包括:数据管理、数据查询和数据浏览三大部分。数据管理菜单包括对聚合物性质、聚合物产品和聚合物产品供应商三个数据表格进行数据输入、插入、删除和修改工作的模块。数据查询菜单包括按照聚合物名称、供应商和牌号查询聚合物的条件查询操作模块。数据浏览菜单与如图 7 − 17 所示的聚合物数据浏览窗口相连。用户可以直接在一个类似于 Windows 资源管理器的树形图形界面上浏览库中全部的聚合物数据

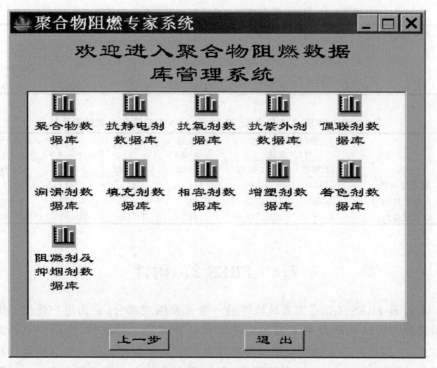

图 7 - 16 聚合物阻燃数据库管理系统主界面

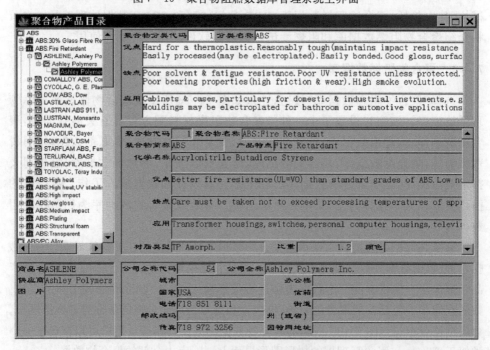

图 7 - 17 聚合物数据库数据浏览窗口

7.4.2　阻燃测试数据处理工具

FRES 2.0 中的阻燃测试数据处理工具主要由 X 射线衍射(XRD)(图 7‑18)和锥形量热仪(CONE)测试数据处理两大模块组成。

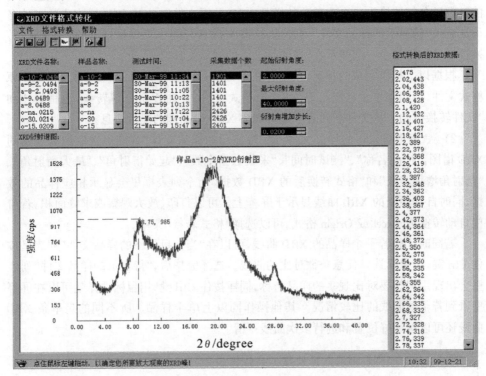

图 7‑18　X 射线衍射(XRD)数据处理软件的界面

7.4.2.1　XRD 测试数据处理工具

X 射线衍射作为一种考察物质微观结构形态的方法,在聚合物研究领域已经得到广泛的应用,其最主要的用途是用来作物相分析、结晶度测定、取向测定和晶粒尺寸测定[28]。目前在聚合物阻燃研究中,X 射线衍射主要被作为一种微观物相分析手段来使用。具体应用在以下三个方面:①两相或两相以上聚合物共混的微观结构形态研究和分析[29];②对聚合物材料中各种添加剂进行物相分析;③对经过特殊阻燃处理的聚合物微观结构进行研究和分析,例如:经过纳米阻燃处理的聚合物。为了满足在聚合物阻燃研究中对于 XRD 数据处理工具的需要,FRES2.0 提供了自动处理 XRD 测试数据的应用程序,主要提供以下功能:①从 XRD 源格式文件读取有用数据;②作图(可自动转换成 Excel 或 Origin 下的图形);③图形局部放大;④标记峰位置、求谱峰面积;⑤打印图形;⑥谱图平滑和叠加。

该程序的使用步骤如下：

1) 选择"文件"菜单中的"打开 XRD 原格式文件"选项,从弹出的文件浏览器中选择欲转换的原始 XRD 文件名(一般是后缀为.＊＊a 的文件)并打开。此时,软件开始打开用户指定的 XRD 原格式文件,并在打开后立即按检测到的文件中的 XRD 曲线数目分解转换为一个个单独的样品 XRD 数据文件。此时,刚转换完成的文件名称被装入"待显示的样品文件"列表里,这些文件名与同一工作目录下的之前已经转换过样品文件名会一起显示在"当前目录下的样品文件"列表里。

根据以上操作完成的情况,系统会在下方提示栏里逐条显示"正在打开 XRD 原格式文件,请稍候！"、"已经打开 XRD 原格式文件,正在逐个分解转换,请稍候！"和"文件转换成功！从文件名列表中选择观察 XRD 谱图！"的提示信息。

2) 从"当前目录下的样品文件"或"待显示的样品文件"列表里选取想要观察的 XRD 谱图,"样品名称"、"测试时间"、"采集数据个数"、"起始衍射角"、"最大衍射角"、"衍射角增加步长"和"格式转换后的 XRD 数据"七个列表框里会显示相应样品的数据,同时自动绘制的 XRD 曲线显示于屏幕上。可以打印、放大观察或求峰面积,若希望自动转换成 Excel 或 Origin 格式,可以选择"格式转换"菜单。

若同时比较若干个样品的 XRD 曲线,可以在"当前目录下的样品文件"列表里按住 Ctrl 键,用鼠标选择任意条欲对比的曲线。选择完毕后,"待显示的样品文件"列表里会出现用户想要对比观察的样品名称,同样按住 Ctrl 键,用鼠标选择就可以在屏幕上看到若干条曲线的比较情况。其他操作同以上单个样品。所不同的是单条 XRD 曲线还可以标记峰位置和进行多次曲线平滑。

7.4.2.2　CONE 测试数据处理工具的使用

锥形量热仪(CONE)是美国国家标准和技术研究所(NIST)的 Babrauskas 于 1982 年提出来的,被认为是燃烧测试仪器方面最重大的进展[30]。它以氧消耗原理为基础的新一代聚合物材料燃烧测定仪,具有多功能的结构设计,可提供准真实(quasi-real)的燃烧测试条件,其实验结果与大型燃烧实验结果之间存在很好的相关性[31]。CONE 的外部热辐射装置可以模拟实际火情规模的大小,同时给出热释放、烟释放、CO 和 CO_2 释放及质量损失等多项与真实火情相关的实验参数。利用这些数据可以对聚合物阻燃材料的热降解行为、阻燃性能、抑烟作用等进行综合研究[32,33],并可以对材料在火灾害中的安全等级进行评估[34]。

CONE 测试数据处理工具软件(图 7-19)设计的主要目的是为了方便用户把具有专业格式的 CONE 测试数据转换成所需要的 Excel 格式数据和曲线并实现燃烧参数的自动转换。该软件的一般使用步骤如下：

1) 首先在"样品质量"一栏里输入所测样品的质量。然后选择"文件"菜单中的"打开 CONE 原格式文件"选项,从弹出的文件浏览器中选择欲转换的原始 CONE 文

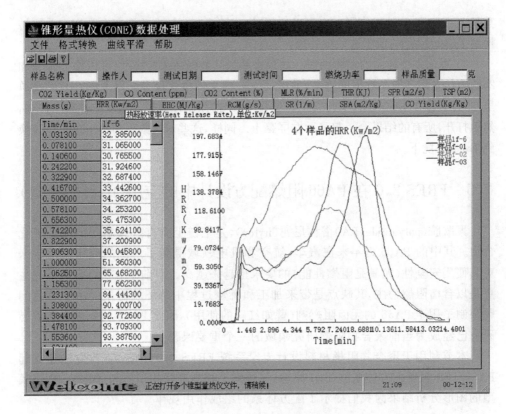

图 7−19　锥形量热仪(CONE)数据处理软件的界面

件名(一般是后缀为 .csv 的 ASCII 码文件)并打开。此时,系统会弹出一个"请您指认"的对话框,要求用户按顺序指明被打开文件里的曲线的名称。一般 CONE 研究常用的有 10 项燃烧参数,即 EHC、RCM、SEA、HRR、SR、Mass、CO 产量、CO_2 产量、CO 和 CO_2 浓度,所以用户指认时只需要从对话框列表中按顺序选取参数并通过箭头按钮送到下方列表框中即可,若发现指认错误,可以通过反向的箭头按钮取消上次选择。

2) 点击"确定",软件打开指定的 CONE 原格式文件,并在打开后立即按用户指认的顺序分解转换数据文件,把所有相关参数和换算结果添加入相应的有指定标记的标签页中。由于一个样品完整的 CONE 测试数据文件一般分别拷贝在三个原始文件内,所以上述转换数据的过程也需要操作三次。为了防止发生转换错误,用户在事先拷贝数据时,一定要记下曲线名称顺序。

3) 完成全部数据转换以后,用户可以点击任何标签页观察包括 THR 和 TSP 在内的所有实验曲线。确认无误后,可以把转换结果以 ＊.con 的文件格式保存下来,下次打开文件只需选择"文件"菜单里的"打开多个 CON 格式文件"选项就可以了,不必重复上述1)和2)的操作了。也可以选择"格式转换"菜单,自动把所有数据和曲线转换到 Excel 环境下,便于进一步处理。

4) 对比多个样品的实验曲线。如果这些样品数据还未转换过,可以按上述1)和2)的操作先将各样品数据读进来,并以 *.con 的文件格式保存。再选择"文件"菜单里的"打开多个 CON 格式文件"选项,按住 Ctrl 键,用鼠标选择欲比较的样品文件名,然后打开,所有的结果会一起显示在屏幕上。同样,这些对比数据和图形也可以转换到 Excel 环境下。

7.5　FRES 2.0 在 PA66 阻燃配方设计中的应用(单目标模型)

聚酰胺(polyamide,PA)俗称尼龙(nylon),是主链上含有酰胺基团的高分子化合物。其中的 PA66 近年来在汽车、航空和机电领域得到了广泛的应用。近年来对其使用安全性(尤其是阻燃性能)的要求也越来越高。目前 PA66 的阻燃研究主要是以含卤阻燃为主,其缺点是带来加工和燃烧过程中的环境污染。由于着色问题限制了用于 PA66 的无卤阻燃剂(譬如红磷的使用),因此 PA66 的无卤本色阻燃研究已经成为当前聚合物阻燃研究领域的一个重要课题。

本节利用于聚合物阻燃材料设计专家系统 FRES 2.0 中的 ANN 方法建立起 PA66/IFR 阻燃配方体系的 LOI 模型,并得到了相当准确的预测和优化结果,该模型的图形分析结果为我们揭示了配方体系的组成作用规律。

7.5.1　样品制备和测试

7.5.1.1　原料和加工测试设备

主要原料:尼龙66(PA66)、聚磷酸铵(APP)、三聚氰胺(MN)、聚乙烯醇(PVA)、阻燃剂(FR)、聚乙烯-乙酸乙烯酯(EVA)、钠性分子筛(AD)和硼酸锌(ZB)。

主要加工和测试设备:南京大学仪器厂的 QM-1F 型球磨机、Haake 流变仪、Toshiba Machine 公司的 IS75 PN Ⅱ 型塑料注塑成型机、英国 PL 公司的 HFTA Ⅱ 型氧指数仪。

7.5.1.2　均匀实验设计方案

该配方共有8种组分,以 phr 为单位,其中的树脂有 PA66、PVA 和 EVA 三种。前期研究[35]表明 PA66/EVA 值为 93.2/6.8 时,阻燃效果较好。所以实验中固定 PA66/EVA 值为 93.2/6.8,EVA 的用量可以由 PA66 的添加量推算出来,树脂 PVA 的用量可以由以上两种树脂含量推算出来,因而只选择考虑 PA66 树脂的添加量。所以,均匀设计时采用6因子混合水平的均匀实验设计方案(表7-23),

其中 PA66 有 5 个水平,APP 有 10 个水平,FR 有 5 个水平,MN 有 5 个水平,AD 有 4 个水平,ZB 有 6 个水平,共 30 个实验。

表 7 ‒ 23　PA66 阻燃系统配方均匀设计配方和 LOI 测试结果

样本序号	1	2	3	4	5	6	7	8	9	10
LOI/%	27.2	28.7	26.7	27.4	30.4	27.7	28.8	26.7	27.9	29.6
样本序号	11	12	13	14	15	16	17	18	19	20
LOI/%	26.9	29.2	26.5	27.2	28.6	28.2	27.7	33.5	27.9	28.6
样本序号	21	22	23	24	25	26	27	28	29	30
LOI/%	27.0	28.2	29.9	29.4	27.7	26.3	26.8	28.5	29.1	27.5

7.5.1.3　样品制备

按 FRES 2.0 提供的均匀设计配方称重后,把粉末样品在室温下用球磨机研磨 1h。然后将研磨后的样品与树脂混合后在 80℃下真空干燥 8h 后,加入到 Haake 单螺杆挤出机中混炼挤出,挤出的样条用切粒机造粒。最后将粒状混合物于 100℃下真空干燥 4h 后,在塑料注塑成型机中注塑成型。最终获得的样品为长 10cm、宽 0.65cm、厚 0.3cm 的氧指数测试样条。

7.5.1.4　样品测试

极限氧指数(LOI)的测试在 HFTA II 型氧指数仪上完成,测试标准为常温氧指数标准 ASTM2863。

7.5.2　配方知识获取

7.5.2.1　人工神经网络结构和学习参数的确定

PA66/IFR 阻燃配方是一个 8 组分、仅考察极限氧指数 1 种性能指标的聚合物阻燃配方体系。如前所述,EVA 的用量可以由 PA66 的添加量推算出来;树脂 PVA 的用量可由以上两种树脂含量推算出来,所以人工神经网络输入层中仅考虑 PA66 的添加量。因此相应的三层 BP 人工神经网络的输入/输出结构应是 6 个输入节点、1 个输出节点(表 7 ‒ 24)。经多次尝试后确定隐层神经元个数为 6 个时为最佳。收敛目标均方根误差取 0.01,取更小的目标误差易产生过拟合现象。图 7 ‒ 20 显示 PA66/IFR 阻燃配方的 BP 人工神经网络结构图,表 7 ‒ 25 列出了网络训练的主要学习参数。

表 7 - 24　PA66/IFR 配方的 BP 人工神经网络的学习样本数据预处理

项目			数据预处理前	数据预处理后	数据预处理转换公式
输入数据	PA66	最小值	90.1	−1.628 5	$PA66' = 0.598\ 7 \cdot (PA66) − 55.573\ 9$
		最大值	94.8	1.185 5	
	APP	最小值	13	−1.566 7	$APP' = 0.348\ 2 \cdot APP − 6.092\ 7$
		最大值	22	−1.566 7	
	FR	最小值	3	−1.414 2	$FR' = 0.707\ 1 \cdot FR − 3.535\ 5$
		最大值	7	1.414 2	
	MN	最小值	3	−1.414 2	$MN' = 0.707\ 1MN − 3.535\ 5$
		最大值	7	1.414 2	
	AD	最小值	1	−1.378 9	$AD' = 0.919\ 3 \cdot AD − 2.298\ 2$
		最大值	4	1.378 9	
	ZB	最小值	7	−1.463 9	$ZB' = 0.585\ 5 \cdot ZB − 5.562\ 6$
		最大值	12	1.463 9	
输出数据	LOI	最小值	26.3	0.05	$LOI' = 0.125\ 6 \cdot LOI − 3.237\ 5$
		最大值	33.5	0.95	

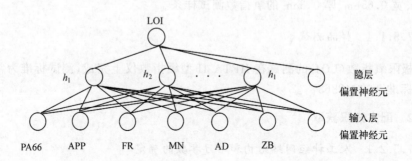

图 7 - 20　PA66/IFR 配方模型的 BP 网络结构示意图

表 7 - 25　PA66/IFR 配方模型的 BP 人工神经网络结构和学习参数

输入/隐层/输出节点数	神经元函数	学习速率	动量因子	初始化权值范围	最大迭代次数	收敛目标均方根误差
6/6/1	Sigmoid 函数	0.15	0.95	−0.3~0.3	5 000	0.01

7.5.2.2　数据预处理

训练样本集如表 7－23 所示。样本输入数据按式(7－14)进行标准化和归一化处理；目标输出数据按式(7－15)归一化到 0.05～0.95 之间，以消除系统误差，加速网络训练。预处理结果如表 7－24 所示。

7.5.2.3　配方知识获取结果

(1) MNLR 配方模型

为了比较，我们首先用 FRES 2.0 中的传统的非线性回归建模方法对如表 8－23 的同一训练数据集进行回归分析，得到的多项式模型如式(7－21)所示：

$$
\begin{aligned}
LOI =&-2442.4747+23.5448*PA66+61.7093*APP+57.9201*FR\\
&+61.4580*MN+38.3412*AD+99.7822*ZB-0.5407*PA66*APP\\
&-0.5595*PA66*FR-0.4112*PA66*MN-0.1555*PA66*AD\\
&-0.9021*PA66*ZB-0.3558*APP*FR-0.8516*APP*MN\\
&-0.3273*APP*AD-0.4587*APP*ZB+0.4209*FR*MN\\
&-1.3449*FR*AD+0.1958*FR*ZB+0.1239*MN*AD\\
&-1.1399*MN*ZB-1.3343*AD*ZB
\end{aligned}
\tag{7-21}
$$

式中，LOI 以％为单位，其余变量以 phr 为单位。式(7－21)中共有 22 项，其中六项包含独立自变量，图 7－21 描述了该非线性回归模型的预测能力。

(2) ANN 配方模型

按表 7－25 的学习参数设置对 PA66/IFR 配方的 BP 网络模型进行训练，网络收敛到指定的目标误差后，保存权值文件。训练完毕的 PA66/IFR 阻燃配方的人工神经网络连接权值列于表 7－26 和表 7－27，图 7－22 描述了 ANN 配方模型的预测效果。表 7－28 比较了 MNLR 与 ANN 模型对于同一预测数据集的预测效果，显然 ANN 方法给出的结果更为令人满意。

表 7－26　输入层和隐层之间的权值

	PA66	APP	FR	MN	AD	ZB	输入偏置
h_1	−2.32	−0.39	−1.93	0.82	−1.70	−1.81	−0.09
h_2	0.03	0.54	−0.24	−0.12	1.08	−1.00	0.99
h_3	−0.73	0.50	−2.01	0.68	−1.94	−2.90	0.55
h_4	0.83	0.05	0.08	0.56	−0.10	−0.14	−1.09
h_5	0.46	−3.27	−0.92	1.29	−0.97	−1.21	2.46
h_6	0.46	0.02	−0.06	0.33	−0.08	0.48	0.02

表 7 ‑ 27　隐层和输出层之间的权值

	h_1	h_2	h_3	h_4	h_5	h_6	隐层偏置
LOI	−3.76	−1.81	4.16	1.57	−2.51	0.69	0.05

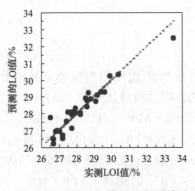

图 7 ‑ 21　MNLR 模型的预测效果

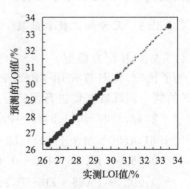

图 7 ‑ 22　ANN 模型的预测效果

表 7 ‑ 28　MNLR 与 ANN 模型对于同一预测数据集的预测效果比较

	MNLR 模型	ANN 模型
相关系数(r)	0.947 4	1.000 0
均方根误差(RMS)	0.438 8	0.000 2

7.5.3　配方模型应用

7.5.3.1　预测和优化

我们用 FRES 2.0 中带不等式约束的 n 维复合型优化方法,以氧指数为优化目标,对 PA66/IFR 阻燃配方进行了优化计算,由于此配方只考虑氧指数,所以无其他约束条件。优化结果见表 7 ‑ 29 所示。从后来用于验证的配方实验结果来看,优化结果与实验符合得相当好。

表 7 ‑ 29　PA66/IFR 阻燃配方优化结果

PA66 /phr	APP /phr	FR /phr	MN /phr	AD /phr	ZB /phr	LOI/%		
						优化值	实验值	预测误差
93.2	22.0	5.16	4.7	1.0	9.2	33.6	33.8	−0.6%

注:预测误差用相对百分比误差表示,即预测误差/% =(优化值−实验值)×100/实验值。

7.5.3.2　配方组成与性能关系的研究

(1) 配方单组分图形分析

在 PA66/IFR 阻燃配方人工神经网络模型的基础上选择 APP 和 FR 的配方组成作为研究变量,按表 7－29 中的优化配方固定其他配方组成(PA66:93.2phr;APP:22phr;FR:5.16phr;MN:4.7phr;AD:1.0phr;ZB:9.2phr),研究其中两种组分添加量对配方性能的影响规律。FRES 2.0 把被考察组分添加量的变化对配方氧指数的影响规律显示于屏幕上(图 7－23 和图 7－24),也可以打印或自动转换成EXCEL 图形。

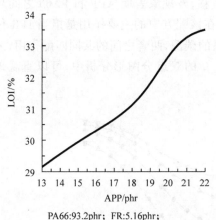

PA66:93.2phr; FR:5.16phr;
MN:4.7phr; AD:1phr; ZB:9.2phr

图 7－23　APP 对 PA66/IFR 体系
LOI 的影响曲线

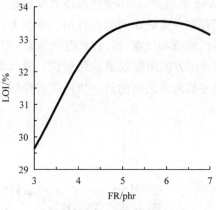

PA66:93.2phr; APP:22phr;
MN:5.16phr; AD:1phr; ZB:9.2phr

图 7－24　FR 对 PA66/IFR 体系
LOI 的影响曲线

以上曲线直观地反映了各组成添加量对 PA66/IFR 阻燃体系 LOI 值的影响。图 7－23 显示 APP 添加量从 19phr 到 21phr 时,LOI 曲线出现一个较快的增长,从31.5 上升到 33.5;APP 添加量小于 19phr 或大于 21phr 时,LOI 曲线上升趋缓。此现象表明在 PA66/IFR 阻燃体系中,APP 添加量与 LOI 值之间有类似 S 形曲线的变化规律。在双组分分析得到的图 7－25 中可以更明显地观察到这一趋势。

图 7－24 表明适量的 FR 有利于 PA66/IFR 体系的阻燃性能提高。当 FR 添加量为 5～7phr 时,体系的 LOI 曲线出现缓和的峰;当 FR 添加量大于 7phr 时,体系的LOI 明显下降。FR 添加量为 5～6phr 时,LOI 出现最大值。以上两个图形分析结果与文献[35]报道的实验现象吻合。必须注意的是以上图形分析结果仅仅局限于其他组分固定于某一点的情况,若改变其他任一组分的添加量,图形分析的结果可能有所不同,但是会有某种规律性的变化。当研究两种组分添加量同时变化对配方体系性

能指标的影响时,用户可以使用 FRES 2.0 的配方双组分分析工具。

(2) 配方双组分图形分析

以表 7－29 中的优化配方为例(PA66:93.2phr;APP:22phr;FR:5.16phr;MN:4.7phr;AD:1.0phr;ZB:9.2phr),研究 PA66 和 APP、FR 和 APP、MN 和 APP、AD 和 APP 以及 ZB 和 APP 五对组分添加量对配方性能的影响规律。所得到的影响曲线分别列于图 7－25～图 7－29。

图 7－25 四条曲线显示在不同 PA66 用量下,LOI 值随 APP 的添加量加大呈现出类似 S 形曲线的上升规律。由图 7－25 可以看出,APP 的用量在 19～21phr 左右 LOI 值有一个较快的增长,这与单组分分析得到的结论相符。随着基体树脂 PA66 的增加,LOI 变化曲线有规律地向上平移,该现象表明 APP 和 PA66 之间可能存在一定的协同阻燃作用。事实上,APP 在该配方中的主要作用是担当 IFR 体系的酸源和气源,而 APP 则成为该 IFR 体系的碳源,两者之间的共同匹配作用,才能使配方的阻燃效果达到最优。从 FRES 2.0 的双组分图形分析中,可以直观地观察到两者之间的这一协同阻燃作用。

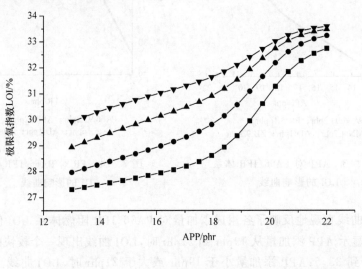

图 7－25　对于不同的 PA66 树脂添加量,APP 对于 LOI 的影响趋势

图 7－26～图 7－29 描述了 FR、MN、AD、ZB 四种阻燃添加剂在不同 APP 用量下对配方阻燃性能的影响曲线。图 7－26 和图 7－29 显示,FR 和 ZB 两种阻燃剂对 LOI 值的影响有些类似,都呈现出上升、变缓和下降的规律。FR 的添加量在 5～6phr 时,LOI 值达到最大;ZB 的添加量在 9～10phr 时,LOI 值达到最大。并且随着 APP 添加量的增大,FR 和 ZB 对 LOI 的影响曲线都会向上平移,而且峰形逐渐变宽。此现象意味着 FR 和 ZB 很有可能改善或加强了 APP 作为酸源和气源、

PA66 作为碳源的成炭反应,但这种增强作用有一定的范围。

图 7‑27 显示了 MN 在 APP 用量逐渐增大的条件下,对 LOI 值的影响从平缓但略有上升发展到几乎不变,然后平缓但略有下降,最终明显下降。这一现象至少表明在我们现在所讨论的配方组成条件下,大部分时候 MN 对于体系的阻燃效果的贡献与 APP 的添加量关系不太大,当 APP 添加量为 20phr 左右时,MN 的增加甚至会导致配方体系阻燃效果变差。事实上,配方设计的初衷是将 MN 作为PA66/IFR 体系的一种辅助酸源来考虑的,从图形分析的结果来看,MN 的酸源作用远不及 APP。这可能由于 MN 参与膨胀阻燃的时间或温度等因素与 APP 不匹配造成的,使预期的阻燃协同效应反而成了反协同作用,其中的原因有待进一步的实验验证和机理探讨。

图 7‑28 清楚地表明阻燃剂 AD 在 PA66/IFR 体系中没有起到我们预期的阻燃效果。随着 AD 添加量的增大,LOI 先下降,后趋于平缓,体系中 APP 量的增大只能使这种下降趋势向高 LOI 方向平移,但基本不改变 LOI 曲线的形状。AD 是一种钠性分子筛,在 PA66/IFR 配方体系中加入 AD 的初衷是期望它能对整个膨胀阻燃过程起催化作用,有效地促进成炭反应,从而提高阻燃效果。但从图形分析结果来看,这种催化作用并未发挥出来,这可能是因为选择的分子筛的化学组成(硅铝比)不太合适,导致了催化作用没有与 PA66/IFR 体系的膨胀阻燃过程匹配。

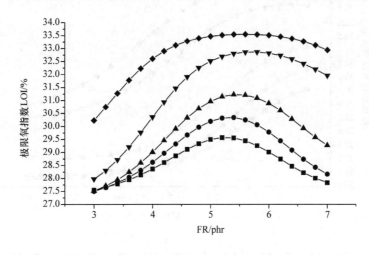

■—APP=14phr;　●—APP=16phr;　▲—APP=18phr;　▼—APP=20phr;　◆—APP=21phr

图 7‑26　对于不同的 APP 添加量,FR 对于 LOI 的影响趋势

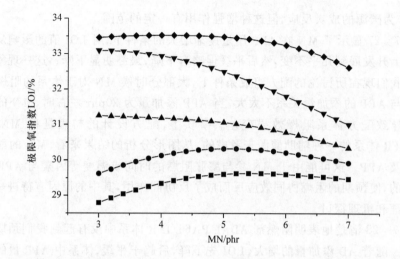

—■— APP=14phr;　—●— APP=16phr;　—▲— APP=18phr;　—▼— APP=20phr;　—◆— APP=22phr

图 7 - 27　对于不同的 APP 添加量,MN 对于 LOI 的影响趋势

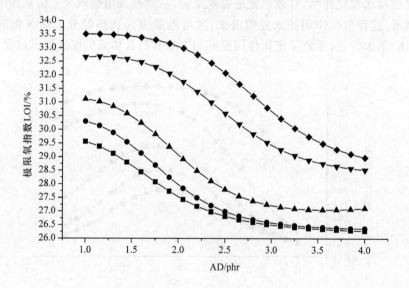

—■— APP=14phr;　—●— APP=16phr;　—▲— APP=18phr;　—▼— APP=20phr;　—◆— APP=22phr

图 7 - 28　对于不同的 APP 添加量,AD 对于 LOI 的影响趋势

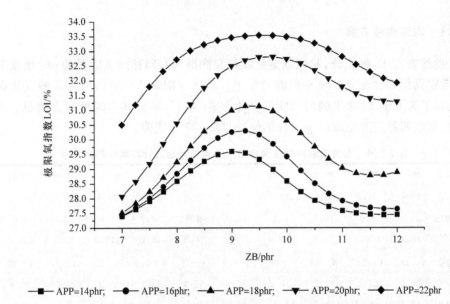

图 7‑29　对于不同的 APP 添加量，ZB 对于 LOI 的影响趋势

7.6　FRES 2.0 在无卤阻燃热塑性聚合物配方设计和分析中的应用(多目标模型)

随着世界对环保问题的日益重视，高阻燃、无毒、低烟、易加工的无卤阻燃电绝缘料(non-halogen flame retardant cable jacketing materials)已经成为世界各国阻燃界都致力于研究和开发的热点和前沿课题。无卤阻燃电绝缘料在地铁、核电站、高层建筑、重要的民用和军用设施中具有极为广泛的应用前景。实现聚合物无卤阻燃最大的挑战在于大量地添加无机阻燃剂会造成聚合物体系其他性能(尤其是机械性能和加工性能)下降得令人无法接受[1]。加上无卤阻燃体系组分多、组分之间相互作用复杂、体系相容性差、性能指标要求多，给配方设计和研究带来极大的困难。

传统的配方设计方法已经无法满足此类要求，我们曾经尝试用 FRES 1.0 中的偏最小二乘方法[36]对一种实际的 12 组分的黑色聚合物无卤阻燃电绝缘料配方进行统计建模，但结果显示几乎所有的模型均不可用，并且无法得到一个多输入多输出的模型[37]。要获得最佳的满足要求的聚合物阻燃配方，需要借助于求解非线性映射问题的人工神经网络技术。

本节应用聚合物阻燃材料设计专家系统软件 FRES 2.0 中基于人工神经网络的知识获取方法对一种无卤阻燃电绝缘料配方进行配方知识获取、优化设计和分析。

7.6.1 均匀实验方案

此配方有 12 种组分,我们固定抗氧剂和润滑剂共四种加工助剂的 phr 组成不变,考察其他 8 种组分对配方性能的影响。利用 FRES 2.0 中的均匀实验设计模块设计了 8 因子 29 水平的均匀实验设计方案(表 7－30),其中四种聚合物用 g 为单位,其余四种配方组成以 phr 为单位,一共有 29 个实验。

表 7－30　无卤阻燃热塑性聚合物配方均匀实验设计方案和测试结果

样品号	Y－1	Y－2	Y－3	Y－4	Y－5*	Y－6	Y－7	Y－8*	Y－9	Y－10
LOI/%	37.4	31.1	36.0	33.0	31.2	36.8	35.6	30.6	33.8	30.0
TS/MPa	10.7	8.9	10.9	8.2	11.3	9.9	10.1	7.6	12.0	9.8
EL/%	95.0	159.0	91.0	142.0	108.0	70.0	86.0	179.0	80.3	118.0

样品号	Y－11*	Y－12*	Y－13	Y－14*	Y－15	Y－16	Y－17*	Y－18	Y－19	Y－20
LOI/%	29.5	35.5	32.2	30.0	34.6	32.3	29.1	32.4	31.5	30.4
TS/MPa	10.2	8.5	10.7	8.8	12.5	9.4	11.3	9.8	9.8	8.8
EL/%	141.0	68.0	104.0	201.0	103.0	106.0	162.0	86.5	111.0	227.0

样品号	Y－21	Y－22	Y－23*	Y－24	Y－25	Y－26*	Y－27	Y－28*	Y－29
LOI/%	35.4	31.2	30.4	31.6	33.0	29.3	33.5	29.7	37.0
TS/MPa	12.6	10.2	8.4	8.4	10.8	9.0	10.1	8.2	10.7
EL/%	108.0	96.5	188.0	121.0	83.0	187.8	86.0	132.0	57.0

　　注:Y-1～Y-29 是 29 个均匀设计实验配方,其中不带 * 的 20 个配方构成人工神经网络的训练数据集,另外带 * 的 9 个配方构成预测数据集。

7.6.2 样品的制备和测试

　　按均匀设计配方称量后,把样品中的 4 种聚合物和抗氧剂、增塑剂一起在双辊混炼机上于 150～160℃条件下混炼 3～5min,然后在聚合物熔体中一次加入其他所有组分,混炼 8～10min 后出片。再于 150～160℃和 15～20MPa 压力条件下硫化 3～5min。样品极限氧指数(LOI)的测试在 FTA I 型氧指数仪上完成,测试标准为常温氧指数标准 ASTM2863;断裂拉伸强度(TS)和断裂伸长率(EL)的测试在万能材料实验仪(instron model 1185)上完成,测试标准为 ASTM D638。

7.6.3 配方知识获取

7.6.3.1 人工神经网络结构和学习参数的确定

　　由于本应用实例是一个 8 组分、考察 3 种性能指标的聚合物阻燃配方体系,所以与此配方相应的三层 BP 人工神经网络的输入/输出结构应是 8 个输入节点、3

个输出节点。收敛目标均方根误差取 0.01,取更小的目标误差易产生过拟合现象。其他学习参数见表 7‑31,BP 人工神经网络拓扑结构如图 7‑30 所示。

表 7‑31　无卤阻燃热塑性聚合物配方的 BP 人工神经网络结构和学习参数

输入/隐层/ 输出节点数	神经元函数	学习速率	动量因子	初始化权值范围	最大迭代 次数	收敛目标均方根 误差
8/12/3	Sigmoid 函数	0.3	0.1	−0.3～0.3	5 000	0.01

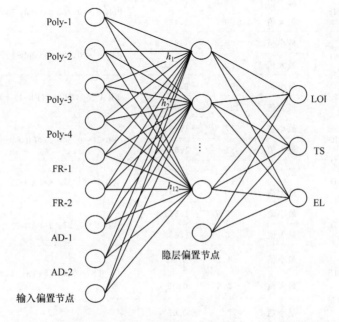

图 7‑30　无卤阻燃热塑性聚合物配方的 BP 人工神经网络结构

7.6.3.2　训练和测试样本集

表 7‑30 中不带星号的 20 个配方构成人工神经网络的训练数据集,另外带星号的 9 个配方构成预测数据集。

7.6.3.3　数据预处理

输入数据采用标准化和归一化处理;输出数据归一化到 0.05～0.95 之间,以便消除系统误差,加速网络训练。其处理公式分别见式(7‑14)和式(7‑15),处理结果如表 7‑32 所示。

表 7-32　无卤阻燃热塑性聚合物配方的 BP 人工神经网络的学习样本数据预处理

项目			数据预处理前	数据预处理后	数据预处理转换公式
输入数据	Poly-1	最小值	21	−1.568 3	Poly-1′=0.231 5·(Poly-1)−6.429 5
		最大值	35	1.672 5	
	Poly-2	最小值	8.8	−1.650 4	Poly-2′=0.297 9·(Poly-2)−4.271 9
		最大值	20	1.686 1	
	Poly-3	最小值	8.8	−1.746 6	Poly-3′=0.283 5·(Poly-3)−4.241 8
		最大值	20	1.429 1	
	Poly-4	最小值	8.8	−1.622 0	Poly-4′=0.284 6·(Poly-4)−4.126 1
		最大值	20	1.565 1	
	FR-1	最小值	82	−2.287 5	FR-1′=0.099 4·(FR-1)−10.434 3
		最大值	121	1.587 1	
	FR-2	最小值	17	−1.753 3	FR-2′=0.240 2·(FR-2)−5.836 4
		最大值	31	1.609 2	
	AD-1	最小值	4.4	−1.695 9	AD-1′=0.578 8·(AD-1)−4.242 5
		最大值	10	1.545 4	
	AD-2	最小值	2.7	−1.538 4	AD-2′=1.379 8·(AD-2)−5.263 8
		最大值	5	1.635 0	
输出数据	TS	最小值	8.2	0.05	TS′=0.204 5·TS−1.627 3
		最大值	12.6	0.95	
	EL	最小值	57	0.05	EL′=0.005 3·EL−0.251 8
		最大值	227	0.95	
	LOI	最小值	30	0.05	LOI′=0.121 6·LOI−3.598 6
		最大值	37.4	0.95	

7.6.3.4　配方 BP 网络模型的学习

按上述网络结构和学习参数对配方的 BP 网络模型进行训练,网络收敛到指定的目标误差后,保存权值文件。训练完毕的配方人工神经网络连接权值列于表 7-33 和表 7-34。

表 7 - 33　输入层和隐层之间的权值

	Poly-1	Poly-2	Poly-3	Poly-4	FR-1	FR-2	AD-1	AD-2	Input bias
h_1	-0.44	-1.00	-1.21	1.96	1.24	0.39	-0.13	-0.63	1.03
h_2	1.49	0.66	-0.31	-0.86	-0.74	-0.16	0.04	-0.89	-0.95
h_3	-0.29	-0.61	1.66	1.14	1.56	1.17	0.43	-0.16	-0.16
h_4	-0.58	-0.20	-1.40	1.85	0.85	0.17	-0.60	1.17	-1.35
h_5	0.37	-0.47	0.20	-0.06	0.35	0.24	-0.22	-0.07	0.16
h_6	0.64	-0.52	1.38	-1.47	0.53	0.06	1.02	-0.60	-1.26
h_7	-0.26	-0.03	0.00	-0.46	0.09	0.05	-0.44	-0.26	-0.09
h_8	-0.18	-0.12	0.99	-0.80	-0.31	-0.43	-0.46	-1.92	1.68
h_9	1.02	0.26	-1.06	-0.80	-1.22	0.00	-0.21	1.11	-1.52
h_{10}	2.12	0.40	0.96	0.33	-0.29	0.40	-2.07	2.12	-0.47
h_{11}	-0.38	1.11	-1.20	0.56	0.62	-0.72	-0.04	0.58	-1.48
h_{12}	-2.70	1.05	0.43	-1.06	-0.02	0.46	0.21	0.40	-1.87

表 7 - 34　输入层和隐层之间的权值

	h_1	h_2	h_3	h_4	h_5	h_6	h_7	h_8	h_9	h_{10}	h_{11}	h_{12}	Hidden bias
TS	0.48	-2.15	1.09	1.37	0.16	1.22	-0.39	1.26	0.21	-2.53	-0.25	-2.45	-0.13
EL	-1.45	0.57	1.13	-0.18	-0.41	-2.31	-0.25	0.75	2.26	-1.67	-0.87	-0.67	0.53
LOI	-1.72	0.30	2.42	2.35	0.35	0.37	-0.57	-1.51	-1.41	-0.93	1.37	1.20	-0.42

7.6.4　配方模型应用

7.6.4.1　预测和优化

专家系统的预报结果和实测结果比较见表 7 - 35 和图 7 - 31~图 7 - 33,其中的预测误差都在允许误差范围内。在现有的实验条件下,LOI 的预测误差在 ±5%内;TS 和 EL 的预测误差在 ±10% 以内,都可以满足实用配方的要求。表 7 - 36给出了人工神经网络配方模型对于三个性能指标的预测能力的统计评价结果。从标准偏差来看,断裂伸长率的误差明显地要大一些,这可能是因为配方实验误差和力学性能测试误差的累积造成的。显然三个性能指标中,断裂伸长率的测试更不准确一点。但是从相关系数来看,三者的相关系数都相当高且相差无几,可见人工神经网络配方模型的非线性拟合能力还是相当强的。

表 7-35　无卤阻燃热塑性聚合物配方人工神经网络模型的预测效果统计评价

ANN Model	LOI/%	TS/MPa	EL/%
相关系数(r)	0.952 4	0.955 7	0.969 5
均方根误差(RMS)	0.38	0.54	10.10

表 7-36　专家系统预测配方性能数据与实测数据比较

样品	实测值			预测值			预测误差		
	LOI/%	TS/MPa	EL/%	LOI/%	TS/MPa	EL/%	LOI/%	TS/MPa	EL/%
Y-5	31.2	11.3	108.0	31.3	11.6	110.2	0.3%	2.6%	2.0%
Y-8	30.6	7.6	185.0	31.0	8.1	195.5	1.3%	6.2%	5.7%
Y-11	29.5	10.2	148.0	29.8	9.8	154.4	1.0%	-4.1%	4.3%
Y-12	35.5	8.5	68.0	34.5	8.1	64.8	-2.8%	-4.9%	-4.7%
Y-14	30.0	8.8	201.0	29.5	8.3	193.8	1.6%	-6.0%	-3.6%
Y-17	29.1	11.3	164.0	29.7	11.2	175.2	-2.0%	-0.9%	6.8%
Y-23	30.4	10.0	188.0	29.5	9.6	186.6	-2.9%	-4.2%	-0.7%
Y-26	29.3	9.0	187.8	29.5	8.5	200.8	0.7%	-5.9%	6.9%
Y-28	29.7	8.2	132.0	29.6	8.2	139.1	-0.3%	0.0%	5.4%

注:预测误差用相对百分比误差表示,即:预测误差/% =(预测值-实测值)×100/实测值。

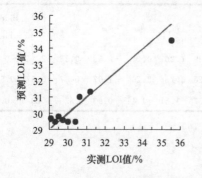

图 7-31　无卤阻燃热塑性聚合物配方　　　图 7-32　无卤阻燃热塑性聚合物配方
BP 网络模型对 LOI 值的预测效果图示　　　BP 网络模型对 TS 值的预测效果图示

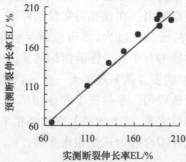

图 7-33　无卤阻燃热塑性聚合物配方 BP 网络模型对 EL 值的预测效果图示

　　由于对于无卤阻燃配方体系,要在满足阻燃性能指标的前提下达到较优的力学性能是相当困难的,尤其是断裂伸长率的提高对电线电缆工业中的应用具有重要的意义。因此,我们用 FRES 2.0 中带不等式约束的 n 维复合型优化方法,对断裂伸长率 EL/% 进行了最大化优化计算,约束条件为:极限氧指数 LOI/%:35～37;断裂拉伸强度 TS/MPa:10～12,优化结果为:EL/%＝174.7,TS/MPa＝10.0,LOI/%＝35。

　　实验验证结果见表 7－37,显然,该优化结果在我们所研究的组成范围内,的确达到了较优的综合指标,并且具有较高的参考价值。

表 7－37　专家系统优化配方性能数据与实测数据比较

实测值			预测值			预测误差		
LOI/%	TS/MPa	EL/%	LOI/%	TS/MPa	EL/%	LOI/%	TS/MPa	EL/%
34.7	10.2	164.5	35.0	10.0	174.7	0.86%	−1.96%	6.20%

注:预测误差用相对百分比误差表示,即:预测误差/%＝(预测值－实验值)×100/实验值。

7.6.4.2　配方组成与性能之间关系的图形化分析

　　在已有阻燃配方人工神经网络模型的基础上选择 Poly-1 和 FR-1 作为研究对象,固定其他配方组成:Poly-1＝25g;Poly-2＝10g;Poly-3＝14g;Poly-4＝15g;FR-1＝100phr;FR-2＝25phr;AD-1＝8phr;AD-2＝4phr,用 FRES 2.0 中的单、双组分分析工具来研究 Poly-1 和 FR-1 添加量对配方性能的影响规律,所得到的曲线分别列于图 7－34～图 7－39。

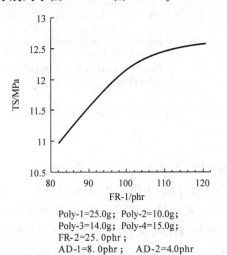

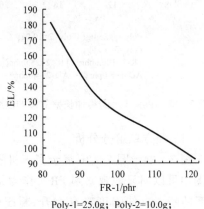

图 7－34　FR-1 对断裂拉伸强度的影响曲线　　图 7－35　FR-1 对断裂伸长率的影响曲线

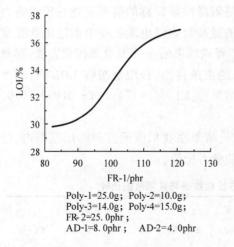

Poly-1=25.0g; Poly-2=10.0g;
Poly-3=14.0g; Poly-4=15.0g;
FR-2=25.0phr;
AD-1=8.0phr; AD-2=4.0phr

图 7 - 36 FR-1 对极限氧指数的影响曲线

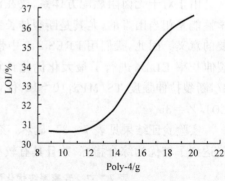

Poly-1=25.0g; Poly-2=10.0g;
Pol y-3=14.0g;
FR-1=100.0phr; FR-2=25.0phr;
AD-1=8.0phr; AD-2=4.0phr

图 7 - 37 Poly-4 对极限氧指数的影响曲线

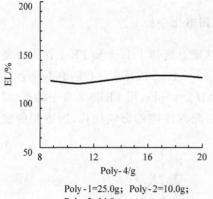

Poly-1=25.0g; Poly-2=10.0g;
Poly-3=14.0g;
FR-1=100.0phr; FR-2=25.0phr;
AD-1=8.0phr; AD-2=4.0phr

图 7 - 38 Poly-4 对断裂伸长率的影响曲线

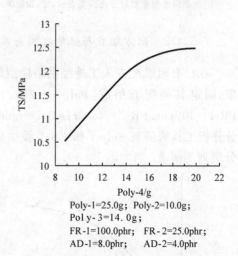

Poly-1=25.0g; Poly-2=10.0g;
Pol y-3=14.0g;
FR-1=100.0phr; FR-2=25.0phr;
AD-1=8.0phr; AD-2=4.0phr

图 7 - 39 Poly-4 对断裂拉伸强度的影响曲线

（1）配方单组分分析

图 7 - 34～图 7 - 36 显示了无机阻燃剂 FR-1 的添加对各项性能指标的影响。从图中可以明显地观察到 FR-1 作为无机填料的特征，即随着添加量的增加，配方体系的断裂拉伸强度略有上升，断裂伸长率大幅下降。图 7 - 36 明显地表明了 FR-1 对体系的阻燃性能所起的主要作用。这一结论与实验结果和理论分析都符合得很好。应当说明的是，FR-1 的添加范围（80～120phr）是该配方体系均匀实验设计时所考察的主要范围，使用 FRES 2.0 中的单组分分析工具只能得到描述该实验范围内的规律的曲线。

Poly-4 是一种相溶剂。在配方体系中添加 Poly-4 的主要初衷是期望它能使体系的相容性得到改善,以提高多相聚合物共混体系的机械性能和加工性能,图 7–38～图 7–39 的曲线证实了 Poly-4 确实起到了改善体系相容性的作用。更令人感兴趣的是,图 7–37 显示:在阻燃剂一定的条件下,Poly-4 的添加对改善配方阻燃性能也具有相当可观的影响。这暗示着 Poly-4 与 FR-1 之间可能存在某种协同阻燃效应(synergism effect)。

(2) 配方双组分作用分析

如图 7–40 表明:随着主要阻燃剂 FR-1 的加入,配方的极限氧指数 LOI 是随之上升的;但是如果同时增加配方体系中 Poly-4 的含量,会有助于这种上升趋势提前出现。譬如在 Poly-4＝12g(图中矩形标记线所示)时,FR-1 要添加到 95phr 左右,LOI 才会有明显的上升趋势;当 Poly-4 增加至 20g(图中菱形标记线所示)时,FR-1 只要加至 80phr 左右,LOI 已经开始急剧上升。其规律是随 FR-1 添加量增大,LOI 曲线不断左移,且 LOI 最大值有所提高。

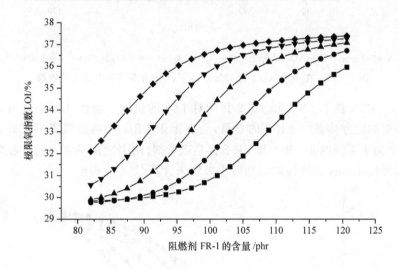

图 7–40　在不同 Poly-4 添加量条件下,LOI 值随 FR-1 的变化规律

一般来讲,在配方体系中加入聚合物,总是会降低配方的阻燃性能的,除非被加入的聚合物与配方的某一组成之间存在着协同阻燃效应,才有可能使体系的阻燃性能不降反而大幅度增强。所以,图 7–40 揭示出的规律实际上验证了单组分分析的猜想,即:配方体系中的 Poly-4 与 FR-1 之间可能存在着某种协同阻燃效应。

类似的,作为增塑剂的 AD-2 与 FR-1 之间也存在着某种协同阻燃作用,这一规律可以从图 7–41 中明显地观察到。在阻燃剂 FR-1 添加 100phr 的情况下,AD-2 添加 4.8phr 的 LOI 值显然比 AD-2 添加 2.8phr 的 LOI 值要高出近 3.5 个单

位。事实上,AD-2本身是一种含磷的增塑剂,其主要作用是用来改善体系的加工
性能的。但含磷的化合物本身具有一定的阻燃作用,它与主要阻燃剂 FR-1 合用,
确实可以提高阻燃效率。

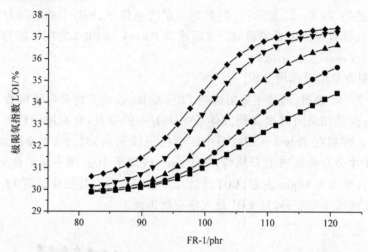

—■—AD-2=2.8phr;　—●—AD-2=3.3phr;　—▲—AD-2=3.8phr;　—▼—AD-2=4.3phr;　—◆—AD-2=4.8phr

图 7-41　在不同 AD-2 添加量条件下,LOI 值随 FR-1 的变化规律

图 7-42 反映了 FR-1 和 FR-2 共同对 LOI 的贡献。虽然从图中也可以观察
到,如果增加配方体系中 FR-2 的含量,会有助于 FR-1 影响曲线提前上升。但与
前面两个例子不同的是 FR-1 和 FR-2 都是阻燃剂,两者之间是否真的存在阻燃协
同效应,要用 Lyons 的线性添加型数学方法来计算[38]才能确定。

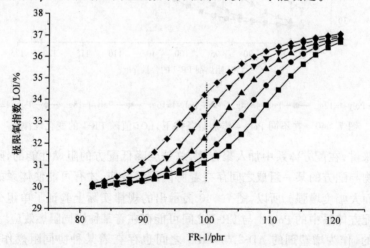

—■—FR-2=18phr;　—●—FR-2=21phr;　—▲—FR-2=24phr;　—▼—FR-2=27phr;　—◆—FR-2=30phr

图 7-42　在不同 FR-2 添加量条件下,LOI 值随 FR-1 的变化规律

7.7 人工神经网络技术进展和聚合物或阻燃研究相关网络资源

7.7.1 人工神经网络技术的进展

7.7.1.1 人工神经网络的优化线性组合

不同的人工神经网络拓扑结构,例如前面提到的隐层节点数,可能会对模型的准确度产生重大的影响。而人工神经网络拓扑结构的选择主要依据经验规则和多次尝试来确定[39]。在网络训练结束后,会有若干个不同拓扑结构的网络生成。通常我们会根据某些优化标准选择其中的一个作为最优的网络拓扑结构,其他的网络结构就被放弃了。但是在某些情况下,不同拓扑结构的 ANN 可能具有类似的性能。如果为了简便起见只采用其中一个拓扑结构,就有可能舍弃了其他网络拓扑结构中有用的信息。另一个处理方法是使用所有具有类似性能的候选网络的算术平均输出作为最终的输出值。但是,这一方法只是简单地假设所有的候选网络拥有几乎一样的模型准确度。Hashem 和 Schmeiser 发展了这一思想,建议使用若干个已经训练好的人工神经网络的优化线性组合(optimal linear combinations of neural networks)[40]。

组合若干个训练好的人工神经网络能够将各个子网络所获取的模型信息集成在一起,从而使总体的神经网络拥有比任何单个的子网络更好的模型准确度[41]。创建多个人工神经网络的线性组合类似于在训练好的子网络的基础上再建立一个大型的人工神经网络,其中训练好的子网络并行工作,得到的若干个输出进行加权组合成为最终的输出值。以 7.5 节中的应用实例为例,假设有若干个已经训练好的人工神经网络,LOI_i 是第 i 个子网络的输出,最终所有子网络的加权输出值为 LOIs。确定子网络的权重时遵循使对应模型输入的均方根误差最小为原则。这样得到的优化线性组合就是所谓的 OLC(optimal linear combination)神经网络,可以接下来用于模型的预测和优化计算。Thomas R. Cundari 等最近应用优化线性组合人工神经网络建立了六组分的丙烷氨氧化催化系统的模型,研究结果表明:相对于简单的、单个的神经网络拓扑结构,优化线性组合人工神经网络具有更强的建模和拟合能力[42]。

7.7.1.2 遗传算法

遗传算法[43](genetic algorithms,GAs)是受达尔文的自然选择和进化理论启发而提出的一种程序设计思想。这一方法把待解问题可能的答案(solutions)视为一个种群(population)内的个体(individual)。以 7.5 节中的应用实例为例,满足某一指标阻燃性能(如 LOI)的一个配方组成就是个体,所有满足该性能指标的配方构成一个种群。在一个配方中的各个组成代表不同的基因(gene),所有基因的组合构成一个染色体(chromosome),实际上就是一个配方。所谓的遗传算法就是用简单的数学函数来模拟生物界的遗传过程,例如基因互换(crossover)、基因筛选(selection)、基因变异(mutations)等操作,从而分离出"拟合度(fitness)"较高(例如,LOI 最大)的基因。目前很多遗传算法已经可以从文献中查到。一般而言遗传算法特别适合解决多目标优化问题,尤其是带有多个相互冲突约束条件的目标函数[44]。很多遗传算法成功的应用实例主要得益于该算法的简洁性,而且 GAs 在处理具有超曲面的复杂问题时已经成为其他算法所无法比拟的强大工具[45]。Thomas R. Cundari 等[42]在设计催化剂模型时将人工神经网络和遗传算法结合在一起应用,前者主要用于建立催化剂组成与活性、丙烯腈的选择性之间的相关关系,后者利用训练好的人工神经网络来计算拟合度,从而对催化剂组成进行优化计算。遗传算法优化和人工神经网络结合被证明是相当有效和快速的建模和优化方法。

7.7.1.3　人工神经网络修剪与遗传算法结合

如前所述,很多研究者已经把基于不同版本的反向传播学习算法的多层前向人工神经网络作为一种最常用、有效的建模和优化工具,来解决化学领域的各种问题。但是为了训练这些用于非线性回归或分类的人工神经网络,必须在反向传播算法的原始误差函数上加上惩罚因子,而这不可避免地增加了模型的复杂度。解决这一问题的方法之一是所谓的网络修剪技术(pruning technique),即在网络训练阶段同时修正网络的联结权值和网络结构以降低网络的复杂程度。从而使某些多余的神经元节点和联结权值会被逐步从网络拓扑结构中删除[46,47]。网络修剪技术集合了大型网络和小型网络训练的各自优势,前者具有较快的学习速率,可以有效陷入避免局部最小[48],后者可以增加网络的普适性[49]。然而,删除网络联结权值对于某些网络修剪参数是非常敏感的,此外训练和测试数据集的标准预测误差,网络大小都与网络修剪参数紧密相关。为解决这一问题,Cæsar Hervas 等把遗传算法和权值调整结合在一起用来修正影响动力学数据的温度[50]。这一工作构建了一种遗传算法,该方法将一批具有足够隐层节点数的两层网络视为一个种群,最终筛选得到相对简单的网络拓扑结构,使得模型更简单,计算成本更小,更易于从物理意义上解释。

7.7.2　聚合物或阻燃研究的相关网络资源

聚合物阻燃研究涉及聚合物材料科学和火科学的交叉领域。所以,迄今为止互联网上独立的、专门以聚合物阻燃研究为主题的网站或在线数据库还很少见,大部分聚合物阻燃研究的网络资源都分散在聚合物材料科学研究和火科学研究相关的研究机构、期刊或公司的网站中。表 7-38 列出了部分与聚合物或阻燃研究相关的网络资源。

表 7-38 部分与聚合物或阻燃研究相关的网络资源

网 址	名 称	内 容	使 用
www.sagepub.com	Online Journal of Fire Science	美国《火科学》(*Journal of Fire Sciences*)双月刊的在线期刊,报道世界各国火科学技术和防火材料研究方面最新的进展	免费
http://fire.nist.gov	Fire on the Web	美国国家标准和技术研究所(NIST)的建筑和火研究实验室(Building and Fire Research Laboratory)中的火研究部门建立的共享研究资料网站。该网页提供以下链接:与火研究有关的软件、火灾实验数据和火灾实验视频资料(mpeg 或 quick time 格式),以上资料可供浏览和下载	免费
http://polymer.nims.go.jp/polyinfo_top_eng.htm	Polymer and monomer database	该数据库提供了大部分聚合物和单体的物理化学性质	注册后免费
http://midas.npl.co.uk/midas/ESCindex.jsp	ESC Polymer Database	环境力学断裂(environment stress cracking, ESC)是导致 30% 的塑料损坏的主要原因而且人们往往对此缺乏认识。该数据库提供了塑料对于各种化学环境的敏感性数据。其主要目的是评估不同有害使用环境对于某种类型的塑料的相对损害程度	免费
www.acdlabs.com/products/spec_lab/exp_spectra/spec_libraries/polymer.html	ACD/Polymer Database	聚合物的核磁共振光谱数据库	付费
www.polymerweb.com	Online database	该数据库提供了大部分塑料供应商,测试和加工设备、模具制造商信息	免费
http://polymers.msel.nist.gov/maldirecipes/index.cfm	Synthetic Polymer MALDI Methods Search	美国国家标准和技术研究所(NIST)的材料科学和工程实验室(Materials Science and Engineering Laboratory)中的聚合物研究部门提供的共享数据库。该数据库从最新的科学文献中收录了大量可用来测定人工合成聚合物的点阵辅助激光脱附电离质谱(matrix-assisted laser desorption ionization (MALDI) mass spectrometry)的方法	免费
www.dtwassociates.com	Polymer-Design Tools™	聚合物建模软件,可有 3 种 QSPR 方法对超过 60 种聚合物性质进行建模	付费

7.8 小　结

多组分、多指标、严重非线性的聚合物无卤阻燃材料的研究与开发是聚合物阻燃领域的难点和前沿课题,传统的配方设计和分析方法难于适应此类复杂体系的要求。我们应用基于人工神经网络技术和面向对象的程序设计方法研究开发的聚合物阻燃材料设计专家系统 FRES 2.0 软件"Flame Retardant Expert System 2.0(FRES 2.0)"为聚合物阻燃材料配方的计算机辅助设计和研究提供了新的思路和工具。本章阐述了 FRES 2.0 软件的设计原理、基本结构和功能、核心算法、软件实现和应用步骤,通过将 FRES 2.0 分别应用于非线性数学函数拟合、有机化合物QSPR 建模和两个典型的无卤阻燃配方(前者是单目标、后者是三目标输出模型)的设计和分析,验证了软件的准确性和可靠性。FRES 2.0 软件由均匀实验设计模块、人工神经网络知识获取、聚合物阻燃材料配方优化、配方性能预测、配方组成对性能的影响关系研究、聚合物阻燃配方知识库和附件七个模块组成。软件的核心部分可以完成配方知识获取、配方设计、配方性能预测、求解带约束条件的优化配方、配方组分对性能的影响研究;附件部分为用户提供了聚合物阻燃数据库和阻燃测试数据处理工具。软件人机界面友好、使用和维护方便。

人工神经网络技术具有某些传统的数学建模方法所无法比拟的优点。应用人工神经网络方法来建立数学模型无需了解问题的背景知识,尤其适用于聚合物阻燃材料配方研究中所遇到的大量机理尚未完全清楚、配方组成复杂、影响因素众多、严重非线性的、传统数学建模方法很难准确化的问题。FRES 2.0 软件很好地适应了实际聚合物阻燃材料配方多组分、多指标和非线性严重的特点,为配方知识获取提供了一种与体系无关的统一的解决方法。此外 FRES 2.0 提供的配方组成与性能关系的图形化研究工具允许直观地显示组分与性能之间的相关关系,大大提高了配方研究的效率。

本章还介绍了有关人工神经网络技术在化学领域应用的最新进展和与聚合物或阻燃研究相关的一些网络资源。但是无论人工神经网络技术如何发展,仍然只是聚合物阻燃研究的计算机辅助研究工具之一。实验工作和计算工具之间的紧密配合依旧是必不可缺的,并且同样可以极大地改进聚合物阻燃配方设计的过程。我们应当重视这样一种交互式研究的过程:先是实验设计,然后由实验结果进行配方建模和优化;由此得到的人工神经网络配方模型和优化结果在下一步的改进实验中进行检验,新的实验数据和原有的数据一起被用来建立下一代的配方模型和重新优化,如此循环直到获得满足应用要求的优化配方为止。

参 考 文 献

[1]　Weil Edward D et al. A systems approach to flame retardancy and comments on modes of action. Polymer Degradation and Stability,1996,54:125～136

[2]　李定华,张沧,王建祺等. 计算机优化设计在阻燃配方中的应用. 计算机与应用化学,1998,15(2):85～88

[3]　杨国文. 塑料助剂作用原理. 成都:成都科技大学出版社,1991

[4]　施来顺,王建祺. CF_4/CH_4 等离子体表面阻燃改性聚丙烯途径的探索. 科学通报,1998,43(7):775～779

[5]　Rosebblatt F. Principle of neurodynamics. New York:Spartan,1949

[6]　Widrow B,Hoff M E. WESCON Convention Record,Part 4,1960, 8:99

[7]　Hopfield J J. Neural networks and physical systems with emergent collective comput-ational abilities. Proc. Natl. Acad. Sci. U. S. A.,1982, 79:2554;1984, 81:3088

[8]　Hopfield J J,Tank D W. Neural computation of decisions in optimization problem. Biol. Cybern,1985, 52:141

[9]　Rumelhart D E, McClelland J L et al. Parallel distributed processing explorations in the microstructure of cognition. Cambridge M A:MIT Press,1986

[10]　何振亚. 神经智能——认知科学中若干重大问题的研究. 长沙:湖南科学技术出版社,1997

[11]　Minsky M and Papert S. Perceptrons:MIT Press,1969

[12]　Nielsen R Hecht. Theory of the Back Propagation Neural Network. Proc. of IJCNN,1989, 1:593～603

[13]　Zupan J and Gasteiger J. Neural Networks for Chemists:An Introduction,edited by Zupan J and Gasteiger J,Weinheim. VCH (Germany),1993

[14]　方开泰. 均匀设计与均匀设计表. 北京:科学出版社,1994

[15]　雷欧 S S. 工程优化原理及应用. 1984. 祁载康,万耀青,梁嘉玉译. 北京:北京理工大学出版社,1990

[16]　Peter Coad,Edward Yourdon. 面向对象的分析. 邵维忠,廖钢城,李力译. 北京:北京大学出版社,1992

[17]　Kris Jamsa,Lars Klander. Visual Basic 程序设计技巧 1001 例. 李旭辉,高仁忠,徐翰伟译. 北京:电子工业出版社,1999

[18]　Douglas Hergert. Visual Basic 5 宝典. 李国华,熊胜峰,马禹等译. 北京:电子工业出版社,1998

[19]　Evangelos Petroutsos. Visual Basic 6 从入门到精通. 邱仲潘等译. 北京:电子工业出版社,1999

[20]　夏军涛,黄聪明,王建祺. 聚合物阻燃材料专家系统 FRES 2.0 的设计. 计算机与应用化学,2000,5:17

[21]　李定华. 聚合物阻燃专家系统的研究与应用. [学位论文]. 北京:北京理工大学博士毕业论文,1998

[22]　刘信安,罗彦凤,王镛先等. 石刻文物防环境浸蚀复合保护材料专家系统. 计算机与应用化学,1999,5(3):175

[23]　张立明. 人工神经网络的模型及其应用. 上海:复旦大学出版社,1993

[24]　Takahiro Suzuki. Quatitative Structure-Property Relationships for Auto-ignition Temperatures of Organic Compounds. Fire and Materials,1994, 18:81～88

[25]　Takahiro Suzuki. Note:Empirical Relationship between Lower Flammability Limits and Standard Enthalpies of Combustion of Organic Compounds. Fire and Materials,1994, 18:333～336

[26]　Takahiro Suzuki and Kozo Koide. Short Communication:Correlation between Upper Flammability Limits and Thermochemical Properties of Organic Compounds. Fire and Materials,1994, 18 :393～397

［27］ Takahiro Suzuki, Masaru Ishida. Neural Network Techniques Applied to Predict Flammability Limits of Organic Compounds. Fire and Materials, 1995, 19:179～189

［28］ 张美珍, 柳百坚, 谷晓昱. 聚合物研究方法. 北京:中国轻工业出版社, 2000

［29］ 周贵恩. 聚合物 X 射线衍射. 合肥:中国科学技术大学出版社, 1989

［30］ Redfern John P. Polym. Degrad. Stab., 1999, 64:561～572

［31］ Leslie J G. Polym. Eng. Sci., 1993, 33:497

［32］ Li B, Wang J. J. Fire Sci., 1997, 15(5):341～357

［33］ Scudamore M J, Breggs P J, Prager F H. Fire & Mater, 1991, 15:65

［34］ Petrella R V. The Assessment of Full-Scale Fire Hazards from Cone Calorimeter Data. J. Fire Sci., 1994, 12: 14～43

［35］ 肖崇伟. 尼龙-66无卤阻燃体系燃烧性能的研究. ［学位论文］. 北京:北京理工大学硕士论文, 2000

［36］ 李定华, 张仓, 王建祺等. 计算机优化在阻燃配方设计中的应用. 计算机与应用化学, 1998, 15(2): 85～88

［37］ 夏军涛, 王建祺, 黄聪明. 专家系统 FRES 2.0 在聚合物阻燃材料设计中的应用. 计算机与应用化学, 2000:17(6)

［38］ Lyons J W. The Chemistry and Uses of Fire Flame Retardants. New York: Wiley-Interscience, 1970. 19～24

［39］ (a) Hansen L K, Salamon P. Neural Network Ensembles. IEEE Trans. Pattern Anal. Mach. Intell, 1990, 12:993～1001 (b) Haykin S. Neural Networks: A Comprehensive Foundation. Piscataway, NJ: IEEE Press, 1994 (c) Mani G. Lowering Variance of Decisions by Using Artificial Neural Networks Portfolios. Neural Comput, 1991, 3:484～486 (d) Zurada J M. Introduction to Artificial Neural Networks. St. Paul, MN: West Publishing Company, 1992

［40］ Hashem S, Schmeiser B. Improving Model Accuracy Using Optimal Linear Combinations of Trained Neural Networks. IEEE Trans. Neural Networks, 1995, 6:792～794

［41］ Hashem S, Schmeiser B, Yih Y. Optimal Linear Combinations of Neural Networks: An Overview. Proceedings of the 1994 International Conference on Neural Networks. Piscataway, NJ: IEEE Press, 1994, 3: 1507～1512

［42］ Cundari Thomas R, Deng Jun and Zhao Yong. Design of a Propane Ammoxidation Catalyst Using Artificial Neural Networks and Genetic Algorithms. Ind. Eng. Chem. Res, 2001, 40:5475～5480

［43］ Van Velhuizen D, Lamont G. Multi-objective Evolutionary Algorithms: Analyzing the State-of-the-Art. Evol. Comput, 2000, 8 (2):125

［44］ (a) Goldberg D E. Genetic Algorithms in Search, Optimization and Machine Learning. Addison-Wesley: Reading, MA, 1989 (b) Judson R. Genetic Algorithms and Their Use in Chemistry. Rev. Comput. Chem, 1997, 10:1～73 (c) Del Carpio A A. A Parallel Genetic Algorithm for Polypeptide Three-Dimensional Structure Prediction. A Transputer Implementation. J. Chem. Inf. Comput. Sci, 1996, 36:258～269

［45］ Rouvray D H. Fuzzy Logic in Chemistry. New York: Academic Press, 1997

［46］ Le Cun Y, Denker J, Solla J. Optimal brain damage. Advances in neural information processing systems 2. Touretzky S. Ed. San Mateo, CA: Morgan Kaufmann Publishers, 1990. 598～605

［47］ Hassibi B, Stork D. Second-order derivatives for networks pruning: optimal brain surgeon. In Advances in neural information process systems 5. Hanson S J, Cowan J D, Giles C L Eds. San Mateo, CA: Morgan Kaufmann Publishers, 1993. 164～171

[48]　Hush D, Horne B. Progress in supervised neural networks. IEEE Signal Process. Mag. 1993, 10:8～39

[49]　Castellano G, Fanelli A M, Pelillo M. An iterative pruning algorithm for feedforward neural networks. IEEE Trans. Neural Networks, 1997, 8:519～531

[50]　César Hervás, José Antonio Algar and Manuel Silva. Correction of Temperature Variations in Kinetic-Based Determinations by Use of Pruning Computational Neural Networks in Conjunction with Genetic Algorithms. J. Chem. Inf. Comput. Sci, 2000, 40:724～731

第8章 聚合物阻燃机理研究的几个重要分析手段

聚合物阻燃机理的研究与技术开发涉及的问题很多,其中有两点特别值得关注:①聚合物凝聚相热降解过程产生的中间与最终产物大多是结构复杂、颜色深黑的不溶性物质。如何进行定性与定量的表征已经成为制约本领域继续前进的绊脚石;②获取聚合物受热降解与成炭过程中气相与凝聚相的实时信息。限于篇幅,这里从众多课题中选择某些近年来行之有效或有发展潜力的课题,本章着力介绍它们在聚合物阻燃中的应用,以期引起业界人士的注意。

8.1 固体核磁(NMR)技术在聚合物阻燃中的研究与应用

1945 年底,美国哈佛大学的 Purcell 与斯坦福大学的 Bloch 分别独立完成了首次的核磁共振(NMR)实验,至今已有 60 年的发展历史。此间,NMR 在诸如化学、生物、生理、医学、考古等领域中的结构分析、构象分析以及分子动力学等方面的研究已获得了长足的进展。其中固体核磁的成功问世更加扩展了研究的领域,备受世人的青睐。然而,有关聚合物凝聚相阻燃领域的研究报道尚不多见。这里提供的部分内容旨在引起业界人士,特别是中青年学者、科学家和广大从事研发工作的工程师们的兴趣。

8.1.1 引言

实验表明:液体物质的核磁共振峰尖而窄,分辨率高,而固体物质的共振峰则是钝而宽,分辨率低。谱线增宽来源于固体内近程核磁偶极作用的结果。相比之下,各向同性的液体内的这种核磁偶极作用平均值为零。为降低固体物质的线宽提高谱线的分辨率,最常采用的技术有:魔角旋转(magic angle spinning, MAS)、交叉极化(cross-polarization, CP)等[1]。

MAS 技术是将固体粉末样品置于旋转的样品管中,通过快速旋转(平均化)以消除样品的各向异性;同时控制样品管的旋转轴与外加磁场间的交角 $\beta = 54°44'$(此角度常被称为魔角)可以有效地消除其他增宽因素,从而达到降低峰宽的目的。MAS 可以提供高分辨的 NMR 图谱,例如泡沸石(zeolite)的 MAS ^{29}Si-NMR 谱可以显现出五条分立的谱线。但是对于多晶与非晶固体的质子 ^{1}H-NMR 谱而言,其峰宽可高达 100 kHz 之多,旋转速度不足以快到有效减宽的目的。为进一步改善MAS 高分辨 ^{13}C-NMR 谱的分辨率,常常需要与交叉极化(CP)双共振技术联用,即

CP MAS NMR 谱。CP 是有效的去耦合技术,通过质子极化传递提高 ^{13}C-NMR 谱线的强度。迄今 CP MAS 联用技术已经成功地用于 ^{13}C、^{15}N、^{29}Si 及 ^{31}P 等的固体 NMR 谱中。

核磁共振的基础是 Zeeman 作用(核自旋磁矩与静态磁场间的作用),即 $\omega = \nu H_0$,其中,ω 为共振频率(称 Lamor 频率),ν 为旋磁比,H_0 为静磁场强度。只有那些非零自旋的核才能观察到 NMR 信号。显然,大丰度的核素,如 ^{12}C 和 ^{16}O 是无效的。^{13}C 和 ^{17}O 则是具有 NMR 活性的同位素。表 8-1 给出了常用的具有核磁活性核素的性质。

表 8-1 几种重要核素的 NMR 性质

核	自旋	自然丰度/%	Lamor 频率/MHz
^{1}H	1/2	99.99	100.0
^{19}F	1/2	100.00	94.1
^{31}P	1/2	100.00	40.5
^{13}C	1/2	1.11	25.1
^{29}Si	1/2	4.70	19.9
^{2}H	1	0.02	15.4
^{17}O	5/2	0.04	13.6
^{15}N	1/2	0.37	10.1

化学位移(chemical shift)与核弛豫(nuclear relaxation)是 NMR 谱中的两个主要参数。化学位移表示该核素因其周围电子密度不同引起的共振频率的变化量。NMR 信号的最大强度取决于化学结构。化学位移的大小常可以通过取代基的加和规律予以估算(表 8-2)[2],特别适用于 ^{13}C-NMR 谱。

核受到脉冲作用后随时间而变的弛豫过程,可由特征的时间常数表征。T_2 表征自旋-自旋的弛豫过程,由峰的宽度测得。较短的 T_2 意味着较快的衰减过程,与分子链段重组取向的速度有关。相对于小分子,聚合物分子的运动较慢,故 T_2 值较小。另一个是自旋-晶格弛豫过程,以 T_1 表征。自旋-晶格弛豫速度受制于较快的 MHz 范围的运动,如甲基基团的转动运动。聚合物溶液具有较短的 T_1。弛豫时间与材料的流变性质有关。T_1 与 T_2 常用于研究聚合物溶液或液体的分子动力学。

当然,应用 NMR 技术前首要的任务是对谱线的特征(包括谱峰的指认)有所了解。

表 8 - 2 ¹³C-NMR 化学位移的官能团加和法估算

取代基	¹³C 位移 = −2.3 + α + β + γ + δ			
	α	β	γ	δ
C (四取代)	9.1	9.4	−2.5	0.3
—O—	49.0	10.1	−6.0	0.3
—N<	28.3	11.3	−5.1	0.3
—S—	11.0	12.0	−5.1	−0.5
—C₆H₅—	22.1	9.3	−2.6	0.3
—F	66.0~70.1	7.8	−6.8	0.0
—Cl	31.1~43.0	10.0	−5.1	−0.5
—CN	3.1	2.4	−3.3	−0.5
C=O	22.5	3.0	−3.0	0.0
—COOH	20.1	2.0	−2.8	0.0
—COO	24.5	3.5	−2.8	0.0
—COO（与 C 相联）	22.6	2.0	−2.8	0.0
—COO（与 O 相联）	54.5~62.5	6.5	−6.0	0.0
—C=C—	21.5	6.9	−2.1	0.4

8.1.2 聚合物热降解与成炭的研究

研究聚合物燃烧过程产生的残炭对阻燃机理的研究有重要意义。凝聚相降解过程残炭的产率及其结构在很大程度上影响着阻燃效果。降解过程凝聚相化学结构的测量与表征是问题的核心。对无卤阻燃聚合物体系尤其如此。固体 NMR 技术的发展为上述问题的解决提供了可信的实验证据。本节将通过一些典型工作的介绍与分析领略 NMR 技术在阻燃领域的现状与发展的潜力。

8.1.2.1 聚乙酸乙烯酯（PVAc）

聚乙酸乙烯酯（PVAc）及其残炭 2、3、4、6、8、9 等样品是在 N₂ 气氛保护下和 275~500℃温度范围内降解而成的。各样品的制备温度及其分析结果列入表 8-3 中。

表 8-3　各样品的制备温度及其分析结果

样品	温度/℃	失重/%	H/C 值	O/C 值
PVAc	—	0	1.54	0.51
残炭1	275	7	1.53	0.52
残炭2	300	31	1.33	0.33
残炭3	325	67	1.13	0.13
残炭4	350	72	1.06	0.04
残炭5	375	76	1.06	0.02
残炭6	400	81	1.01	<0.01
残炭7	425	86	0.92	<0.01
残炭8	450	92	0.75	<0.01
残炭9	500	95	0.49	<0.01

图 8-1 给出聚乙酸乙烯酯(PVAc)及残炭 2、3、4、6、8、9 的 CP-MAS ^{13}C-NMR 谱图[3]。最上方 PVAc 的四个谱峰(由右至左)的化学位移(ppm)分别被指认为：$C=O(171)$、$C_\alpha(67)$、$C_\beta(40)$ 及 $CH_3(21)$。

随降解的发展,21、67、171ppm 处的三个峰的强度由于 $CH_3C(O)$—基团的断裂而开始减弱。但残炭 4(350℃,72%质量损失)在 171ppm(乙基)处仍有少量的余留。在脂肪族碳(21ppm)削弱的同时出现了 sp^2 构型的碳(130~140ppm)。说明在此条件下并非全部的乙基基团都断裂完了。换言之,随着乙基的离去,sp^2 构型的碳与时俱进地增长着。

更有意义的是 ^{13}C-NMR 谱图的定量结果(表 8-4)。由表可见 400℃时 sp^2 构型的碳(130~140ppm)中,质子化与非质子化碳的比例接近 2∶1,表明芳香环平均起来是双取代的。说明交联的芳香结构可能是通过分子内六元环过渡态的环化机理进行的。更高的温度会导致该比值的进一步上升。

表 8-4　CP-MAS ^{13}C-NMR 谱图的定量结果

样品	171ppm	130ppm (质子化-C)	130ppm (非质子化-C)	67ppm	40ppm	21ppm
PVAc	23	0	0	26	26	26
残炭2	19	10	1	18	29	23
残炭3	3	33	6	5	47	6
残炭4	1	36	10	<1	54	<1
残炭6	<1	34	18	<1	47	<1
残炭8	<1	44	28	<1	28	<1
残炭9	<1	57	39	<1	4	<1

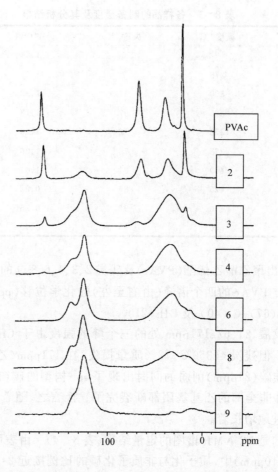

图 8‑1　聚乙酸乙烯酯(PVAc)及残炭 2、3、4、6、8、9 的 CP‑MAS 谱

8.1.2.2　聚丙烯腈(PAN)

聚丙烯腈热降解炭化过程直接关系到高性能碳纤维的制备。研究它的炭化机理对阻燃聚合物的了解无疑有着重要的借鉴作用。大量工作证明 PAN 受热时发生环化反应(图 8‑2)。

图 8‑2　聚丙烯腈(PAN)热降解产生的环化反应

固体 NMR 研究[4]得出不同条件下处理的 PAN 的^{13}C-NMR 谱[图 8-3(a)、(b)、(c)、(d)]。为了比较,每个图中最上方给出的是未经处理的 PAN 谱线。

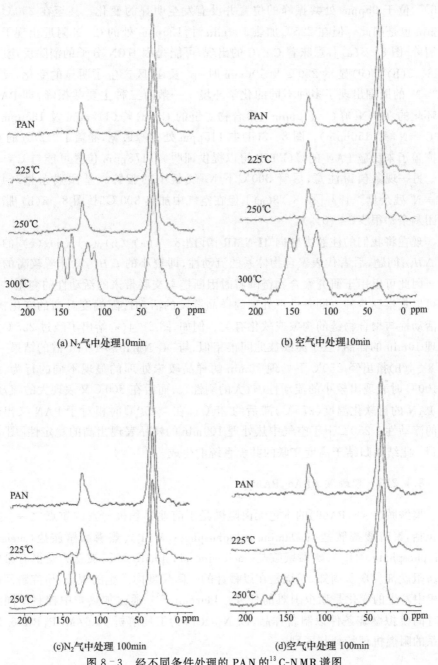

(a) N$_2$气中处理10min

(b) 空气中处理10min

(c)N$_2$气中处理 100min

(d)空气中处理 100min

图 8-3　经不同条件处理的 PAN 的^{13}C-NMR 谱图

位于35ppm及125ppm的两个共振峰分属于PAN分子中的烷基$CH_2(sp^3)$与不饱和$C≡N$基团。可以清楚地看到:样品无论在N_2或空气中处理,直至加热到225℃,位于35ppm处共振峰的位置并没有发生明显的变化。甚至在250℃处理10min也是如此。但在225℃加热100min时,125ppm处的$C≡N$附近出现了微小的肩峰[图8－3(c)],意味着$C=C$的出现,可能是因HCN分子的消除反应所致。图8－3(b)与(d)显示250℃及100min时sp^2及sp区产生了明显的变化,反映出$C≡N$的周围出现了多种不同的化学环境。一般有三种主要共振峰,即PAN的非环化的$C≡N$峰($\sim$110ppm)、聚合物主链的$C=C$峰(115ppm及135ppm)、共轭$C=N$峰(150ppm)。图8－3(d)中115ppm处的峰最宽,涵盖了$\sim$27%的C,可能掩盖了未反应PAN的峰(FTIR可以提供证明)。178ppm位置可能与$C=O$对应。另一现象值得注意,尽管300℃下N_2气氛中的脂肪族基团残余量$>$45%,$C≡N$残余量$>$15%[图8－3(a)],但在空气中加热300℃时[图8－3(b)]脂肪族基团剩余却很少($<$10%)。

现在将我们的注意力转向^{1}H-NMR谱[图8－4(a)、(b)、(c)、(d)、(e)]的半高宽$\Delta H_{1/2}$问题,后者代表聚合物体系的流动性,即较小的$\Delta H_{1/2}$意味着较高的流动性。因此可以用于研究聚合物链降解时因断链与交联带来的活动性的变化。从图中可以观察到各种不同条件下处理的样品链段的活动性随温度升高的变化情况。此活动性与聚合物链的构象或软化有关。例如,图8－4(a)给出了经过225℃加热处理10min的样品,三条曲线彼此间很相似,与^{13}C-NMR和FTIR谱的结果一致。图8－4(b)指出经250℃下处理10min的样品较未处理的显现不同的行为,即在$<$100℃时表现出较小的流动性(较大的刚性)。而后在300℃又表现大的流动性,比PAN的再软化温度(275℃)滞后约25℃。在$>$450℃时相对于PAN又出现较大的流动性。250℃下于空气中热处理100min的样品表现出高的稳定性[图8－4(e)]。此结果归结于高度交联的共轭系统的生成。

8.1.2.3　聚酰胺（PA6,PA66）

聚酰胺(PA6,PA66)的本色无卤阻燃是当前业界积极研发的重点之一。蜜胺盐包括:聚磷酸蜜胺盐(melamine polyphosphate,MPP)、焦磷酸蜜胺盐(melamine pyrophosphate,MPy)、磷酸蜜胺盐(melamine phosphate,MP)被认为是很有希望的无卤阻燃剂。众所周知,燃烧是在以秒计的时间尺度内发生的现象,研究瞬间内凝聚相中发生的变化是项很困难的任务。Jahromi等[5]通过加热炉中控制不同温度与时间模拟燃烧条件以制备样品,以NMR谱为工具解析PA6/MPP、PA66/MPP体系的阻燃机理特征与区别。

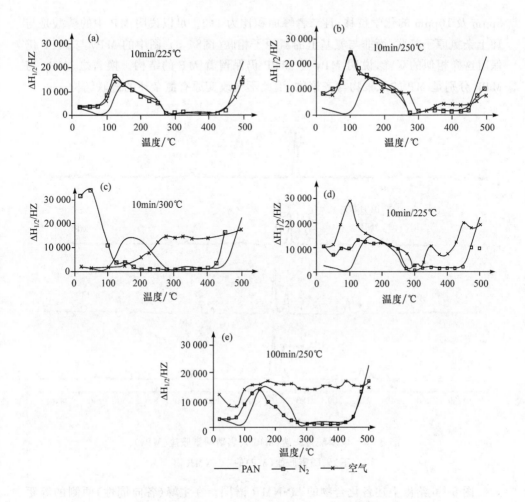

图 8-4　PAN ^{1}H-NMR 谱半高宽 $\Delta H_{1/2}$ 随温度的变化

有关聚磷酸蜜胺盐(MPP)的化学结构仍是一个重要问题。其结构可以设想如下

受热时,可以发生以下的变化:聚磷酸蜜胺盐(MPP)→焦磷酸蜜胺盐(MPy)→(正)磷酸蜜胺盐(MP)。图 8-5 为它们的 ^{13}C-NMR 谱。为了便于比较,图中给出了蜜胺(M)的谱图。蜜胺(M)的单峰意味着分子内只有一种化学环境的 C 存在(167.7ppm)。MP 图谱中的双峰(165.7ppm, 157.7ppm),相对于 167.7ppm 各有

2ppm 及 10ppm 的化学位移,且二者峰面积比为 1∶2。足以说明 MP 中的磷酸是与环上杂氮原子相联,而非与氨基上的氮原子相联(图 8-5)。图中的 MPy 与 MPP 仍保留这样相似的双峰,说明 MPy 与 MPP 仍保留着 MP 的结构。换言之,MPy 与 MPP 分别是 MP 的双聚物与齐聚物,因此不会改变原有氮杂环的链联结构。

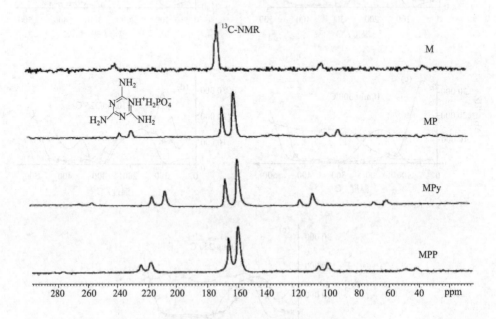

图 8-5　聚磷酸蜜胺盐(MPP)、焦磷酸蜜胺盐(MPy)、
(正)磷酸蜜胺盐(MP)的 ^{13}C-NMR 谱

图 8-6 给出上述各化合物的 ^{31}P-NMR 谱图。在主峰(各向同性)两侧的等距离的边峰(由于样品旋转造成)与化合物结构无关。中央各向同性的主峰的化学位移可用来鉴定各磷酸盐的结构[6]。例如位于 2ppm 处的峰可能来自与 MP 结晶结构有关的若干个峰的重叠。~10ppm 处的峰为典型焦磷酸盐(MPy)的峰。该峰可以清楚地分解为强度相等的两个峰,这可能来源于结晶结构中的两个不同的磷原子。还可以看到此样品中仍然含有少量的正磷酸盐。位于 -22ppm 及 -25ppm 的两个峰分属于 MPP 各向同性的主峰,被指认为线性聚磷酸盐的中间基团。这里 -10ppm 处的小峰可能是聚磷酸的端基或焦磷酸。

图 8-7 给出纯 PA6,PA66 受热过程的 NMR 谱图。PA66 与 PA6 相比,延长加热时间会使 PA66 产生强得多的降解。例如,350℃加热 90min 后,位于 182ppm 的羰基几乎完全消失殆尽。留下的只是位于 40ppm 附近由脂肪族碎片(sp[3])组成的宽峰。于 450℃加热 90min 后的 PA66,脂肪族碎片组成的宽峰变得很弱,代之而起的是 ~150ppm 附近的芳香族结构(sp[2])。有趣的是 350℃几乎观察不到有质

量损失,即便 450℃也只留下~10％的残炭。相比之下,PA6 比 PA66 要稳定得多。但 PA66 降解时比 PA6 产生更多的残炭。此结果被归结为 PA66 更为有效的交联过程,而 PA6 则有更为明显的解聚过程。

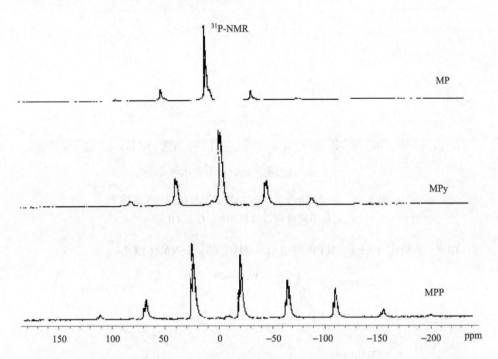

图 8-6　聚磷酸蜜胺盐(MPP)、焦磷酸蜜胺盐(MPy)、(正)磷酸蜜胺盐(MP)的 ^{31}P-NMR 谱

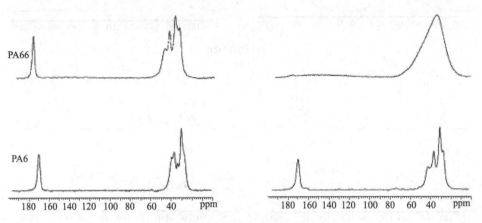

(a) 在350℃温度下加热10 min(左)与90 min(右)

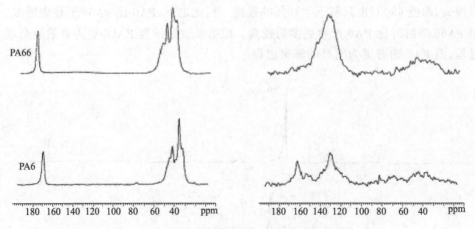

(b) 在450℃温度下加热10 min(左)与90 min(右)

图 8-7　纯 PA66 与 PA6 在(a)350℃与(b)450℃温度下
加热不同时间后残留物的^{13}C-NMR 谱

图 8-8 给出 PA66+MPP 与 PA6+MPP 的^{13}C-NMR 谱图。

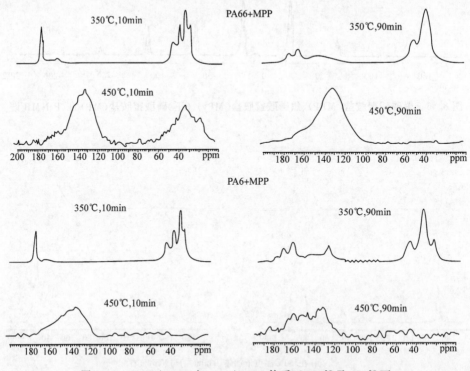

图 8-8　PA66+MPP 与 PA6+MPP 体系于 350℃及 450℃下
加热 10 min 与 90 min 后的^{13}C-NMR 谱图

　　PA66＋MPP 的降解过程与纯 PA66 相比较有很大变化。于 350℃加热 90min
后,182ppm 峰减弱了许多,而 165ppm 的新峰来自 MPP。于 450℃加热 10min 已
经可以观测到 PA66 的显著降解,说明 MPP 使得聚合物稳定性降低。于 450℃加
热 90min 后生成完全的芳香族结构。类似的降解也会发生在 PA6＋MPP 情况。
但与纯 PA6 相比,350℃加热 90min 时 130ppm 处出现了新峰可能是来自烯烃的端
基。看来,两种尼龙在 450℃下加热 90min 的残余物颇有相似之处。

　　固体核磁检测不到"游离"的磷酸,或许有两个解释:一是在＜350℃时,磷酸
的量低于固体核磁检测的极限;另一可能是 MPP 的催化作用。

8.1.2.4　硼酸锌的协同作用

　　硼酸锌(BZn)在 EVA/Mg(OH)$_2$ 无卤阻燃体系中的协同作用已广为人知。落
实它的作用机理仍是热点之一。Bourbigot 等利用固体核磁技术做了进一步的研
究[7,8]。图 8－9 为 EVA8/Mg(OH)$_2$(40/60)体系的 MAS ^{25}Mg-NMR 谱。图中
～15ppm 和～26ppm 分别被指认为各向同性的 Mg(OH)$_2$ 及各向同性的 MgO。
≥300℃的曲线表明 Mg(OH)$_2$ 已经或完全转化成 MgO。EVA8/Mg(OH)$_2$/ZB
(40/57/3)体系的 MAS ^{25}Mg-NMR 谱(从略)与图 8－9 形状相似。由定量分析测
得加入与不加入 ZB 的 Mg(OH)$_2$/MgO 比值分别为 0.54 及 0.81。说明 ZB 的加
入降低了 Mg(OH)$_2$ 的分解速率。因此可较长时间地依靠 Mg(OH)$_2$ 的分解吸热
效应维持较低温度,从而有益于聚合物的阻燃。

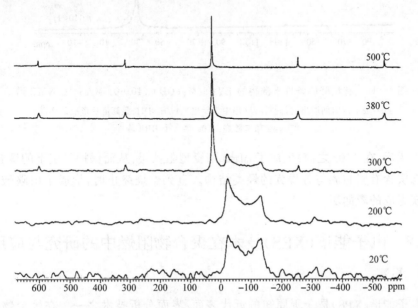

图 8－9　热处理 EVA8/Mg(OH)$_2$(40/60)的 MAS ^{25}Mg-NMR 谱

　　为了模拟锥形量热仪(cone calorimeter)的有焰燃烧条件,对不同时间的燃烧样品分别观察相应 EVA8/Mg(OH)₂(40/60)及 EVA8/Mg(OH)₂/ZB(40/57/3)的 CP-DD-MAS¹³C-NMR 谱。两者没有明显差别。图 8-10 是 EVA8/Mg(OH)₂(40/60)的 CP-DD-MAS¹³C-NMR 谱。图中位于 32ppm 处的峰对应于聚合物中聚乙烯分子链;10~50ppm 区域对应于脂肪族物种;以 130ppm 为中心的宽带峰可以被指认为芳香族及聚芳香族物种;~166ppm 被指认为碳酸镁。图中的(1)与(2)分别表示"形成"与"不形成"MgO 表面阻挡层。

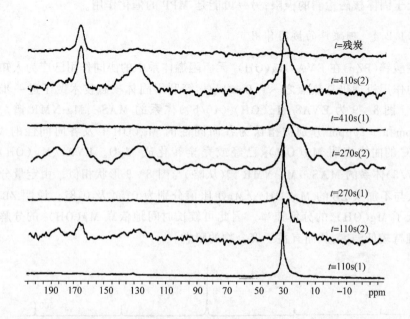

图 8-10　有焰降解条件下测得的 EVA8/Mg(OH)₂(40/60) MAS¹³C-NMR 谱

40s:表示该时间取出的加热样品(图中未示出);110s:HRR 最高值后形成的样品;

270s:准稳态燃烧;410s:第二个 HRR 峰

　　点燃后(在 410s 之前)生成了 MgO 陶瓷型阻挡层,从而保护了层下的聚合物。该阻挡层含有脂肪族与芳香族的烃类结构。直到燃烧终止时,形成了由碳酸镁和氧化镁组成的表面层。

8.2　电子能谱(XPS)技术在聚合物阻燃中的研究与应用

8.2.1　引言

　　电子能谱(XPS)是众所周知的近代表面/界面分析技术之一。在聚合物范畴内已获得了广泛的应用。然而用于聚合物阻燃方面的研究工作也不过十多年的历史[9]。近些年来受绿色环保浪潮的推动,特别是对聚合物无卤阻燃的需求,人们对凝聚相内受热降解与燃烧的表征与研究给予了前所未有的重视。

8.2.2　类石墨结构转化温度(LT_{GRL},极限类石墨结构转化温度)

含碳聚合物受热降解、燃烧后剩余的是不同碳化程度的残炭物。后者的性质取决于它们的结构。人们关心的是能否寻找出合适的手段与参数,用以表征与评估聚合物的阻燃性能。一般来说,在热降解与成炭之间没有明确的分界线。相应参数与阻燃性能间的关联尚未完全建立。本实验室多年从事于 XPS 的研究工作[9~12],并提出以聚合物类石墨结构转化温度(T_{GRL})为成碳的起始温度,以其作为降解与炭化的分界线,或中介相与类石墨相间的转变点,或称之为准相变温度。鉴于类石墨结构可以在很大温度范围存在,为了划定准相变的"起始"温度,模仿极限氧指数(LOI)的定义,故将此温度定义为 LT_{GRL}。实验表明:有机聚合物的 LT_{GRL} 一般低于 500℃,远远低于正常的石墨化温度(2 500~3 000℃)[12]。以 EVA 共聚物为例[10],处于 LT_{GRL} 转变温度时的谱图特征是:①C1s 谱中的荷电效应为零;②C1s 谱出现拖尾;③价带谱中出现典型的类石墨结构。表8-5 给出相应的数据。表8-6 的数据表明氧(O_2)的存在导致 LT_{GRL} 温度明显的下降,即有助于成炭过程的提前。

表 8-5　EVA(45%VA)共聚物 C1s 谱与价带谱随温度的变化(Ar 保护)

温度 /℃	C1s 谱			价带谱指认
	结合能/eV	荷电/eV	形状	
室温	287.1	2.6	对称	EVA 共聚物
360	287.2	2.7	对称	聚乙烯主链
460	287.2	2.7	对称	聚乙烯主链
500	284.9	0.3	非对称	高交联度类石墨

表 8-6　阻燃添加剂(10%质量分数)以及气氛对 EVA(15%VA)共聚物平均转变温度 LT_{GRL} 值的影响

体系	平均转变温度/℃		
	Ar	N_2[1]	空气
EVA(15%VA)	470	430	400
EVA(15%VA)+P_x	480	470~480	460
EVA(15%VA)+APP	460	460	400

1) 工业级(含 0.5% O_2)。

表8-7~表8-9 给出不同体系的 LT_{GRL} 数值。并表明 LT_{GRL} 数值与成炭% 以及烟释放量之间都有一定的线性关系[13]。

表 8-7　PVA 体系的 LT$_{GRL}$数值

体系	PVA	PVA/H$_2$O$_2$	PVA/NiCl$_2$	PVA/H$_2$O$_2$/NiCl$_2$	PVA/KMnO$_4$
LT$_{GRL}$/℃	370	360	330	325	305

表 8-8　尼龙体系的 LT$_{GRL}$数值

体系	PA6	PA66	PA6/PVA (8:2)	PA6/PVA/KMnO$_4$(PA6:PVA＝8:2)
LT$_{GRL}$/℃	380	365	360	350

表 8-9　PVC/过镀金属(M)体系的 LT$_{GRL}$数值

体系	PVC	PVC/MoO$_3$ 100/4（Cl/M）	PVC/CuO 100/4（Cl/M）	PVC/Fe$_2$O$_3$ 100/4（Cl/M）	PVC/FeOOH 100/4（Cl/M）
LT$_{GRL}$/℃	370	350	310	350	360

8.2.3　XPS 的定量分析

　　XPS 的定量分析曾被用于聚合物热降解过程与物质结构的研究。这里给出两个具体实例予以说明。

8.2.3.1　羊毛的热降解

　　羊毛是由天然含氨基酸的角蛋白蛋白质。结构单元由双硫键联结起的交联结构,并与氨基、羟基、硫氢基、羰基等相连。由 S2p、N1s、C1s、O1s 谱得到的 S/N、N/C、O/C 比值随温度的变化均列入表 8-10 之中[14]。

表 8-10　S2p、N1s、C1s、O1s 谱的定量分析随温度的变化

温度/℃	S/N	N/C	O/C
室温	1.0	0.03	0.14
150	1.10	0.03	0.14
200	0.96	0.03	0.15
245	0.18	0.09	0.16
300	0.07	0.10	0.08
350	0.04	0.11	0.06

　　在～200℃时 S/N 表现出明显的降低,而在 230～240℃范围出现显著的转折。此结果与 Felix 等[15]的报道相一致。S/N 与 N/C 值的变化意味着 CO、CO$_2$、H$_2$S、HCN、NO$_x$ 及丙烯腈的释放[16]。各种官能团随温度的定量变化也可从表 8-11

看到。羊毛表面上的四种含硫官能团—SH、—S—S—、—SO₃H、SO₄²⁻ 中的前两个来自羊毛的配位结构。SO₄²⁻ 来自洗涤剂(制样所需)。—SO₃H 基团则是来自—S—S— 的氧化。由室温到 350℃ 表面上的有机硫化合物逐渐增多,取代了无机硫化合物,直至后者全部消失。在此温度范围内,气相中的主要产物是 NH₃,后者来自赖氨酸、精氨酸、天冬酰胺酸以及谷氨酸盐的端基胺、侧链胺以及酰胺的断键。在 250～350℃ 区间分别出现—C＝N 及—C≡N 基团。

表 8‑11　S2p 与 N1s 谱中各官能团的定量分析结果随温度的变化[1]

温度 /℃	原子浓度/%							
	S2p 谱				N1s 谱			
	—SH—	—S—S—	—SO₃H	SO₄²⁻	—NH—CO—	—NH₂	—C＝N[2]	—C≡N[2]
室温	21.0	10.6	28.1	40.4	77.3	22.7	—	—
150	17.8	14.5	51.4	16.3	77.0	23.0	—	—
200	15.0	14.2	52.9	17.9	58.9	41.1	—	—
245	37.0	17.8	31.0	14.2	52.5	22.7	24.8	—
300	51.0	39.0	10.0	0.0	39.2	26.2	34.6	—
350	60.9	39.0	0.0	0.0	35.0	25.2	25.9	13.9

1) 文献[6]。

2) 已为红外谱确认。

8.2.3.2　阻燃羊毛(Zirpro 法)

阻燃羊毛的主要技术是利用锆或钛化合物的技术改性(常称 Zirpro 方法),已广为应用。但相关的机理却鲜为人知。主要的困难在于缺乏氟化氧锆基(或氟化氧钛基)的精确分析方法。对 Zirpro 阻燃剂进行了 XPS 定量分析,得到 F/N：N/Zr：F/Zr：O/Zr：C/Zr＝1.8：1.1：2.0：3.6：6.8。考虑到污染对 O/Zr 及 C/Zr 的影响,我们给出了 Zirpro 阻燃剂的设定结构[14],如图 8‑11 所示。结构中的 Zr(Ⅳ)原子配位数为 5,属于 d⁰ 电子组态。

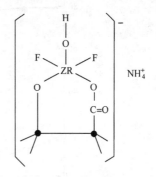

图 8‑11　Zirpro 阻燃剂结构(设定)

对 Zirpro 阻燃剂热降解过程的研究得出图 8‑12 及图 8‑13 的结果。可以得出以下结论:①C1s 及 O1s 谱表明 150℃ 时 Zirpro 阻燃剂的有机部分开始分解,放出 H₂O 及 CO₂;②F/N 及 N/Zr 随温度上升分道扬镳。结果导致 F/Zr 值保持恒定(～2.0),说明在 300～350℃ 范围 NH₄⁺ 开

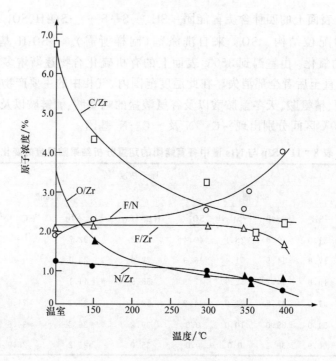

图 8 - 12　Zirpro 阻燃剂热降解曲线

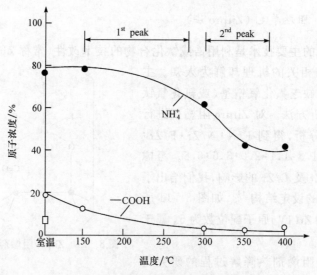

图 8 - 13　Zirpro 阻燃剂中 NH_4^+
及—COOH 基团原子浓度(%)随温度的变化

始分解的事实。以上两点结论与 TGA/DTG，DTA 的数据很相一致（图从略）；③350℃ 以上氟化锆酸盐逐渐损失，分别导致脱羧（150～280℃）和脱氨（300～380℃）（图8‑13）；④有意义的是 F/Zr 在 350℃ 之前保持恒定（2.0）。可能说明 $ZrOF_2$（或 $TiOF_2$）是成炭的活性中间体。

8.2.3.3　蜜胺热降解缩合产物的"结构"推断

蜜胺及其盐常用于聚合物的阻燃。尽管如此，人们对蜜胺热降解缩合产物的结构知之甚少。实验指出，随加热升温蜜胺释放出 NH_3 后得到不同阶段的难溶性缩合产物，常称之为："melam"、"melem" 和 "melon"[17]。蜜胺（melamine）与 melam 的结构已分别被确定为 s-类三嗪（$C_3H_6N_6$）及其二聚体（$C_6H_9N_{11}$）。其余"melem"和"melon"的结构仍不确定。我们对上述四种化合物进行了初步的 XPS 定量研究，结果分别列入表 8‑12 及表 8‑13[14]。

表 8‑12　蜜胺（melamine）与 melam N1s 谱图的曲线拟合

化合物	N1s 谱			计量比（N1s 谱曲线拟合）
	基团	BE/eV	%	$-C=\underline{N}:-\underline{N}H_2:-\underline{N}H-$
蜜胺 （$C_3H_6N_6$）	$-C=\underline{N}$	398.1	52.0	1:1:0
	$-\underline{N}H_2$	398.9	48.2	
Melam （$C_6H_9N_{11}$）	$C=\underline{N}$	398.0	54.6	6:4:1
	$-\underline{N}H_2$	399.0	36.4	
	$-\underline{N}H$	400.1	9.0	

表 8‑13　"melem"与"melon"N1s 谱图的曲线拟合

化合物	N1s 谱			计量比（N1s 谱）
	基团	BE/eV	%	$-C=\underline{N}:-\underline{N}H_2:\underline{N}H:\ \rangle\underline{N}-$
"melem"	$-C=\underline{N}$	398.2	65.2	6:1:1:1
	$-\underline{N}H_2$	398.8	11.2	
	$-\underline{N}H$	399.9	11.7	
	$\rangle\underline{N}-$	400.5	11.9	
"melon"	$-C=\underline{N}$	398.3	72.8	12:1:2.5:1
	$-\underline{N}H_2$	398.9	6.0	
	$-\underline{N}H$	400.0	15.2	
	$\underline{N}-$	400.8	6.0	

蜜胺与 melam 的化学结构如图 8‐14(a)、(b)所示,与文献结果一致。而"melem"与"melon"的确切结构尚未统一,姑且以" "标示以示区别。图 8‐14 (c)及(d)是根据表 8‐13 中 XPS 定量结果推断出的设定结构。

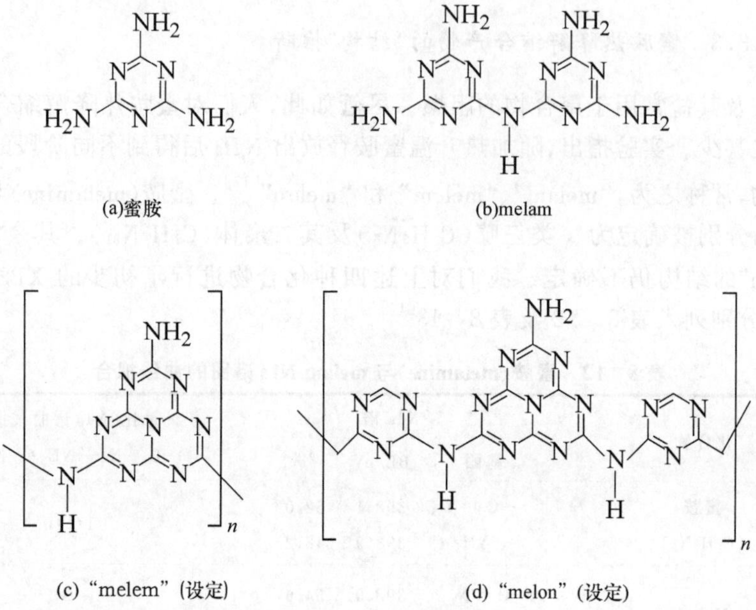

(a)蜜胺　　　　　　　　　　　(b)melam

(c) "melem" (设定)　　　　　　　(d) "melon" (设定)

图 8‐14　由 XPS 定量分析与推断的结构 (蜜胺,"melam"、"melem"及"melon")

8.2.4　交联速率(ROC)$_{LT}$与成炭速率

凝聚相的交联常被认为是燃烧成炭的前驱。因此常被视为有效阻燃的"必要"途径,尽管有许多例外。大量的实践证明交联对聚合物阻燃的意义仍是不言而喻的。凝胶法是测定交联度的传统方法。其缺点是:① 需用溶剂,不符合环保要求,且测定结果与溶剂的选择有关;② 费时、费事、周期长。与此对照,XPS 测定方法的优点是不需要溶剂,可以取得宽广温度范围(室温～500℃或更高)的相对交联度的数据。更接近于聚合物的燃烧温度(400～550℃)。

Lattimer[18]、Kroenke[19]提出 PVC 抑烟的"提前交联"机理。为了取得进一步的实验根据,我们选择 PVC/过渡金属氧化物等模型体系,做了系统的探索[20～25]。图 8‐15 给出四个体系的 C1s 的相对强度随温度变化的曲线。

图中标示出四个体系的 LT$_{GRL}$ 值。为便于比较,将 LT$_{GRL}$ 值与 PVC/Cu$_2$O/MoO$_3$ 体系的全部锥形量热仪(CONE)数据列入表 8‐14。表中交联速率(rate of cross-linking,ROC)$_{LT}$取自 LT$_{GRL}$温度下 C1s 相对强度‐温度曲线的斜率。可以得出结论如下：①平均烟释放 Av-SEA（单位挥发质量所产生的烟）随添加量而变，但与 LT_{GRL} 并没有很好的相关关系。这说明成炭过程中 MoO_3 与 Cu_2O 间有强烈的作用发生；②烟释放与交联速率 $(ROC)_{LT}$ 有很好的相关关系；③鉴于 LT_{GRL} 的定义，有理由认为 LT_{GRL} 温度时的交联速率 $(ROC)_{LT}$ 等效于该时的成炭速率（rate of charring）。这一观点支持了 Zhu 等的论据[26]。

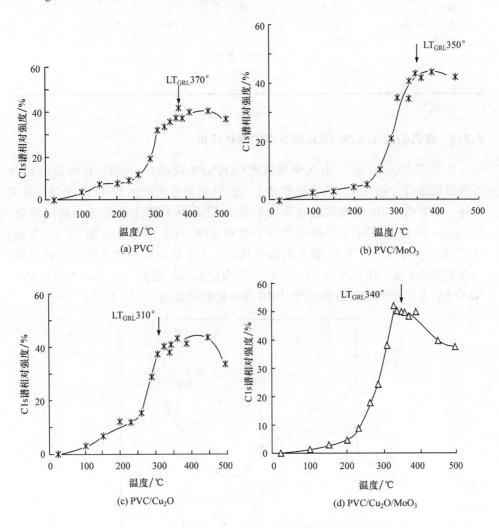

图 8-15　四个体系的 C1s 谱相对强度随温度变化的数据

表 8 - 14　PVC/Cu₂O/MoO₃ 体系的 Cone/XPS 数据对比

项目	体系			
	PVC	PVC/MoO₃	PVC/Cu₂O	PVC/Cu₂O/MoO₃
Cu/Mo 物质的量比	0.0/0.0	0.0/4.0	(1.0/3.0)～(3.0/1.0)	4.0/0.0
锥形量热仪(CONE)数据				
p-HRR/(kW/m²)	179.3	83.2	81.2～77.0	92.1
Av-SEA/(m²/kg)	1737.6	1286.3	945.3～786.9	993.3
残炭/%	14.3	21.3	25.3～26.8	24.5
XPS C1s 数据				
LT$_{GRL}$/℃	370	350	340	310
(ROC)$_{LT}$/(%/℃)	0.13	0.38	0.64	0.46

8.2.5　硅铝酸盐在 APP-PER 体系中的催化作用

20 年前 Camino 等[27]有关聚磷酸铵(APP)/季戊四醇(PER)/聚丙烯(PP)体系阻燃机理的首创性工作极大地推动了人们对膨胀型阻燃体系(IFR)机理的研究兴趣。APP 与 PER 间典型的化学与物理作用成为大量文献报道的热门话题。Bourbigot 等首先利用 XPS 研究了分子筛对 APP/PER 的催化作用[28,29]。Wang 等[30]进一步考察了分子筛、黏土的催化作用。为了减少外来碳及氧的表面污染，一律采用原子比，如 O/C、P/N、Si/Al 等作为定量分析根据。分子筛 NaX(13X)、NaA(4A)及黏土(蒙特土)对 APP/PER 体系的影响如图 8 - 16 所示。

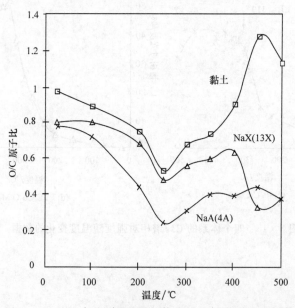

图 8 - 16　APP/PER/硅铝酸盐体系的 O/C 值随温度的变化

图中的黏土(蒙特土)曲线位于其他两条曲线的上方,说明黏土表面氧的污染最严重,特别是在 100℃以下。三条曲线的最低点都发生在 250℃左右。最低点的左方曲线的下降可能由于 APP/PER 间酯化反应后水的释放。最低点的右方(250～400℃)曲线持续上升可能来自不可避免的表面氧化以及含碳物种的降解损失。成炭过程的交联可能进一步促进 O/C 的下降(高于 400℃以上温度)。图 8－17 记录了 P/N 比值随温度的变化。

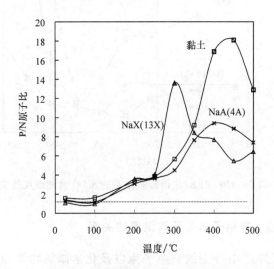

图 8－17 APP/PER/硅铝酸盐体系的 P/N 值随温度的变化
水平线代表 APP 分子内的 P/N＝1

P/N 值在 100℃开始增加,～250℃则开始快速上升。意味着 NH₃ 的释放速度快速增长。NaX(13X)、NaA (4A) 以及蒙特土的三条曲线的最高点分别在 300℃、400℃、430℃。其中以 NaX(13X)分子筛最能有效地加速 NH₃ 的释放。碳基磷酸酯或类似的物种,例如"超磷酸酯"高温时也可能通过生成含氮物,放出氧化磷而促使 P/N 值的降低。显然,硅铝酸盐的存在确实改变着降解过程。值得注意的是三条曲线的 P/N 值都远远高于 P/N＝1 的水平线。说明高温下的表面极度缺乏 N 元素,而被大量的含 P 物种所覆盖。此结论与文献[28,29]一致。Si/Al 值随温度的变化(图 8－18)可以提供更多的信息。分子筛,黏土被认为属于固体酸,常是许多有机反应的催化剂[31,32]。

图 8－18 三条曲线的最低点分别为:260℃(分子筛 4A)、310℃(分子筛 13X)、350℃(黏土)。最低点的右方,Si/Al 值明显增加。以 Na-分子筛为例,室温下 Si2p 与 Al2p 的结合能分别为 101.4eV 和 73.5eV。分子筛与黏土处于 APP/PER 的环境,约≥200℃时开始分解为相应的物种。500℃时结合能分别是 103.4eV 和 74.4eV,对应于 SiO₂ 和 Al₂O₃。由于 SiO₂ 的表面能低于 Al₂O₃,因此高温下 SiO₂

更容易向表面迁移[33]，可能是导致 Si/Al 值急速上升的重要原因。

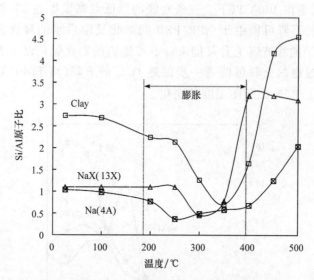

图 8-18　APP/PER/硅铝酸盐体系的 Si/Al 值随温度的变化

8.2.6　相对交联度，等离子体基元与温度的关系

热、电磁波(紫外，^{60}Co-γ 射线)、电子束以及化学添加物等均可使聚合物产生交联结构达到某种改性的需求。无论哪种都离不开对交联的表征。准原位 XPS 法(pseudo-*in situ*)是行之有效的手段。为取得重复的结果，从始至终都要保持样品室内被测样品的方位取向不变。以 C1s 谱为例，C1s 的相对强度/％按下式计算：$I(\%) = (I_f - I_i)/I_i$，其中 I_i 及 I_f 分别表示谱峰的初始(受热前)及最终(受热后)的绝对强度。C1s 信号的绝对强度表示单位面积上碳原子的数目。大量的工作显示了准原位 XPS 法独特的应用前景。第 5 章 5.6 节曾介绍过准原位 XPS 法在纳米复合物中的一些应用。这里将通过一些实例介绍一些问题的细节。

8.2.6.1　聚苯乙烯(PS)与聚丁二烯(PBD)[34]

图 8-19 中 PBD 的 C1s 曲线由三步组成：①25～150℃，表面上污染碳因加热而损失，故碳原子信号下降。～260℃时，降解过程开始，此温度低于 $T_{10\%}$ (失重为 10％的温度，可由 TGA 测得(439℃))。两温度的差异是由于 XPS 高灵敏度所致；②250～400℃，碳原子信号稍有增加；③＞400℃，碳原子信号快速上升。可归结于环化反应[35]。图 8-19 中 PS 曲线分为四步：①25～100℃，原因同前，最低点在～100℃，开始碳原子的积累，较 $T_{10\%}$ (TGA 测得 346℃)[35] 低约 250℃，原因同前；②100～300℃，炭化缓慢增加(＜6％)；③300～420℃，C1s 的相对强度急速增大，

420℃时可达 40％；④＞420℃,处于平台区。此区域中原来生成的炭可能由于氧化又复损失。由此 XPS 数据可以看出尽管 PS 在凝聚相中的热稳定性低于 PBD,但却表现出高得多的成炭能力和速度。

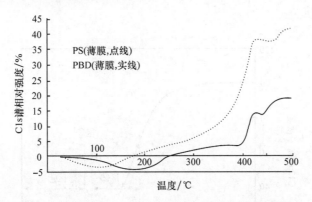

图 8－19　苯乙烯(PS,虚线)、聚丁二烯(PBD,实线)的 C1s 谱相对强度(％)与温度的关系

8.2.6.2　聚异戊二烯(PIP)与聚氯丁二烯(PCP)[36]

为了解 Cl 原子在 PIP 与 PCP 的交联和成炭过程中的作用,对上述系统进行了准原位 XPS 研究。图 8－20 为 PCP C1s 谱的相对强度(％) 随温度的变化。图中分成四个区:区①,室温～250℃;区②,250～350℃;区③,350～380℃;区④,＞380℃。区①C1s 相对强度不存在负值,说明无外来污染炭,可能与 PCP 内含有憎水的氯原子有关。区②C1s 相对强度有明显的持续增长,区③的相对强度以更大的斜率上升。这些结果与文献数据[37]很是一致。它说明交联度与交联密度均随温度上升而上升。420℃以上相对强度降低,可能与残炭的降解与蒸发有关。

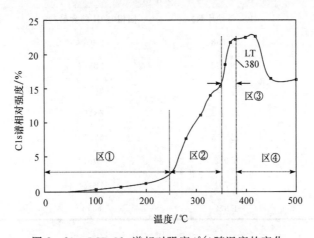

图 8－20　PCP C1s 谱相对强度(％)随温度的变化

PCP内氯原子的浓度随温度升高而下降,直至380℃[处于区③与区④的交界]完全消失为止(图8-21)。PCP的热降解分为两步:HCl的消除及分子骨架的降解。从图8-21不难观察到早在100℃HCl即开始释放。这是由于XPS比TGA有更高的灵敏度。

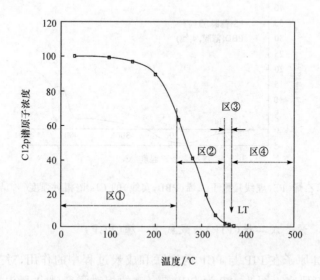

图8-21 PCP内氯原子相对强度(%)随温度的变化

表8-15给出PCP的热降解数据。表中的C—C/C—Cl分别是与C和Cl相联的C的比值。该值随温度的升高而增加,370℃时比值为99.9/1。

表 8-15 PCP 的 Cl2p 谱与 C1s 谱的热降解数据(以铝箔为样品基底)

温度/℃	Cl2p 谱		C1s 谱
	CPS(每秒计数)	固相内 Cl 的含量/%	C—C/C—Cl 值
25	20 068	100.00	3/1
100	19 862	98.97	—
150	79 331	96.33	—
200	17 852	88.96	3.5/1
250	12 555	62.56	—
280	8 062	40.17	9/1
310	3 741	18.64	—
330	1 352	6.74	58/1

续表

温度/℃	Cl2p 谱		Cls 谱
	CPS(每秒计数)	固相内 Cl 的含量/%	C—C/C—Cl 值
350	254	1.27	—
360	212	1.06	—
370	104	0.52	99.9/1
380	n.d.	n.d.	—
400	n.d.	n.d.	—
420	n.d.	n.d.	—
450	n.d.	n.d.	—
500	n.d.	n.d.	—

注：n.d.—测不出。

　　PCP 的极限类石墨转变温度 LT_{GRL} 为 380℃(如图 8－20 的箭头所示)，与图 8－22中等离子体基元损失(ΔE_L)急剧增长的狭窄区域对应。图 8－22 中也分为四个区域。图中的区③位于 360~380℃范围，ΔE_L 的急剧增长预示着类石墨结构的突现。高于 280℃时，$\pi-\pi^*$跃迁的逐渐消失(数据从略)意味着局部苯环结构的消失融合。以上诸多参数清楚地说明 PCP 交联成炭的细节。对比 PCP 与 PIP 的上述行为(图 8－23、图 8－24)足以说明氯原子在交联成炭中的重要作用。

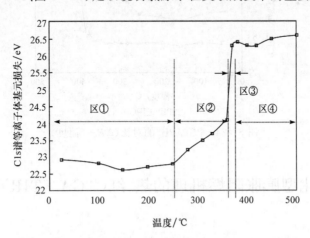

图 8－22　PCP 等离子体基元损失(ΔE_L)与温度的变化

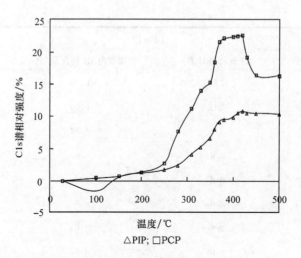

图 8-23　PCP/PIP 的对比(相对强度 vs 温度)

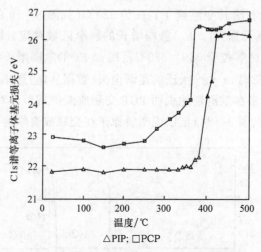

图 8-24　PCP/PIP 的对比($\triangle E_L$ vs 温度)

8.3　催化型膨胀阻燃机理的热-红(TGA-FTIR)联合研究

8.3.1　引言

热红联用(TGA-FTIR)技术早在 20 世纪 80 年代末即陆续用于聚合物的研究。随后扩展到聚合物阻燃方面。有兴趣的读者可参考 Mittleman 等的评论性文章[Trends in Polymer Science,1994(2):391~398]。这里不再赘述。

典型的化学膨胀型阻燃(俗称膨胀型阻燃剂,intumescent flame retardant,

IFR)在阻燃技术中占有重要地位。本书第 3 章已有专题介绍。典型的膨胀型阻燃体系当推聚磷酸铵(APP)+季戊四醇(PER)+聚丙烯(PP)的组合。聚丙烯极易燃烧,燃烧后无残留物(残炭)。依靠 APP 与 PER 间的化学反应产生的多孔状膨胀炭层可以有效地包覆在 PP 的表面,形成牢固的保护层,从而提高聚丙烯的阻燃性能。IFR 技术迄今,已经成功地用于多种聚合物的阻燃方面。但一般必须高达25%～30%方可能奏效。由此引起的性能/价格比的降低在很大程度上影响了 IFR 阻燃技术的竞争能力。长期以来人们注意到"膨胀现象"在阻燃中的重要性,但由于各种相互匹配因素的差异不同,聚合物的阻燃效果也并非全能像 PP 那样满意。

　　本节重点介绍另外一种膨胀型阻燃体系,特别适用于聚碳酸酯。聚碳酸酯(PC)由于具备良好的力学强度,特别是抗冲能力、电性能、透明性等物理性质,在汽车工业、电子、信息工业等领域中的应用与日俱增。严格的无卤阻燃指标和良好加工性的需求导致人们对其研发的兴趣。针对 PC,Beyer 公司曾发布使用 0.1%～0.15%的含硫类型阻燃添加剂的专利[38]。其后,Webb[39]公布了无机硫化物对芳香聚碳酸酯的催化膨胀阻燃剂,例如 0.05%～0.5%的全氟烷基磺酸钠和钾金属盐(PPFBS,也称 Rimer 盐)。该技术在防止薄壁制件燃烧时产生熔滴现象的同时还可以保持制件尺寸的稳定性[40]。Takeda[41]、Huang[42]等对 PC+PPFBS 阻燃过程做了探索性的研究。但很少有涉及这一课题的细节报道。

8.3.2　TGA 与 LOI 实验

　　图 8-25～图 8-27 分别为 PPFBS、PC 及 PC/PPFBS (0.1%) 的 TGA/DTG曲线。全部数据列入表 8-16 之中。表中同时列有 LOI 的测定结果。有两点值得

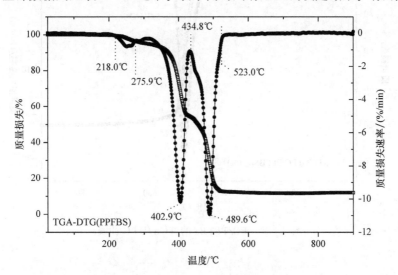

图 8-25　PPFBS 的 TGA/DTG 曲线

注意,即:①高温下(以 700℃为例)PC 的残余物‰为 21.5‰,导致 LOI 高达 26.8。对比之下 PC+PPFBS (0.1‰) 的残余物‰基本不变 (21.5‰),但 LOI 的数值却提高约 10 个单位之多!②伴有熔滴的消失和强烈的膨胀出现。

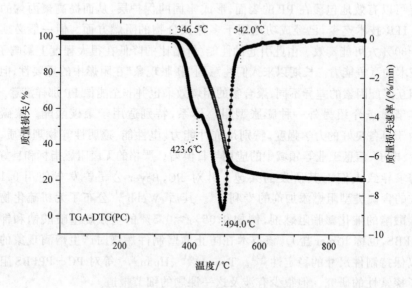

图 8 - 26　PC 的 TGA/DTG 曲线

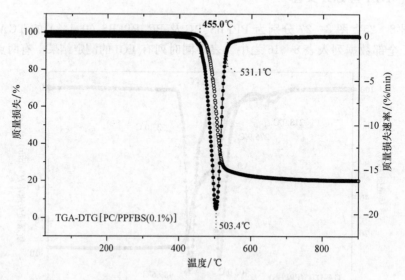

图 8 - 27　PC/PPFBS 的 TGA/DTG 曲线

表 8 - 16　PC/PPFBS 体系的 TGA/LOI 数据

系统	(T_5/T_{10}) /(℃/℃)	T_m(峰1)/℃ 温度范围	T_m(峰2)/℃ 温度范围	T_m(峰3)/℃ 温度范围	残余物/% (500℃/700℃)	LOI /%
PPFBS	294.3/368.3	254.0 236.9~270.3	402.6 309.1~431.3	489.6 431.3~510.8	12.4/11.4	—
PC	396.2/414.7	—	—	494.0 346.5~542.0	40.1/21.5	26.8 (有熔滴)
PC/PPFBS (0.1%)	460.8/477.4	—	—	503.4 455.0~531.1	43.6/21.5	37.5 (膨胀无熔滴)

8.3.3　PPFBS 的研究

8.3.3.1　TGA/FTIR 分析

PPFBS 的化学结构可以设想为以下的结构：

$$F-\overset{\displaystyle F}{\underset{\displaystyle F}{C}}-\overset{\displaystyle F}{\underset{\displaystyle F}{C}}-\overset{\displaystyle F}{\underset{\displaystyle F}{C}}-\overset{\displaystyle F}{\underset{\displaystyle F}{C}}-SO_3^-K^+$$

TGA 数据显示三个失重峰(表 8 - 16)。第一个小峰(236.9~270.3℃)对应于 PPFBS 的初始分解，即 C—F 基团(1 158.3cm^{-1}，类—CF$_2$CF$_2$—基团)及 C═O 基团(1 771.4cm^{-1})的释放，后者可能来自氧化反应(如主链 C 与—SO$_3$—基团裂解的 O 作用)，此过程一直延续到 270℃。在第二个大的失重峰(309.1~431.3℃)期间 C—F 基团(1 163.9cm^{-1}，—CF$_2$CF$_2$—及类—CF$_2$CF$_2$—基团)，C═O 基团(1 772.0cm^{-1})以及挥发性的脂肪族分子(2 943.6 cm^{-1})伴随少量的 CO$_2$(2 399.1cm^{-1})继续产生。对应于第三个失重峰(431.3~510.8℃)，出现很强的类—CF$_2$CF$_2$—基团(1 190.7，1 233.9，1 284.7cm^{-1})，而 C═O 基团(1 770cm^{-1})却逐渐变弱。类—CF$_2$CF$_2$—基团在 500℃时达到最强，900℃时不复存在，代之而起的是 CO$_2$(2 359.1cm^{-1})。

8.3.3.2　XPS 的定量分析

如图 8 - 28 所示。基于上述设定的结构，可以计算出 F/C、F/K、F/S、S/K 及 O/S 的理论值分别为 2.25、9.0、9.0、1.0 和 3.0。

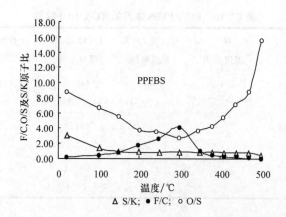

图 8‑28　PPFBS 分子中 F/C,O/S 与 S/K 比值随温度的变化

　　图中实验值明显偏离理论值。原因有二：①表面污染（外来的 C 与 O）；②未知物的存在。加热使 F/C 值先增长（因污染减少），后降低（PPFBS 分解）。结果在 250～300℃区间出现最高点。500℃时趋于零，此时凝聚相中的 F 原子彻底消失殆尽。与此相反，O/S 值出现最低点。后者与其他组分（例如含硅化合物）的存在密切相关。

8.3.4　PC 热降解的 FTIR 研究

　　双酚 A 型聚碳酸酯的结构、FTIR 谱图及其指认均列入图 8‑29 及表 8‑17。在实验误差范围内，328℃之前没有可观察到的质量损失（图 8‑26）。此结果可由 328℃时 PC 的 FTIR 谱图得到证实（图从略）。对应于 346.0～542.0℃范围失重峰的 FTIR 谱见图 8‑30～图 8‑31。

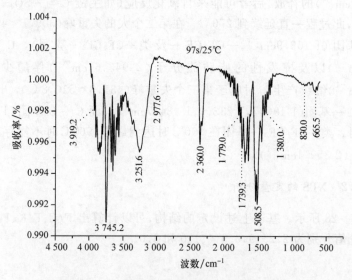

图 8‑29　聚碳酸酯（PC）的 FTIR 谱图（25℃）

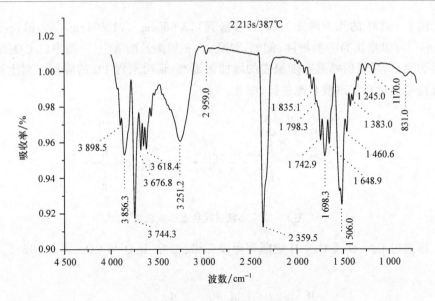

图 8-30　聚碳酸酯(PC)的 FTIR 谱图(387℃)

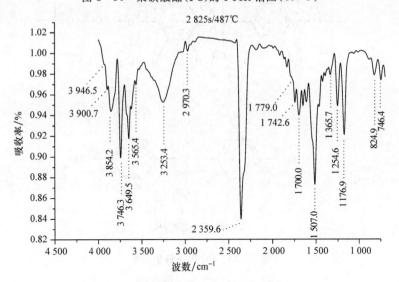

图 8-31　聚碳酸酯(PC)的 FTIR 谱图(487℃)

表 8-17　聚碳酸酯 FTIR 谱图的指认(25℃)[43]

波数/cm⁻¹	指认	波数/cm⁻¹	指认
2 950	CH₃(伸缩)	1 235	C—O(伸缩)
1 779	C═O(伸缩)	1 163	C—O(伸缩)
1 506	C═C(平面内)	831	C(CH₃)₂(伸缩)
1 380	C—CH₃(对称振动)		

图 8-31 中的几个峰 1 177cm^{-1}（最强），3 655cm^{-1}，1 603cm^{-1}，1 517cm^{-1}，748cm^{-1} 可以指认为酚类物种，例如，双酚 A、p-甲酚及酚等[44]。图中以 CO$_2$ 的释放最为突出，后者的峰强亦随温度的增加而提高，证明来自 PC 的降解。对上述降解反应可通过环状过渡状态进行（图 8-32）[45~47]。

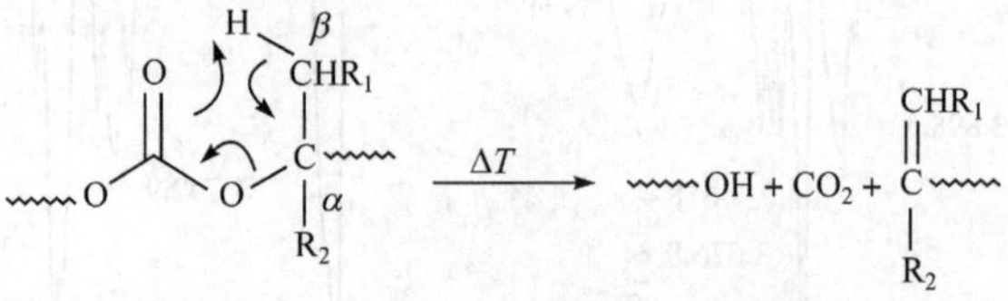

图 8-32　环状过渡状态形成机理

即通过 C$_\alpha$—O 及 C$_\beta$—H 键断裂生成二烯、二醇、H$_2$O 与 CO$_2$（图 8-33）。

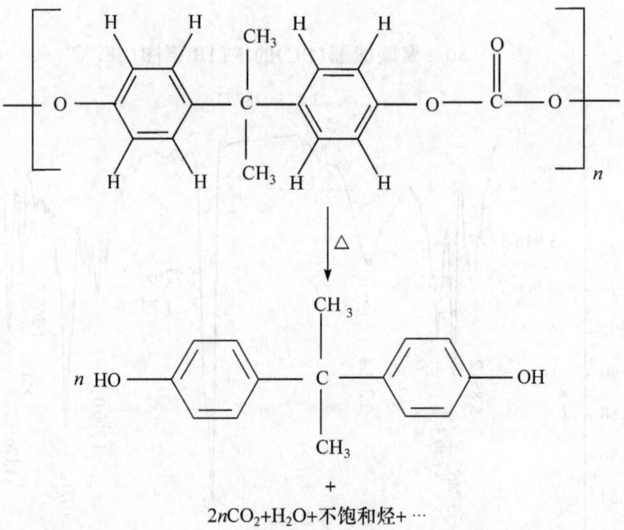

图 8-33　PC 热降解示意图

在更高温度（>540℃）下，质量损失变化很慢。596.5℃时在气相中仍有芳香族分子（3 025.0cm^{-1}）存在，并伴随酚类物种（1 176.2cm^{-1}）出现。在 900℃时二者从气相中完全消失。与此同时形成了高稳定性的固相炭层。

8.3.5　PC/PPFBS 体系的 FTIR/XPS 研究

为进一步了解 PC/PPFBS 体系的阻燃机理，获取有关受热条件下凝聚相中的物理化学变化，本节进行了 FTIR 和 XPS 的实验研究。

8.3.5.1　PC/PPFBS 阻燃体系的 FTIR 研究

PC/PPFBS 的 TGA/DTG 曲线（图 8－27）给出一个尖锐的失重峰（$T_m=503.4℃$），温度范围在 466～531℃之间。该峰的失重速率（～20%/min）大约是纯 PC 失重速率（～9%/min）的 2 倍。换言之，PPFBS 可提高 PC 的成炭速率，而不是残炭的产率。相应的 FTIR 谱图见图 8－34（460.8℃）及图 8－35（515.8℃）。

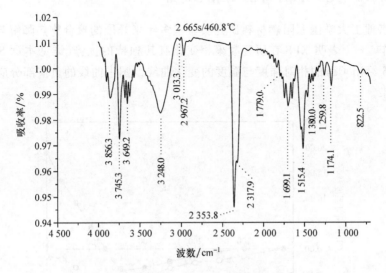

图 8－34　PPFBS 的 FTIR 谱图（460.8℃）

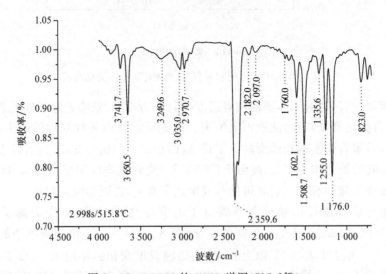

图 8－35　PPFBS 的 FTIR 谱图（515.8℃）

PPFBS 的真实作用表现在促进：① CO_2（2 317.9cm^{-1}/460.5℃ 和 2 359.6cm^{-1}/515.8℃）及 H_2O（3 745.3^{-1}/460.5℃ 和 3 650.5cm^{-1}/515.8℃）的释放；②酚类物种（1 174.1cm^{-1}/460.5℃ 和 1 176.0/515.8℃）的生成；③芳香族（3 035.0cm^{-1}/460.5℃）与脂肪族（2 970.7cm^{-1}/515.8℃）化合物的产生。900℃时酚类物种完全消失，其谱图与纯 PC 颇为相似。

8.3.5.2　PC 与 PC/PPFBS 的 XPS 研究

北京理工大学国家阻燃材料研究实验室多年来开展的聚合物热降解与成炭的研究工作[48~56]表明 XPS 在研究凝聚相变化有其独特的优势（详见本章 8.2 节）。图 8－36 给出 C1s 的相对强度与温度的变化曲线。图中曲线的负值部分应归结为表面污染。

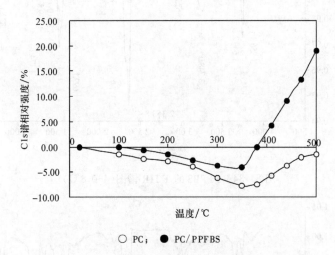

图 8－36　C1s 谱的相对强度（％）随温度的变化曲线

温度≥～350℃时 C1s 谱的相对强度（％）开始增加，意味着除了碳元素外的其他元素（可能是富氢碎片）从表面上消失。可能导致自由基或双键的产生，而后者有可能导致聚合物链的松弛交联。于是，碳的积累常归因于交联过程，即表面上自由基碎片间的松弛作用[55]。高温下（＞500℃）交联速率的突增直接与 TGA 中突增的质量损失速率有关。后者可能与成炭速率有关，进而影响到阻燃。

降解与成炭还可以通过考察碳原子的有序性予以确定，即等离子体基元（plasmon）损失（ΔE_L）曲线与温度的变化（图 8－37）。ΔE_L 值与碳原子的有序程度有关[54]。当温度达 300℃以上时，ΔE_L 值随温度变化斜率增大。PC/PPFBS 的曲线始终位于 PC 曲线之上，表明 PPFBS 的加入，使得交联的成炭速率加快。

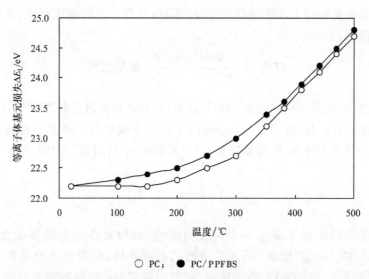

○ PC；　● PC/PPFBS

图 8‒37　C1s 谱等离子体基元损失(ΔE_L)随温度变化

8.3.6　PC/PPFBSS 体系的阻燃机理

8.3.6.1　凝聚相阻燃的主要作用

为了验证阻燃作用的有效空间,是气相还是凝聚相,常常需要对比 LOI 和 NOI 实验。如果两者有平行关系则可认为是凝缩相阻燃。实验证明 PC/PPFBSS 体系是凝聚相阻燃。

8.3.6.2　成炭速率与阻燃

成炭速率(rate of charring)被定义为:在类石墨转化温度(LT)时的交联速率 $(ROC)_{LT}$(8.2.4 节图 8‒15)。表 8‒16 的数据已经表明 PC/PPFBS 体系的热失重速率(～20％/min)大约是 PC(～9.0％/min)的两倍。因此 LOI 的提高与成炭速率有关。换言之,PPFBS 的催化作用提高了成炭速率,而不是成炭量。事实上,交联产物的存在已被许多实验证实。例如,Brady 利用裂解‒色谱‒质谱联用技术发现磺酸盐可以促进异丙酚的二聚体的生成(交联),后者属于碱性催化反应[59,60],即

$$\text{HO}-\text{C}_6\text{H}_4-\underset{\underset{\text{CH}_2}{|}}{\overset{\overset{\text{CH}_3}{|}}{\text{C}}} \xrightarrow{\text{加热}} \text{HO}-\text{C}_6\text{H}_4-\underset{\underset{\text{CH}_2}{|}}{\overset{\overset{\text{CH}_3}{|}}{\text{C}}}-\text{CH}_2-\underset{\underset{\text{CH}_3}{|}}{\overset{\overset{\text{CH}_3}{|}}{\text{C}}}-\text{C}_6\text{H}_4-\text{OH}$$

基于上述 TGA/FTIR/XPS/LOI 的实验结果,可以假设:PC 热降解过程生成

的碱性烷基氧化钾对上述的逆反应(由左至右)具有一定的催化活性,从而使得交联度得以保持:

$$双酚\ A \xrightarrow[]{碱性烷基氧化钾} 聚碳酸酯$$

毋庸置疑,在典型燃烧温度(300℃以上)的热降解必将引起凝聚相中自由基的诞生。少量的自由基"清道夫"(scavenger)存在于凝聚相中势必会提高阻挡层的热稳定性。至于 PPFBS 中的氟原子,很有可能起到"抗熔滴"与"润滑剂"的作用。

8.4 小　结

本章节的目的在于阐述一个重要的概念,即膨胀往往是阻燃的重要条件。本节介绍的实例表明"膨胀"是成功阻燃的必要条件,但并非充分条件。这里与传统的化学膨胀(如 IFR)和物理膨胀(如可膨胀石墨)阻燃不同之处在于少量添加剂的"催化"作用。在一定程度上讲,更加接近真正意义上的催化。传统的"膨胀成炭"在这里并不完全适用。这种概念带给人们的启发无疑是有益的。进一步探索新的解释和应用的推广仍是人们努力的方向之一。事实上这种努力正在进行之中。

参 考 文 献

[1] Andrew E R,Szczesniak E. Progress in Nuclear Magnetic Spectroscopy,1995,28:11~36

[2] Brandolini A J,Garcia J M and Truitt R E. Spectroscopy,1992, 7:34~39

[3] Dick C M,Liggat J J and Snape C E. In: Fire and Polymers,Materials and Solutions for Hazard Prevention,ACS Symposium Series 797,ed. By Nelson Gordon L and Wilkie C A. American Chemical Society,Washington,DC,2001,Chapter 26, 334~343

[4] Martin S C,Liggat J J and Snape C E. Polym. Degrad. and Stab.,2001, 74:407~412

[5] Jahromi S,Garbriëlse W and Braam Ad. Polymer,2003, 44:25~37

[6] van Wazer J R,Callis C F,Shoolery J et al. J. Am. Chem. Soc.,1956, 78:5715

[7] Bourbigot S,Carpentier F and Bras M Le. In: Fire and Polymers,Materials and Solutions for Hazard Prevention,ed. By Nelson G L and Wilkie C A. Chapter 14,ACS Symposium Series 797,American Chemical Society,Washington,2001,DC,173~185

[8] Carpentier F,Bourbigot S,Bras M Le et al. Polym. Degrad. and Stab. 2000, 69:83~92

[9] Wang J. In: Fire and Polymers Ⅱ, Materials and Tests for Hazard Prevention,ed. By Nelson G L. ACS Symposium Series 599,ACS Washington,DC,1995,Chapter 32,516~535

[10] Wang J, Tu H. In: Proceedings of the 2nd Beijing International Symposium-Exhibition on Flame Retardants,Beijing,China,1993

[11] Wang J, Tu H, Jiang Q. J. Fire Sci.,1995, 13:261

[12] Wang J. In: Proceedings of the 7th Annual BCC Conference on Flame Retardancy,Stamford,1996

[13] Wang J. In: Fire Retardancy of Polymers, The Use of Intumescence, Ed. By Bras M Le, Camino G, Bourbigot S et al. The Royal Society of Chemistry, 1998, 159～172

[14] Wang J, Feng D, Tu H. Polym. Degrad. Stab. 1994, 43:93～96

[15] Felix W D, McDowell M A, Eyring M. Text. Res. J. 1963, 33:465

[16] Koroskys M J. Am. Dyest. Rep., 1969, 58:15

[17] L. Costa, G. Camino. J. Thermal Analysis, 1988, 34:423～429

[18] Lattimer R P, Kroenke W J, Getts R G. J. Appl. Polym. Sci., 1984, 29:3783

[19] Kroenke W J, Lattimer R P. J. Appl. Polym. Sci., 1986, 32:737

[20] Wang J and Li B. Polym. Degrad. Stab., Special Issue, June, 1996, 54 :195～203

[21] Li B and Wang J. Journal of Fire Sciences, 1997, 15:341～357

[22] Li B and Wang J. Chinese Science Bulletin, 1998, 43:1090～1094

[23] 李斌, 王建祺, 张爱英. 科学通报, 1998, 43:836～839

[24] Wang J and Li B. Polym. Degrad. Stab., 1999, 63:279～285

[25] 郭栋, 王建祺. 高分子材料科学与工程, 2001, 17:87～90

[26] Zhu W, Weil E D, Mukhopadhyay S. J. Appl. Polym. Sci., 1966, 62:2267

[27] Camino G, Costa L, Trossarelli L. Polym. Degrad. Stab., 1984, 7:25～31

[28] Bourbigot S, Bras M Le, Gengembre L et al. Appl. Surf. Sci., 1994, 81:299～307

[29] Bourbigot S, Bras M Le, Delobel R et al. Appl. Surf. Sci., 1997, 120:15～29

[30] Wang J, Wei P, Hao J. In: Fire and Polymers, Materials and Solutions for Hazard Prevention, ACS Symposium Series 797, ACS Washington, DC, , 2001, Chapter 12, 150～160

[31] Barthomeuf D. In: Catalysts by Zeolites; Imelik B et al. Eds. Elsevier, Amsterdam, 1980. 55

[32] Tanabe K, Misono M, Ono Y, et al. New Solid Acids and Bases, Their Catalytic Properties, Elsevier, Amsterdam, 1989. 128～141, 142～163

[33] Du J, Wang J, Su S et al. Polym. Degrad. Stab., 2004, 83:29～34

[34] Hao J, Wu S, Wilkie C A. Polym. Degrad. Stab., 1999, 66:81

[35] Schnabel W, Levchik G F, Wilkie C A. Polym. Degrad. Stab. 1999, 63:365

[36] Hao J, Wilkie C A, Wang J . Polym. Degrad. Stab. 2001, 71:305

[37] Jiang D D, Levchik G F, Levchik S V et al. Polym. Degrad. Stab. 2000, 68:75

[38] Freitag et al. US Patent, 4, 100, 130 (1978)

[39] Webb J L. USP 4 028 297 (1977)

[40] Umeda T, Nodera A, Hashimoto K. USP 5, 449, 710 (1995)

[41] Takeda k, Ohkawa T and Nikkeshi S. FRPM'03, 17～19 September, 2003, Lille, France

[42] Huang X, Ouyang X, Ning F et al. 3rd MoDeSt' 04 Conference, 29 Aug～Sept, 2004, Lyon, France

[43] Qian Z. Handbook of Property and Application of Plastics. revised edition. Shanghai: Shanghai Science & Technology Publishing House, 1987. 255

[44] Stein S E. (Software) NIST Standard Reference Database Series 35, The NIST/EPA Gas Phase Infrared Database, Version 1.0, May 1992

[45] Hurd C D, Blunck F H. J. Am. Chem. Soc., 1938, 60:2419

[46] Frechet J M J, Bouchard F, Echler E et al. Polym. J., 1987, 19:31

[47] Frechet J M J, Kryczka B, Matuszczak S et al. Sci. Technol., 1990, 3:235

[48] 王建祺, 吴文辉, 冯大明. 电子能谱学 (XPS/XAES/UPS) 引论. 北京: 国防工业出版社, 1993

[49]　Wang J. In: Fire Retardancy of Polymers, The Use of Intumescence Ed. by Le Bras M. Camino G.. Bourbigot S. and Delobel R. The Royal Society of Chemistry, Cambridge, UK, 1998, 154～172

[50]　Hao J, Wu S, Wilkie C A et al. Polym. Degrad. Stab. 1999, 66：81～86

[51]　Hao J, Wilkie C A, Wang J. Polym. Degrad. Stab .2001, 71：305～315

[52]　Wang J, Du J, Yao H et al. Polym. Degrad. Stab.2001, 74：321～326

[53]　Wang J, Du J, Zhu J et al. Polym. Degrad. Stab.2002, 77：249～52

[54]　Du J, Zhu J, Wilkie C A et al. Polym. Degrad. Stab. 2002, 77：377～381

[55]　Du J, Wang D, Wilkie C A et al. Polym. Degrad. Stab.2003, 79：319～324

[56]　Du J, Wang J, Su S et al. Polym. Degrad. Stab. 2004, 83：29～34

[57]　Fenimore C P and Martin F J. The mechanism of pyrolysis, oxidation and burning of organic materials National Bureau of Standards Special Publication No.357, General Printing Office, Washington DC, 1972. 159

[58]　Wang J, Li B. Polym. Degrad. and Stab. 1999, 63：279～285

[59]　Brady D G, Moberly C W, Norell J R et al. J. Fire Ret. Chem., 1971, 4：150

[60]　Schnell H, Bottenbruch L, Makromol.Chem., 1962, 57：1